当红葡萄酒

Remarkable Wine

王国庆 / 主编

世界知识出版社

编写委员会

主　编：王国庆

副主编：毕铭明

编　委：王宏　王文华　陶钢　吴梦　高雁林
　　　　李靖　吴昊　关群　许志伟　李欣新
　　　　Damien Shee　Santiago Vota

序一

葡萄酒是人与自然和谐相处的产物，每一款优质的葡萄酒，都是人在相应的自然条件下，长期种植与人和自然相适应的葡萄品种，并采用独特的工艺酿造和陈酿的结果，故都具有其独特的风格，由此形成了百花争艳的葡萄酒王国。

《当红葡萄酒》引导读者从一个产区到另一个产区，从一个产酒国到另一个产酒国漫游，翔实地把相关知识呈现给读者，宛若使他们亲自欣赏了一杯杯美妙的葡萄酒，享受了一次神奇的葡萄酒之旅。

老友国庆将一本内容广泛、信息量大的葡萄酒书籍写得如此轻松随意，表现出他渊博的知识和对每款葡萄酒准确的把握，读之如与老友对酌，共享每款葡萄酒生产者的情怀与艰辛和欢乐，故乐于作序。

李华

西北农林科技大学副校长

葡萄酒学院终身名誉院长

2014年1月

序二

从前提起阿根廷，中国消费者总会联想到探戈和足球，而对那里优质的葡萄酒知之甚少。而随着葡萄酒产业在中国的蓬勃发展，以及中国消费者对于葡萄酒越发了解，作为世界第五大葡萄酒生产国，阿根廷葡萄酒已慢慢被普罗大众所接受并喜爱。随着亚洲地区对阿根廷葡萄酒的接受程度日趋增高，阿根廷葡萄酒出口量在近三年内有了迅猛的提升。其原因主要归结于其葡萄酒的优等品质以及高性价比。

阿根廷——作为南美葡萄酒出口大国，门多萨（Mendoza）——作为全世界产量最大的葡萄酒产区，却能在保证产量的同时，将源自欧洲的葡萄品种马尔贝克在阿根廷这片土地上发挥到极致。阿根廷有着特殊的气候与土壤，以及其高海拔的种植环境，由此酿造的葡萄酒有着独特的辨识度，特别是越来越多的中国消费者对阿根廷葡萄酒的口感给予肯定。马尔贝克也因此成为了阿根廷葡萄酒的代名词。除此之外，阿根廷拉里奥哈（La Rioja）产区是最古老的葡萄酒产区，此产区出产的白葡萄品种莫斯卡托（Moscatel）和特伦特斯（Torrontes）成为阿根廷的明星。特伦特斯散发着香料的芳香，蕴含着强烈的风味，深受世界人民的欢迎。

《当红葡萄酒》一书中详尽描述了阿根廷葡萄酒的历史文化背景以及葡萄酒的特点，并为读者介绍了阿根廷最富代表性的酒庄及其产品。本书生动地为读者展开了一幅俊美的阿根廷葡萄酒画卷。相较于旧世界葡萄酒国家在中国的推广历史以及消费者对其认知程度，新世界葡萄酒如智利、阿根廷、南非、澳大利亚等，在中国还算是新秀，有更多的上升空间以及努力方向，而其葡萄酒的高性价比优势在亚洲市场凸显。阿根廷拥有悠久的葡萄酒文化，很多欧洲后裔在阿根廷经营的酒庄有数百年历史，不仅使葡萄酒的酿制技术得以世代相传，也在阿根廷大地上播种下历久弥坚的葡萄酒文化。

感谢编委们为读者带来这样一本拓宽视野的葡萄酒知识丛书，将葡萄酒文化更深入地传播给中国消费者。

President of the Argentina China Chamber of Commerce

阿根廷驻华贸易商会会长

Carlos Pedro Spadone

前言

葡萄酒最常见的定义是“新鲜葡萄经过自然发酵而成的汁液”；也可以采用从医学角度给出的定义：葡萄酒是一种乙醇水溶液，其中含有多种葡萄糖、酸、酯、醋酸盐、乳酸盐和其他物质，这些成分或是葡萄汁中本来就带有的或是经过发酵而生成的。葡萄酒中的乙醇是经由葡萄糖发酵后的产物，这其实就是与啤酒、黄酒或蒸馏酒之间的最大区别。它的神奇之处在于葡萄汁能够不经过任何加工，只需假以时日便转化为堪称精华的液体，只要是外部条件适合，那么原来平淡无奇的葡萄汁液，便魔术般地变成了美酒，这就是上天赐予人们的礼物。

葡萄酒是完美的佐餐佳饮，可提升味觉，有助于消化去除油腻，与美食搭配相得益彰。葡萄酒温文尔雅，只要饮用适量，即使经常饮用也不会对身体造成不良影响。在古代，医生把它作为消毒剂、利尿剂和抗菌剂，现代医学发现葡萄酒能帮助人们消化食物，增强体质。红葡萄酒有益于心血管健康。

葡萄酒历史之久远与人类文明史紧密相伴。据专家考证，葡萄酒已有七千年以上的历史，人类在早期是把葡萄酒当作一种超自然的事物来崇拜的。古希腊酒神狄奥尼索斯(Dionysus)的故事，演绎了酒神的死亡与复活，象征着大自然的复苏，同时他还是欢乐之神，饮酒与欢乐是密不可分的。

古希腊哲学家苏格拉底（公元前469—前399年）论道：葡萄酒能抚慰人们的情绪，让人忘记烦恼，使我们恢复生气，重燃生命之火。葡萄酒不会令我们丧失理智，它只会带给我们满心的喜悦。葡萄酒的魅力不仅是因为它们散发的酒香，也不是那神奇的液体在口中仙韵悠长般的回味，而是享用葡萄酒之后的奇妙感受。在那些生活艰苦、物质匮乏的年代，人们饮用葡萄酒之后忘却了烦恼与忧愁，酒精的力量使人们感觉就像到了天堂一样。

中国的葡萄酒历史及其文化源远流长，人们熟知的唐代著名诗人李白在《将进酒》中出色表达了饮酒人的豁达豪迈心情，“人生得意须尽欢，莫使金樽空对月。天生我才必有用，千金散尽还复来”。在历史上，在葡萄酒当红的年代，有关它的人和事不胜枚举。一些人因为它甚至终日沉醉不醒，他们享受美轮美奂般的感觉，对酒当歌，煮酒论英雄……在此不必赘述了。

随着中国对外开放和经济的发展，进口葡萄酒的品种日益丰富，消费方式更趋向国际化，饮用葡萄酒的人也越来越多。如今，世界各地生产的葡萄酒不论是来自新世界还是老世界，其产品的档次及品种都早已超出历史水平。这种生物化学的生成物仍然是最最当红的酒精饮品，已经发展成巨大的国际化产业。国际葡萄酒及葡萄酒组织（OIV）公布的资料显示，2012年全世界葡萄酒产量为自有全世界酒产量统计（1975年）以来的最低年份，约为2482万千升，比2011年减少160万千升（约13亿瓶），下降6%。其中阿根廷产量为117.8万千升，下降23.9%；欧盟27个成员国葡萄酒总产量约为1412万千升，比2011年减少143万千升，下降9%。其中，法国产量约下降20%，西班牙约下降7.8%，意大利等国的葡萄酒产量也有大幅度的下降。即使这样，世界市场葡萄酒需求仍在增长，这将导致葡萄酒价格有明显增长。从国际消费市场来看，全球葡萄酒消费量增长的主要推动力来自美国和中国。据葡萄酒业资深市场研究公司Gomberg-Fredrikson称，美国在2012年依然是最大的葡萄酒消费国，喝掉了38亿瓶，占全球的13%；中国的葡萄酒消费量已经在2012年升至全球第五。

与此同时，葡萄酒文化也迅速融入了国人的关注范围，成为一种被广泛接受的文化现象。各种关于葡萄酒的杂志、专业书籍及葡萄酒商品的广告遍布大小城市，品酒师、侍酒师的培训课程也红极一时，甚至有些家庭配备了葡萄酒窖（恒温酒柜）。

总而言之，葡萄酒在中国正当红，人们正对它投以前所未有的关注。此时此刻，我们奉上《当红葡萄酒》一书与亲爱的读者共享。

主编　王国庆

2014年3月

目录

1
初识葡萄酒
Understanding Wine

葡萄酒起源及发展

THE ORIGINS OF WINE

关于葡萄酒的起源，古籍记载各不相同。众所周知，葡萄酒是自然发酵的产物。在葡萄果粒成熟后落到地上，果皮破裂，渗出的果汁与空气中的酵母菌接触后不久，实际意义上的葡萄酒就产生了。我们的远祖肯定会尝到这自然的产物，于是，就有了世界上第一位品尝葡萄酒的人。人们端起兽皮或粗木制成的碗，啜饮着里面自然发酵而形成的野葡萄汁，这场面大概最早出现在旧石器时代。当这成为一种习惯之后，我们机警而足智多谋的祖先就用各种方法去模仿大自然生物本能的酿酒过程。到新石器时代，人们就自己培植葡萄和酿造葡萄酒了。因此，从现代科学的观点来看，酒的起源是经历了一个从自然酒过渡到人工造酒的过程。

至于葡萄酒的起源地，据史料记载，在一万年前的新石器时代濒临黑海的外高加索地区，即现在的安纳托利亚(Anatolia)（古称小亚细亚）、格鲁吉亚和亚美尼亚，都发现了积存的大量葡萄种子，说明当时葡萄不仅仅用于吃，更主要的是用来榨汁酿酒。因此，关于葡萄酒的起源地虽众说纷纭，但史迹多认定是从一万年前由小亚细亚和埃及，流传到希腊的克里特岛，再到欧洲意大利的西西里岛、法国的普罗旺斯、北非的利比亚和西班牙沿海地区的。与此同时，这项种植技术从北欧由多瑙河进入了中欧、德国等地区，并因此在相当长的时间内享有声誉，使得今天我们将之定义为传统产区。

通常这些地区所产的葡萄酒有严格的规章限制。而与此相对的产区是新世界，也就是指随着16世纪的西班牙和葡萄牙的航海探险家的行程，葡萄园在他们所到达

的中美洲和南美洲国家的建立。很快地，葡萄种植的技术在美国、加拿大和南美洲的西海岸地区得到推广，而南非则是在17世纪后期才开始有了第一片葡萄园，澳大利亚和新西兰最初引进的也是南非的品种。也有大多数的史学家认为，葡萄酒的酿造起源于公元前6000年古代的波斯，即现今的伊朗。对于葡萄的最早栽培，大约是在7000年前始于南高加索、中亚细亚、叙利亚、伊拉克等地区。后来随着古代战争、移民传到其他地区。初至埃及，后到希腊。

希腊是欧洲最早开始种植葡萄与酿制葡萄酒的国家，一些航海家从尼罗河三角洲带回葡萄和酿酒的技术。葡萄酒不仅是他们璀璨文化的基石，同时还是日常生活中不可缺少的一部分。在古希腊荷马的史诗中就有很多关于葡萄酒的描述，《伊利亚特》中葡萄酒常被描绘成为黑色，而他对人生实质的理解也表现为一个长满黑葡萄的田园风情的葡萄园。据考证，古希腊爱琴海盆地有十分发达的农业，人们以种植小麦、大麦、油橄榄和葡萄为主。大部分葡萄果实用于做酒，剩余的制干。几乎每个希腊人都有饮用葡萄酒的习惯。酿制的葡萄酒被装在一种特殊形状的陶罐里，用

希腊神庙遗址

于储存和贸易运输，这些地中海沿岸发掘的大量容器足以说明当时的葡萄酒贸易规模和路线，显示出葡萄酒是当时重要的贸易货品之一。在美锡人（Mycenaens）时期（公元前1600—前1100年），希腊的葡萄种植已经很兴盛，葡萄酒的贸易范围到达埃及、叙利亚、黑海地区、西西里和意大利南部地区。

公元前6世纪，希腊人把葡萄通过马赛港传入高卢（现在的法国），并将葡萄栽培和葡萄酒酿造技术传给了高卢人。但在当时，高卢的葡萄和葡萄酒生产并不重要。罗马人从希腊人那里学会了葡萄栽培和葡萄酒酿造技术后，在意大利半岛全面推广葡萄酒，很快就传到了罗马，并经罗马人之手传遍了全欧洲。在公元1世纪时葡萄树遍布整个罗纳河谷；2世纪时葡萄树遍布整个勃艮第（Burgundy）和波尔多（Bordeaux）；3世纪时已括抵卢瓦尔河谷（Loire Valley）；最后在4世纪时出现在香槟区（Champagne）和摩塞尔河谷（Moselle Valley），原本非常喜爱大麦啤酒（cervoise）和蜂蜜酒（hydromel）的高卢人很快地爱上葡萄酒并且成为杰出的葡萄果农。由于他们所生产的葡萄酒在罗马大受欢迎，使得罗马皇帝杜密逊（Domitian）

下令拔除高卢一半的葡萄树以保护罗马本地的葡萄果农。

葡萄酒是古罗马文化中不可分割的一部分，曾为罗马帝国的经济做出了巨大的贡献。随着罗马帝国势力的慢慢扩张，葡萄和葡萄酒又迅速传遍法国东部、西班牙、英国南部、德国莱茵河流域和多瑙河东边等地区。在这期间，有些国家曾实施禁止种植葡萄的禁令，不过，葡萄酒还是在欧洲大陆上大行其道。其后罗马帝国的农业逐渐没落，葡萄园也跟着衰落。古罗马人喜欢葡萄酒，有历史学家将古罗马帝国的衰亡归咎于古罗马人饮酒过度而人种退化。

4世纪初罗马皇帝君士坦丁（Constantine）正式公开承认基督教，在弥撒典

酒，使每天的生活更加舒适，不那么仓促，不那么紧张，使心胸更加宽广。

——本杰明·富兰克林

萨缪尔·约翰逊认为，葡萄酒的劣势之一是，它让一个人的思想错乱。

抿一口酒，就是在品尝人类历史长河中的一滴甘露。

——克里夫顿·费迪曼　美国知识分子

传说中的迈达斯国王（KingMidas）将身边所有的东西都变成了金子，并被活活饿死。不过考古学家在他的坟墓中却没有找到一片金子。其中最接近金黄色的东西是青铜酒器中的液体残余——一种蜂蜜酒，葡萄酒和啤酒的混合物。

礼中需要用到葡萄酒，助长了葡萄树的栽种。当罗马帝国于公元5世纪灭亡以后，分裂出的西罗马帝国（法国、意大利北部和部分德国地区）里的基督教修道院详细记载了关于葡萄的收成和酿酒的过程。这些巨细靡遗的记录有助于培植出在特定农作区最适合栽种的葡萄品种。葡萄酒在中世纪的发展得益于基督教会。因为在圣经中，葡萄酒被认为是上帝的血，基督教把葡萄酒视为圣血，更被认作是重要仪式中不可或缺的道具，同时也是一个奢侈和欢愉的产品。《圣经》中521次提及葡萄酒。

耶稣在最后的晚餐上说“面包是我的肉，葡萄酒是我的血”，在很多中世纪充满宗教色彩的油画上几乎都有一个相似的场景——畅饮葡萄酒。同许多其他的艺术形式如音乐、绘画、文学一样，最早推动葡萄酒酿制技术完善的是教会和僧侣。教会人员把葡萄种植和葡萄酒酿造作为工作，而葡萄酒也是随传教士的足迹最后传遍世界。

17、18世纪前后，法国便开始雄霸整个葡萄酒王国，波尔多和勃艮第两大产区的葡萄酒始终是两大梁柱，代表了两个主要不同类型的高级葡萄酒：波尔多的厚实和勃艮第的优雅，并成为酿制葡萄酒的基本准绳。然而这两大产区产量有限，并不能满足全世界所需。于是在第二次世界大战后的六七十年代开始，一些酒厂和酿酒师便开始在全世界找寻适合的土壤和相似的气候来种植优质的葡萄品种，研发及改进酿造技术，使整个世界葡萄酒事业兴旺起来。尤以美国、澳大利亚采用现代科技、市场开发技巧，开创了今天多彩多姿的葡萄酒世界潮流。以全球划分而言，基本上分为新世界及旧世界两种。新世界代表的是由欧洲向外开发后的酒，如：美国、澳大利亚、新西兰、智利及阿根廷等葡萄酒新兴国家。而旧世界代表的则是有数百年以上酿酒历史的欧洲国家，如：法国、德国、意大利、西班牙和葡萄牙等国家。

相比之下，欧洲种植葡萄的传统更加悠久，绝大多数葡萄栽培和酿酒技术都诞生在欧洲。除此之外，新、旧世界的根本差别在于：新世界的葡萄酒倾向于工业化生产，而旧世界的葡萄酒更倾向于手工酿制。手工酿出来的酒，是一个手工艺人劳动的结晶，而工业产品是工艺流程的产物，是一个被大量复制的标准化产品。

ESTABLECIMIENTO VITI-VINICOLA
ESCORIHUELA Y CIA-MENDOZA

何谓葡萄酒

WHAT IS WINE

按照国际葡萄酒组织的规定，葡萄酒只能是破碎或未破碎的新鲜葡萄果实或汁完全或部分酒精发酵后获得的饮料，其酒精度一般在8.5°–16.2°之间；按照我国最新的葡萄酒标准GB15037—2006规定，葡萄酒是以鲜葡萄或葡萄汁为原料，经全部或部分发酵酿制而成的，酒精度不低于7.0%的酒精饮品。

葡萄酒有许多分类方式。以成品颜色来分，可分为红葡萄酒、白葡萄酒及桃红葡萄酒三类。其中红葡萄酒又可细分为干红葡萄酒、半干红葡萄酒、半甜红葡萄酒和甜红葡萄酒。白葡萄酒则细分为干白葡萄酒、半干白葡萄酒、半甜白葡萄酒和甜白葡萄酒。以酿造方式来分，可以分为葡萄酒、起泡葡萄酒、加烈葡萄酒和加味葡萄酒四类。

葡萄酒种类
WINE VARIETIES

按二氧化碳含量分类

静止酒（Still Wine）：葡萄酒

起泡酒（Sparkling Wine）：起泡酒，香槟

根据再加工分类

加强酒（Fortified Wine）：添加白兰地增强酒精度至18%–23%。例如波特酒（Port）、雪利酒（Sherry）。

加香葡萄酒/混合葡萄酒（Aromatised Wine）：主要是把葡萄酒加上药草、香料、色素等配合而成，如苦艾酒（Vermouth）。

成品按颜色分类

红葡萄酒（Red Wine）

白葡萄酒（White Wine）

桃红葡萄酒（Rose Wine）

按葡萄酒含糖量分类

干型葡萄酒（Dry Wine）：

含糖量低于4g/L；

半干型葡萄酒（Semi-Dry Wine）：

含糖量4g–12g/L；

半甜型葡萄酒（Semi-Sweet Wine）：

含糖量12g–45g/L；

甜型葡萄酒（Sweet Wine）：

含糖量大于45g/L。

芙蓉春帐，
葡萄新酿，
一声金缕樽前唱。
锦生香，
翠成行，
醒来犹问春无恙，
花边醉来能几场。
妆，黄四娘。
狂，白侍郎。

西湖沉醉，
东风得意，
玉骢骤响黄金镫。
赏春归，
看花四，
宝香已暖鸳鸯被，
萝绕绿窗初睡起。
痴，人未知。
噫，春去矣。

——《山坡羊·春日》
散曲家张可久

工人们准备橡木桶陈酿葡萄酒

新旧世界葡萄酒

NEW WORLD AND OLD WORLD WINE

旧世界葡萄酒

葡萄酒王国——法国

白葡萄酒圣地——德国

热情洋溢——意大利

瓶中的阳光——西班牙

波特之乡——葡萄牙

新世界葡萄酒

新世界之王——美国

冰酒新王国——加拿大

葡萄酒黑马——澳大利亚

复合式风貌——南非

葡萄种植天堂——智利

沉睡的巨人——阿根廷

纯净的神之水滴——新西兰

	旧世界	新世界
规模	以传统家族经营模式为主，相对规模比较小	公司与葡萄种植的规模都比较大
工艺	比较注重传统酿造工艺	注重科技与管理
口味	以优雅型为主，较为注重多种葡萄的混合和平衡	以果香型为主，突出单一葡萄品种风味为主，风格热情开放
葡萄品种	世代相传的葡萄品种	自由选择的葡萄品种
包装	注重标示产地，风格较为典雅和传统	注重标示葡萄的品种，色彩较为鲜明活跃
管制	有严格的法定分级制度	没有分级制度，一般著名优质产区的名称就是品质的保证

古老的酒窖

中国葡萄酒
WINE OF CHINA

中国葡萄酒的起源也很早，最早对葡萄的文字记载，见于《诗经》。古代原生葡萄，统称山葡萄、刺葡萄等，也叫野葡萄。葡萄在《史记》中写作“蒲陶”，在《汉书》中写作“蒲桃”，《后汉书》中写作“蒲萄”。可见，早在周代，就已经有了人工种植的葡萄园了。

《史记·大宛列传》记载：西汉建元三年（公元前138年）张骞奉汉武帝之命，出使西域，看到“宛左右以蒲陶为酒，富人藏酒万余石，久者数十岁不败”。随后，“汉使取其实来，于是天子始种苜蓿、蒲陶，肥浇地……”可知西汉中期，中原地区的农民已得知葡萄可以酿酒，并将欧亚种葡萄引进中原了。他们在引进葡萄的同时，还招来了酿酒艺人，自西汉始，中国有了西方酿制法。

三国时期的魏文帝曹丕说过：“且说葡

中国葡萄酒大事记

☆《诗经》所反映的殷商时代（公元前17世纪初—约前11世纪），人们就已经知道采集并食用各种野葡萄了。

☆中国葡萄和葡萄酒业开始，还是在汉武帝时期（公元前140—前88年）。

☆我国葡萄酒文化经历的几个阶段：

汉武帝时期：葡萄酒业的开始和发展；

魏晋南北朝时期：葡萄酒业的恢复、发展与葡萄酒文化的兴起；

唐太宗和盛唐时期：灿烂的葡萄酒文化；

元世祖时期至元朝末期：葡萄酒业和葡萄酒文化的繁荣；

清末民国初期：葡萄酒业的转折期。

祁连夜光杯

萄，醉酒宿醒。掩露而食；甘而不捐，脆而不辞，冷而不寒，味长汁多，除烦解渴。又酿以为酒，甘于曲糜，善醉而易醒……”这对葡萄和葡萄酒的特性认识得非常清楚了。只是葡萄酒被限于在贵族中饮用，平民百姓是绝无口福的。

唐朝贞观十四年（公元640年），唐太宗命交河道行军大总管侯君集率兵平定高昌。高昌历来盛产葡萄，在南北朝时，就向梁朝进贡葡萄。《班府元龟卷》说：唐朝破了高昌国后，收集到马乳葡萄放到院中，并且得到了酿酒的技术，唐太宗把技术资料做了修改后酿出了芳香酷烈的葡萄酒，和大臣们共同品尝。这是史书第一次明确记载内地用西域传来的方法酿造葡萄酒档案，长安城东至曲江一带，俱有胡姬侍酒之肆，出售西域特产葡萄酒。

唐代著名诗人李白就是那里的常客，并写道：“葡萄酒，金叵罗，吴姬十五细马驮”，唐诗中还有“葡萄美酒夜光杯”之句。可见，李白等喝的或许就是唐代盛兴的葡萄酒，或是黄酒，即使是蒸馏后的葡萄酒，度数也不会高多少。

13世纪，马可波罗来到中国。在他的《游纪》中说：太原府国“……那里有许多好葡萄园，制造很多的酒……酒由这里贩运到全省各地。”

中国葡萄酒虽有漫长的历史，但生产规模不大，产量不多。直到清光绪十八年，华侨张弼士先生集资350万两银子，在山东省烟台市成立了张裕葡萄酿酒公司，张弼士雇用上千人，修建葡萄园，并从法国、意大利等欧洲葡萄酿酒国家引进25万株葡萄植株共129个品种，重金聘请了奥地利驻烟台领事为酿酒技师，先后酿成了红葡萄酒、白葡萄酒、味美思、白兰地等16个系列产品。

史学巨匠阿诺德·汤因比写道：任何了解自己历史的人，必须要清楚地知道自己的葡萄酒。

——帕特里克·麦戈文博士等

数千年来，发酵的饮料得到的喜欢远胜于水：前者更安全，对精神有影响，且更富有营养。一些人甚至说究竟是西方文明发展的首要媒介，因为更健康的个体（即使许多时间他们都是喝醉的）活得更长且有更强的繁殖能力。

葡萄酒成为文明生活的一部分差不多已经有7000年了。这是唯一的一种滋养人类身体、灵魂和精神而且激励意志的饮料。

——罗布特·蒙达维《喜悦的收获》

托马斯·阿奎那如此概括了弥撒上酒的重要性：圣餐上的面包必须与葡萄酒相伴，因为这是基督的遗嘱，当他规定圣餐时，他就选择了葡萄酒……而且也是因为，葡萄酒在某种意义上代表了圣餐的效果。在此，我的意思是指精神上的欢乐，因为葡萄酒能使人的心灵感到快乐。

葡萄酒与人体健康

WINE AND HEALTH

在葡萄酒中除酒精外，还含有许多其他物质，如矿物质元素、维生素、聚酚类物质、甘油、高级醇、芳香物质、色素等，这些物质的含量与比例决定了葡萄酒的种类和风味。秦汉时期的重要药学文献《神农百草经》中记载，葡萄酒有益气、倍力、强智、令人肥健、耐饥、忍风寒的功效；明李时珍《本草纲目》记载，葡萄酒“暖肾腰、驻颜色、耐寒”。可见，中国的古人对葡萄酒与人体保健的认识已经相当深刻。

滋补作用：

葡萄酒是具有多种营养成分的高级饮料。适度的饮用能直接对人体神经系统产生作用，提高肌肉的张度，并对神经中枢起到舒适欢快和兴奋的作用。而葡萄酒含有多种氨基酸、矿物质和多种维生素，对维持和调节人体的机能起到滋补的作用，是不可缺少的营养液。

对神经中枢的作用：

能缓解中枢神经的兴奋程度，调节人体肌肉的紧张度。可平息焦虑的心情。

对胃肠道的作用：

可促进胃酸分泌，具有开胃作用。酒中的酸性物质有助于胆汁和胰腺的分泌，帮助消化。

对心血管分泌的作用：

通过提高血液中脂蛋白的浓度，促进血液中胆固醇转移入肝并转化成胆酸而排出体外，能防止胆固醇沉积于血管内壁。

预防癌症、老年痴呆症、高血压及加强免疫力：

葡萄的果皮和种子含有单宁酸、黄酮类化合物等聚酚类物质，可以防止造成老化或癌症的元凶——活性氧将细胞氧化，预防动脉硬化、癌症、老年痴呆症、高血压、感冒及加强免疫力。这就是真正的健康之源。

杀菌作用：

葡萄酒中的乙醇、酸类、多酚物质都有较强的杀菌能力。

消渴利尿的作用：

葡萄酒中酒石酸、柠檬酸等含量较高，适当温度下饮用葡萄酒不但可以消渴，且有利尿、防治水肿的功能。葡萄酒中的聚酚是一种抗氧化（SOD）物质，具有制造蛋白质（HDL），遏止活性氧活力的功能，因为活性氧也可引起尿酸过多。因此，喝葡萄酒对由尿酸引起的痛风有一定辅助治疗作用。

葡萄酒本身就是一件美妙的事情。

——教皇庇护十二世

黑暗的中世纪是葡萄酒发展的第一个黄金时期，贵族、教会都将葡萄酒视为财富的象征，大片的葡萄种植园相继出现，葡萄酒的种类日益丰富，同时带动了葡萄酒贸易的繁荣。

葡萄酒随着岁月增加而改善。酒越陈，我越喜欢。

——佚名

不同的葡萄酒，寿命长短不同。法国的博若来新酒（Beaujolais），保存期也就半年；波尔多一些名庄的红葡萄酒（如马尔戈城堡），上百年也没熟透。一般认为，白葡萄酒因为单宁含量少，抗氧化能力稍差，不如红葡萄酒耐放。但是勃艮第出产的很多白葡萄酒，都具有10年以上的贮存能力。

愿我们的爱像上好的葡萄酒一样，随着岁月的流逝而更热烈。

——古英语谚语

罗马历史学家老普林尼（Pliny the Elder）认为公元前121年为最好的葡萄酒年份。

抗衰老作用：

人体每天都要经受来自自身的有害物质的毁灭性攻击，对人体最具破坏性的自由基则是活性氧基团。

研究人员发现，葡萄酒，尤其是干红葡萄酒中的花色素苷和单宁等多酚类化合物具有活性氧消除功能。他们在1994年测试了红葡萄酒在人体血液中的抗氧化能力，发现喝下红葡萄酒后抗氧化活性就开始上升，90分钟后达到最大，抗氧化活性平均上升15%。《本草纲目》记载“葡萄酒耐寒、驻颜色……”指的就是青春永驻，已被现代医学所证实。

法国每天饮红葡萄酒3—4杯的老人，患痴呆症和早衰性痴呆症的概率只为不饮酒者的25%。

酿酒葡萄
WINE GRAPE

葡萄为Ampelidecese科，所有酿酒葡萄品种均属于Ampelidecese的10个科属中的Vitis科属，其中又以欧亚葡萄品种酿酒葡萄（Vitis Vinifera）最为重要，因为全球的葡萄酒有99.99%均是使用酿酒葡萄的葡萄品种酿造。全世界有超过8000种可以酿酒的葡萄品种，但可以酿制上好葡萄酒的葡萄品种只有50种左右。另有美洲葡萄品种Vitisriparia，砂地葡萄（Vitisrupestris），Vitisberlandieri，这几种葡萄品种很少用于酿造葡萄酒，但是它们可以抵抗根瘤蚜虫，因此在19世纪根瘤蚜虫破坏了欧洲大多数葡萄藤时，美洲葡萄品种用于与欧亚葡萄品种进行杂交。

酿酒葡萄的特点是皮厚汁多肉少，而且颗粒小，种植在南北纬30°—50°之间，喜欢阳光充足日照多的地中海型气候，红葡萄比白葡萄需要更长的生长季节，因此种植在较暖和的地方。

☆葡萄皮：占全葡萄体积的1/10以上。含有丰富的纤维素和果胶，还有单宁（较细腻）和芳香物质（挥发性香和非挥发性香，葡萄皮下）。黑葡萄皮含有红色素，为红葡萄酒颜色的主要构成。

☆葡萄梗：所含单宁收敛性强且较粗糙，刺鼻的草味，通常酿酒前会去梗。有些酒厂会加入成熟的葡萄梗以增强单宁的强劲度。含钾，具有去酸的功能。

☆果肉：占葡萄80%的重量。其主要成分有水分、糖分、有机酸和矿物质。糖分是酒精发酵的主要成分，包括葡萄糖和果糖，有机酸则以酒石酸、乳酸和柠檬酸三种为主。酒中的矿物质则以钾最为重要，其含量常超过各种矿物质总量的50%。

☆葡萄籽：内部含有许多单宁和油脂，因其单宁收敛性强，不够细腻，而油脂又会破坏酒的品质，所以在酿酒的过程中须避免弄破葡萄籽而影响酒的品质。

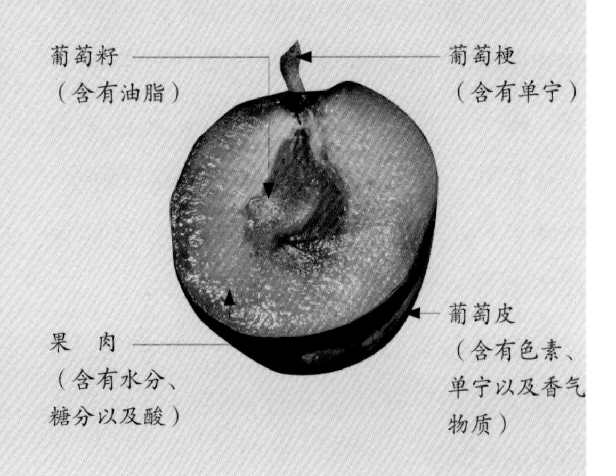

红葡萄品种

RED GRAPES

红葡萄的皇帝

——赤霞珠（Cabernet Sauvignon）

赤霞珠（Cabernet Sauvignon）同莎当妮（Chardonnay）一并为世界上最为广泛栽培的葡萄品种。赤霞珠属欧亚种，原产法国波尔多地区。尽管成熟期长，产量低，但作为波尔多葡萄酒的一种主要类型，赤霞珠在世界各地广泛种植，是全世界最受欢迎的红葡萄品种，也是栽培历史最悠久的葡萄品种，早在古罗马时代（公元23—79年）就有栽培赤霞珠葡萄的记载。

赤霞珠香气非常容易辨认，其酒香以黑色水果（如黑樱桃和李子等）、植物性香（如青草和青椒）及烘焙香（如烟草、雪茄、香草、咖啡和烟熏味等）为主。

其酿造的葡萄酒年轻时往往具有类似

赤霞珠
Cabernet Sauvignon

青椒、薄荷、黑醋栗、李子等果实香味，陈年后逐渐显现雪松、烟草、皮革、香菇气息。

由赤霞珠酿造的葡萄酒，受葡萄采收时果实成熟度影响很大，当果实未完美成熟，会显现更明显的青椒以及植物性气味，相反，果实成熟完美，甚至是过熟状态，酿造的酒就会呈现出黑醋果酱气息，口感似果酱。

红葡萄的皇后

——梅洛（Merlot）

梅洛（Merlot)是波尔多最受欢迎的红葡萄品种，其种植面积超过赤霞珠(Cabernet Sauvignon)与品丽珠（Cabernet Franc)葡萄的总和。

梅洛之所以受欢迎是因为它早熟、鲜嫩且多产，可以用来大量酿制美味而柔滑的葡萄酒。梅洛在较凉的地方长势良好，用梅洛酿制的最为优秀的葡萄酒，产自著名的柏图斯庄园（Chateau Petrus)。梅洛的缺点是雨量过多时易腐烂。在温度较高的朗格多克·鲁西荣（Languedoc—Rousillon)葡萄园，自20世纪80年代引入以来，梅洛已成为最成功的“改良葡萄”，其品质大有改观。在美国西岸地区，由于梅洛不含粗单宁，酿制的酒已成为成功人士饮用的时髦酒。

以梅洛为单品酿造的葡萄酒，酒精含

梅洛
Merlot

量高，以果香著称，单宁质地柔软，口感以圆润厚实为主，酸度也较低。果汁颜色为宝石红色，澄清透明，香味浓重且酒体呈现出饱满的紫色，此酒芳香怡人，酒体优雅，入口柔顺，比较典型的口味有甘草和薄荷的混合香，樱桃味、李子味和巧克力味。梅洛比赤霞珠的单宁支撑感要少许多，水果香与不太浓烈的单宁相结合调和出比较容易入口的葡萄酒。反而陈年的葡萄酒呈现比较浓郁的复合口味。

红葡萄的王子

——西拉（Syrah）

西拉（Syrah、Shiraz）是一个广泛种植的葡萄品种，广泛程度可能只有梅洛和赤霞珠能与其相比。其酿造的葡萄酒，风味与香气同气候土壤等因素有很大关系，

西拉
Syrah

但是通常具有紫罗兰、黑莓、巧克力、咖啡以及黑胡椒气息，陈酿后出现皮革、松露气息。西拉葡萄酒风味浓郁，单宁较多，通常需要很好陈年后方可适饮。

西拉所酿造的葡萄酒通常有以下四种类型：单品种西拉葡萄酒：主要出产于法国北罗纳河谷以及澳大利亚；西拉与少量维欧尼（Viognier）混合调配：主要出产于法国北罗纳河谷的Côte—Rotie以及澳大利亚个别酒庄；西拉与赤霞珠混合调配：这种调配首先出现在澳大利亚，之后流行于其他新世界葡萄酒。西拉与歌海娜（Grenache）以及慕为怀特（Mourvedre）混合调配：这是法国北罗纳河谷的教皇新堡产区采用的调配主要品种，而在澳大利亚这种调配的就被称为“GSM”。

红葡萄的情人

——黑品诺（Pinot Noir）

黑品诺（Pinot Noir）原产自法国勃艮第，为该区唯一的红葡萄品种。属早熟型，产量小且不稳定，适合较寒冷气候，在石灰黏土中生长最佳。现在的黑品诺颜色不浓，颜色是淡红色或正红色。气味是不浓不淡的果香系与花香系。常闻到的是樱桃、莓果、梅子、黑醋栗、香料、玫瑰花或其他花香。入口的感觉则是相当柔和温淡，优雅细腻。有点酸，但不涩，单宁酸很少。

黑品诺
Pinot Noir

其酿造的葡萄酒年轻时主要以樱桃、草莓、覆盆子等红色水果香为主；陈酿后，又会出现甘草和煮熟甜菜头的风味；陈酿若干年后，带有淡淡的动物和松露香气，还有甘草等香辛料的香味。

在主要的红葡萄品种中，黑品诺被公认为最挑剔最难照料的品种，它对成长环境的要求较高。其品种特性不强，易随环境而变，在良好的条件下，黑品诺虽然颜色不深，却有严谨的结构和丰厚的口感，极适陈年。除红酒外，黑品诺经直接榨汁也适合酿制白色或玫瑰起泡酒，是香槟区的重要品种之一，多与莎当妮（Chardonnay）及品诺莫妮尔（Pinot Meunier）混合，较其他品种丰厚且适陈年。

丘比特之血

——桑娇维塞（Sangiovese）

桑娇维塞（Sangiovese），欧亚种，原产于意大利托斯卡纳地区（Toscana），最早的记载可以追溯到16世纪。桑娇维塞起名于“Sanguis Jovis”，在意大利语中意为“丘比特之血”。

尽管早在16世纪就有了桑娇维塞的相关记录，但直到19世纪，桑娇维塞才开始在意大利广泛流行，迅速成为意大利种植最广的葡萄品种，目前其栽培面积超过意大利葡萄总栽培面积的10%（约10万公顷）。桑娇维塞在意大利全国范围内都有种植，其中意大利中部与南部地区最为出色。在故乡托斯卡纳地区，尤其是布鲁内罗迪蒙塔尔西诺（Brunello Di Montalcino）和奇安蒂（Chianti）葡萄酒产区，桑娇维塞确立了自己的王者地位。

桑娇维塞红葡萄酒是典型的意大利之子，它的香料味中带有肉桂、黑胡椒、李子和黑樱桃的气息，以及新鲜饱满的泥土芬芳。较新的酒有时还展现一丝花的香气。桑娇维塞是意大利奇安蒂产区的中流砥柱。从某种意义上说，桑娇维塞之于奇安蒂就如赤霞珠之于波尔多一样：它们都是以自己为主体，混合其他少量葡萄酿造出顶级红酒；而当它们是单品葡萄酒并成功酿造的时候，又能很好地体现其独特的优雅与复杂度，让人难以忘怀。

在世界范围内，桑娇维塞也占有一席

桑娇维塞
Sangiovese

之地，在美国加州、阿根廷、智利、澳大利亚、罗马尼亚及法国科西嘉岛都有种植，其中美国加州桑娇维塞的优异表现吸引了葡萄酒界越来越多的目光，在阿根廷大约有5000公顷的种植面积。

内比奥罗（Nebbiolo）

内比奥罗（Nebbiolo)是意大利最昂贵的葡萄品种。其名字（意为小雾）是指秋天的雾气覆盖着皮埃蒙特的大部分区域，为葡萄提供了极佳的生长环境。内比奥罗是一个较难种植的品种，但出产了最为著名的巴罗洛（Barolo）和巴巴莱斯科（Barbaresco）红酒。这些酒因富含野生蘑菇、松露、玫瑰和焦油的芬芳而被称为优

内比奥罗
Nebbiolo

雅而雄浑。传统酿造的巴罗洛可以窖藏50年以上，并被许多葡萄酒爱好者视为意大利最伟大的葡萄酒。

科维纳（Corvina）

科维纳（Corvina)广泛生长于意大利加尔达湖畔的威尼托区和瓦尔伯利塞拉

科维纳
Corvina

山地区，以及北部和东北部的维罗纳。有时候这种葡萄被称作科维纳维罗纳斯(Corvina Veronese)，据称，它已经在维罗纳生长了4000多年。它经常与罗迪内拉(Rondinella)和莫林纳拉(Molinara)葡萄混合，来酿造著名的瓦尔波里塞拉酒和巴多利诺酒。

它是一种难以琢磨的品种，成熟较晚，在收获的时候容易受雨水影响而腐烂。而它属于高产葡萄品种，葡萄的质量取决于产量控制，质量好的葡萄产量低。

高品质的科维纳酿出的酒散发出柔和的水果香气和一丝丝的杏仁气息。酒体丰满，强劲有力，凝聚干果味道的阿马洛尼(Amarone)和甜酒(Recioto)也由此葡萄酿造。

巴比拉(Barbera)

巴比拉(Barbera)在意大利北部的皮埃蒙特曾经被制成日常饮品，现成为继桑娇维塞后最被广为种植的一个葡萄品种。在过去的20年中，巴比拉一直是最高品质的葡萄品种之一，随着去酸过程和发酵多赛托技术越来越优良，现今用巴比拉酿出来的红酒口味更加复杂化，酒体结实并带有水果红的光泽，其陈酿价值和潜质都不错。但这些优点只限于皮埃蒙特地区或意大利南部地区，而在其他地方酿制出来的巴比拉则显得平凡，酸度含量较高，特别是在阿根廷和美国加州。

巴比拉
Barbera

多塞托（Dolcetto）

“Dolcetto”的意思是“有点甜”，反应了葡萄本身所具有的果味特性，它对土壤及气候条件非常敏感。在意大利北部的皮埃蒙特，是继内比奥罗和巴比拉后的第三大葡萄品种，也是最为早熟的葡萄品种，比巴比拉早2周收割，比内比奥罗则早4周。碰上气候等条件不是最合适的时候，葡萄会在完全成熟前落地，也容易受菌类疾病的影响。它含有较多单宁，在酿制的时候会生成很多沉淀物。因此，酿酒师通常都是用较短的时间去发酵，并尽快将其装瓶，从而避免酿造出来的红酒产生过多沉淀物。酿造完成的多塞托红酒是非常吸引人的，泛深宝石红色，散发着香甜的浆果和柏树香味，并带有一种杏仁的味道。

多塞托
Dolcetto

坦普尼罗（Tempranillo）

坦普尼罗（Tempanillo）可能是全世界“昵称”最多的一个葡萄品种。在加泰罗尼亚当地被称为“Ull de Llebre”（野兔的眼睛）。从坦普尼罗的原意分析，Temprano有“早熟”之意，后缀“-illo”是“小”的意思，整个单词之意为早熟的小葡萄。

坦普尼罗原产于西班牙北部，贫瘠坡地的石灰黏土是其最佳的种植条件，不同于其他西班牙品种，适合较凉爽温和的气候。坦普尼罗是里奥哈最重要的品种，主要种植于上里奥哈（Rioja Alta）和里奥哈阿拉维沙（Rioja Alavesa），另外在西班牙北部也普遍种植，但在他国并不著名。坦普尼罗的品质不差，酸度不足是其常有的缺点，酿酒有时与其他葡萄品种相混合。典型的坦普尼罗会带有浆果、李子、烟草、皮革、香草的香气，在年轻时饮用称作“joven”，可以充分领略其果味，在橡木桶陈酿数年后转为酒体浓厚的红酒。

坦普尼罗
Tempranillo

佳美（Gamay）

佳美（Gamay）为欧亚种，属中熟品种。长势中等，较丰产。风土适应性较强，抗病性较差。它主要种植于法国卢瓦尔河谷（Loire Valley）、勃艮第（Burgundy）和博若莱（Beaujolais）等地区，以博若莱地区的品质最优异，独树一帜的博若莱葡萄酒就是用佳美葡萄酿制

佳美
Gamay

的。佳美葡萄在酿酒时，使用特殊的二氧化碳浸泡法（carbonic maceration），这是一种果浆细胞内部的发酵，可以让葡萄酒产生极其浓郁的新鲜果香，常常被形容为带有梨子糖的味道。这种葡萄酒新鲜可口，单宁含量少，需早期饮用，不适久存。当然也有少数高级“cru”酒庄会用常规方式酿制出带有咖啡、黑枣气味且可久存的红葡萄酒。

马尔贝克（Malbec）

马尔贝克（Malbec）原产于法国，但在法国表现得并不突出。在法国的波尔多地区，马尔贝克是6种法定的红葡萄品种之一，用来调配葡萄酒以增加酒色和结构感，基本上属于不太受重用的“二等公民”。

马尔贝克
Malbec

在阿根廷，马尔贝克就从“丑小鸭”进化成了“白天鹅”。安第斯山脚下的阿根廷，由于山脉的阻挡使土地非常干燥炎热。山脚下的产区得到山上的融水，有相当充足的日照，而且早晚温差大，非常有利于酚类物质的积累，而且单宁相当的成熟，使得阿根廷年轻的红酒喝起来都很可口，甘美甜润。阿根廷马尔贝克很像梅洛，酒体介于赤霞珠和梅洛之间，既有赤霞珠挺拔冷峻的结构，又有梅洛丰满圆润的妩媚。年轻时的马尔贝克通常具有充沛的花香和果香，例如紫罗兰、黑莓、李子、樱桃等香气会从酒中展现出来。经过陈年的马尔贝克会展现出很深邃的味道，如黑胡椒、可可、咖啡、黑巧克力、皮革和烟草的香气，非常经典，令饮者印象深刻，难以忘怀。

歌海娜（Grenache）

歌海娜（Grenache）原产于西班牙，起源于西班牙北部的阿拉贡省(Grenache Noir)，在那里被称为歌海娜红葡萄（Garnache Tinta)，后来传播到里奥哈（Rioja），然后穿过比利牛斯山脉进入到法国南部，最终抵达罗纳河谷（Rhône Valley)。虽然世界上歌海娜葡萄几乎比其他任何红葡萄的种植数量都多，但绝大部分集中在西班牙。

歌海娜的特点是深紫色、含糖量高、

果实结实、密度高、香气浓郁，含黑樱桃、黑醋栗、果酱、黑胡椒与甘草味，自然酒精度可达18%，酸度低，单宁中低度，易霉变。所以通常与其他品种混合，以增强其结构和平衡度。最优质的歌海娜在西班牙最小的产酒区贝利奥拉特（Priorato）。在此地区，独一无二的老藤歌海娜（平均树龄在35—60年之间）种植在海拔较高的斜坡上，产量非常低。由于使用老藤葡萄，因此所酿造的酒带有非常细腻浓郁的口感，深邃的色泽，并带有非常明显的单宁和较高的酒精度。

在法国，歌海娜被广泛种植在罗纳河谷（包括教皇新堡、罗纳河谷和吉恭达斯产区）、普罗旺斯和朗格多克地区。在教皇新堡产区，歌海娜是13个法定葡萄酒品种中最常见的品种，它甜美浓郁的果味常常被用来混酿西拉，从而增加酒体的色泽和辛辣的香气，而慕维怀特（Mourvedre）的加入则增加了酒体的优雅度，赋予了其更完美的结构。

一直到20世纪中叶，歌海娜一直都是澳大利亚最广泛种植的红葡萄品种。但慢慢其地位被西拉和赤霞珠所取代，不再是最受追捧的品种。到了20世纪末21世纪初，用南澳种植的老藤歌海娜酿造的多种风格的歌海娜葡萄酒才重新燃起了人们对于这一品种的兴趣，进而发展出广受欢迎的GSM混酿（歌海娜、西拉和慕为怀特）。

味儿多（Petit Verdot）

味儿多（Petit Verdot）一直被认为最早种植于波尔多的西部，在梅多克（Médoc）地区十分流行，是一个比赤霞珠还要早出现的葡萄品种。现在已经很少人种植味儿多葡萄了，但是只要有它的地方就会给该地区的葡萄种植业带来无限神奇。

在波尔多，味儿多喜欢生长在沙砾土壤厚实、气候相对温暖的左岸地区。它成熟得非常晚，通常在赤霞珠之后，而在寒冷的年份里，它基本不能成熟。如果天气太潮湿，也生长得很不好。由于其自身难成熟又低产的缺点，导致它的产量很稀少。味儿多呈球形、深蓝色、皮厚，属于那种比较个性张扬的品种，单宁高、酒精度高、酸度高、香气馥郁。

歌海娜
Grenache

味儿多
Petit Verdot

在梅多克地区味儿多的产量仅占到所有葡萄的10%。由于它不愿和其他品种的葡萄共生长，因此在当今的波尔多流行不起来。但是，味儿多凭借着显著的单宁、颜色、结构和香气成为酿造其他葡萄酒不可或缺的伴侣。味儿多在意大利、西班牙、美国加州、澳大利亚、智利和阿根廷都有种植。

品诺塔吉（Pinotage）

品诺塔吉（Pinotage）产于南非，是用法国黑品诺（Pinot Noir）和神索（Cinsault）品种杂交开发的新品种，兼具黑品诺勃艮第式的经典细腻和极高的抗病品质。品诺塔吉的果实成熟期短，且含糖量高，藤蔓更健壮。所酿的酒，比其父母双亲具有更深、更浓的宝石红色，还有异常新鲜浓郁的果香，口感柔和多汁，略微带一点甜味。

20世纪初，有个南非小伙子名叫阿布拉罕—伊扎克—贝霍尔德（Abraham Izak Perold），先后在德国和法国留学，于1906年回到南非，26岁任开普敦大学临时化学教授。之后不久，南非政府委派他出国考察、学习葡萄栽培技术。当他再次回国后，成为斯坦伦堡首位葡萄栽培教授。1925年，贝霍尔德教授取黑品诺的雄蕊花粉，轻轻地刷在神索的雌蕊上，培育出世界上第一株品诺塔吉葡萄树。直到1941年，在爱森堡（Elsenburg）酿出第一桶品诺塔吉酒时，才算正式开始了它的商业道路。

品诺塔吉
Pinotage

金粉黛（Zinfandel）

金粉黛（Zinfandel）于19世纪从意大利传入美国加州，目前为当地种植面积最大的品种，主要用来生产一般餐酒和半甜型白酒甚至起泡酒。但若种植于较凉爽的砾石坡地，小产量及较长的泡皮过程也能生产高品质耐久存的红酒。具有丰富的花果香，陈年后常有各类的香料味。

这是加利福尼亚最有特色的黑葡萄，尽管它的原产地在欧洲，但人们还是把它当作当地的特产。干溪谷（Dry Creek Valley）、亚历山大谷（Alexandra Valley）、加西维（Geyserville）、亚玛多（Amador）、丝雅拉小山（Sierra Foothill）和帕索罗布（Paso Robles）是最佳产区。

金粉黛
Zinfandel

白葡萄品种
WHITE GRAPES

流浪男人

——莎当妮（Chardonnay）

莎当妮（Chardonnay）原产于法国勃艮第地区，早熟品种，适合各类型气候，耐寒，产量高而且表现稳定，容易栽培，是目前全世界最受欢迎的白色酿酒葡萄，全球各产酒国普遍种植。

在冷凉型石灰质土产区，如法国的夏布利（Chablis）和香槟区（Champagne），酒的酸度高，以青苹果等绿色水果香为主；在较温和产区，如美国的纳帕谷（Napa）和法国勃艮第的马贡内（Maconnais），则口感较柔顺，以热带水果如哈密瓜等成熟浓重香味为主。

近些年智利的卡萨布兰卡山谷（Casablanca）的莎当妮也让世人惊叹。

莎当妮是所有白葡萄品种中最适合橡木桶培养的品种。其酒香浓郁，口感圆润，经久存可变得更丰富醇厚。通常用以制造干白葡萄酒及起泡酒。

莎当妮
Chardonnay

反叛的女孩子

——长相思（Sauvignon Blanc）

长相思（Sauvignon Blanc）原产自法国波尔多地区，适合温和的气候，特别喜欢石灰质土壤，主要用来制造多果味、早熟、简单易饮的干白葡萄酒。

在法国卢瓦尔河上游的桑赛尔（Sancerre）和普宜—富美（Pouilly—Fumé）是最著名的产区，不混合其他品种；新西兰南岛的马尔伯勒（Marlborough）产区最著名，有非常清新多酸多果味的表现；澳大利亚与美国加州的长相思则有较为浓腻的一面，常被称为Fumé Blanc。

其酒酸味重，香气浓，常有一股青草味，常会出现百香果香味，偶尔会出现花

长相思
Sauvignon Blanc

香与火药味。适合采用低温浸皮法酿造，偶尔会出现花香，常出现芒果和凤梨果香。

葡萄酒的贵族
——雷司令（Riesling）

雷司令（Riesling）是最重要和最好的酿造白葡萄酒的品种，适于生长在较为凉爽的地区。

雷司令起源于德国，德国的雷司令葡萄酒在全世界享有盛誉。雷司令比较偏爱阴凉的气候，在部分受到大陆性气候影响下的德国种植区内，雷司令的成熟十分缓慢，一般从10月中旬到11月底之间才开始摘收。正是由于漫长的成熟期，才造就了雷司令葡萄在香味方面的突出表现。

雷司令葡萄对种植环境的要求很高，理想的环境是河谷两侧陡峭山坡上的能储存热量石质梯田。产自德国摩塞尔河、萨尔河与乌沃河两岸页岩地质上的雷司令葡萄酒，因为其特有的矿物质成分而备受雷司令爱好者的青睐，成为世界上最畅销的雷司令葡萄酒。产自法国阿尔萨斯地区的偏干的雷司令葡萄酒通常来说味道更重。

以雷司令葡萄酿造的白葡萄酒品种多样，从干酒到甜酒，从优质酒、贵腐甜白酒到顶级冰酒。因其酒精含量较低的特点，使得雷司令在酒杯中呈现出悦人光泽与丰富香味，如桃子、柑橘等的香味和蜂蜜的甜香。更特别的是它的果酸与浸膏的独一无二的结合，使得葡萄酒时而浓厚时而清新，各种甜度一一呈现，体现出雷司令的过人之处。

雷司令
Riesling

赛美蓉（Semillon）

赛美蓉（Semillon）原产自法国波尔多地区，但以智利种植面积最广，法国居次，主要种植于波尔多地区。虽非流行品种，但在世界各地都有种植。适合温和型气候，产量大，所产葡萄粒小，糖分高，容易氧化。

赛美蓉所产干白酒品种特性不明显，酒香淡，口感厚实，酸度经常不足。所以经常混合长相思以补其不足，适合年轻时饮用。部分产区经橡木桶发酵，可丰富其酒香且耐久存。

赛美蓉以生产贵腐白葡萄酒闻名，葡

赛美蓉
Semillon

萄皮适合贵腐霉菌（Botrytis cinerea）的生长。此霉菌不仅吸取葡萄中水分，增高赛美蓉糖分含量，且因其于葡萄皮上所产生的化学变化，能提高酒石酸度，并产生如蜂蜜及糖渍水果等特殊丰富的香味。

琼瑶浆（Gewurztraminer）

琼瑶浆（Gewurztraminer）原产于意大利北部，皮为粉红色，味道强烈，所酿的酒颜色深黄，酒体丰厚，味道特别浓烈，有很强的荔枝味道和玫瑰花的香气，酒精含量高，但酸度经常不足，主要用来生产干白酒，也可酿成很好的甜白酒，可存放陈年。

琼瑶浆是特拉米娜（Traminer）家族中最知名的品种，酿制时大都经过乳酸发酵，因为产量不高，早开花，又容易感染霉菌，因此除了阿尔萨斯（Alsace）地区外其他地区较少种植。只有德国、澳大利亚、匈牙利、保加利亚和乌克兰有少量种植，有的酒厂取其香味，加在起泡酒中。

琼瑶浆
Gewurztraminer

维欧尼（Viognier）

维欧尼（Viognier）是长势旺盛的葡萄品种，从9月初就开始成熟。但很难种植，对多种病害都很敏感，需要种植在贫瘠干燥多石的土壤里。酒精度高、酸度低、和谐、圆润，带有强烈花香（紫罗兰、金合欢），而且能演绎出蜂蜜、麝香、桃和干杏的香气。以前只有北罗纳河谷的葛莉叶堡（Chateau Grillet）、孔德里约（Condrieu）种植，仅仅数十公顷的面积，而今，其特点受到越来越多的重视，种植面积在世界范围内飞速发展，遍及美国、澳大利亚等新世界国家。

维欧尼
Viognier

麝香葡萄（Muscat）

麝香葡萄（Muscat）不是一个葡萄品种，而是一个遍布世界的家庭系列，有几百个变种。麝香葡萄通常用来酿造干白、起泡酒和加强型葡萄酒，其共同特征

麝香葡萄
Muscat

当我还是个孩子的时候，我经常看到下雪。现在很少见了。春天来得越来越早。我担心当我的孙辈们来重新种植葡萄园时，他们将种西拉（Syrah，一种适合温暖气候种植的葡萄）。

——雅克—弗里德里克·穆涅
（勃艮第葡萄酒酿造商）

相信对于哥本哈根会议上“全球是否真的在变暖”的争论，葡萄酒酿造商们可以提供绝好的答案——葡萄酒的口味正是气候变化的晴雨表。

是带着葡萄本身的香气。麝香的葡萄酒香气各异。麝香葡萄是朗格多克—鲁西荣地区的天然甜酒所用的品种，香气丰富，阿尔萨斯的小粒麝香（Muscat Blanc a Petit Grains）赋予酒浓郁的葡萄、桃子、玫瑰和柑橘的香气。如果是用橡木桶成熟，则带有葡萄干、水果蛋糕、太妃糖和咖啡的香气。最常见的是亚历山大麝香（Muscat Alexander），酒香清新简单。在西班牙和澳大利亚用来酿造甜型葡萄酒。

白诗南（Chenin Blanc）

白诗南（Chenin Blanc)有蜂蜜、矿石和花香，酸度高，它可能是世界上面貌最多的葡萄品种了，从极细致高贵的甜白酒，到一般不甜的餐桌白酒，都可以由它酿造而成。

法国卢瓦尔河谷地的白诗南大多用来酿制高级的甜白酒，以安茹（Anjou）、都兰（Touraine）地区出产者最为出色。

南非开普敦白诗南的种植面积相当广，是法国种植面积的3倍，在当地使用的名称是 Steen，大部分用来酿制稍甜的平价餐酒。美国白诗南的种植面积也相当广，比法国产量大，和南非一样，也用来制造平价餐酒。南美的阿根廷种植很多白诗南，多用来做起泡酒，智利也有种植。墨西哥、巴西、乌拉圭也有种植。

白诗南
Chenin Blanc

灰品诺（Pinot Gris/Grigio）

灰品诺（Pinot Gris)是品诺（Pinot）葡萄家族中的一员，颜色粉红中带灰，需要深层土壤来种植。14世纪，灰品诺从法国来到匈牙利的巴拉顿湖区域。在法国的阿尔萨斯、奥地利、德国，灰品诺被用来生产起泡

灰品诺
Pinot Gris/Grigio

酒和红酒，这两种酒都是最高品质的产物，富含灰品诺精华，带有可人的辛辣味及少许酸性。现在灰品诺被更多人认识为Pinot Grigio，其主要生长在意大利北部的葡萄产区，该区域普遍生产酒精度不高的葡萄酒。

白品诺（Pinot Blanc）

在品诺葡萄家族中，白品诺（Pinot Blanc）是其中一位不同的成员。它源自于品诺（Pinot），而在灰品诺（Pinot Gris）中再繁殖出来。白品诺是一种对种植环境要求较高，但又相当活跃的葡萄品种。只有那种体形较圆滑的成熟白品诺，才可以完全表现出它的特性，否则它应有的香味就不会完全散发出来。白品诺在新世界发展得很好，同时在意大利北部、奥地利的施第里尔（Styria）省、克罗地亚、斯洛文尼亚、匈牙利和罗马尼亚也有种植。

白品诺
Pinot Blanc

特雷比亚诺（Trebbiano）

在意大利托斯卡纳特雷比亚诺（Trebbiano），这种白葡萄是最被人们所熟悉的，曾是基安蒂葡萄酒的主要成分，口味相对比较温和，它最大的价值在于其产量高，但同时又能够保持适宜的酸度。在意大利阿布鲁索（Abruzzo）法定产区是最具代表性的一个葡萄品种。除了意大利外，特雷比亚诺在世界其他地区也有种植。在法国（被称为Ugni Blanc）主要较为广泛用来酿造白兰地。在法国南部特雷比亚诺也会跟其他葡萄品种混合来酿造葡萄酒。

特雷比亚诺
Trebbiano

维奥娜（Viura）

维奥娜（Viura）是典型的西班牙白葡萄品种，在西班牙的里奥哈（Rioja）和那瓦拉（Navarra）两区广泛种植。在其他国家则很少有此种葡萄。维奥娜所产葡萄酒带复合的热带果香和香草香，酒体结构佳，口感清爽、典雅。

维奥娜
Viura

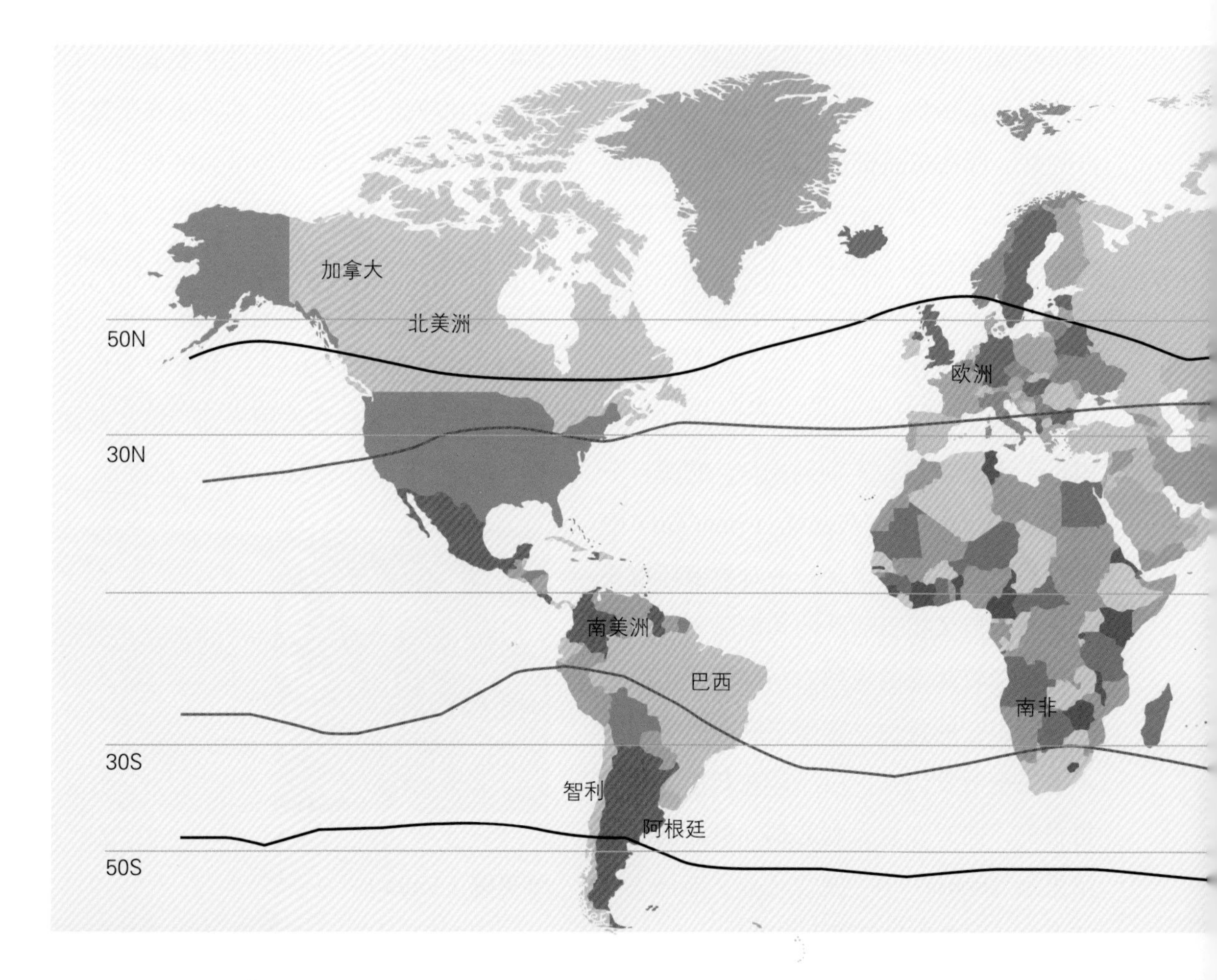

酿酒气候

CLIMATE

葡萄适合种植在北纬32°–51°，南纬28°–44°温带地区。旧世界全在北半球。例如：波尔多的纬度正好位于北纬44°11'–45°35'。

酿酒气候类型主要分为大陆型气候、海洋型气候以及地中海式气候。

大陆型气候

冬夏温差非常明显，夏季较短，秋季温度下降较快。

凉爽大陆型气候：德国和法国香槟区；

温和大陆型气候：美国尼亚加拉

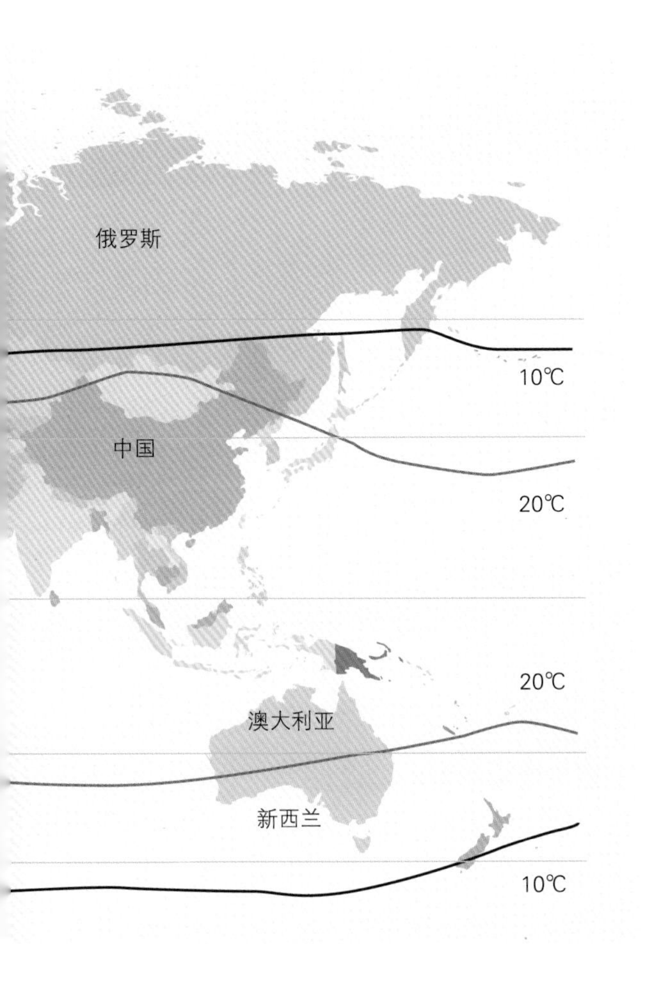

(Niagara）产区；

温热大陆型气候：阿根廷门多萨(Mendoza）产区；

炎热大陆型气候：西班牙拉门察（La Mancha）产区。

海洋型气候

温和凉爽，冬夏季温差较小，全年降雨较平均。

凉爽海洋型气候：法国密斯卡岱产区(Muscadet)；

温和海洋型气候：法国波尔多(Bordeaux)；

温暖海洋型气候：新西兰奥克兰(Auckland)。

地中海式气候

冬夏季温差小，夏季温暖干燥。

温和地中海式气候：意大利基安蒂(Chianti)；

温暖地中海式气候：法国教皇新堡(Chateauneuf-du-Pape)；

炎热地中海式气候：澳大利亚达琳产区（Murray-Darling)。

温度

葡萄田选择的地点年平均温度不要低于10℃，在生长季节平均温度在16℃－21℃。夏季不超过19℃，冬季不低于零下1℃。

全年阳光照射总时数至少1300小时，1500小时为佳。

降雨量

根据不同气候条件，葡萄藤需要的降雨量也有所不同。一般来说，年平均降雨量至少需要500毫米，气候较炎热地区需要至少750毫米以上的降雨。

酿酒土壤
SOIL

土壤位于基石上，从几厘米到几米深。土壤由大小不一的石块和大岩石块、腐殖质以及植物营养成分组成。土壤颜色、底土层矿物质的含量、酸碱值、水的导性、涵养功能、土层变化均会影响最终葡萄酒的品质。土壤具有反射热能和保持潜在热能的特性。葡萄从土壤中获取的必要矿物质，一部分来自于氢和氧（水分），土壤提供的重要养分有氮、钾、铁、镁和钙。如果营养成分不足，例如土壤中铁的成分不足，将会出现枯黄的叶子；相反，如果土壤中某种营养成分过剩，例如氮过剩，将会使葡萄藤枝叶过于茂盛，树阴将挡住葡萄接受阳光的照射。土壤可分为：暖性土壤，如砾石、沙、壤土，会使葡萄成熟得早；冷性土壤，如黏土会延迟葡萄的成熟期。

几种普遍种植葡萄的土壤类型

沙质土壤（sand）可生产质淡、成熟醇化速度较快的葡萄酒；白垩土（chalk）可生产出多样化且高贵的葡萄酒；砾石（gravel）所生产的葡萄可酿制质量佳、质地出色的葡萄酒；黏土（clay）可酿出酒质坚实、浓厚的葡萄酒。

土壤与葡萄品种的适应性

不同的葡萄品种需要不同的土壤环境。带有酸性的花岗岩，可生产优异的西拉（Syrah）葡萄酒，在博若莱生产上好的佳美（Gamay）葡萄酒；

石灰石土壤特别适合莎当妮（Chardonnay）的成长，如香槟区（Champagne）、夏布利（Chablis）、金丘（Côte d’Or）；

黏土会降低葡萄酒的芬芳度，可是却能给葡萄酒更好的酒质架构，如阿尔萨斯雷司令（Alsace Riesling）；

页岩土壤所种植出的葡萄，可酿成丰郁、带有辛辣感的红葡萄酒，如罗纳河产区的罗第丘（Côte-Rotie）。

风土
TERROIR

从辞源学角度看，法文“风土(Terroir)”一词的词根是“土地”。但是，“风土”之于葡萄园，并不仅指葡萄种植的土壤，而是一个由土壤、气候、葡萄园所构成的生态系统。风土更像是一种纽带，连接着葡萄生长的土地及其产成品——葡萄酒。简而言之，风土包括位置（海拔、坡向、形态位置）、气候（从区域的宏观和亚气候到个别葡萄树和葡萄的微气候）、土壤（物理、化学和生物成分）的合成。接着是葡萄品种的选择（单一品种、不同品种、原产品种、国际品种）、葡萄园的管理（整枝、种植密度、葡萄树数量、葡萄树树龄以及产量）、酒窖管理技巧或葡萄酒的酿造和陈酿。

古罗马人早就发现，某些葡萄酒的优异品质与其产地之间存在着联系。在波尔多，人们从中世纪起就发现了这种联系。当时，葡萄酒都以其出产村镇的名号进行买卖。某些村镇的酒卖得比其他的贵，因为后者质量不好、没有名气。从那时起，人们对葡萄酒的血统就有尊卑之分。但是，当时的这种尊卑等级还很模糊，同一村镇出产的酒通常售价接近。直到17世纪，才有了“地主”葡萄酒的概念。从编年史角度看，奥比昂（Haut—Brion）葡萄酒是第一个以酒庄名义销售的葡萄酒。葡萄酒的产地和“风土”划分得更细了，被限定在农户所属的几十公顷的范围内，而不再是村镇管辖下的几千公顷范围。在这一细分过程中，英国市场起了重要作用，因为英国人喜欢高品质的个性葡萄酒并愿意为此付出高价。

英国著名哲学家洛克（三权分立学说创始人）曾于1677年访问波尔多，多亏了他对那次旅行的记述，我们今天才得以知道，人们当时对风土与酒质间的关系已有了深刻认识。对洛克来说，这近乎于一次朝圣之旅，因为他曾在伦敦喝到了奥比昂酒，他惊讶于该酒的完美品质，以至于他决定要亲赴酒庄去拜访。在他到访时，酒庄主人向他介绍了奥比昂酒的优异品质归功于土地贫瘠、位于斜坡上、很少施肥和葡萄树龄长。总之，我们今天知道的影响葡萄酒品质的主要因素，前人在300年前就已经认识到了。

洛克在其游记中还描述了当地一些名酒的“风土”特质，其中很多后来成为

1855年列级酒庄。酒商通常用不同产地的酒调配成自己的商标酒，但“风土”葡萄酒却截然不同，它只产自于自己的土地上。这种产地限定不仅保证了葡萄酒的质量和个性，而且会使其消费者特别希望去实地参观酒的土地和葡萄园，并拜访酿酒的人。酒的“风土”特质成为农业食品的一种追求；事实上，1855年列级酒庄几百年来一直如此。

气候

从大气候到微气候，包括温度、湿度、降水量等。气候决定葡萄成熟期的长短、成熟时含糖量多少和酒精度的高低。热带地区总有较高的酒精度就是这个道理。

土壤的成分和结构

包括土壤的组成、表面土壤、深层土壤、矿物成分的组成和含量，这决定了土壤排水性的好坏和是否能够给葡萄酒复杂的风味。

葡萄园的位置

这个可以决定葡萄园的温度、受光程度和排水性。有一定坡度的葡萄园总能出产比较好的酒，就是因为坡地能够改善排水性。地势较高的葡萄园温度适当，而朝向东方和南方的葡萄园的光照条件比较好。这也就是为什么勃艮第的Grand Cru都是在山坡地带、一块朝向东或南方的坡地。而它的延伸地段，坡度较缓位置较低的葡萄园只能是Premier Cru。

这三个大方面决定了风土的基本特点，还有些小的因素比如微生物环境，葡萄的种植方法等。决定了更细节的风土。

风土决定酒的风格从根本上说是决定了适合种植的葡萄品种，赤霞珠（Cabernet Sauvignon）就不适合在勃艮第种植，它需要带有砾石土壤的较温暖的环境，所以波尔多选择了它。黑品诺（Pinot Noir）需要凉爽而长的生长期，以便这种早熟的葡萄能够充分形成复杂风味，而其他也需要石灰石土壤让它生长，所以在勃艮第安家落户是理所当然的了。

葡萄酒的世界，本来是风土决定论的，几百年下来，喝酒、酿酒的人都知道德国摩塞尔（Mosel）白葡萄酒和法国阿尔萨斯（Alsace）白葡萄酒都选用了雷司令（Riesling）品种，但前者的果香较强烈还有蜂蜜的味道，后者的果酸味较清淡。喜欢哪一种口味，人自有定见。而他们也知道自己喝的白葡萄酒不只是雷司令白葡萄酒，而是摩塞尔或是阿尔萨斯的风土产物。

当然，更细致的风土区别也会让酒体现出更细致的风味区别。多样性就是葡萄酒的最大魅力！

葡萄酒酿造

WINE MAKING

葡萄采摘

大自然完成自己的哺育工作之后，葡萄园中的男男女女立刻投入紧张的工作中，开始将成熟的葡萄酿成美酒的过程。第一个阶段就是采摘葡萄，一般需要两天的时间。传统上，都是手工把葡萄成串地摘下。现在很多葡萄园实现了机械采摘，比起人工的确存在很多优势，速度快（在某些环境条件下至关重要，比如采摘阶段天气突变）、成本低（一台采摘机和50个采摘工人的工作量相当），并且更加及时（采摘机在夜间也可工作）。机械采摘虽然效率很高，但进行机械采摘要求葡萄藤必须按照特定方式攀援成长，而很多酿酒商认为这样无法得到最好的葡萄。所以，手工采摘仍然是酿造高档葡萄酒的基本步骤。

去梗榨汁

采摘下来的葡萄立刻被送到酒厂，并进行去梗，让成串的葡萄（在植物学中的正式称谓是“果实”）与梗分离。如果保留葡萄梗，会让葡萄原汁中有一股不好闻的草味，单宁含量过高会让葡萄酒有较重的苦味。然后挤压去梗后的葡萄，可以让葡萄汁和葡萄皮充分地接触。挤压不仅能够为果汁着色，而且有利于后续的发酵。

发酵与浸渍

发酵过程中，葡萄原汁中的糖分会转化成酒精和二氧化碳。葡萄皮上有一层天然的酵母，有时酿酒师也会在发酵过程中再添加酵母，发酵过程约三个星期。发酵过程中会产生大量的热量，如果因此温度过高，会导致酵母失去活性从而停止发酵。因此，如何控制发酵过程中的温度是合格酿酒人必须掌握的技术。

发酵过程的中后期，再充分混合葡萄原汁和葡萄皮，被称之为浸渍。这个阶段可长达数星期，但具体时间取决于要生产的酒中单宁具有何种风格。在离析过程中，葡萄皮中的单宁和其他味道、色素将释放到葡萄汁中。

除渣与榨汁

酿酒人认为葡萄酒中的单宁含量已达最佳时，将从发酵罐底部引出自动流出的汁液，称为“自然流汁”，然后对剩余物进行榨汁，获取“压榨葡萄汁”。压榨的葡萄汁颜色更深，单宁酸含量更高，但不够精致。根据酿酒人所要酿造的葡萄酒的风格，可以用它和其他酒勾兑，或保持其原有味道。通常，把葡萄酒从一个罐移入另一个干净的罐称为“除渣”。

苹果酸乳酸发酵

在窖藏陈化期间，很多红葡萄酒和一些白葡萄酒还会进行二次发酵，又称为苹果酸乳酸发酵。这个过程将把口感生硬、酸性较强的苹果酸变成比较柔和的乳酸。乳酸发酵可以让葡萄酒入口更加柔滑，丰富其酒体和口感。

过滤和净化

过滤时，使用过滤网滤除葡萄渣滓和发酵过程中产生的杂质。使用净化装置可以去除导致葡萄酒浑浊和产生异味的物质。为了得到清澈、稳定的酒液，很多葡萄酒都经过净化。但是，很多传统的酿酒人反对这样做，他们认为在净化过程中破坏了丰富的口感，让酒味都跑了。

陈酿

陈酿过程是指葡萄酒装瓶之前，在桶中陈化的过程。一些葡萄酒是在橡木桶中进行陈酿，而对于一些当年饮用的酒，或产量较大的日常酒，一般在不锈钢罐中进行陈酿。陈酿过程中，葡萄酒将逐渐具有丰富的香味与口感。同时，酒中的杂质会沉积到桶底，清除后获得更为清澈的酒液。这个过程非常重要，有利于葡萄酒装瓶后在瓶中继续进行的陈酿过程。

混合调配

酒液成熟后，酿酒师可以根据需要，把几种不同的酒混合成一种新的酒。比如，

上图 零下15℃采摘葡萄
下图 葡萄酒发酵与浸渍

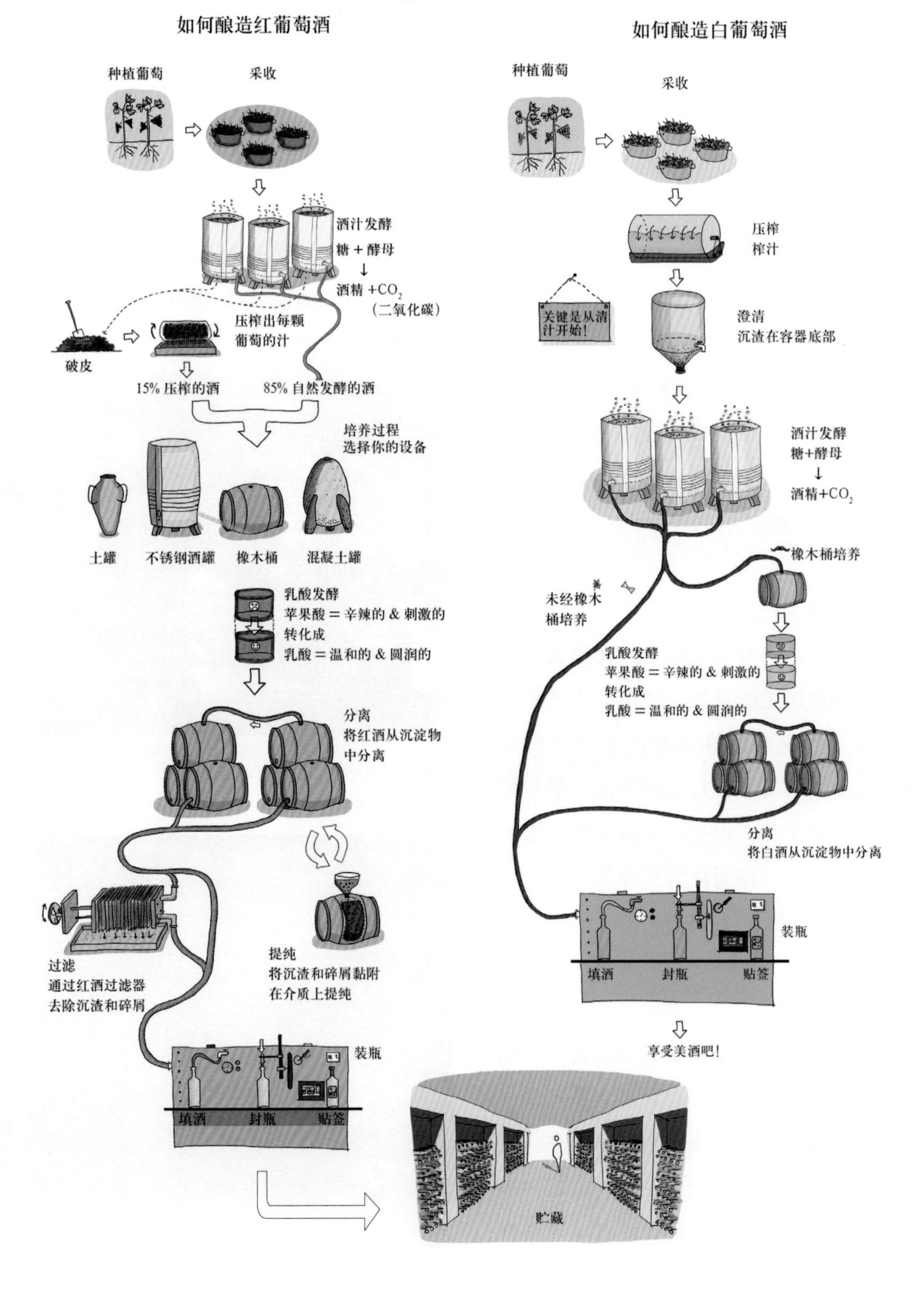
酿酒过程示意图
如何酿造红葡萄酒
种植葡萄
采收
酒汁发酵
糖 + 酵母
↓
酒精 +CO_2
(二氧化碳)
压榨出每颗
葡萄的汁
破皮
15% 压榨的酒
85% 自然发酵的酒
培养过程
选择你的设备
土罐
不锈钢酒罐
橡木桶
混凝土罐
乳酸发酵
苹果酸 = 辛辣的 & 刺激的
转化成
乳酸 = 温和的 & 圆润的
分离
将红酒从沉淀物
中分离
过滤
通过红酒过滤器
去除沉渣和碎屑
提纯
将沉渣和碎屑黏附
在介质上提纯
装瓶
填酒
封瓶
贴签
贮藏
如何酿造白葡萄酒
种植葡萄
采收
压榨
榨汁
关键是从清
汁开始!
澄清
沉渣在容器底部
酒汁发酵
糖+酵母
↓
酒精+CO_2
橡木桶培养
未经橡木
桶培养
乳酸发酵
苹果酸 = 辛辣的 & 刺激的
转化成
乳酸 = 温和的 & 圆润的
分离
将白酒从沉淀物中分离
装瓶
填酒
封瓶
贴签
享受美酒吧!

可以把不同葡萄园种植的葡萄（具有不同的风味）酿造的酒勾兑在一起，或把种植在同一葡萄园，但采用不同技术酿造的葡萄酒勾兑起来。有时候，很多种不同的酒液勾兑，带给我们一种新鲜独特的美酒。

装瓶

将葡萄酒装入酒瓶，为了防止氧化，则将瓶口密封。葡萄酒行业目前最大的争议之一正是密封问题，传统的软木塞和新型的瓶封孰优孰劣呢？越来越多的酿酒商认为软木塞的替代者——斯蒂文瓶封（新型螺纹盖）是不宜久藏的葡萄酒较为理想的密封方式。

白葡萄酒

酿造白葡萄酒和红葡萄酒非常相似，仅有几处细微差别。首先，挤压后立刻从葡萄汁中分离葡萄皮和果肉，所以葡萄皮中的色素不会让葡萄汁着色。第二个不同之处在于，很多白葡萄酒不需进行乳酸发酵。莎当妮（Chardonnay）是个例外，它在乳酸发酵过程中，会产生带有“黄油”香气的物质。

桃红葡萄酒

酿造桃红葡萄酒的过程与白葡萄酒基本相同，唯一的不同是，挤压10小时后才把葡萄皮和果肉从葡萄汁中分离出来，让葡萄汁呈桃红色。

起泡酒

生产起泡酒的周期比无气葡萄酒要长，因为需要第二次发酵来产生所需的“气泡”。传统的起泡酒或香槟的生产过程昂贵、费力。

使用传统方法，应在瓶装酒中加入含有糖分和酵母的利口（Liqueur）。在第二次发酵过程中，酒瓶应水平放置。

第二次发酵会自动结束，然后进入瓶中陈酿阶段，瓶口应略微向下倾斜。酒中的杂质会慢慢沉积在软木塞旁，所以需要定期把瓶转动四分之一周，这个古老、优雅的过程被称为“riddling”。到了一定阶段，瓶颈会出现结晶，清除这些结晶物质后，更换软木塞。然后，起泡酒进入陈化阶段，直至酿酒人将其投入市场。

最知名的起泡酒之一是香槟酒（Champagne），仅出产于法国香槟区，还有出产于西班牙的卡瓦酒（Cava），其生产工艺与香槟类似。其他地区酿造的起泡酒，包括法国的其他酿酒地，都不能使用香槟酒或卡瓦酒的名称。

加强型葡萄酒

在葡萄酒酿造过程中，酒精发酵完成后或者酒精发酵未完成时，添加酒精。添加酒精的过程，提高了成品酒中的酒精含量，酒也就变得“更有劲”了，酒的力道也被“加强”了，因而称之为加强型葡萄酒或加烈葡萄酒。

葡萄酒的名片——酒标

WINE LABEL

酒标是指酒瓶上的标签，上面包含许多资讯。因为产地的不同，酒标的标示方法也不同。看一瓶酒的酒标可以大概了解这瓶酒的来历，因此说酒标是“葡萄酒的身份证”。

酒瓶型名称	容　量	波尔多瓶
Half	375ml	1/2Bottle
Bottle	750ml	1Bottle
Magnum	1500ml（1.5L）	2Bottles
Marie Jeanne	2250ml（2.25L）	3Bottles
DoubleMagnum	3000ml（3L）	4Bottles
Jeroboam	5000ml（5L）	6Bottles
Imperial	6000ml（6L）	8Bottles
Balthazar	12000ml（12L）	16Bottles
Nebuchadnezzar	15000ml（15L）	20Bottles
Melchior	18000ml（18L）	24Bottles

对于葡萄酒，背标通常是补充信息，更多关键和主要的信息来自于正标。平时说的葡萄酒标签也指的是正标。各个葡萄酒生产国对于酒标的标注和设计都会有具体而严格的要求。虽然设计出来的样式会千姿百态，但酒标表达信息的风格可归纳为两个体系。一个是以法国、意大利为代表的旧世界，另一个是以美国、澳大利亚为代表的新世界。

新旧世界葡萄酒标签风格的最大区别集中体现在原产地的内涵范畴，以及一些词汇的概念意义。相比而言，新世界酒标信息表达更直接简洁，旧世界更含蓄复杂。比如，新世界葡萄酒的产地和葡萄品种没有必然的关系；而旧世界，原产地的约定就是对葡萄品种的界定，标注了勃艮第（Bourgogne），也就隐含了这瓶红葡萄酒是用黑品诺（Pinot Noir）酿制的。因此，新世界葡萄酒的酒标在标出葡萄酒原产地，或葡萄园后，多会标注出葡萄品种。而旧世界酒标，一般能找到的仅是原产地，包括法国的AOC，意大利的DOC，西班牙的DO，除了法国的阿尔萨斯和德国部分葡萄酒，基本不再标葡萄品种。

标签信息

酒庄或酒厂：在法国，常见以Chateau或Domaine开头。在新世界，多指葡萄酒厂或公司，或是注册商标。

原产地：即葡萄酒的产区。多数旧世界有严格法律规定和制度，如法国以AOC、意大利以DOC形式标明。香槟的原产地（AOC）就是以Champagne字样出现。新世界，一般直接标明产地，有些还标出产的葡萄园，如加州产地（California）、芳德酒园（Founder’s Estate）等字样。

年份：葡萄收获的年份。对于香槟，代表某一香槟品牌风格的常是无年份NV香槟。

葡萄品种：指葡萄酒酿制所用的葡萄品种。新世界葡萄酒酒标上多标有品种；旧世界原产地制度把葡萄品种隐含定义在产地信息里，除了法国阿尔萨斯和德国，酒标上基本不标品种。澳、美等国规定酒中含某种葡萄75%以上才标出该品种名称；德、法等国酒标上出现某种品种名称表示该酒至少有85%是由此葡萄酿造。

装瓶信息：注明葡萄酒在哪或由谁装瓶。一般有酒厂、酒庄、批发商装瓶等。香槟有酒商联合体（NM，绝大多数）、种植者（RM）、合作社（CM）等。

糖分信息：香槟和起泡酒一般会标注出这个信息，表示酒的含糖量。包括Extra Brut（绝干）、Brut（干）、Extra Dry（半干）、Sec（微甜）、Demi—Sec（半甜）、Doux（甜）。

其他信息：根据各国法律要求标注的其他基本信息，包括酒精度、容量，生产国家等。

成熟度：在德国QMP级别葡萄酒酒标上，会有这个信息。共有6个级别：Kabinett、Spatlese、Auslese、Beerenauslese（BA）、Trockenbeerenauslesen（TBA）和Eiswein，除冰酒外，前5个级别成熟度依次升高。

酒标荟萃

西班牙酒标

1. 酒厂名；2. 陈酿时间；3. 葡萄品种：歌海娜；4. 产地；5. 酒精度数，净含量；6. 年份；7. 生产国家。

意大利酒标

1. 酒庄名称；2. 葡萄产国；3. 即D.O.C表示此酒经试饮管制委员会保证其品质更佳；4. 酒精度数，净含量。

德国酒标

1. 葡萄酒产区名称；2. 酿酒葡萄采收的年份；3. 葡萄品种（至少使用85%的Riesling品种）；4. 半干口味；5. 葡萄来自的庄园；6. 属特级良质酒，简称Qmp，比Qba等级高；7. 政府检定的号码；8.VDP优质地区餐酒标志；9. 酒精度数；10. 净含量；11. 装瓶者及其地址。

澳大利亚酒标

1. 酒庄名称；2. 产地；3. 葡萄品种：西拉；4. 人工采摘，小篮压榨，未经过滤 。

智利酒标

1. 酒庄名称；2. 葡萄品种；3. 年份；4. 装瓶；5. 产地。

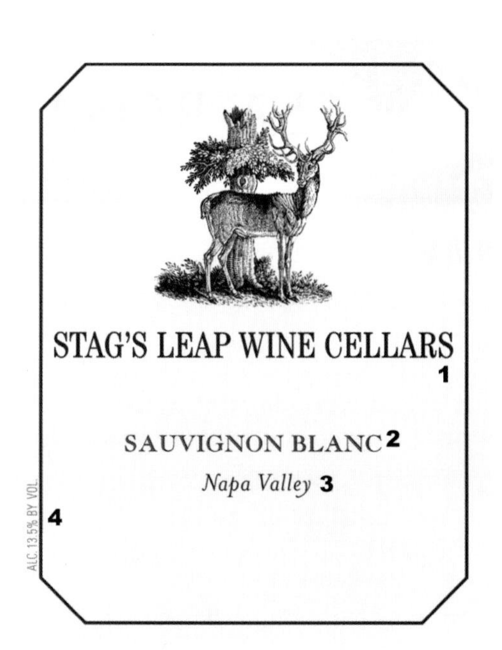

美国酒标

1. 酒厂名；2. 葡萄品种；3. 产地；4. 酒精度数。

法国波尔多酒标

1. 酒庄名称；2. 年份；3. 酒庄等级：中级酒庄；4. 产地；5. 酒精度数；6. 净含量；7. 装瓶方式。

2007 3

ugaba 1

stellenbosch 4

2 south africa

南非酒标

1.酒庄名称；2.产国：南非；3.年份；4.产地。

葡萄牙酒标

1.酒庄名称；2.年份；3.产地：杜罗河；4.酒庄等级：DOC。

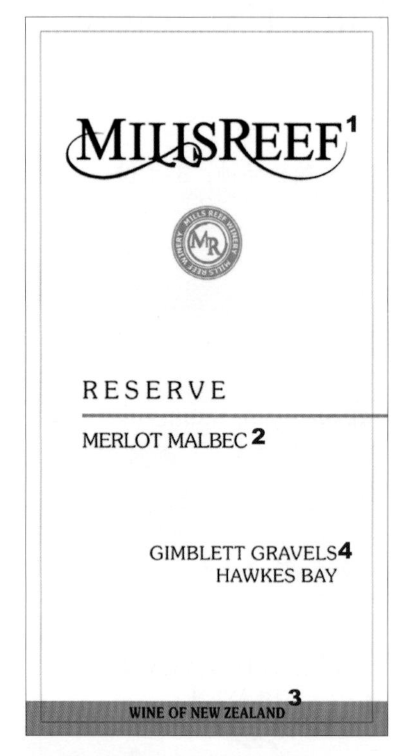

新西兰酒标

1.酒庄名称；2.葡萄品种；3.产国；4.产地。

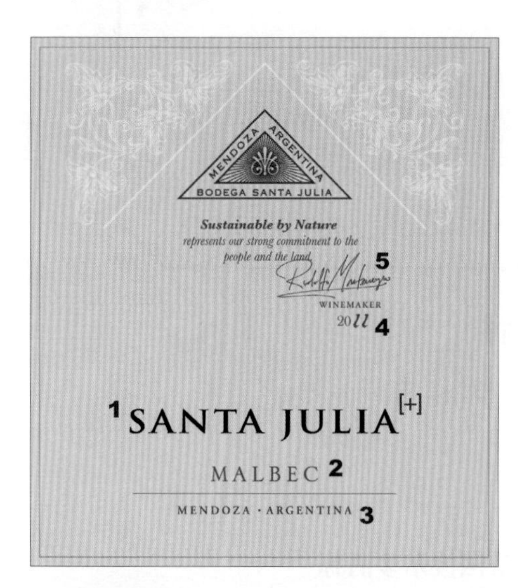

阿根廷酒标

1.酒庄名称；2.葡萄品种；3.酒庄产地；4.年份；5.酿造者。

文化内涵

国外葡萄酒的酒标是包装的“重中之重”，包含深厚的文化内涵。从目前的情况来看，它也经过了一个长期发展的过程，可以分为两大类：

其一，传统型的。其中以酒庄标志性建筑作为酒标的占多数，比如罗伯特·蒙大卫就是典型的以酒庄作为背景。还有就是以家族徽章作为酒标，这些酒庄大多有着悠久的历史，在葡萄酒业的影响力巨大，比如大家所熟知的“两个狮子一个盾”等。

其二，比较新潮的。比如法国波尔多地区木桐酒庄的图标就是选用艺术画。从1945年开始，木桐酒庄的产品就在酒标的上半部分使用一些世界级绘画巨匠的作品，比如毕加索等，而且每年都不同。很多人仅仅为了收藏酒标而要将木桐酒买齐，这一方法后来也被其他酒厂所效仿。

在美国、澳大利亚等国家，也有一些比较现代的做法。美国的Kendall Jackson的酒标主体就是一片葡萄叶，把酒庄的名字印在叶子上，美观大方。澳大利亚第二大葡萄酒生产商Hardys推出的独特的3升装单品种酒采用了橡木桶包装，里面加上衬层，解决了橡木桶不够密封、容易漏的难题，利于保存。Hardys开发的邮票系列葡萄酒，采用邮票上动物的图案作为酒标，醒目大方，在一定程度上改变了葡萄酒消费者对盒装酒的态度和期望。另外，澳大利亚的一些低档酒还通过酒标展示本土风情，他们把澳大利亚的鸵鸟、蜥蜴、袋鼠等动物搬上了酒标，成为吸引当地消费者和外来游客的一种方式，很受好评。

2
初品葡萄酒
Wine Tasting

人的味觉

TASTE SENSATION

在葡萄酒中具有多种呈味物质，它们使人产生甜、咸、酸、苦等味觉。

这些呈味物质组合起来，不同比例及浓度的变化，还能使人产生鲜、涩等味觉。

葡萄酒中的甜味物质

在葡萄酒中具有甜味的物质主要是糖、酒精和甘油。它们是构成葡萄酒柔和、肥硕和圆润等口感特征的要素。

葡萄酒中的酸味物质

酸度过高会使人感到葡萄酒粗糙、刺口、生硬、酸涩；酸度过低则使人感到葡萄酒柔弱、乏味、平淡。酸与其他成分不平衡时，葡萄酒显得消瘦、枯燥、味短。

葡萄酒中的咸味物质

葡萄酒中的咸味物质主要来源于葡萄原料、土壤、工艺处理。是无机盐和少量有机酸盐，在葡萄酒中的含量为2—4g/L，因品种、土壤、酒种的不同而有差异。

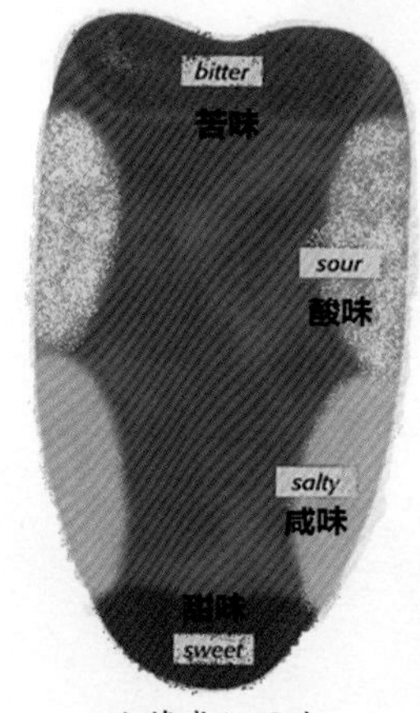

味蕾感知区域

葡萄酒中的苦味、涩味物质

葡萄酒中的苦味及涩味物质主要是一些酚类化合物质，如单宁、酚酸、黄酮类。由于其具有的营养、防病、治病等作用，可提高红葡萄酒的饮用价值。

葡萄酒在口中的变化

1．葡萄酒入口时　人的主要感觉是甜润、柔和。

2．在口中的感觉发生变化 （变化可有不同的情况）对于柔和的新葡萄酒或成熟良好的优质葡萄酒，入口时使人舒适的圆润的感觉持续时间较长（称这样的葡萄酒味长）。在另一些情况下，某些改变使葡萄酒的舒适感下降：入口时的甜味强度下降快，酸味也很快出现并加强（称这样的葡萄酒味短）。

3．后味（尾味）（在品尝的最后数秒）与酸味相关的苦涩味出现并加强。如果葡萄酒较粗糙，则其苦涩味在后味中占有支配地位。

4．余味 （咽下或吐掉酒后的感觉） 口感和香气的持续。

5．回味　感觉的逐渐消失。

葡萄酒杯

WINE GLASS

在饮用葡萄酒的时候，有很多种器皿可以选择。不过在经历了3000多年的演变之后，人们发现还是一只透明无色的葡萄酒杯是最适合的。玻璃酒杯的最早历史可追溯到在公元前1500年古埃及人的使用，随后在罗马时期得到了普及。但是那时无论是酒，还是酒杯都是污浊的，酒中有杂质，玻璃里也有杂质。而且那时人们饮用葡萄酒主要是出于健康的角度去考虑，毕竟酒精有杀菌、令人兴奋等功效。

葡萄酒杯有一个固定的模式，那就是郁金香花的形状，在这个基础上又延伸出了很多细微的差别。胖胖的杯肚是为了让我们在摇晃酒杯的时候，液体能够更好地在杯中旋转，释放出美妙的香气；无色透明的杯身是为了让我们更清晰地识别酒的色泽；长长的杯杆是为了避免手在握杯时体温传给酒，造成酒香气的缺失；收拢的杯口是为了聚集香气，让香气更加集中。葡萄酒杯无论形状怎样变化，都是基于以上这四点。

酒杯的形状可以决定酒的流向以及酒的香气品鉴强度，酒杯的造型、容量、杯口的直径、杯缘吹制的处理以及玻璃的厚度，决定了酒入口时的最先接触点。当把酒杯推向嘴唇时，味蕾开始全面警戒，当酒的流向被引导至适当的味觉感应区时，也产生了各种不同的味觉。而当舌头开始与酒接触时，立即会有三种信息被释放出来，那就是：温度、质感及酒的风味。

波尔多红酒杯：

杯身较长，杯口较窄，适合将酒的气味聚集于杯口。一些葡萄品种天生就是浓郁型的，譬如赤霞珠，所以这类酒我们一般选择使用波尔多杯，从图中也可以看出，波尔多杯的杯肚略小于勃艮第杯，这是因为以赤霞珠为主的葡萄酒不用与空气做过多的接触，也能够把它的香气在人们面前展现得一览无余。波尔多酒杯也适用于除了勃艮第之外的其他红葡萄酒。

勃艮第红酒杯：

杯身较矮，杯肚较宽，杯口较大，适合于把鼻子伸进去闻香。勃艮第的主要品种黑品诺（Pinot Noir）以香气细腻、优雅著称，如果不给它充分的空间发挥，

它只会一直到最后都羞答答的，所以勃艮第杯杯肚较大，就是为了给黑品诺足够的空间释放出它那优雅迷人的香气。品尝香气较淡的葡萄酒应该选用勃艮第杯。

白葡萄酒杯：

杯身较长，杯肚较瘦，像一朵待放的郁金香，比红葡萄酒杯要瘦一些，以减少酒和空气的接触，令香气更持久一些。白葡萄酒杯型号更小，因为饮用白葡萄酒时，最重要的一点就是温度，如果饮用温度过高，酒精的味道会凸显，掩埋白葡萄酒的果香。所以杯子小就是为了少倒一些，喝得快一些，这样就能够一直保持它的最佳饮用温度。不过要注意，续杯的时候一定要等这杯彻底喝完之后再倒酒，否则温度也会受到影响。

香槟杯：

杯身细长，像一只纤细的郁金香，纤长的杯身是为了让气泡有足够的上升空间。标准的香槟杯在杯底有一个尖的凹点，这个小小的设计可以令气泡更丰富更漂亮。香槟杯也可以用来盛装冰酒，只不过香槟杯的瓶口比较小，会减弱冰酒的香气散发。

白兰地杯：

这是独一无二的郁金香形酒杯，也叫小口矮脚杯或拿破仑酒杯，使用时可以用手握着杯皿，让手温通过杯壁传给杯内的酒，使酒温上升，以增加酒意。

甜酒杯：

小型酒杯。甜酒杯从图中可以看出它的杯口是外翻的，这么设计就是跟我们味蕾分布有关系了。舌尖是口中对甜味最敏感的区域，舌头两侧是对酸味最敏感的区域，舌根是对苦味最敏感的。好的葡萄酒讲究的是平衡二字，在我们喝甜酒的时候，其实评判好坏的标准不是它有多甜，而是它够不够酸，这些酸度能不能平衡这些甜。如果一款酒没有酸度那我们只能说这款酒缺乏它的魂，口中表现是呆滞的。甜酒杯的设计就是充分让你去感受甜酒的酸，因为杯口外翻，酒在离开杯子的那一刹那是在口中四散开了，让你舌头的两侧立即能够感受到酸度，让你在喝甜酒的时候感觉到的是甜而不腻。

另外，同一形状的杯子采用不同材质，对酒的影响也是十分明显的，最明显的对比就是玻璃杯和水晶杯的区别。一说水晶杯，很多人第一反应就是价格贵，品质高。水晶杯真正对酒到底有什么影响，很多人就不得而知了。如果单纯的从外观上来看，水晶杯更加晶莹剔透，也就是透光度和清澈度更高一些；其次就是水晶材质的韧性更好，在制作杯子的过程中可以将杯壁拉得更薄。高档的纯手工水晶杯，杯口还具备一定的弹性，用手轻轻挤压可以感受到杯口形状的变化。从微观上来看，水晶杯可以更好地将酒的香气释放出来，因为水晶杯的杯壁上有我们用肉眼看不到的细小切面，没有玻璃杯那样光滑。在我们摇晃酒杯的时候，这些小切面可以更好地把香气分子打散，从而让香气得到更好的释放。这也就是为什么用水晶杯喝酒，感觉香气会更浓郁的主要原因。

ISO国际标准酒杯

（International Standards Organization）:

这种酒杯是国际葡萄酒比赛使用的标准杯，因为不同形状的杯子确实会给同一款葡萄酒造成不同的香气和口感，如果没有一个统一标准，在比赛时就有失公平。ISO品酒杯，对于它的形状、容积等都有详细的标准，就连倒入多少毫升的葡萄酒都有统一的标准。因为葡萄酒倒多了，香气肯定会更浓，颜色会更深。但是这种形状的杯子不适合在喝酒的时候使用，因为它形状略小，大部分酒在ISO杯中无法得到充分的发挥和表现，一般在餐厅中，ISO杯子是用来评定酒是否出现品质的问题，在真正喝酒的时候会使用更大的酒杯。1974年由法国INAO（国家产地命名委员会）设计，现为国际公认的品酒杯。酒杯的容量在215ml左右，酒杯总长155mm，杯脚高55mm，杯体总长100mm，杯口宽度46mm，杯体底宽65mm，杯脚厚度9mm，杯底宽度65mm。

ISO酒杯也称全能型酒杯，可品尝红、白葡萄酒，起泡酒，加强型葡萄酒（波特酒或雪利酒）甚至白兰地。它不突出酒的任何特点，只是原原本本反映酒本来的面貌。

我把三碗酒兑在一起使之变得温和：第一碗是为了健康，第二碗是为了爱和欢乐，第三碗是为了睡眠。当第三碗中的酒被喝干，聪明的人就会回家；第四碗不再属于我们，而属于亵渎；第五碗属于喧闹；第六碗属于醉鬼的狂欢；第七碗属于黑眼睛；第八碗属于警察；第九碗属于坏脾气；第十碗则属于疯子和摔烂家具。

——公元前375年的希腊名言

三杯是最适度的饮酒量，这一观点影响深远。现代葡萄酒瓶的容量是以六杯酒来设计的，即两个人每人三杯。

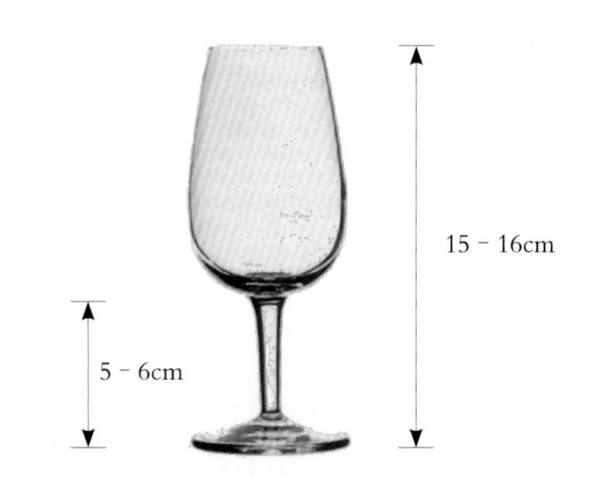

ISO国际标准品酒杯（215ml）

适宜的品酒环境

TASTING ENVIRONMENT

无论是阳光还是灯光都不可太强，无嘈杂喧闹（包括强劲的声响、音乐），空气清新，墙壁应呈能形成轻松气氛的浅色。

品酒应在腹中较空、感观灵敏、不忙碌、精神及心情均良好的状态下进行。切忌品酒前食用或饮用刺激性的食物或饮料，例如辛辣食物、咖啡等。

品酒温度

酒必须在最能让它的身价得以体现的温度中被享受。过低的温度会压抑香味的

家用冰箱温度 理想酒窖温度 室温
甜酒 干白 清淡红酒 厚重红酒
MUSCADET CHABLIS GRAND CRU CHABLIS
MACON CHINON 最好的白酒 勃艮第红酒
GEWURZTRAMINER BURGUNDIES & GRAVES
& PINOT GRIS BEAUJOLAIS NOUVEAU BEAUJOLAIS CRUS
SANCERRE/POUILLY SAUTERNES COTES DU RHÔNE TOP RED RHÔNE
ALSACE RIESLING (红酒) 年份波特酒
JURANCON WHITE RHÔNE LANGUEDOC
FINO & ROUSSILLON(红酒) 波尔多
ALIGOTE MANZANILLA TAWNY PORT 一般红酒
TOKAJI 无年份香槟 AMONTILLADO MADEIRA 高级波尔多红酒
MONTILLA MADIRAN
起泡酒 BANDOL
（例如Sekt及Cava） 高级香槟酒
冰酒 优质德国及 最好的 最佳
奥地利葡萄酒 德国干白酒 德国甜酒
甜味 LOIRE/CHENIN BLANC CHIANTI CLASSICO 最佳
VALPOLICELLA CHIANTI RISERVAS 葡萄牙红酒
ASTI 西西里岛红酒 SUPER TUSCANS
SOAVE BARBERA/DOLCETTO BAROLO
VINHO VERDE & VERDICCHIO PUGLIAN红酒 RIBERA DEL DUERO
RIAS BAIXAS NAVARRA & PENEDES & PRIORAT
TOKAJI ASZU RIOJA
MOSCATO & FENDANT
MOSCATEL LAMBRUSCO LIGHT ZINFANDELS 阿根廷红酒
PINOTAGE
CHENIN BLANC 加州/澳大利亚/
大部分的CHARDONNAYS 最佳加州 / 澳大利亚 俄勒冈州 PINOT NOIR
大部分的MUSCATS CHARDONNAYS白酒 新西兰 PINOT NOIR 最优加州
NZ SAUVIGNON 加州长相思 CABERNETS &
新世界RIESLING SAUVIGNON BLANC 酒龄较老的HUNTER ZINFANDELS
LIQUEUR MUSCAT VALLEY SEMILLON 高级澳大利亚
粉红酒 乌拉圭TANNAT CABERNET / SHIRAZ
℃4 5 6 7 8 9 10 11 12 13 14 15 16 17 18

此图表建议了多种酒款的理想适饮温度。对现代标准来说，以前所谓的“室温”通常都偏低，但对葡萄酒来说却是理想的温度。白酒与红酒以色标示，红酒与“加烈酒”以紫色标示。下端的摄氏温度（° C），标示的是理想适饮温度的大概范围。

散发，过高的温度则会使酒失去新鲜感。同时，应在酒温相对恒定的状态下品尝；应选定不易使人感官疲劳的酒温。通常人舌的灵敏温度为15℃—30℃，而味觉最为灵敏的温度为21℃—31℃。低温能使舌麻痹，高温给舌以痛感。

诸味的强弱程度与温度变化的关系是不尽相同的。一般甜味成分的甜度，自低温到37℃逐渐增强，高于37℃，则逐渐减弱，但甘氨酸在温度变化时仍保持较为恒定的甜度；酸味成分在10℃—14℃的范围内，所表示的酸味程度基本不变；苦味及咸味成分，随温度升高而味感减弱。一般来说，年轻的酒的侍酒温度要比陈年的酒低。

要降低酒的温度，最方便是把酒整瓶放入一半冰一半水的冰桶中，15–20分钟后，温度就由20℃降至10℃以下。如想温度降得更快，更可在冰水中撒一大把粗盐。或者可依据时间长短选择将葡萄酒放入冰箱冷藏或冷冻室中。

不甜的白色起泡酒，饮用的温度是最冰冷的，但还是不能在倒酒时感到太过冻手。温度大约在5℃ –6℃即可，否则舌头便无法确实感到酒的温度。至于甜的起泡酒，饮用时就和红色香槟酒一样，较为高些。起泡酒不能加小冰块来冷却，因为如此快速的冷却方法，会破坏有价值的酒的原味。而一般的冰箱温度，并不会减损起泡酒的风味。为了保持在餐桌上酒瓶的冰温，而将其放入装有小冰块的香槟酒冷却桶，也是可行的办法。

在法国，同样也是品尝冰凉的自然甜白酒，温度大约在5℃。而白酒的饮用温度亦相当低，淡酒约为6℃—7℃，酒精度较高的酒则在10℃左右。品质好的白酒，其年份近、属酸度良好口味种类的，温度在8℃时，饮用风味最佳。酒精成分较高的酒，依据年份的久远、葡萄种类的不同，最适合饮用的温度在11℃—13℃之间。雪利酒的饮用温度（10℃—12℃），又比波特酒、马德拉酒（13℃—15℃）更低。年份低、清淡的红酒，如法国新鲜的薄若来酒及意大利产的红酒，也是在较冰凉时饮用风味更佳。酒精成分较重的红酒，饮用温度稍高，介于14℃—16℃，最为适当。德国的粒选葡萄酒，在温度14℃—8℃之间，最能充分散发其香气。饮用的酒温最高者为成熟、浓度的勃艮第葡萄酒、波尔多葡萄酒，及其他国家所产的名贵葡萄酒。然而还须注意的一点是，把酒端上桌时，其温度不应太高，也就是在室温下，酒的温度不应高于20℃。把冷藏在酒窖的红酒取出时，决不可放在暖气设备旁来温酒。把冰凉的酒放置在一般的房间中2—3小时，使其慢慢变温，较能保持本身风味。

品酒技法之持杯

TASTING—HOLDING THE GLASS

正确的持杯方法一：

用手指轻轻地拿着高脚杯的杯脚，是非常正确的方法，在饮用前轻轻逆时针旋转酒杯，让酒的香气散发出来，用鼻子嗅闻杯中的味道，会让人觉得你非常懂酒。这个时候千万不要担心把鼻子伸入酒杯有什么不雅观，没看到那些外国的品酒师的鼻子都出奇的长吗？

正确的持杯方法二：

用手拿着杯子的底座部分，是非常专业优雅的持杯方法，你这样拿杯子的熟练自如程度完全可以在人群中脱颖而出。当然，这种持杯方式更适合站着喝酒的时候，例如喝餐前的开胃香槟或是白葡萄酒的时候。

醒酒器

品酒前准备——醒酒
DECANTING

对于陈年红酒来说，由于单宁和色素会在漫长的陈年岁月中形成沉淀物，倒在杯中既有碍观瞻，又会产生些苦涩。所以开瓶之后，原则上应该把酒平稳而缓慢地注入醒酒器，把沉淀物留在瓶底。这个过程即醒酒（Decanting），俗称“换瓶”。对于浅龄红酒来说，通过注入醒酒器的开放时间（包括注入时的流动过程），可使酒液大面积接触空气（醒酒器的空间和开口较大），从而加速单宁氧化、充分释放封闭的香气。

作为侍酒者来说，对于陈年的杯中有沉淀物的酒都要进行醒酒这个流程。而沉淀物的成因可能是特别悠久年代的酒在储藏中造成的沉淀，也有可能是厂家在葡萄酒酿制过程中没有进行过滤以及澄清工序而造成的，这个过程也被称为“换瓶”。在如今这个葡萄酒酿造业愈来愈规范的年代，为了去除沉淀物的醒酒已经越来越少见了。醒酒的过程中我们可以让酒体中比较粗粝的口感被打磨得更平滑而适合饮用。

开瓶时，也需小心翼翼，不要摇晃或转动酒瓶，以免“惊动”瓶中的沉淀物。往滤酒器中倾倒葡萄酒时，手法要轻柔，需缓缓倾斜酒瓶，慢慢让葡萄酒透过漏斗、沿着醒酒器的瓶壁流入其中。这对陈年葡萄酒尤其重要，那些又“老”又贵、在恒温恒湿的环境下被珍藏了数十年的葡萄酒最怕震动。对它们而言，醒酒是个剧烈的运动过程，因此动作要尽可能温柔。陈年葡萄酒，在选择滤酒器的时候，可以选择瓶颈比较狭窄的，因为与氧气有限的接触面积可以缓慢、适度地唤醒老年份的葡萄酒，而浅龄的酒则可以选择瓶肚比较大的，可以快速地与氧气融合。以下列举了几种常见葡萄酒的醒酒时间：

醒酒

甜酒和浓郁的白葡萄酒

甜酒和浓郁的白葡萄酒醒酒时间一般需要一个小时以上，如法国和匈牙利的贵腐酒，德国和加拿大的冰酒。浓郁的白葡萄酒，世界各地的葡萄酒产区基本上都有，这也正是葡萄酒的复杂之处。不过，人的嘴巴是最直接的，你觉得酒的香气不够浓，就可以多晃几次杯子。

酒体厚重的葡萄酒

酒体厚重的酒，复杂且单宁重，这类葡萄酒醒酒时间较长。在它没有完全成熟的时候喝，如果不醒酒，它迷人的果香和多种风味是很难散发出来的。

陈年葡萄酒

陈年的已经到了生命末期的葡萄酒，没有力气再“醒来”的陈年的老酒，其醒酒时间不宜太长，一个小时足够了。老酒醒酒主要是为了将酒中陈年的木塞味和轻微的氧化味去除，但老酒还需要换瓶去渣。在换瓶的过程中它会更多地接触到氧气，所以醒酒时间不要太长。

葡萄酒开瓶
UNCORKING

优美的开瓶动作是一种艺术。在国外，开葡萄酒是一种专业的表演，他的专业演出及服务，可以决定他的收入。掌握了这门小技术，在家里宴客时，也可以好好地露一手。

优质高档葡萄酒，一般都采用软木塞作瓶塞。在瓶塞外部套有封套。

如何拿掉瓶塞及注意事项

（1）先将酒瓶擦拭干净，若在家宴客，将酒标朝着客人，以便展示一下您的佳酿。

（2）用开瓶器上的小刀沿着瓶口下陷处将封套的顶盖划开除去，用干净细丝棉布将瓶口和木塞顶部擦拭干净。注意，最好不要转动酒瓶，因为可能会将沉淀在酒瓶里的杂质“惊醒”。也有些即饮型的餐酒，通常会有一条“开封带”，只需用手拉开即可将瓶封完美地除掉。

（3）将开瓶器的螺旋体插入软木塞中心点，缓缓地转入。如用双杆拔塞器（也称蝴蝶形拔塞器），当螺旋体渐渐进入软木塞时，两边的把手会渐渐升起，当把手到达顶端时，轻轻地将它扳下，即可把软木塞拔出（但若软木塞太长，就不容易一次顺利拔出）。如果用最普遍的酒侍拔塞器，建议不要将螺丝一次全钻进去，因为不知道木塞的长短，过深会将木塞穿透，使木塞屑进入葡萄酒中，如果过浅，启塞时可能将木塞拉断。应留出一环，然后将把手扳下，把另一端的爪子扣住瓶口，一手握住瓶颈，另一只手缓慢地提起把手。若发现软木塞太长，无法顺利拔出，停下来将预先留下的一环钻体再钻入，重新上提拔手，感觉快拔出时停住，用手握住木塞轻轻晃动或转动，适力拔出软木塞。

开瓶时，如软木塞断裂，请用“两夹型开瓶器”把瓶塞夹出来。

（4）拔出木塞后，再用干净细丝棉布把瓶口擦拭干净，就可以倒酒品尝了。

如何打开香槟酒（起泡酒）

将香槟瓶摇晃，泡沫喷洒而出的开法，是庆功宴中的戏剧效果，既浪费又不专业。正式的开法如下：

（1）手旁准备一只酒杯，以防打开瓶塞时因操作失误而有大量的香槟溢出。建议将酒充分地冰镇，移动时动作小一点，尽量不要摇晃。（在20℃时一般的起泡酒瓶

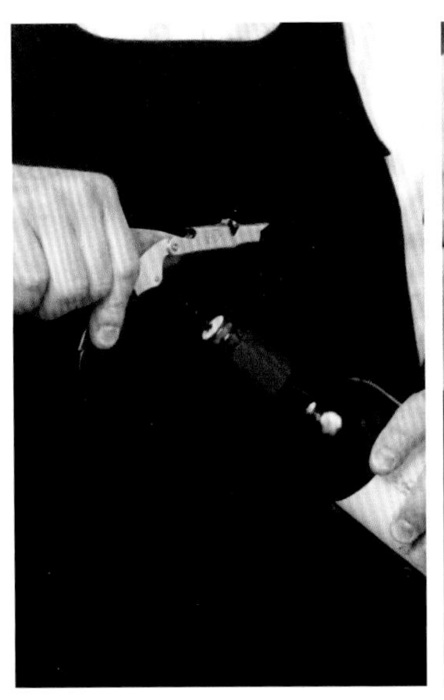
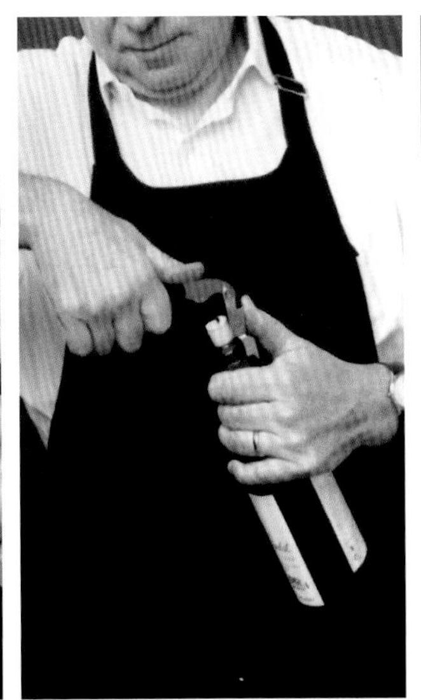

葡萄酒开瓶步骤

内气体约有3MPa的压力，而香槟酒至少有6MPa的压力，但冰到6℃—9℃时，瓶内气体的压力也减小到一个大气压。）

（2）撕开封套。起泡酒的瓶封很容易撕开，不必用什么工具。

（3）冰过的香槟酒要放在桌面或其他平整的物面上，一只手握住瓶塞，拇指紧紧地按在软木塞的顶端，其余手指握紧瓶颈；另一只手转开软木塞上固定用的铁丝网。

（4）一只手仍紧握住瓶塞以防它突然冲出，另一只手慢慢旋转瓶身。当瓶塞已松动时，请务必将酒瓶倾斜一个角度，将瓶身略为向外倾斜，但不可对着人。手掌像刹车那样控制住瓶塞，让软木塞缓缓地推出，直到听到“砰”的一声开瓶声。注意控制软木塞拔出/弹出的声响，愈安静愈好。

由于瓶内气体的压力比瓶外大，有时软木塞会弹出，故永远要把手放在软木塞上，成功地完成上述步骤。

> 葡萄酒……适度地醉……它可以加快一个人的心智，抚慰心灵。
>
> ——安德鲁·布尔德，英国旅行家、医师、作家
>
> 古希腊哲学家第欧根尼也说，我愿意以其他任何东西为代价醉饮最好的葡萄酒。

倒入多少酒

POURING

某些要保持较低温度的酒，须用餐巾裹着酒瓶倒酒，以免手温使酒升温。

酒杯总是放在客人的右边，所以倒酒也是从客人右边倒。倒酒应在客人的面前倒。

为保有酒香，酒瓶口与酒杯的距离不能太大，所有的红葡萄酒倒酒时瓶口几乎是挨着杯子的。

斟酒最多以杯容量的2/3为宜，过满则难以举杯，更无法观色闻香，而且也是为了给聚集在杯口的酒香留一定的空间。一般红葡萄酒倒满酒杯的1/4或者1/3；白葡萄酒倒满1/3甚至更多一点；香槟要倒满酒杯的2/3。

在特别高级的宴会服务时，若客人想要一杯多年陈酿的红葡萄酒，侍者应左手持杯，缓缓倒入杯中。

品酒技法
TASTING TECHNIQUES

观色

首先，酒不能斟得太满，约到红酒杯的1/3处。酒倒入后先不要摇晃，而是将酒杯举起放在明亮的光线和眼睛之间，观察酒的澄清度。酒应是清澈的，但如开瓶时不慎将木塞屑掉到酒中，或是有些酒龄的酒有少许沉淀物不算缺陷。

然后，将酒杯对着白色背景倾斜45度，观察酒的色彩。白葡萄酒的颜色从几乎无色的浅绿色到柠檬黄、金黄色再到琥珀色；红葡萄酒的颜色则从紫黑色到宝石红色、砖红色一直到褐色。一般而言，白葡萄酒越老颜色越深，而红葡萄酒越老就越多地褪去原本鲜艳的颜色。葡萄酒还有浓度上的深浅之分。浓度指的是酒液的透明度。红葡萄酒边缘颜色比杯心颜色浅，白葡萄酒则相反，这是酒精张力所带来的折射差别，酒龄越长，其杯心与边缘的色调差异就越大，这是判别酒龄的一个方法。葡萄酒还有对光线的反射能力，酒越新越有光泽，越陈越暗淡。

衡量酒质还有一个重要指标，叫挂杯。将酒杯轻轻地摇晃两三下，观察酒从杯壁往下淌的痕迹，俗称“挂杯”。挂杯现

酒的种类	颜色	评价
白葡萄酒	近似无色	新葡萄酒
	浅黄色	
	浅绿黄色	
	禾杆黄色	正常陈酿的酒
	黄色	
	金黄色	
	琥珀色	过度氧化的酒
	橘黄色	
	棕黄色	
	栗色	
	失光苍白（程度大小）	陈酿中的缺陷
桃红葡萄酒	桃红色（浅或深）	颜色新鲜的新酒
	砖黄的桃红色（浅或深）	正常陈酿的酒
	淡紫的葱头皮红色	已氧化或过度陈酿的酒
	琥珀色（趋于桔黄和栗色）	
红葡萄酒	红色（浅或深）	新酒
	紫红色	
	石榴红	
	宝石红	经陈酿的酒
	血红	
	暗红	
	棕红	氧化过度，经陈酿过分或是坏的葡萄酒

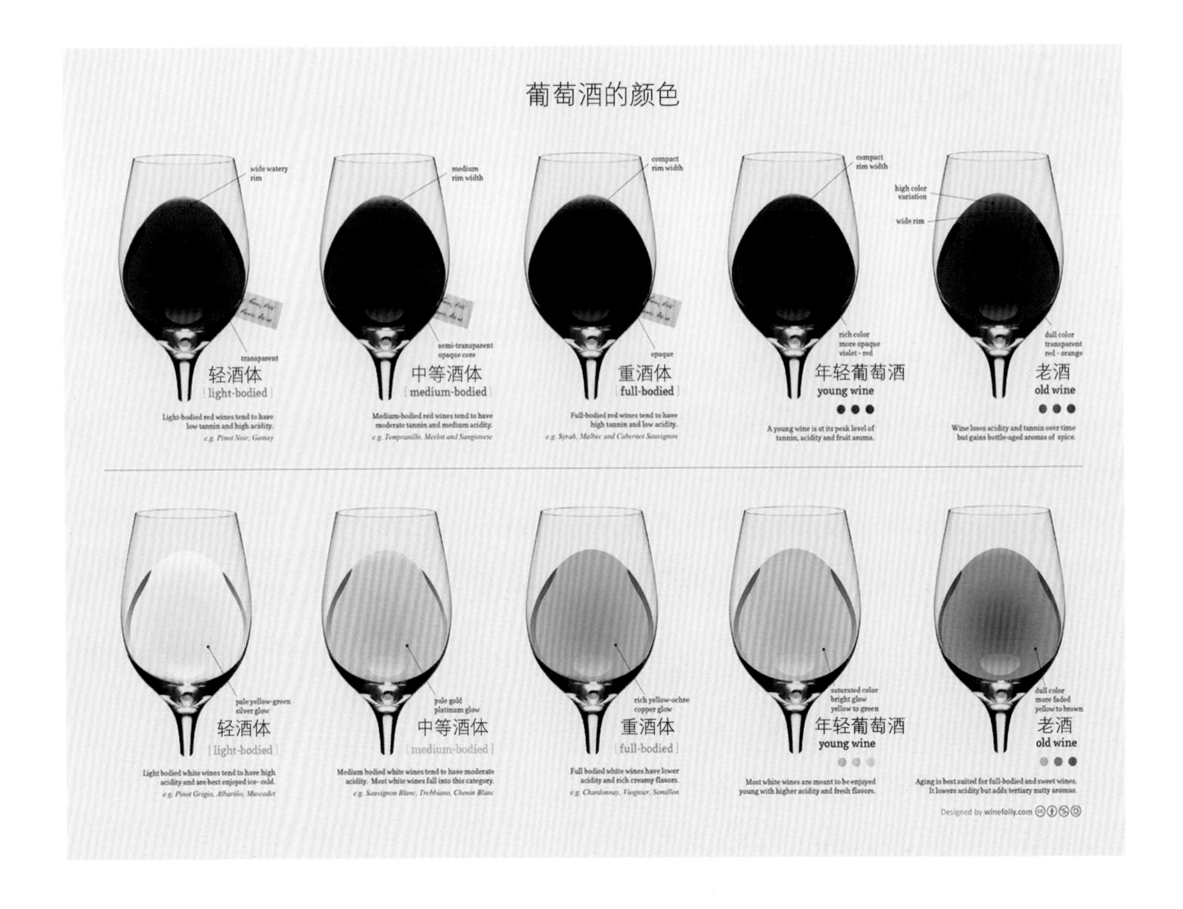

象是酒中的酒精、甘油和残留糖分之张力的表现，酒液往下淌的速度越慢，表明此酒酒精和残留糖分含量越高。

闻香

先不要摇晃酒杯，将酒杯放在鼻子下，轻轻闻两下，对葡萄酒留下初步印象。闻时不要深呼吸，因为嗅觉容易疲倦。随后摇晃酒杯，使酒在杯中打转将酒中的香气释放出来，此时再轻轻闻一下，随后用短促的深呼吸方式来闻，以增强酒中的香气对嗅觉器官的刺激。葡萄酒是唯一具有层次丰富的酒香、香气和味道的天然饮料，它的气味和香气几乎无穷无尽……你可以极尽自己的想象来描绘它。以下介绍我们闻香时所感受到的香气内容：

第一次闻香：静止条件下，闻到淡淡的香气，是扩散性最强的气味。

第二次闻香：摇动酒杯，使葡萄酒呈圆周运动，促使挥发性弱的物质的释放。

第三次闻香：前两次闻香所闻到的是舒适的香气，第三次闻香主要用于鉴别香气中的缺陷。

葡萄酒中存在三级香气：

初级香气，指各葡萄品种的香气。

二级香气，指发酵中生成的香气。

三级香气，指橡木桶中培养时或者瓶中陈年时生成的香气。

品尝

入口：进入口腔的酒量要足够充满整个口腔，入口之后葡萄酒温度升高，开始散发出香味。

五种基本味道：

甜：立刻给人好感，刺激唾液分泌。

咸：轻微刺激性，葡萄酒中少见。

酸：较刺激，唾液大量分泌。

苦：感觉不舒服，涩口，经久不散。减少唾液分泌，在高品质葡萄酒里少见。

辛辣：在某些葡萄品种酿造的酒中常见。

口中质感：

口干，有苦涩感。

品尝酒香：

1．葡萄酒原有的酒香。

2．葡萄经发酵产生的气味。

3．陈年酒香。

葡萄酒的酒体和后味的描述

描述酒体的常用术语有：

酒体瘦弱（指葡萄酒缺乏酸度，缺乏厚重感，酒的结构单薄，即使经过陈酿仍然不能改变品质）。

酒体软弱（指葡萄酒口味较弱，缺乏酸度，缺乏酒度，缺乏质感）。

酒体柔软（或为轻质葡萄酒，或为醇厚葡萄酒，有着良好的可口性、稠和性，各种特征彼此融合得很好。从化学观点论，这类葡萄酒只含有少量的单宁及总酸度）。

酒体丰满（这种酒各组分调合无缺，入口圆满、充实、完整。具成熟葡萄的成熟感，这个词只有最具一定质量的酒才适用）。

酒体娇嫩（指葡萄酒的酒体较轻，在口中可以感到愉快，稍带稠和性，具“嫩而轻”的品质特征）。

酒体圆滑（指具有柔软的、和谐的酒体的葡萄酒）。

另外，形容酒体好的字还很多，例如结构丰满、坚实、结实、有骨架、充沛、肥硕等词。

后味，也有的叫回味，其常用的评语有：回味绵长、回味悠长、回味短、回味淡等。

品酒次序

品尝葡萄酒的次序应为：较清淡的酒安排在前面，减少先品的酒对后品的酒造成干扰；干白葡萄酒在红葡萄酒前；甜型酒在干型酒后；年份新的在年份老的之前。原则是味道越重，越是香甜浓郁的葡萄酒应尽量排到最后。

葡萄酒佐餐

FOOD AND WINE PARING

葡萄酒佐餐原则

甜味葡萄酒能降低食物中的苦、咸、酸和辣；酸味葡萄酒能使带甜味的食物更甜；苦味葡萄酒能中和食物的酸味；咸味葡萄酒会加强食物的苦味；含单宁的葡萄酒会加强食物的辣味；含单宁的葡萄酒会令腥味重的鱼和海鲜更腥。

相似性——用有相同质感以及丰满程度的葡萄酒与美食来搭配。例如：黄油料理的鱼类可搭配同样拥有黄油味道的莎当妮。

清淡的菜配清淡的酒，浓郁的酒配浓郁的菜。例如：清淡型的葡萄酒配清蒸鱼、生鱼片和生蚝等；中等柔滑芳香型葡萄酒配比较细腻、而且酱类佐料少的食物。

味道——用有相同味道的葡萄酒与美食来搭配。例如：胡椒味道的牛排用以搭配有胡椒味的西拉，有泥土气息的蘑菇可搭配有土壤味的陈年老酒。

烹饪方法——清淡的葡萄酒可与蒸煮类食物搭配而中重酒体的葡萄酒可与烧烤、红烧类重味道的食物搭配。

味道相对抗的搭配——可以利用味道的一些相抗衡来搭配菜肴。

咸的菜式可用酒体较轻的葡萄酒搭配；辣的菜式可用清爽干白或者单宁较少的红葡萄酒搭配；咖喱菜式可以搭配清淡芬芳的白葡萄酒。

不同酒体葡萄酒佐餐

带有橡木味浓郁的白葡萄酒，适合配芝士烹调的海鲜及烧烤；

成熟的白葡萄酒适合配面包和坚果；

果味型、轻柔的红葡萄酒配沙拉、意大利面及披萨；

单宁重酒体丰厚的葡萄酒适合搭配烤肉、煎牛排及羊排；

优雅香料味柔顺的红葡萄酒配带蘑菇的菜，例如勃艮第的黑品诺配鱼翅和鲍鱼；

浓郁柔顺的葡萄酒搭配炖菜；

成熟红葡萄酒配松露；

餐后甜酒配甜食，并且甜酒一定要比甜食更甜才能达到平衡。

葡萄酒佐餐忌讳

颜色紫色、喝起来生涩的红葡萄酒，忌讳带甜味的菜；单宁厚重的新红酒忌配辣菜；红酒忌配鲜嫩海鲜；葡萄酒忌配拌有浓重姜醋汁的菜；葡萄酒忌配柿子，易食物中毒。

中餐与葡萄酒搭配

广州菜——清爽型，偏重酸味的或者芳香型干白葡萄酒为主。

潮州菜——芳香圆润白葡萄酒搭配。

客家菜——浓郁白葡萄酒，中等酒体的红葡萄酒。

海南菜——清爽和芳香型白葡萄酒。

川菜—— 麻辣型：清爽型干白，半干白，普通芳香型白葡萄酒。

辛辣型：中等酒体的芳香型白葡萄酒，浓郁带橡木桶味的白葡萄酒和中等酒体红葡萄酒。

咸鲜酸甜类：中等酒体芳香型白葡萄酒。

鲁菜——济南菜：中等柔滑，芳香型干白葡萄酒，浓郁的白葡萄酒，中等酒体红葡萄酒或成熟红葡萄酒。

胶东菜——清淡型白葡萄酒，圆润浓郁的红葡萄酒。

湘菜——半干白，清爽型干白，桃红起泡酒，普通清淡的红葡萄酒，单宁成熟的红葡萄酒。

江苏菜——芬芳圆润型干白葡萄酒，清爽型白葡萄酒，半干型白葡萄酒。

浙江菜——各种酒体的白葡萄酒，根据菜的口味轻重来搭配不同口味的白葡萄酒。

福建菜—— 中等柔滑芳香型干白葡萄酒，成熟单宁的红葡萄酒，新世界口味简单果味浓郁的红葡萄酒。

安徽菜——中等酒体干白葡萄酒，成熟单宁的红葡萄酒。

橡木桶和葡萄酒的亲密关系

OAK BARREL AND WINE

橡木桶作为许多物品运输的工具，高卢时期传入法国后，欧洲各地开始普遍采用。除了运输商品外，也用来运输和储存葡萄酒。各种不同的木材都曾被用来制成储酒的木桶。如栗木、杉木和红木等，但都因为木材中所含的单宁太过粗糙、或纤维太粗、密闭效果不佳等因素比不上橡木，致使后来没被采用。现今几乎所有作为酒类培养的木桶都是橡木做的。

全世界所有著名的优质红葡萄酒都必须在橡木桶中储存一到两年。橡木桶通常是用法国和美国橡木制造的。近年来特别流行的葡萄品种莎当妮（Chardonnay）也以橡木桶中发酵为时尚。尽管当今酿酒技术已经非常先进，葡萄酒的印象却始终和橡木桶这已存在数千年的容器分不开。

适度的氧化作用

橡木桶对葡萄酒最大的影响在于使葡萄酒通过适度的氧化使酒的结构稳定，并将木桶中的香味融入酒中。橡木桶壁的木质细胞具有透气的功能，可以让极少量的空气穿过桶壁，渗透到桶中使葡萄酒产生适度的氧化作用。过度的氧化会使酒变质，但缓慢渗入桶中微量的氧气却可以柔化单宁，让酒更圆熟，同时也让葡萄酒中新鲜的水果香味逐渐酝酿成丰富多变成熟的酒香。因为氧化的缘故，经橡木桶培养的红葡萄酒颜色会变得比储存前还要淡，并且色调偏橘红；相反地，白酒经储存后则颜色变深，色调偏金黄。

添桶

空气可以穿过桶壁，同样地，桶中的葡萄酒也会穿过桶壁蒸发到空气中。所以储存一段时间之后，桶中的葡萄酒就会因减少而在桶中留下空隙。如此一来葡萄酒氧化的速度会变得太快无法提高品质。因此每隔一段时间，酿酒工人就必须进行“添桶”的工作，添入葡萄酒将橡木桶填满。如此经过一两年之后，葡萄酒因蒸发浓缩变得更浓郁。但是西班牙的Fino雪利酒，在橡木桶的培养过程，不实施添桶的程序，酒却不会氧化。这是因为在酒的表面浮有一层白色的酵母菌，可以保护Fino，让酒不和空气接触。

来自橡木桶的香味和单宁

橡木桶除了提供葡萄酒一个适度的氧化环境外，橡木桶原本内含的香味也会融入葡萄酒中。除了木头味之外，依据木桶熏烤的程度，可为葡萄酒带来奶油、香草、烤面包、烤杏仁、烟味和丁香等香味。橡木的香味并非葡萄酒原有的天然原味，只是使酒香更丰富的陪衬香味，不应喧宾夺主，掩盖葡萄酒原有的自然香气。

橡木亦含有单宁，而且通常粗糙、收敛性强，融入酒中会让酒变得很涩，难以入口。所以制造过程中，橡木块必须经长时间（三年以上）的天然干燥，让单宁稍微柔化而不至于影响酒的品质。

橡木桶中的发酵

橡木桶也可被用来作为发酵的酒槽，至今偶尔还可以看到用传统的巨型橡木发酵酒槽制作红葡萄酒。传统方法酿制的白葡萄酒的发酵则大多是在225公升的橡木桶中进行。除了有自然控温的优点外，发

美国橡木桶	法国橡木桶
美国橡木（Quercus Alba）：俗称白橡木	法国橡木（Quercus Sessiflora）：俗称黄橡木
美国橡木可以锯开	法国橡木需要顺着纤维走向劈开，以防止渗漏
美国橡木香草味浓郁，风格粗犷，桶储出味较快	法国橡木芳香复杂丰富，风格细腻平衡，桶储出味较慢，较多烟熏味

葡萄酒陈酿

酵后的白葡萄酒直接在同一桶中和死掉的酵母一起进行培养，可以让酒变得更圆润甘甜。为了让死酵母能和酒充分接触，酿酒工人必须依照古法，经常使用木棒在橡木桶中搅动，让沉淀物和酒混合。

> 我们不是木头房子。我们是口味房子。我的口味正是如此通过木头进入葡萄酒。我们有香草、饴糖、巧克力、奶油、咖啡、莫哈咖啡……温暖于是传遍你的舌头。
>
> ——艾莉西亚·麦布莱德
>
> 一家为葡萄酒提供橡木桶的公司
>
> 所有高品质的葡萄酒都经橡木桶的培养，又补充红酒的香味，提供适度的氧气使酒更圆润和谐等功用。培养时间依据酒质而定，较涩的酒需要较长的时间，通常不会超过两年。

橡木桶的新旧和大小

橡木桶的大小会影响适度氧化的成效，因为容积越大，每一单位的葡萄酒所能得到的氧化效果就越小。另外橡木桶的新旧对酒的影响也有差别，橡木桶越新，封闭性越好，带给葡萄酒的木香就越多。酿酒师可以根据所需选择适当的橡木桶，例如要保持红酒新鲜的酒香可选择大型的橡木桶，不仅不会成熟太快，而且不会有多余的木香。

通过对酒桶内部进行熏烤会给葡萄酒带来更多风味

缺点

橡木桶并不是只为葡萄酒带来好处，未清洗干净或太过老旧的橡木桶，不仅会将霉味、腐木等怪味道带给葡萄酒，甚至还会造成过度氧化让酒变质。此外，品质较差的橡木会将劣质的单宁带到葡萄酒中，反让酒变得干涩难喝。不是所有的葡萄酒都适合在橡木桶中培养。比如适合年轻时即饮用的葡萄酒，经橡木桶培养反而会失去原有怡人的清新鲜果香，而且还可能因此破坏口味的均衡感。口感清淡、酒香不够浓郁的葡萄酒也须避免作橡木桶的培养，以免橡木桶的木香和单宁完全遮盖了酒的原味。

MARGARET RIVER

3 世界各国葡萄酒

World Wine

法国
FRANCE

法国葡萄酒在中国

2012年法国出口中国市场的总量为137767千升，增长9%。其中波尔多6300万升，交易额达6.49亿欧元，排名第一，进口额超过第二位英国近55%。

销量

法国葡萄酒与烈酒出口联盟（FEVS）近期公布了2012年度法国葡萄酒烈酒出口报告。这份报告提供的数据显示，2012年法国出口总额再创年历史新高。2012年法国葡萄酒烈酒出口总额（总价值）较2011年增长了10%，达111.5亿欧元。对这一增长贡献最大的主要是干邑，其销售额增长34%，波尔多增长30%，香槟增长10%。尽管出口总额上涨了10%，出口总量却只增长了1.6%。

中国在法国葡萄酒与烈酒出口国中位列第三，法国对中国大陆地区出口额为10亿欧元，增长17%。对中国香港地区出口额为4.1亿欧元，法国依然是中国进口葡萄酒数量最多的国家，占据中国葡萄酒市场的半壁江山。

在法国的众多产区里，表现最抢眼的依然是波尔多。根据波尔多葡萄酒行业协会的报告显示，过去一年里，进口量方面中国（包含中国大陆及中国香港）以高出第二进口国德国132%的比率领跑全球市场，对波尔多葡萄酒进口量高达6300万升，交易额达6.49亿欧元，排名第一。其中，进中国大陆的葡萄酒进口量就达5230万升，同比上涨55%，而排在第二位的德国增长率仅为1%；中国大陆交易总额为3.54亿欧元，同比增幅38%，并以0.59亿欧元的优势首次赶超香港。

成长性

为什么波尔多葡萄酒能够在中国市场获得成功？首先，中国经济的大环境奠定了基础。中国经济的快速增长，消费力的增强；第二，波尔多世界葡萄酒天堂的产区概念无疑已经深入人心，120000公顷葡萄种植面积，8000个酒庄以及60个法定产区为消费者提供了丰富的选择；第三，波尔多葡萄酒的成功离不开波尔多葡萄酒行业协会（CIVB）的大力推广。我们看到CIVB推出的“随时随意波尔多”葡萄酒在中国已经成功举办的第六届，参加的人数越来越多，规模也是越来越大。

未来趋势

法国葡萄酒产区多样化，其实力的此消彼长也让竞争更加激烈。例如，波尔多葡萄酒在中国市场绝不可能做到高枕无忧，不说其他新旧世界国家和产区对这个市场的虎视眈眈，连法国本土的其他产区也加紧发力，例如在中低端市场，波尔多葡萄酒就面临罗纳河谷的挑战，高端市场，更是面对勃艮第葡萄酒的强有力竞争。而且，波尔多葡萄酒以红葡萄酒为主，以白葡萄酒闻名世界的阿尔萨斯产区这两年也加强了对中国市场的争夺。2012年，由阿尔萨斯葡萄酒行业协会举办的推介会就在广州、厦门、北京、上海和成都相继召开，现场品鉴的酒款无一例外全是白葡萄酒。一方面因为该产区90%的葡萄酒都是白葡萄酒；另一方面，从结果上来看，这种与波尔多红葡萄酒形成明显区隔的差异化推广给人们留下了深刻印象。因此，从未来的发展趋势来看，法国葡萄酒将依然占据中国进口葡萄酒市场的主流，但是从产品和产区结构上来看，将会趋向于更加多元化，波尔多一家独大的形式将有所改变。

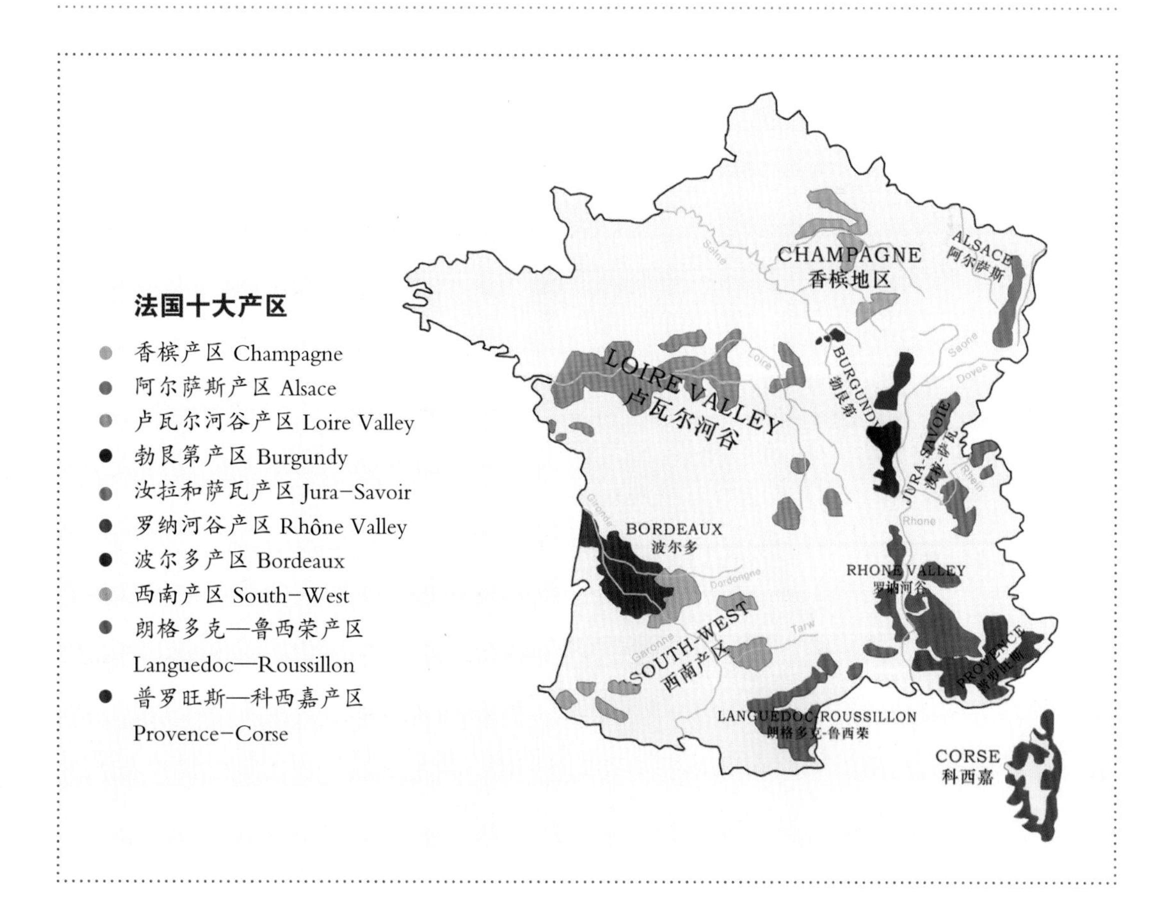

公元前50年，恺撒大帝征服了高卢，罗马军队带来了葡萄藤苗，并将他们种植在了法兰西的土地上。

法国红酒在中世纪的发展得益于基督教会。圣经中521次提及葡萄酒。耶酥在最后的晚餐上说“面包是我的肉，葡萄酒是我的血”，基督教把葡萄酒视为圣血，教会人员把葡萄种植和葡萄酒酿造作为毕生的工作，法国葡萄酒随传教士的足迹传遍世界。

分级制度——法国

法国葡萄酒分为4个级别：日常餐酒（Vin de Table），地区餐酒（Vin de Pay），优良地区酒（Vin Delimites de Qualite Superieure / VDQS），法定产区酒（Appellation d' Origine Controlee/AOC）。这是法国法律规定的葡萄酒等级，等级越靠后越高，而AOC等级，是法国葡萄酒的最高等级。它对葡萄生产的产地、酿酒使用葡萄的品种、酒精浓度、单位产量、葡萄汁糖分、葡萄的种植方法、酒的发酵方法、酒的储藏要求、装瓶时间的规定、酿酒使用葡萄收获年份的规定都有要求。较低的等级的葡萄酒对某些方面没有要求或要求不如高等级的葡萄酒高。比如：日常餐酒可以不标示年份，也可以使用不同年份的葡萄酿造调配，而法定产区酒（AOC级酒）必须使用同一年份收获的葡萄酿造，并且在标签上标明。

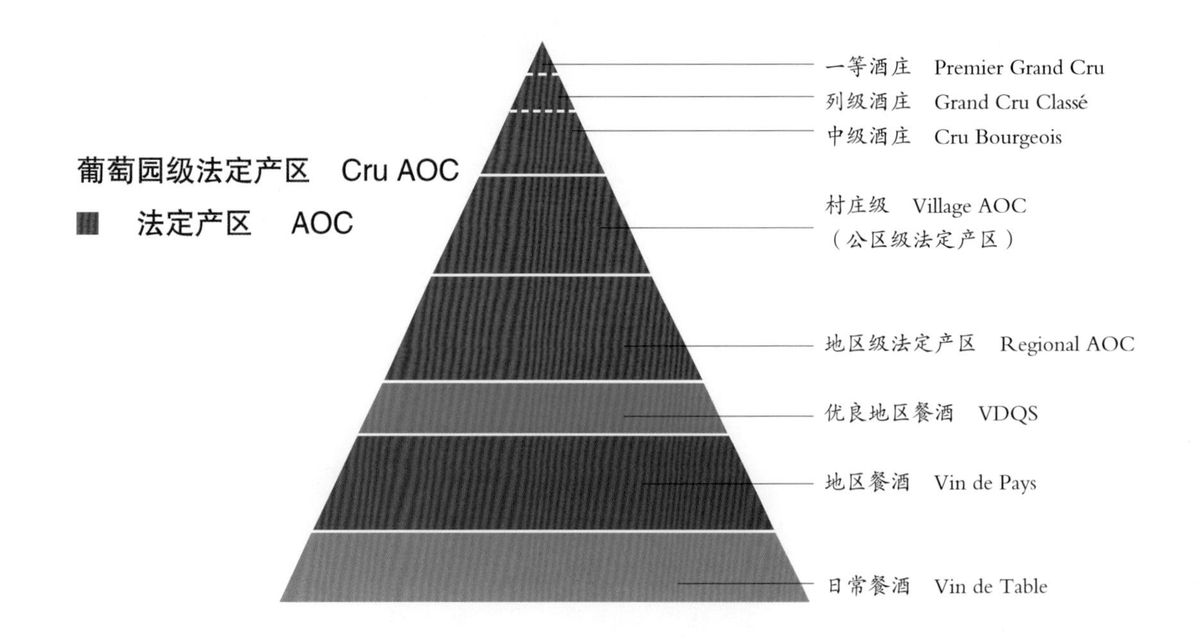

波尔多梅多克1855年分级制度：红葡萄酒

GRAND CRU CLASS（列级酒庄）61个
一级酒庄 5个
二级酒庄 14个
三级酒庄 14个
四级酒庄 10个
五级酒庄 18个

苏岱（Sauternes）和巴萨克（Barsac）区酒庄分级制度：白葡萄酒

超特级酒庄 1个
一级酒庄 11个
二级酒庄 15个

格拉芙（Graves）产区分级制度：1953年

列级酒庄CRU CLASSE 16个，其中
6个红葡萄酒和白葡萄酒列级酒庄
7个红葡萄酒列级酒庄
3个白葡萄酒列级酒庄

圣埃米利永产区（Saint Émilion）分级制度：1958年

Premier Grand Cru 一级特等酒庄 A级 4个
B级 14个
Grand Cru Classe 列级酒庄 65个

法国各产区酒瓶特征

1. 勃艮第产区：略带流线的直身瓶型。
2. 卢瓦尔河谷产区：细长瓶型，与阿尔萨斯的相似。
3. 波尔多产区：直身瓶型，也是目前国内效仿最多的瓶型。是波尔多酒区的法定瓶型，在法国只有波尔多酒区的葡萄酒在有权利使用这种瓶型。
4. 香槟产区：香槟酒专用瓶型。
5. 罗纳河谷产区：略带流线的直身瓶型，比勃艮第产区的矮粗。
6. 阿尔萨斯产区：细长瓶型，是法国阿尔萨斯酒区的特有瓶型。
7. 日常餐酒：日常餐酒一般的瓶型像大号的勃艮第瓶型。
8. 普罗旺斯产区：细高瓶型，颈部多一个圆环。
9. 朗格多克—鲁西荣产区：矮粗瓶型。

波尔多产区
BORDEAUX

地理位置

波尔多地区位于北纬45°，法国西南部临大西洋，位于加龙河（Garonne），多尔多涅河（Dordogne）和吉龙德（Gironde）河谷地区。该区地域广大，东西长85英里，南北70多英里，是世界公认的世界最大的葡萄酒产地。

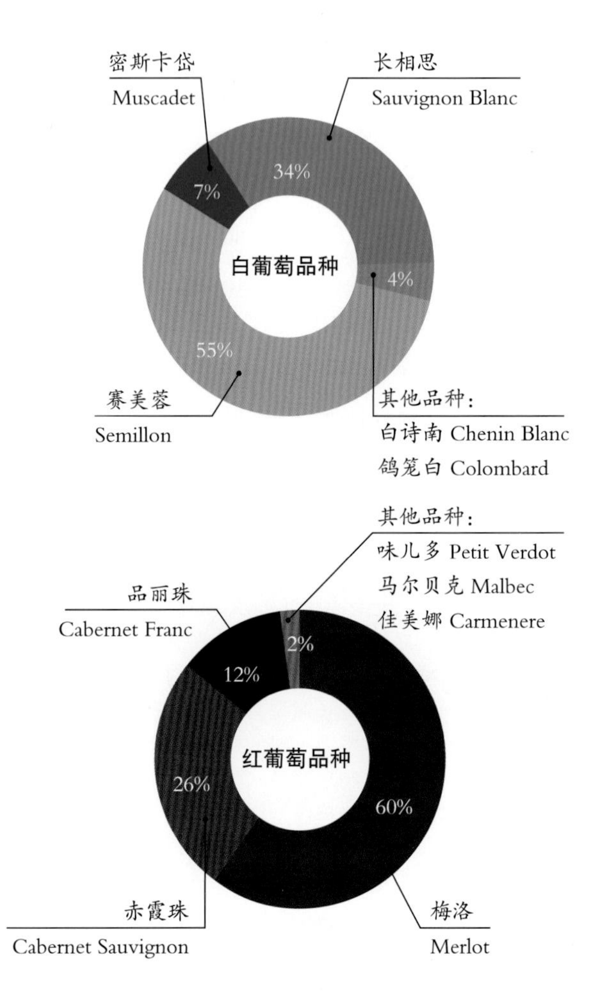

气候条件

葡萄成熟季节有长时间的光照，临大西洋被海洋性气候调节着，气候温和。

土壤条件

沿着河流有冲积土壤带。最好的葡萄园在渗水良好的砾石土壤，其底土层为泥灰，上边有石英和燧石，这样的土壤集中在上梅多克产区。在圣埃米利永产区，砾石土壤则覆盖在石灰石上。

波尔多葡萄酒的六大家族

干白葡萄酒
波尔多葡萄酒和优级波尔多葡萄酒
波尔多海岸酒（Les Côtes de Bordeaux）
圣埃米利永（Saint—Émilion）
波美侯（Pomerol）
弗龙萨克（Fronsac）
梅多克和格拉芙（Medoc et Graves ）
甜白葡萄酒和利口酒

波尔多葡萄酒产区
Wine Regions of Bordeaux

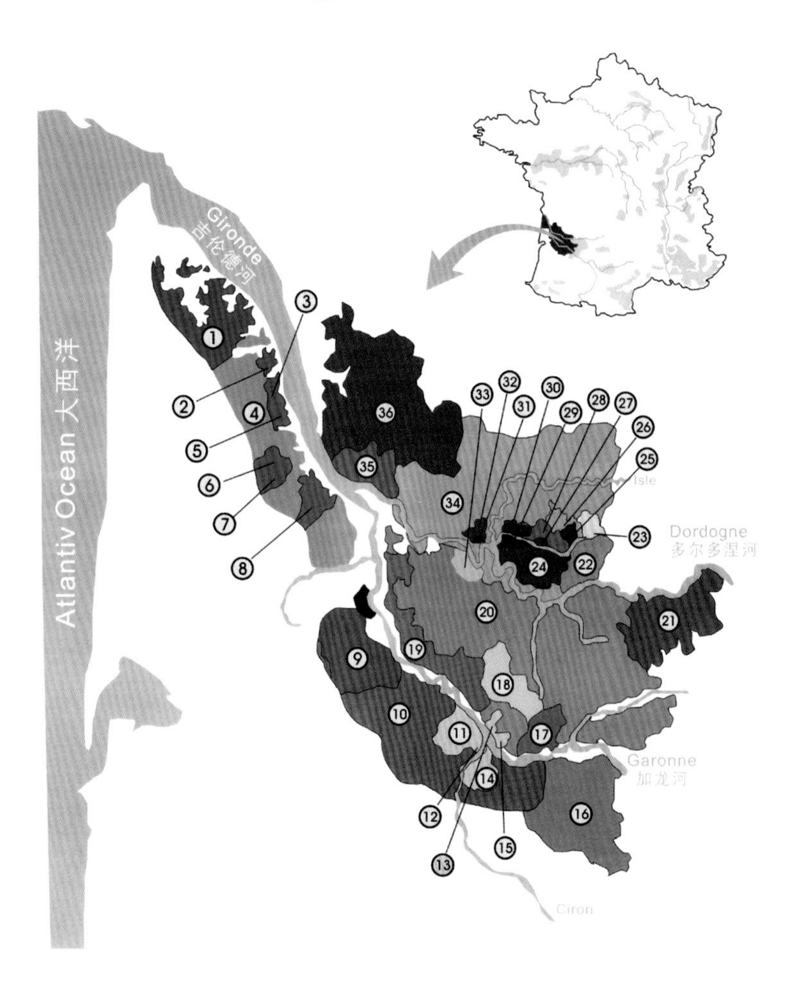

1. Medoc 梅多克
2. Saint-Estephe 圣爱斯泰夫
3. Pauillac 波亚克
4. Haut-Medoc 上梅多克
5. Saint-Julien 圣朱利安
6. Listrac-Medoc 丽兹塔克-梅多克
7. Moulis 慕丽丝
8. Margaux 玛歌
9. Pessac-Lleognan 佩萨克-雷奥良
10. Graves 格拉夫
11. Cerons 塞龙
12. Barsac 巴萨克
13. Loupiac 卢皮亚克
14. Sauternes 苏玳
15. Sainte-Croix-du-Mont 圣克瓦度蒙
16. Bordeaux Et Bordeaux Superieur 波尔多和超级波尔多
17. Cotes de Bordeaux Saint-macaire 波尔多丘-圣玛盖尔
18. Bordeaux Haut-Benauge Et Entre-Deux-Mers Haut-Benauge 上伯诺日和两海之间-上伯诺日
19. Premieres Cotes de Bordeaux 波尔多首丘
20. Entre-Deux-Mers 两海之间
21. Sainte-Foy-Bordeaux 圣福瓦-波尔多
22. Cotes de Castillon 卡斯蒂永丘
23. Cotes de Francs 弗郎斯丘
24. Saint-Emilion圣爱美容
25. Puisseguin Saint-Emilion 普瑟冈-圣爱美容
26. Lussac Saint-Emilion 吕萨克-圣爱美容
27. Saint-Georges Saint-Emilion 圣乔治-圣爱美容
28. Mcntagne Saint-Emilion 蒙塔涅-圣爱美容
29. Pomerol 波美候
30. Lalance-de-Pomerol 拉朗德・波美候
31. Canon-Fronsac 卡龙-弗龙萨克
32. Fronsac 弗龙萨克
33. Graves-de-Vayres 韦雷-格拉夫
34. Bcrdeaux Et Bordeaux Superieur 波尔多和超级波尔多
35. Cotes de Bourg 布朗丘
36. Blaye Et Premieres Cotes de Blaye 布拉伊和布拉伊首丘

波尔多左岸

BORDEAUX LEFT BANK

左岸产区

梅多克产区（Medoc）；格拉芙产区（Graves）；苏岱产区（Sauternes）；巴萨克产区（Barsac）。

葡萄品种

赤霞珠（Cabernet—Sauvignon）、梅洛（Merlot）、品丽珠（Cabernet Franc）、味儿多（Petit Verdot）为主的红葡萄酒。

赛美蓉（Semillon）、长相思（Sauvignon Blanc）为主的白葡萄酒以及贵腐甜白葡萄酒。

梅多克产区

史诗般的历史，贵族化的背景，无与伦比的酒质，这些都是多数人对梅多克产区的评价，这里云集了世界上最多的顶尖酒庄，61个列级庄，321个中级庄，加上未被评级的大大小小酒庄，足以征服全世界半数以上的葡萄酒爱好者，很多人走马观花式的从旧世界走到新世界之后，最后仍觉得波尔多的葡萄酒是最永恒的，梅多克当然不在话下。

Biturige Vivisques的凯尔特人部落，它位于加龙河（Garonne）流域，直到公元前3世纪建立了波提加拉城（Burdigala），即波尔多的前身，那里较早地实施了葡萄的种植。在罗马的影响下，该部落种植并产生了一种特殊的葡萄品种，拉比科卡（La Biturica），比利牛斯山区（Pyrénéenne）葡萄品种，后演变成维杜卡（Vidure），卡梅洛（Carmenet），最后成为Cabernet。公元4世纪的著名辞学家，波尔多的产业主欧颂（Ausone），认为他的家乡是以“巴克斯酒神”（Bacchus）、河流和伟大人物而闻名。

波尔多大型葡萄酒产区的开发始于公元12世纪中期，从此揭开了交流与分享的超凡历史。当时该产区成为在Henri Plantagenêt托管下的英雄领地，Henri Plantagenêt是西方世界里最富有的一位王储之一，他于公元1154年成为英国国王。一个伟大的葡萄酒市场在这时出现了。由于其价值巨大，因此在当时处于中世纪时期的西方世界里，它是所有商业交易里最重要的一员。

公元15世纪和16世纪，大量的外国人涌入这里，比如荷兰人，德国人，爱尔兰人，和许多其他国家的商人一样，都定居在波尔多，并为波尔多葡萄酒的声望的发展起了决定性作用。

公元17、18世纪引人注目的标志是，质量最好的“列级酒庄葡萄酒”由本地和国际买家联合推动下得到了超乎寻常的发展。富有的地主、贵族、议员、中上阶层在葡萄酒上投入巨资，并对葡萄酒冠以“列级庄园葡萄酒”或者“酒庄”的这种专有名称，然后由富裕的外国客户订购后，通过中间人进行着全球范围内的贸易。

庄园的理念很快就被接受了。列级庄园是最古老的传统遗产，它与这个时代创建的产业融为一体。它组成了最“高贵”的波尔多产品其中的一部分。

列级庄园葡萄酒的优越定位还不能完全解释他们成功的原因。在质量和稳定性的角度方面说，大自然的慷慨恩赐并不是成功的唯一原因。除此之外，还必须加上科学的鉴定和一个非凡的技能诀窍，这样就构成了19世纪和20世纪的主要挑战内容。

梅多克（Médoc）红酒主要是由赤霞珠（Cabernet Sauvignon）葡萄和梅洛（Merlot）葡萄调配而成：前者带来良好的酒体构造以及水果香味，后者带来了醇厚的口感与果香。新酿的梅多克红酒酸涩度较高（会有呛喉的感觉），但经过陈化酒体会越来越平衡，是需要陈化的红酒。

本区几大产区所产葡萄酒特点：

St. Estephe（圣埃斯塔菲）：本产区是全波尔多产区内单宁最重的、酒体最强劲的产区，以黏土为主。

Pauillac（波亚克）：酒质浓郁，单宁含量高，年轻时口感强劲，带有黑醋栗和浆果味道，有紫罗兰和玫瑰等的花香，回味长。如果陈酿数年后口感则更为复杂浓郁。

St. Julien（圣于连）：本产区是梅多克内品质最整齐的产区几乎没有令人失望的酒。产区在波亚克和圣爱斯塔菲之间，口味也是两者的综合，酒色深沉，香气细腻。

Haut—Medoc（上梅多克）：位于法国西南部吉伦特河口的左岸，出产果香突出、酒体丰满的红葡萄酒，有樱桃干、松露和香草的气味。

Listrac（里斯塔克）：里斯塔克产区梅洛葡萄的比例较高，莓果味强，酸涩度也高，年轻时酒质坚硬而封闭，但成熟也快，一般而言只需三至八年的陈年期就可达到巅峰。

Moulis（穆里斯）：穆里斯酿造的葡萄酒较柔和，相比里斯塔克来说单宁较轻，比较适合年轻时饮用。

Margaux（玛歌）：玛歌酒的特点是具有无敌的酒香，其酒香复杂而有层次，既有花香，又似果香和木香。其酒质精致、幽雅、平稳、深沉和圆滑，酒身较轻，但香浓无比。

拉菲酒庄及其副牌

Chateau Lafite Rothschild

拉菲—罗斯柴尔德酒庄（Chateau Lafite Rothschild）是波尔多最著名，也是世界上最著名的酒庄和顶级酒之一。早在18世纪初，拉菲酒庄便闻名欧洲。在1855年波尔多历史上首次正式认定的分级中，拉菲酒庄贵为一级首位，其地位至今没有改变，拉菲酒也历来位于最具收藏价值的葡萄酒之项。

对这支顶级酒已经无须更多介绍，1815年亚拉伯罕·劳顿已经将其列为头牌佳酿。“我将拉菲置于榜首，是因在前三款（顶级酒）中，拉菲最为优雅与精致，它的酒体极为细腻。”1855年的分级制度确认了这一评价。至于拉菲的品质特征，无论是哪一个年份，都可引一位品酒行家的称赞作为评语，“凡入口之拉菲，皆拥有杏仁与紫罗兰的芳醇。”

上图 拉菲酒庄正牌葡萄酒
下图 拉菲酒庄副牌葡萄酒

产区：波尔多波亚克（Pauillac）
庄园等级：1855年波尔多梅多克产区列级一级酒庄（1er Grand Cru Classe）
正牌葡萄品种：80%-95%赤霞珠（Cabernet Sauvignon）、5%-20%梅洛（Merlot）、0%-5%品丽珠（Cabernet Franc）、味儿多（Petit Verdot）
陈酿时间：新桶陈酿18个月
副牌酒葡萄品种：50%-70%赤霞珠、30%-50%梅洛、0%-5%品丽珠及味儿多
陈酿时间：10%-15%法国新橡木桶陈酿18个月

拉图酒庄及其副牌

Chateau Latour

1714年，一桶拉图酒的价格相当于普通波尔多葡萄酒价格的4—5倍，1767年增长到20倍。虽然拉图酒长期高质高价，但并未妨碍自身的不断革新。今天，除了原来酒坊的石灰石建筑外表依然如故外，酒庄内部全部装修为现代风格，采用现代技术控制。发酵窖、橡木桶窖、瓶装厅所有墙体均用防霉菌的材料装修，温、湿度全部是自动控制，酿酒依然保持传统方式，但酿酒过程全部自动控制。

拉图酒庄（Chateau Latour）是法国的国宝级酒庄，位于波尔多波亚克村庄（Pauillac）的南部一个地势比较高的碎石河岸上，是1855年分级制度被定级为顶级一等的酒庄之一。拉图酒庄的酒一贯酒体强劲、厚实，并有丰满的黑加仑香味和细腻的黑樱桃香味。

上图 拉图酒庄正牌葡萄酒
下图 拉图酒庄副牌葡萄酒

产区：波亚克（Pauillac）
庄园等级：1855年波尔多梅多克产区列级一级酒庄（1er Grand Cru Classe）
正牌葡萄品种：60%赤霞珠（Cabernet Sauvignon）、35%梅洛（Merlot）、5%品丽珠（Cabernet Franc）、味儿多 Petit Verdot
陈酿时间：新桶陈酿18个月
副牌葡萄品种：70%赤霞珠和30%梅洛
橡木桶时间：50%新法国橡木桶陈酿18个月

玛歌酒庄及其副牌

Chateau Margaux

玛歌酒庄历史悠久，已有数百年历史。玛歌酒庄创建于15世纪。这里曾经是英格兰国王爱德华三世的豪宅，也是吉耶纳（Guyenne）地区最宏伟坚固的城堡之一。几个世纪以来，这里几易其主，Lestonnac家族长期拥有玛歌酒庄。在1787年，对法国葡萄酒痴迷有加的美国前总统托马斯·杰弗逊就曾将玛歌酒庄评为波尔多名庄之首。1804年，La Colonilla侯爵来到这里，将古老的哥特式住宅夷为平地，修建了今天我们看到的城堡。到1977年，经营连锁店的Mentzelopoulos家族购买了酒庄，大量的人力和财力投入使玛歌酒庄的酒质更上层楼，达到巅峰。

上图 玛歌酒庄正牌葡萄酒
下图 玛歌红亭葡萄酒

产区：玛歌（Margaux）
庄园等级：1855年波尔多梅多克产区列一级酒庄（1er Grand Cru Classe）
正牌葡萄品种：75%赤霞珠（Cabernet Sauvignon）、20%梅洛（Merlot）、5%品丽珠（Cabernet Franc）、味儿多（Petit Verdot）
陈酿时间：橡木桶中陈酿18—26个月
副牌葡萄品种：75%赤霞珠（Cabernet Sauvignon）、20%梅洛（Merlot）、5%品丽珠（Cabernet Franc）、味儿多（Petit Verdot）
陈酿时间：橡木桶中陈酿14—22个月

都夏美隆酒庄及其副牌

Chateau Duhart—Milon

上图 都夏美隆酒庄正牌葡萄酒
下图 都夏磨坊酒庄葡萄酒

都夏美隆酒庄（Chateau Duhart Milon）位于波尔多左岸的波亚克产区内，在1830年到1840年之间，卡斯特加家族（Casteja）从一位酒商的妻子手上买下了位于波亚克村美隆村（Milon）的都夏美隆酒庄。在该家族的管理下，酒庄在很短时间内就跃上波亚克村的佼佼者之一，在1855年的梅多克分级中，都夏美隆被列为列级酒庄第四级。

这款酒常常被认为是波亚克产区最具代表性的作品，其品质高雅而内向。著名葡萄酒经纪人亚伯拉罕·劳顿在1815年对都夏美隆古堡酒的评价“口感紧密扎实，美丽的颜色，有着突出的酒香”至今仍可被视作经典表述。口感介于小拉菲和大拉菲之间。没那么贵，果味更浓。味道没有展开，尽管它已经表现出很好的质感和单宁。没有青涩的感觉，干净、诱人，陈酿性好。

产区：波亚克(Pauillac)
庄园等级：1855年波尔多梅多克产区列级四级酒庄（4e Grand Cru Classe）
正牌葡萄品种：70%-80%赤霞珠（Cabernet Sauvignon）、20%-30%梅洛（Merlot）
陈酿时间：50%新橡木桶中陈酿18个月
副牌葡萄品种：赤霞珠55%-60%、梅洛40%-45%
陈酿时间：在使用过两年的旧桶中陈酿10个月

木桐酒庄

Chateau Mouton Rothschild

令木桐出名的是艺术酒标。1924年，老庄主菲力普男爵聘请立体派艺术家让·卡路设计木桐酒标。到1973年木桐升级为一级酒庄。菲力普决定设计新酒标以示庆祝。从此，木桐每年聘请艺术家为酒标创作。自从著名画家乔治·勃拉克为木桐专门创作一幅酒标画，印刷在酒标上时与原作尺寸一样后，吸引了世界名画家们的兴趣，超现实派大师萨尔瓦多·达利、雕塑家亨利·摩尔等世界著名画家纷纷提笔为木桐创作，最著名的酒标是1973年毕加索的“酒神狂欢图”，神气活现地展示了美酒为生活带来的欢乐。

木桐酒的风格比较另类，风格介于拉菲和拉图之间，特别是它的酒香十分独特，带有浓烈的摩卡咖啡香味，喜欢咖啡的朋友会特别钟爱。

木桐酒庄正牌葡萄酒

产区：波亚克（Pauillac）
葡萄品种：78%赤霞珠（Cabernet Sauvignon）、10%梅洛（Merlot）、10%品丽珠（Cabernet Franc）、2%味儿多（Petit Verdot）
庄园等级：1855年波尔多梅多克产区列级二级酒庄，1973年升为列级一级酒庄（1er Grand Cru Classe）
陈酿时间：80%-100%的新橡木桶中陈酿20—30个月

Château Mouton Rothschild

1945

木桐酒庄1945年至2008年酒标

木桐拱男爵酒庄

Domaine De Baron’arques

产区：朗格多克—鲁西荣（Languedoc—Roussillon）
葡萄品种：51%梅洛（Merlot）、11%品丽珠（Cabernet Franc）、7%赤霞珠（Cabernet Sauvignon）、13%马尔贝克（Malbec）、12%西拉（Syrah）、6%歌海娜（Grenache）
陈酿时间：橡木桶中陈酿1年
酒精含量：14.5度
净含量：750ml
外观：明亮的深红色，带有樱桃色调。
香气：年轻、精致、清新，有优雅的花香（芍药花、玫瑰花）以及橘皮蜜饯、焦糖和可可豆的香气。
品鉴：入口圆润，丝绒般的单宁质佳而独特。该酒具有薄荷味的清新以及由甘草、黑醋栗与胡椒和肉桂混合而成的复杂而强烈的香味。丰厚、奶油般的后味在口中优雅地萦绕，将美妙的橡木香味和各种葡萄带来的香味完美融合。

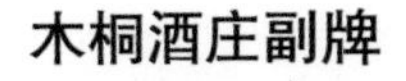

木桐酒庄副牌

Le Petit Mouton

产区：波亚克（Pauillac）
葡萄品种：80%赤霞珠（Cabernet Sauvignon）、8%梅洛（Merlot）、10%品丽珠（Cabernet Franc）、2%味儿多（Petit Verdot）
庄园等级：1855年波尔多梅多克产区列级一级酒庄副牌[1er Grand Cru Classe（2nd brand）]
陈酿时间：新橡木桶中陈酿18—22个月
酒精含量：13度
净含量：750ml
木桐副牌酒直至1993年才第一次生产，Petit Mouton是菲腊男爵的住所名称，用小木桐为名就是为了纪念这栋建筑物。
品鉴：中度酒体干红葡萄酒，充满黑醋栗、黑松露、橡木和成熟的李子气味。充足的单宁，圆润而柔和，口感富有烟熏、香料、橡木、香草和烤咖啡豆味道。浓郁而持久的黑醋栗果味，余韵悠长。

木桐嘉棣珍藏圣埃米利永干红

Reserve Mouton Cadet Saint—Émilion

产区：波尔多圣埃米利永（Saint—Émilion, Bordeaux）
葡萄品种：80% 梅洛（Merlot）、10% 赤霞珠（Cabernet Sauvignon）、10% 品丽珠（Cabernet Franc）
酒精度：14°
净含量：750ml
品鉴：酒体呈迷人的樱桃红色，带有宝石红的光泽。樱桃、悬钩子等红色水果的香气扑鼻而来，并有些许烟草和甘草的清香。口感充实、活泼，结构均衡。单宁柔顺，与樱桃核、辛辣、皮革和黑醋栗的味道极好地融为一体。余味同迷人精巧的特点结合，充分彰显了其原产地的风土特征和其年份特点。

木桐嘉棣波尔多干红葡萄酒

Baron Philippe de Rothschild Cadet Claret Bordeaux

葡萄品种：70% 赤霞珠（Cabernet Sauvignon）、25% 梅洛（Merlot）、5% 味儿多（Petit Verdot）
陈酿时间：20% 新橡木桶中陈酿 18 个月
酒精含量：13°
净含量：750ml
品鉴：灿烂迷人的深红色，酒香中带有清新的红色浆果气味。酒体圆润丰盈、口感和谐、单宁强劲，余味雅致。是一款随时随地都适饮的佳酿。

木桐嘉棣珍藏梅多克干红

Reserve Mouton Cadet Medoc

产区：波尔多梅多克区（Medoc, Bordeaux）
葡萄品种：30% 梅洛（Merlot）、60% 赤霞珠（Cabernet Sauvignon）、10% 品丽珠（Cabernet Franc）
酒精度：13.5°
净含量：750ml
品鉴：酒体呈深赭石红色。酒香浓郁而典雅，散发出黑醋栗和草莓等成熟水果香气。圆润、致密的单宁，浓郁的果香和完整的结构融合得很完美。单宁爽滑，余味优雅。是搭配肉类披萨，蘑菇配红肉等绝佳选择。

克拉米伦酒庄

Chateau Clerc Milon

克拉米伦酒庄干红葡萄酒

产区：波亚克（Pauillac）
庄园等级：1855年波尔多列级酒庄五级（5^{e} Grand Cru Classe）
葡萄品种：50%赤霞珠（Cabernet Sauvignon）、36%（梅洛Merlot）、11%品丽珠（Cabernet Franc）、2%味儿多（Petit Verdot）、1%佳美娜（Carmenere）
陈酿时间：30%的新橡木桶中陈酿18个月
品鉴：来自克拉米伦庄园的葡萄酒由于高赤霞珠含量而呈现坚实的酒质和出色的结构。它们在口感和酒香中都有着淡淡的山莓和黑加仑的芳香。这些酒可以很轻松地保存十年或者更久，但年轻时品尝也有着令你意想不到的亲切感。它们一般在6—7年酒龄即可品尝。

达马邑酒庄

Chateau D’Armailhac

产区：波亚克(Pauillac)
庄园等级：1855年波尔多列级酒庄五级（5e Grand Cru Classe）
葡萄品种：52%赤霞珠（Cabernet Sauvignon）、36%梅洛（Merlot）、11%品丽珠（Cabernet Franc）、1%味儿多（Petit Verdot）
陈酿时间：30%新橡木桶中陈酿16个月
品鉴：入口强劲，酒味在口中迅速散发，弥漫在优雅的橡木味之上的圆润和谐的单宁，产生出怡人的甘草、薄荷脑和香料的香味。

达马邑酒庄干红葡萄酒

凯隆世家酒庄

Chateau Calon—Ségur

凯隆世家庄园（Chateau Calon Segur）位于波尔多左岸的波尔多圣爱丝塔芙产区里。凯隆世家的酒标有一个显眼的心形标志，酒庄的曾任主人希刚家族（Segur）虽然拥有拉菲和拉图，但对凯隆世家却情有独钟，所以在酒标上加上心形图案以示其对酒庄的钟爱。

18世纪后，波尔多大名鼎鼎的希刚家族（Segur）入主酒庄，这个家族除了享有极高的声誉外，当时还拥有拉图和拉菲两个一级名庄。但家族主人希刚侯爵逝世以后，凯隆庄园没有被后人好好打理，此后的一段时间内，凯隆世家一直频繁更换主人，平均每30年就换一次，最终分出了两块葡萄园，成为今天的玫瑰堡酒庄（Chateau Rose）和凯隆世家两个列级酒庄。

凯隆世家位于在圣埃斯塔菲村的北部，它的悠久历史要追溯到法国罗马时期，当时这里就是一处身世显赫的贵族酒庄。凯隆这个名字最初源于拉丁文中的calonis，意思是指那些用于在梅多克地区内河流域穿梭往来、运送木材的小船。好几个世纪以来，这个酒庄的名字一直都叫“de Calones”，直到18世纪才开始改名为“圣埃斯塔菲凯隆”。

凯隆世家酒庄葡萄酒

产区：波尔多圣埃斯塔菲（St. Estephe）
容量：750ml
庄园等级：1855年波尔多梅多克产区列级三级酒庄（3e Grand Cru Classe）
葡萄品种：梅洛（Merlot）、品丽珠（Cabernet Franc）、赤霞珠（Cabernet Sauvignon）
品鉴：凯隆世家的酒质具有波尔多圣埃斯塔菲产区的普遍特点：强劲、集中的单宁，紧密、层次感丰富的结构，需要陈年20年以上才到达其顶峰。

大宝酒庄及其副牌

Chateau Talbot

遵循着每一步骤都精挑细选的原则，大宝庄的葡萄酒从香气到味道，无一不被发挥到极致，也使得它的出品品质超过了许多波尔多二级名庄。

具有丰富的雪松木芳香、香草、栗子的香味是最恰当的比喻。大宝的正牌酒体层次丰富且细致，协调性佳、单宁结实，余韵持续时间长。

大宝酒庄也是梅多克地区酒庄中第一个生产干白葡萄酒的酒庄，在20世纪30年代就种植长相思葡萄并生产白葡萄酒。在庄园的102公顷葡萄园当中，有6公顷用来种植白葡萄，种植比例为84%长相思，16%赛美蓉。

上图 大宝酒庄正牌葡萄酒
下图 大宝酒庄副牌葡萄酒

产区：圣朱利安（St Julien）
庄园等级：1855年波尔多梅多克产区列级四级酒庄（4e Grand Cru Classe）
正牌葡萄品种：62%赤霞珠（Cabernet Sauvignon）、31%梅洛（Merlot）、5%品丽珠（Cabernet Franc）、2%味儿多（Petit Verdot）
陈酿时间：于50%新橡木桶中陈酿16—18个月
副牌葡萄品种：62%赤霞珠（Cabernet Sauvignon）、31%梅洛（Merlot）、5%品丽珠（Cabernet Franc）、2%味儿多（Petit Verdot）
陈酿时间：于20%新橡木桶中陈酿16—18个月

琳芝芭戈酒庄

Chateau Lynch—Bages

琳芝芭戈创建于17世纪，每位庄主都是叱咤风云的人物，也是唯一有两位市长担任庄主的酒庄。酒庄曾经的名字叫做巴热（Bages）庄，庄主皮埃尔—卓纳德（Pierre Drouillard）的女儿伊丽莎白（Elisabeth）与爱尔兰来的托马斯·林奇（Thomas Lynch）结婚。1749年，皮埃尔—卓纳德（Pierre Drouillard）去世，巴热庄便顺理成章地成为Lynch家族的物业，这时改名为林奇·巴热（Lynch Bages）酒庄。若干年后，托马斯（Thormas）夫妇老了，便又传给了自己的儿子让·巴蒂斯特（Jean—Baptiste），他是个精明能干的人，不但把酒庄管理的井井有条，而且在1809—1814年间又任波尔多市长。日渐繁忙的事务使他无暇顾及酒庄，于是便委托他的哥哥迈克（Michael），只是，他却不擅于管理酒庄，于是日渐衰落。1824年，酒庄转手给了一个瑞士的葡萄酒商人，结束了林奇家族对该酒庄的管理。

产区：波亚克（Pauillac）
庄园等级：1855年波尔多梅多克产区列级五级酒庄（5e Grand Cru Classe）
葡萄品种：80%-85%赤霞珠（Cabernet Sauvignon）、15%-20%梅洛（Merlot）
陈酿时间：75%新橡木桶中陈酿15个月

琳芝芭戈酒以赤霞珠为主，以其精致的酒香与丰富的单宁而著称，并且将会随着陈年而变得更加柔和与美味。手工采摘的葡萄在经过去梗与碾压之后，放入不锈钢酒桶中进行发酵。葡萄酒在大桶中浸皮三个星期之后，在酒槽中进行乳酸发酵，然后在每年更新75%的橡木桶中陈年。

琳芝芭戈是一款强劲且余韵悠长的酒。是波亚克区最佳葡萄酒的典范。在香港被称为“靓次伯”，是最早波尔多葡萄酒中被香港人疯狂追捧的一款酒。

1985年琳芝芭戈成为香港国泰航空公司（Cathay Pacific）头等舱的指定用酒。

琳芝芭戈酒庄葡萄酒

龙船酒庄

Chateau Beychevelle

龙船庄就在圣祖利安村靠近吉隆河边的土地上。后花园一直延伸到河边，因此可看到来往的船只甚多。往来船只上的人知道海军上将就住在酒庄内，为了表示对他的臣服和敬仰，都自觉向他敬礼。但由于河面太宽，用手敬礼未必能被看见，因此他们后来以斜下半帆以示敬礼。久而久之，这就成为了不成文的约定。船员们经过这里，河面上都在大声喊“Baisse—Voile”，就是法文的下半帆之意。总司令听见后明白其意，非常喜欢。所以决定酒庄的标志就以一艘下着半帆的龙船为记，并以多音单词“龙船庄（Beychevelle）”代表“Baisse—Voile”作为酒庄名字。此乃龙船酒标和名字的传奇故事。

总司令和夫人经常住在酒庄，所以还盖起了大型的酒庄城堡和后花园。直到现在人们还称之为波尔多的凡尔赛宫，是波尔多最大的酒庄城堡。

1666年总司令的儿子去世后，家道开始衰落，名庄被逐一分割卖出。其中一块出售的土地成了今天圣祖利安村的一家二级名庄宝嘉龙（Ducru Beaucaillou）。后来龙船在不少名门望族的手中兜兜转转。在19世纪初龙船酒庄未能得到很好的照顾，因此酒质不太稳定，使它在1855年的波尔多列级名庄评比中只能获得第四级。今天很多的酒评家都认为龙船应该最起码是三级，甚至是二级的波尔多名庄。

龙船酒庄葡萄酒

产区：圣朱利安(St Julien)
酒庄等级：1855年波尔多梅多克产区列级四级酒庄（4e Grand Cru Classe）
葡萄品种：62%赤霞珠（Cabernet Sauvignon）、31%梅洛（Merlot）、5%品丽珠（Cabernet Franc）、2%味儿多（Petit Verdot）
陈酿时间：法国橡木桶中陈酿18个月

都芳堡酒庄

Chateau Durfort—Vivens

产区：玛歌（Margaux）
庄园等级：1855年波尔多梅多克产区列级二级酒庄（2^{e} Grand Cru Classe）
葡萄品种：70%赤霞珠（Cabernet Sauvignon）、20%梅洛（Merlot）、10%品丽珠（Cabernet Franc）
陈酿时间：40%新橡木桶中陈年12—18个月
品鉴：肥沃的土壤使赤霞珠变得早熟，并赋予了葡萄酒精致而柔滑的单宁；它是一款带有优雅风味的典型玛歌酒。都芳堡酒庄的葡萄酒非常的精致且严肃，单宁细致且坚实深邃，品尝时很容易会发现紫罗兰、黑樱桃和松露的香气。

都芳堡酒庄干红葡萄酒

拉格朗日酒庄

Chateau Lagrange

拉格朗日酒庄干红葡萄酒

产区：圣朱利安（St Julien）
庄园等级：1855年波尔多列级酒庄三级（3^{e} Grand Cru Classe）
葡萄品种：65%赤霞珠（Cabernet Sauvignon）、28%梅洛（Merlot）、7%味儿多（Petit Verdot）
陈酿时间：60%新橡木桶中陈酿16个月以上
品鉴：酒呈亮丽的深红色，散发着轻轻的樱桃香味，单宁柔和，酒体丰满有力，伴有新鲜水果的味道，回味持久。
搭配：适宜搭配烤肉，野味，冷餐肉和奶酪等。

爱士图尔酒庄及其副牌

Cos D’Estournel

爱士图尔正牌（Chateau Cos D'Estournel）：在优质葡萄酒迷的心目中，爱士图尔酒是非常独特的，它有着某种阳刚而优雅，富有力量的个性，然而却不失雅致或温柔。令人印象深刻的是它浓烈的结构以及强劲的果香，爱士图尔酒发展得很缓慢，需要很长一段时间（10—30年）才能够达到完全的成熟，从而达到了品质与复杂酒香的完美融合。在优良的年份中，爱士图尔酒会有着异乎寻常的生命力，有的时候甚至能够超过一百年。

爱士图尔副牌（Les Pagodes de Cos）：强劲，芬芳，口感持久，余韵非常悠长。是一款精致的酒，能给你带来瞬间的喜悦。这款酒适合在庄园装瓶后的十年里饮用。

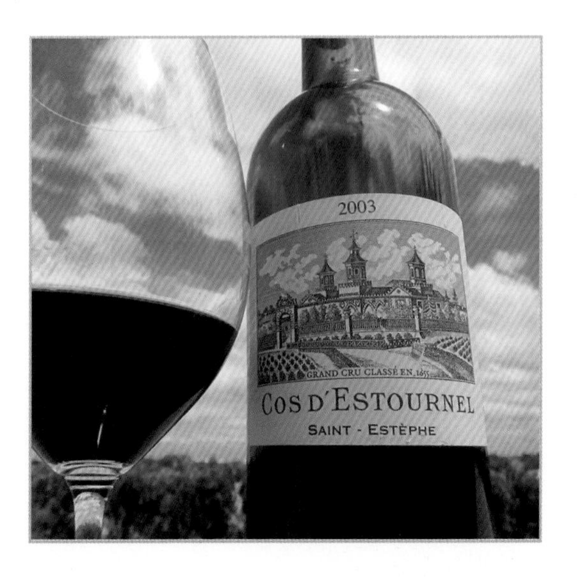

产区：圣埃斯塔菲（St Estephe）
庄园等级：1855年波尔多列级酒庄二级酒庄（2e Grand Cru Classe）
正牌葡萄品种：70%赤霞珠（Cabernet Sauvignon）、28%梅洛（Merlot）、2%品丽珠（Cabernet Franc）
陈酿时间：新橡木桶中陈酿18个月
古乐葡萄品种：80%赤霞珠（Cabernet Sauvignon）、20%梅洛（Merlot）
陈酿时间：橡木桶中陈酿18个月
爱士宝塔葡萄酒：70%赤霞珠（Cabernet Sauvignon）、28%梅洛（Merlot）、2%品丽珠（Cabernet Franc）
品鉴：口感强劲，芬芳，口感持久，余韵非常悠长，“小爱士图尔”是一款精致的酒，能给你带来瞬间的愉悦。这款酒适合在庄园装瓶后的十年里饮用。

上图 爱士图尔酒庄正牌干红葡萄酒
下左图 古乐葡萄酒
下右图 爱士宝塔葡萄酒

贝卡纳塔酒庄

Chateau Boyd Cantenac

产区：玛歌（Margaux）
庄园等级：1855年波尔多列级酒庄三级（3e Grand Cru Classe）
葡萄品种：60%赤霞珠（Cabernet Sauvignon）、25%梅洛（Merlot）、8%品丽珠（Cabernet Franc）、7%味儿多（Petit Verdot）
陈酿时间：90%的新橡木桶中储存12—24个月
品鉴：酒龄尚轻的葡萄酒酒色深沉呈紫罗兰色调，果香浓郁且伴有一丝木香。丰满的口感中带有洋李、黑加仑、皮革、雪茄盒和薄荷的芳香，以及一个持久的回味。
这是一款非常经典的传统玛歌风格的葡萄酒。陈年之后酒色转为砖褐，宝石红色。果香被陈年的酒香取代。随着橡木味的淡化，酒质变得更为复杂。

贝卡纳塔酒庄葡萄酒

费里埃酒庄

Chateau Ferriere

产区：玛歌（Margaux）
庄园等级：1855年梅多克三级酒庄（3e Grand Cru Classe）
葡萄品种：80%赤霞珠（Cabernet Sauvignon）、15%梅洛（Merlot）、5%味儿多（Petit Verdot）
平均葡萄树树龄：35年
年产量：50000瓶
陈酿时间：60%新橡木桶中陈酿16—20个月
品鉴：色泽晶莹剔透，散发着黑醋栗、樱桃、甘草和咖啡豆的香味，口感丰腴饱满，单宁细腻柔和，果香浓郁，回味悠长。

费里埃酒庄干红葡萄酒

宝玛酒庄及其副牌

Chateau Palmer

宝玛酒庄（Chateau Palmer）位于波尔多梅多克区名村玛歌村内，在1855年波尔多列级名庄的分级中位列第三级。宝玛酒庄建于16世纪，一直由波尔多的名门望族加斯克（Gascq）家族拥有。

该酒庄虽为第三级，但实际上是玛歌村内唯一能与玛歌酒庄匹敌的酒庄，在20世纪60和70年代的多个好年份中，宝玛酒庄的价格甚至多次压倒玛歌酒庄，成为该段时期玛歌村的风头作品。罗伯特·帕克（Robert Parker）在1998年对波尔多酒庄的评级中，认为宝玛酒庄实质水平应该向传统的五大名庄看齐，所以将其列入一级名庄。

宝玛酒庄的正牌是Chateau Palmer，1982年份在亚洲被认为是巅峰年份，闻着气味优雅，饮之软滑如丝，口感缠绵无限。而1999年的正牌因为登上日本著名漫画《神之水滴》作为第三使徒而闻名整个亚洲。

Alter Ego是宝玛酒庄的副牌，旨在用全新的方式诠释宝玛酒庄能给人们带来的复杂多变的感觉，也就是众所周知的——灵巧且优雅，包含香气、和谐与绵长。它会带来强烈的、脆爽的、多汁的果香感觉，充满了原动力。陈酿后依然丝滑圆润，毫不掩饰它丰富的香气和充裕的单宁。

上图 宝玛酒庄正牌葡萄酒
下图 宝玛酒庄副牌葡萄酒

产区：玛歌（Margaux）
酒庄等级：1855年梅多克评级列级酒庄第三级（3e Grand Cru Classe）
正牌葡萄品种：赤霞珠（Cabernet Sauvignon）、梅洛（Merlot）、品丽珠（Cabernet Franc）、味儿多（Petit Verdot）、马尔贝克（Malbec）
陈酿时间：在每年更新25%–30%的橡木桶中陈酿17个月
副牌葡萄品种：赤霞珠（Cabernet Sauvignon）、梅洛（Merlot）、品丽珠（Cabernet Franc）、味儿多（Petit Verdot）、马尔贝克（Malbec）

宝嘉龙酒庄

Chateau Ducru Beaucaillou

宝嘉龙酒庄（Chateau Ducru Beaucaillou）位于波尔多名村圣朱利安村（St. Julien）。它的土地是17世纪中后期从龙船庄园（Beychevelle）分割出来而形成的。18世纪初该庄名字叫贝热龙（Bergeron）。后来庄主发现园中有很多美丽的小石，因此把它重新命名为宝嘉龙（Beaucaillou）。宝嘉龙相当于英文Beautiful Pebbles，美丽小石之意。

1795年，爱好葡萄酒的富商伯兰特·杜克（Bertrand Ducru）买下了此庄，并加上自己的姓氏改名为伯兰特·杜克（Ducru Beaucaillou）。此名一直沿用至今。而宝嘉龙的中文名则是通过法文音译而得出。杜克是位用心酿好酒之人，他接管庄园后，酒的品质年年有长进。他岳父大人又是波尔多商会会长，当然也在上层社会大力推荐女婿的酒。他岳父甚至改去了波尔多商会会议上一向给到会者上水的习惯，改成上宝嘉龙的酒。在1855年的波尔多酒评级中，宝嘉龙顺利获二级顶戴，并成为圣朱利安村最优秀的名庄之一。

现在，行家眼里最棒的两个圣朱利安村名庄，一个是雄狮，另一个就是宝嘉龙。1998年罗伯特·帕克（Robert Parker）对波尔多名庄的分级中宝嘉龙和雄狮、拉菲、拉图等并列一级。当然有些行家并不同意罗伯特·帕克（Robert Parker）的看法，但如果说宝嘉龙是超二级，全世界没人反对。

此酒柔顺而醇厚，是一款需要8—10年来释放出它的芳醇和果香，黑醋栗，香草和成熟的黑莓滋味的有代表性的圣朱利安美酒。

产区：波尔多圣朱利安 (Bordeaux St Julien)
酒庄等级：1855年梅多克评级列级酒庄第二级（2e Grand Cru Classe）
葡萄品种：70%赤霞珠（Cabernet Sauvignon）、30%梅洛（Merlot）
陈酿时间：0%-80%法国新橡木桶陈酿18个月

宝嘉龙酒庄葡萄酒

金玫瑰酒庄

Chateau Gruaud Larose

金玫瑰庄园（Chateau Gruaud Larose）1725年由约瑟夫·斯坦尼斯拉斯·古奥（Joseph Stanislas Gruaud）骑士创建。1757年古奥骑士获得了一块靠近当今园址的种植地。阿博特·古奥（Abbot Gruaud）以其自身的幽默感和怪癖而闻名。每一年，当他的酒将要销往哪个国家时，便在庄园塔顶升起该国国旗。1771年9月6日创始人离世，他的唯一继承人让—沙巴斯泰恩·玫瑰（Jean—Sebastien de Larose）随即成为了庄园的新主人。直到1791年，玫瑰（Larose）这个庄名才出现。1795年11月28日，玫瑰骑士离世。他的三个子女由于在分配上无法达成共识，便将庄园拍卖。1812年12月21日，波尔多贸易商巴古尔&萨盖特联合公司（Balguerie，Sarget and Co）入主庄园。此时，庄园正式命名为金玫瑰庄园（Gruaud Larose）。萨盖特（Sarget）男爵在当时想出了“酒中至尊，王者之酒（king of wines，wine of kings）”这一格言。

金玫瑰庄园大半个庄园都是位于萨盖特男爵城堡（Baron Sarget's chateau）附近，被一个叫贝切维（Beychevelle）的小村将其与吉隆特河隔开，并位于班尼杜克庄园（Branaire—Ducru）和拉格朗日庄园（Lagrange）的葡萄园中间。它占地面积达150公顷，自1781年便有82公顷的葡萄园并维持至今，葡萄园下为深厚且排水良好的砾石层，非常适合赤霞珠生长，较大的空隙适合葡萄树往下扎根，砾石层下为石灰质黏土，提供葡萄需要的养分，也会使单宁在年轻时略显紧涩。

产地：波尔多圣朱利安(Bordeaux St Julien)
酒庄等级：1855梅多克评级列级酒庄第二级（2e Grand Cru Classe）
葡萄品种：57%赤霞珠（Cabernet Sauvignon）、30%梅洛（Merlot）、8%品丽珠（Cabernet Franc），3%味儿多（Petit Verdot）及2%马尔贝克（Malbec）
陈酿时间：30%法国新橡木桶陈酿18个月
品鉴：酒体呈深宝石红色，散发出皮革、烤香草、香料、黑樱桃、黑醋栗混合的香气；单宁平滑、丰富，有相当可观的劲度，是一款以酒劲和独特性为特色的葡萄酒。

金玫瑰庄园葡萄酒

杜特酒庄

Chateau Du Tertre

产区：玛歌（Margaux）
庄园等级：1855年波尔多列级酒庄五级（5e Grand Cru Classe）
葡萄品种：43%赤霞珠（Cabernet Sauvignon）、32%梅洛（Merlot）、20%品丽珠（Cabernet Franc）、5%味儿多（Petit Verdot）
陈酿时间：50%新法国橡木桶中陈酿18个月
品鉴：口感均衡轻柔，和谐适口，单宁框架感较好，具有樱桃等红色浆果的迷人香气，奶油香甜气息较强，偶尔会有黑莓的味道，橡木香，好年份的酒具有更好的陈酿潜力与价值。

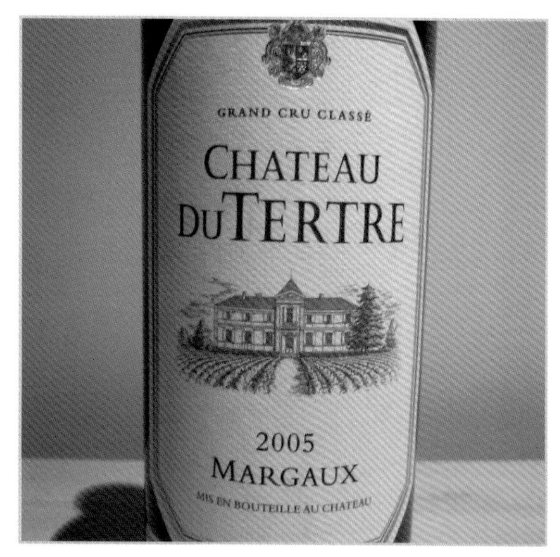

杜特酒庄干红葡萄酒

坎特梅尔酒庄

Chateau Cantemerle

产区：上梅多克（Haut Medoc）
庄园等级：1855年波尔多梅多克产区列级酒庄五级（5e Grand Cru Classe）
葡萄品种：50%赤霞珠（Cabernet Sauvignon）、35%梅洛（Merlot）、9%品丽珠（Cabernet Franc）、6%味儿多（Petit Verdot）
陈酿时间：50%新法国橡木桶中陈酿12个月
品鉴：坎特梅尔以浓郁的果香、圆润的口感、坚实的骨架和良好的单宁著称，是最具升值潜力的列级酒庄酒。

坎特梅尔酒庄干红葡萄酒

拉高斯酒庄及其副牌

Chateau Grand Puy Lacoste/Lacoste Borie

拉高斯酒庄的前身是在波亚克北部的一个大葡萄园，该酒庄已存在数个世纪，首任主人为普义（Grand Puy）家族，该家族掌管直至1750年，酒庄在此年被分为两部分出售，从而产生两个今天我们见到的“Grand Puy”开头的酒庄。在19世纪时期，酒庄的管理权随着女继承人加入圣—古里安家族（St.Guiron）而转变，此时酒庄被易名为CH. Saint-Guiron，但到了19世纪又改回原名。

随着19世纪新主人的到来，酒庄的质量和口碑稳步上升，在1855年的列级庄评级中，拉高斯酒庄被评为五级庄，同产区的尚有靓茨伯（Lynch-Bages）和杜卡斯（Ducasse）等五级名庄。酒庄此后被继承人接手后出售到其他酒商中，进入20世纪之后不无例外地沉寂了相当长的时间。到了1978年，酒庄被波利家族（Borie）收购，继而进入复苏时期，此时的酒庄从1855年获得评级时的55公顷骤减至25公顷，经过八、九十年代的持续改造，酒庄已有较大的起色，开始重归列级庄之流。

拉高斯酒庄现有55公顷葡萄园，葡萄种植比例为波亚克地区常见的高比例赤霞珠，分别为75%赤霞珠（Cabernet Sauvignon）和25%梅洛（Merlot），年产量约18000箱。

上图 拉高斯酒庄正牌干红葡萄酒
下图 拉高斯酒庄副牌干红葡萄酒

产区：波亚克（Pauillac）
庄园等级：1855年波尔多列级五级酒庄（5e Grand Cru Classe）
葡萄品种：75%赤霞珠（Cabernet Sauvignon）、20%梅洛（Merlot）、5%品丽珠（Cabernet Franc）
陈酿时间：40%新橡木桶中陈酿18个月
品鉴：果香浓郁，有着红色水果和黑色水果的芳香，单宁强劲，结构饱满。

卡门萨克酒庄及其副牌

Chateau Camensac / Closerie De Camensac

产区：上梅多克（Haut Medoc）
庄园等级：1855年波尔多列级酒庄五级（5e Grand Cru Classe）
葡萄品种：60%赤霞珠(Cabernet Sauvignon)、40%梅洛(Merlot)
陈酿时间：35%-70%新橡木桶中陈酿17—20个月
品鉴：酒体具有红宝石般的色彩；单宁适中，充满浓郁的浆果香味，结构感强，是一款中度酒体葡萄酒。

卡门萨克酒庄干红葡萄酒及其副牌

布娇酒庄

Chateau Poujeaux

布娇酒庄干红葡萄酒

产区：穆里斯（Moulis）
庄园等级：波尔多中级杰出酒庄（Cru Bourgeois Exceptionnels）
葡萄品种：50%赤霞珠（Cabernet Sauvignon）、40%梅洛（Merlot）、5%品丽珠（Cabernet Franc）、5%味儿多（Petit Verdot）
陈酿时间：橡木桶中陈酿12个月
品鉴：酒体呈深红色，散发着黑加仑、桑果、玫瑰和青辣的味道；单宁和果味之间有很好的平衡，结构紧密。

飞龙世家酒庄及其副牌

Chateau Phelan Segur / Frank Phelan

飞龙世家酒庄（Chateau Phelan Segur）坐落于圣埃斯塔菲村（St. Estephe）。19世纪初由爱尔兰移民弗兰克·菲兰（Frank Phelan）购得。庄主弗兰克·菲兰不仅是一位十分有魄力的生意人，同时也是一位出色的酒窖设计师。他建造了美丽的酒庄城堡，酿酒房不仅仅是美观、宏伟、实用，而且今天波尔多的酿酒家认为他设计得非常科学，对酒酿的条件非常合适。

2003年飞龙世家被评为247个波尔多明星酒庄中的最高等级“超级明星庄”，获此殊荣的酒庄仅有6个，再次证明了飞龙世家是近年波尔多的超级新星。

飞龙世家的葡萄酒口感醇厚，单宁平和，木香丰富且饱满，某些好年份适合陈放20年以上，酒质甚至超过很多三至五级名庄的品质。

上图 飞龙世家酒庄正牌干红葡萄酒
下图 飞龙世家酒庄副牌干红葡萄酒

产区：波尔多圣埃斯塔菲（St Estephe）
庄园等级：波尔多中级杰出酒庄（Cru Bourgeois Exceptionnels）
葡萄品种：60%赤霞珠（Cabernet Sauvignon）、40%梅洛（Merlot）
陈酿时间：50%-60%新橡木桶酿藏12个月
品鉴：出色的成熟感，颜色深沉，满是成熟的黑色浆果香气，口感是强烈逼人的。炎热的气候使将近一半的红葡萄酒在如此年轻的时候就有不错的开放程度和甜美感觉。

奥得比斯酒庄

Chateau Ormes De Pez

产区：波尔多圣埃斯塔菲（St Estephe）
庄园等级：波尔多中级杰出酒庄（Cru Bourgeois Exceptionnel）
葡萄品种：70%赤霞珠（Cabernet Sauvignon）、20%梅洛（Merlot）、10%品丽珠（Cabernet Franc）
陈酿时间：Lynch Bages酒庄的50%新橡木桶中陈酿15个月
品鉴：成熟的单宁结构和层次分明的气息令人难以轻信这只是瓶中级庄，故众多酒评家认为其得上五级庄的水平。颜色深红，在复杂的成熟浆果的芬芳中带有一丝木香。酒体有力，单宁结构良好，余味悠长。

奥得比斯酒庄干红葡萄酒

塞内加酒庄

Chateau Senejac

塞内加酒庄干红葡萄酒

产区：上梅多克（Haut Medoc）
庄园等级：波尔多中级优秀酒庄（Cru Bourgeois Superieurs）
葡萄品种：48%赤霞珠（Cabernet Sauvignon）、37%梅洛（Merlot）、11%品丽珠（Cabernet Franc）、4%味儿多（Petit Verdot）
陈酿时间：25%新橡木桶中陈酿18个月
品鉴：呈深红紫色的酒体，散发着浓郁的烟熏、香草、黑醋栗和洋李的混合香气。入口饱满，伴随着无花果与皮革的味道，单宁如天鹅绒般丝滑，且层次分布均匀细密，余味中带着些许水果的甘甜与橡木味，持久丰富。

波坦萨酒庄及其副牌

Chateau Potensac / La Chapelle De Potensac

产区：梅多克（Medoc）
庄园等级：波尔多中级杰出酒庄（Cru Bourgeois Exceptionnels）
正牌葡萄品种：36%赤霞珠（Cabernet Sauvignon）、44%梅洛（Merlot）、18%品丽珠（Cabernet Franc）、2%味儿多（Petit Verdot）
陈酿时间：30%为新橡木桶，70%来自雄狮庄，于橡木桶中陈酿16个月。
品鉴：此酒呈幽深的红宝石色，有黑醋栗和泥土的气息。入口时，单宁柔和，酒体丰腴醇厚，平衡感出众，回味丰富持久。

波坦萨酒庄干红葡萄酒

波坦萨酒庄副牌干红葡萄酒

副牌葡萄品种：36%赤霞珠（Cabernet Sauvignon）、44%梅洛（Merlot）、18%品丽珠（Cabernet Franc）、2%味儿多（Petit Verdot）
陈酿时间：30%新橡木桶中陈酿16个月
品鉴：波坦萨古堡在2003年的中级庄列表中曾被列为中级酒庄（Cru Bourgeois Exceptionnel），可惜随着争议，在2008年的最后修订中被撤下“特级”字样，与所有中级庄一样只能写上“Cru Bourgeois”。但无论如何，该庄园的出色表现至今令众多饮家将其与奥得比斯、布娇庄等中级杰出庄列为一起。酒体风格偏向传统古典，单宁结实集中，层次感丰厚。

蓝珊酒庄

Chateau Lanessan

产区：上梅多克（Haut Medoc）
庄园等级：波尔多中级优秀酒庄（Cru Bourgeois Superieurs）
葡萄品种：75%赤霞珠（Cabernet Sauvignon）、20%梅洛（Merlot）、4%味儿多（Petit Verdot）、1%品丽珠（Cabernet Franc）
陈酿时间：50%新橡木桶中陈酿18—30个月
品鉴：拥有深宝石红色，耐香的杉木味，辛辣，黑加仑、葡萄干的气息，矿物质味使层次感更显丰富，甘甜的单宁，中度酒体，余韵持久。由于此款酒浓郁的杉木味道以及些许辛香，搭配甜酸或辛辣的菜品皆可。

蓝珊酒庄干红葡萄酒

波娜多酒庄

Chateau Bernadotte

波娜多酒庄干红葡萄酒

产区：上梅多克（Haut Medoc）
庄园等级：波尔多中级酒庄（Cru Bourgeois）
葡萄品种：50%赤霞珠（Cabernet Sauvignon）、44%梅洛（Merlot）、4%品丽珠（Cabernet Franc）、2%味儿多（Petit Verdot）
陈酿时间：50%新橡木桶中陈酿18个月
品鉴：酒香柔和中带有丰富的果香，口感有成熟的浆果、樱桃和雪松的味道。酒体结实，复杂而多层次，略带有橡木和烘焙咖啡的味道，后味持久，令人回味。

梦塔酒庄

Chateau La Tour De Mons

梦塔酒庄干红葡萄酒

产区：玛歌（Margaux）
酒庄等级：波尔多中级酒庄
葡萄品种：56%梅洛（Merlot）、39%赤霞珠（Cabernet Sauvignon）、5%味儿多（Petit Verdot）
陈酿时间：橡木桶中陈酿
品鉴：略施脂粉般的高雅，红宝石色泽，混合了黑莓和太妃糖的香味，单宁与酸度均衡，口感柔和圆润，芳香持久，耐久藏。

拉郎宝怡酒庄

Chateau Lalande Borie

拉郎宝怡酒庄干红葡萄酒

产区：圣朱利安（St Julien）
庄园等级：AOC圣朱利安村庄级
葡萄品种：65%赤霞珠（Cabernet Sauvignon）、25%梅洛（Merlot）、10%品丽珠（Cabernet Franc）
陈酿时间：20%–30%新橡木桶中陈年
品鉴：边缘呈粉红色的酒体。呈现怡人的水果味，以香浓的黑樱桃香为主，入口还伴有清浅的奶油味，中度酒体，以柔和的成熟单宁和恰到好处的酸度为主调贯穿全品尝过程。品质优良。

碧罗酒庄

Chateau De Birot

产区：波尔多（Bordeaux）
酒庄等级：波尔多AOC级
葡萄品种：52%梅洛（Merlot）、25%品丽珠（Cabernet Franc）、23%赤霞珠（Cabernet Sauvignon)
陈酿时间：橡木桶中陈酿12—18个月
品鉴：葡萄干和黑莓的果香浓郁，成熟丰满，伴有和谐的雪茄及胡椒的味道，加上柔和适中的单宁，使这款佳酿成为波尔多葡萄酒的极佳代表。

碧罗酒庄干红葡萄酒

“浓情”菲奈尔酒庄

Emotion du Chateau La Freynelle

“浓情”菲奈尔酒庄干红葡萄酒

产区：波尔多（Bordeaux）
酒庄等级：波尔多AOC级
葡萄品种：梅洛（Merlot)、赤霞珠（Cabernet Sauvignon）
陈酿时间：橡木桶中陈酿12个月
品鉴：酒体为明亮而深邃的石榴红色，强烈的成熟水果和黑醋栗的香气，伴随淡淡的烟熏及香草味道。入口后，口感丰富并如天鹅绒般柔软、顺滑。

格拉芙产区

GRAVES

格拉芙（Graves）是波尔多同时生产红、白葡萄酒的产区，拥有5000公顷的葡萄园。格拉芙红葡萄酒早在19世纪末，便成为宫廷葡萄酒。格拉芙白葡萄酒以口感圆润、细致为人乐道，特级的白葡萄酒更具存放潜力。格拉芙是地区性的法定产区（AOC Graves），而村庄级的法定产区为佩萨克—雷奥良（AOC Pessac- Leognan），种植面积1000公顷，格拉芙的特级庄园几乎全部产于此村庄。

格拉芙区位于波尔多城的南边，因其砂砾（gravel）土质而得名，更有意思的是，格拉芙葡萄酒喝起来也有砂砾般的口感。格拉芙既酿红葡萄酒也酿白葡萄酒，但最有名的是佳酿白葡萄酒。长相思和赛美蓉是酿制格拉芙酒的两大主要品种。这种混合搭配是最好的选择，因为长相思葡萄有着清瘦的酸度，而赛美蓉葡萄可使酒体更浓更醇。

奥比昂酒庄

Chateau Haut—Brion

奥比昂酒庄（Chateau Haut-Brion）位于离波尔多市中心5公里的佩萨克-雷奥良（Pessac-Leognan），是1855年波尔多分级中的一级酒庄。它是波尔多五大酒庄中最小的，但却是成名最早的。早在14世纪时，奥比昂酒庄就已是一个葡萄种植园。而今天奥比昂酒庄酒标上的城堡，就是在那时酒庄主人强·德·彭塔克（Jean de Pontac）为妻子珍妮·德·贝龙（Jeanne de Bellon）建造的，而这座城堡也成为波尔多庄园中最浪漫、优美和典雅的地方。第一次记载以奥比昂酒庄为名的酒是在1660年，当时，法国国王用奥比昂的酒招待宾客。此后酒庄也成为盛产皇室用酒的著名酒庄之一。

上图 奥比昂酒庄正牌干红葡萄酒
下图 奥比昂酒庄副牌干红葡萄酒

产区：波尔多格拉芙（Graves）
庄园等级：1855年波尔多梅多克产区列级一级酒庄（1er Grand Cru Classe）
1953年波尔多格拉芙法定产区分级列级酒庄
正牌葡萄品种：45%赤霞珠（Cabernet Sauvignon）、3%梅洛（Merlot）、12%品丽珠（Cabernet Franc）
陈酿时间：法国全新的橡木桶陈酿时间20–22个月。
品鉴：酒体呈宝石红色，香气浓郁，有黑醋栗、黑樱桃混合了香料和矿物质的味道，单宁适中，入口微甜，酸度良好，酒体优雅平衡。

副牌葡萄品种：赤霞珠、梅洛、品丽珠、味儿多
陈酿时间：20%–25%全新橡木桶陈酿18–22个月
品鉴：酒体呈紫红色，带有黑浆果、醋栗水果的芳香，偶尔也会散发出干果酱、葡萄干和无花果的香气；具有强劲的单宁，架构清晰，酒体饱满。

修道院奥比昂酒庄

Chateau La Mission Haut—Brion

修道院奥比昂庄园（Chateau La Mission Haut—Brion）位于格拉芙地区的最北端，与奥比昂同属于Dillion家族，和奥比昂酒庄（Haut-Brion）一路之隔，都是1855年分级中的一级庄园。修道院奥比昂庄园总共21公顷的葡萄园分成两部分。一部分在佩萨克（Pessac），另一部分在塔朗斯（Talence），被一条铁路分割。奥比昂酒庄和修道院奥比昂的生态环境是不一样的，修道院奥比昂庄园的土壤要肥沃一点，所以在葡萄种植各方面要更严厉一点。奥比昂的葡萄种植密度是一公顷8000株，而修道院奥比昂则是一公顷10，000株。

产区：波尔多格拉芙（Graves）
酒庄等级：1953年波尔多格拉芙法定产区分级列级酒庄（Grand Cru Classe）
葡萄品种：赤霞珠（Cabernet Sauvignon）、梅洛（Merlot）、品丽珠（Cabernet Franc）
陈酿时间：全新法国橡木桶中陈酿22个月
品鉴：紫红宝石色酒体，最初香味紧实，随后有黑莓和香草味道。酒体完整，入口有莓子、醋栗和香芹的香气，香味持久绵长。

修道院奥比昂庄园葡萄酒

菲润酒庄

Chateau Ferran

产区：波尔多格拉芙（Graves）
酒庄等级：法国AOC村庄级
葡萄品种：80%梅洛（Merlot）、20%赤霞珠（Cabernet Sauvignon）
陈酿时间：20%葡萄酒在新橡木桶中陈酿1年
品鉴：这款酒色泽浓郁，丰富的芳香中夹带着花香和香草味，口感饱满，单宁柔和。最佳饮用温度16℃—17℃。

菲润酒庄葡萄酒

黑教皇城堡

Chateau Pape—Clement

地处波尔多市（Bordeaux）佩萨克（Pessac）近郊的黑教皇城堡（Chateau Pape—Clement）很可能是整个波尔多市所有庄园中历史最悠久的名庄之一。顾名思义，这个葡萄园与教会有着千丝万缕的联系。

1300年，波尔多区大主教伯特兰·哥特（Bertrand de Goth）在乡间买了一块地产作为来往城市的驿站，之后他把这块地产改造成一座葡萄园。这个出生于朗贡（Langon）附近的男孩于1306年青云直上当上了罗马教皇，史称黑教皇五世（Pope Clement V），这就是城堡名字的由来。

黑教皇城堡是在格拉芙地区少有的能在法国大革命之后留存下来的庄园，在1953年格拉芙法定次产区分级中，黑教皇城堡被列为列级庄园之一。

葡萄园面积32.5公顷，其中30公顷用于种植红葡萄品种。园内土质较松软且成分复杂，有沙土也有碎石，还能找到铁元素。葡萄种植比例上，红葡萄为60%赤霞珠（Cabernet Sauvignon）和40%梅洛（Merlot）；白葡萄为45%长相思（Sauvignon Blanc）、45%赛美蓉（Semillon）以及10%密斯卡岱（Muscadelle）。葡萄树种植密度为7700—9000株/公顷，平均树龄25年，有些能够达到40年。

黑教皇城堡葡萄酒的特点是颜色深浓，具有法国顶级葡萄酒独有的典雅和平衡，水果香集中，复杂而丰满，口感质地醇厚柔和，似酒液在轻抚味蕾，触动神经，令人全身沉醉。

产区：波尔多格拉芙（Graves）
酒庄等级：1953年波尔多格拉芙法定产区分级列级酒庄（Grand Cru Classe）
葡萄品种：60%赤霞珠（Cabernet Sauvignon）、40%梅洛（Merlot）
陈酿时间：法国新橡木桶陈酿18个月

黑教皇城堡干红葡萄酒

史密斯拉菲特酒庄

Chateau Smith Haut Lafitte

史密斯拉菲特庄园（Chateau Smith Haut Lafitte）位于佩萨克—雷奥良（Pressac-Leognan），是格拉芙（Grave）产区的列级酒庄。早在1365年，著名的博斯克（Bosq）家族便已在这里种植葡萄。到18世纪，苏格兰航运商乔治·史密斯（George Smith）买下这个酒庄，命名为史密斯拉菲特酒庄（Chateau Smith Haut Lafitte）。随后，他修建了现在的酒庄建筑，并开始用自己的船只将葡萄酒出口至英国。1842年，波尔多市长、同时也是名狂热的葡萄种植家杜夫·杜贝基（Duffour-Dubergier），从母亲手中继承了史密斯拉菲特庄园，自此带领着酒庄登上列级酒庄的行列。

庄园的徽记上有个倒置的皇冠，这是由于早期庄主属于皇族但又不是正统的皇族，所以慑于皇族的威严，把皇冠倒置。中间一个月牙代表酒庄所处的位置——波尔多海湾。从历史上可以看出，波尔多葡萄酒之所以闻名世界，其最早的功劳还要归功于包括史密斯拉菲特庄园前庄主——苏格兰航运商史密斯（Smith）先生在内的大英帝国的商人，英国本身不生产葡萄酒，是他们把法国葡萄酒推广销售到了全世界。

产区：波尔多格拉芙（Graves）
酒庄等级：1953年波尔多格拉芙法定产区分级列级酒庄（Grand Cru Classe）
葡萄品种：60%赤霞珠（Cabernet Sauvignon）、32%梅洛（Merlot）、7%品丽珠（Cabernet Franc）
陈酿时间：50%–80%法国新橡木桶中陈酿20个月

史密斯拉菲特酒庄干红葡萄酒

高柏丽酒庄

Chateau Haut—Bailly

高柏丽庄园位于佩萨克—雷奥良（Pessac-Leognan），历史悠久。16世纪时，来自巴斯克（Pays Basque）地区的一户富人家族创建了高柏丽庄园，这块土地在正式建立城堡和酿酒间之前曾一直作为葡萄园使用，并且已有两百多年历史。1630年，巴黎银行家费明柏丽（Firmin Le Bailly）买入酒庄，并将其正式易名为高柏丽酒庄（Chateau Haut-Bailly）。

酒庄以赤霞珠葡萄为主，和谐地结合了古典和现代的元素，酒体柔和、优雅而细致，丝绸般柔顺的单宁和优雅复杂的香味互相产生共鸣。

高柏丽酒庄干红葡萄酒

拉图—玛蒂雅克酒庄

Chateau Latour—Martillac

拉图—玛蒂雅克酒庄坐落于波尔多南部格拉芙地区，是佩萨克—雷奥良产区的列级酒庄。和波亚克的一级名庄拉图一样，该庄园也矗立着一座显眼的石塔，因而庄园名字同样带有“Latour”字眼。Chateau Latour-Martillac是 从Chateau La Tour-Martillac变化而来，而原名则为Kressmann La Tour。在12世纪时，伟大的哲学家及葡萄酒学家孟德斯鸠的祖先建造了它。而后这块土地便作为军事要塞被使用了数百年。因战事频繁，整个要塞的其他部分不复存在，只剩下这个哨塔和其他一小部分。

进入20世纪后，庄园奇迹般地在克莱斯曼家族手上熬过了接踵而至的经济大萧条和世界大战。熟悉波尔多葡萄酒发展史的人都知道，20世纪中前期的灾难足以令多数波尔多庄园濒临绝境，所以拉图—玛蒂雅克庄园是相当幸运的。直至今天，拉图—玛蒂雅克庄园依然在克莱斯曼家族手上运营着，庄园在近二十年来相继收购了一些葡萄园以扩充种植面积，这些收购回来的葡萄园全部用于种植红葡萄，庄园原有的10公顷依然用于种植白葡萄。1892年，酒庄推出了白葡萄酒，该举措在市场上赢得了巨大的反响。后来的整个20世纪里，拉图—玛蒂雅克酒庄都以其白葡萄酒闻名于世。值得一提的是，在1936年英格兰国王乔治五世的加冕仪式上，拉图—玛蒂雅克酒庄红葡萄酒入选，作为英格兰皇室皇家御用葡萄酒之一。1934年，克莱斯曼父子二人设计了金色、黑色与淡茶色交错的酒标，这一经典设计一直沿用至今。

产区：波尔多格拉芙（Graves）
酒庄等级：1953年波尔多格拉芙法定产区分级列级酒庄（Grand Cru Classe）
红葡萄品种：60%赤霞珠（Cabernet Sauvignon）、35%梅洛（Merlot）、5%品丽珠（Cabernet Franc）和味儿多（Petit Verdot）
白葡萄品种：60%赛美蓉（Semillon）、35%长相思（Sauvignon Blanc）、5%密斯卡岱（Muscadelle）

拉图—玛蒂雅克酒庄干红葡萄酒

苏岱产区

苏岱与巴萨克产区

SAUTERNES AND BARSAC

著名的苏岱甜白葡萄酒产自波尔多南部40公里处，该产区位于加龙河左岸与辽阔的朗德森林之间，面积只有2200公顷左右，包括五个村镇：苏岱（Sauternes）、博姆（Bommes）、法格（Fargues）、帕涅克（Preignac）和巴萨克（Barsac）。这里出产的酒有权使用苏岱法定产区的原产地命名（AOC Sauternes），但巴萨克村的酒农可以自主选择使用苏岱的命名（AOC Sauternes）或巴萨克的命名（AOC Barsac）。其实，这二者的法定技术标准是同一的。对苏岱酒来说，外人可以仿造它的酒标，但绝对无法仿制它作为“酒中精华”的卓越品质：这里，产量低得出乎想象，产生“贵腐”葡萄的变幻莫测的小气候条件更是代价高昂。在1855年为巴黎万国博览会评选的列级酒庄榜上，有27 家苏岱和巴萨克的酒庄名列其中，它们是苏岱甜白酒卓越品质的保证。140年以来，这些酒庄的主人虽然世代更替，但始终牢记自己的责任，精心酿造着这种充满传奇和风险的玉液琼浆，不仅自己品尝，还与大家共同分享。

苏岱的“风土”——上天赐予的风水宝地

苏岱得天独厚的葡萄种植区域由两部分组成。

在加龙河的支流吉龙河右岸，有苏岱、博姆、法格、帕涅克四个村镇，这是狭义的苏岱法定产区，它处在一个向东倾斜的高地上，其地层由第三纪的牡蛎石灰岩和砂质黏土泥灰岩构成。在第四纪冰川期，该地层又被加龙河带来的层层砂砾所覆盖。事实上，加龙河在历史上多次泛滥改道，从东到西留下了多条河床。最新的科学数据显示，加龙河曾多次分岔，河道蜿蜒曲直：在河岸笔直段，河床宽阔，曲折处则多沉积。后来，随着气候变暖，冰川融化，海平面上升，水流变慢，冲积层沉淀下来。在新的冰川期来临后，海平面下降，水流变快并在原沉积层上重新冲刷河床，由此产生了这里多层复杂的地质地况，西部地势最高，地况最古老，东部最低。

苏岱的砂砾层深达数米，这些砂砾来自比利牛斯山和法国中央高地，被加龙河及其支流裹挟而来。有少许的大石砾直径一米，地质学家认为可能是随大冰块带来的。总之，这些通常几厘米大小不一的鹅卵石状的砂砾，混杂在石灰岩和砂质黏土层里，构成了这里独特的地质特征。在这里，我们可以看到白色及粉色的石英、来自比利牛斯山的黑色和绿色砂岩、阿尔比圆砾石，甚至黑山的火山岩，海内威农酒庄（Chateau de Rayne-Vigneau）的地貌就集中体现了上述特征。在河流的侵蚀下，这些砂砾在地表形成了起伏和缓的小圆丘，海拔在15—60米之间，这成了当地的一道风景。在吉龙河及其支流的灌溉下，当地土壤以白色土为主，它强化了阳光，有利于葡萄生长，到了夜间，白天储存的热量

苏岱产区的葡萄

起到调节温度的作用，降低了葡萄树霜冻的风险。葡萄树的根茎穿过表层土壤，有时要深达十米才能穿过不透水层，吸取下面富含营养的水分和盐分。葡萄树的生长因此获得了一个恒定的生态环境，从而躲避了旱涝及地表肥料。

巴萨克村在吉龙河左岸，这里的情形不同。当地土质也利于葡萄种植，但它的地层是星状石灰岩，近似喀斯特地形，渗水性好。河流侵蚀清理掉了第四纪冰川初期堆积的砂砾和风蚀沙土，遗留下大块卵石。而冰川纪晚期的烈风又吹来了略带黏土的砂砾，留下了随处可见的典型红土地貌。因此，这里土壤细腻，土层厚度约40—50 厘米，葡萄根茎可以轻易地穿过土层深进石灰岩。这就是巴萨克AOC 酒的独特“风土”。

苏岱葡萄酒

漫步在苏岱产区的五个村镇，你就会发现，最好的“风土”，通常都是贫瘠、干涸的土地，众多顶级酒庄就矗立在这片土地上。正是在苏岱的砂砾丘陵间，在巴萨克的石灰岩红土地上，诞生了伟大的甜白葡萄酒。

酿造的秘密——严谨与激情

苏岱甜白酒糖分浓郁、香气芬芳的特点，要归功于它的限产规定，其中，“贵腐”现象起了很大作用。通常“贵腐”会使一公顷4000 公升的产量降到1800 公升左右。当然，不能全指望“贵腐”，一旦当年贵腐霉不活跃，产量就会失去控制。聪明的酒农们设计了很多行之有效的限产方法。例如，种植密度限定为每公顷 6500—7500 株，限制施肥以保证不破坏土壤结构。特别是采用短剪枝技术，遵循每株葡萄酿1—3 杯苏岱甜白酒的原则。长相思葡萄通常采用居由式剪枝法，每枝5—6 个芽眼，赛美蓉或密思卡岱则采用扇剪法，这是苏岱地区的主流剪枝法。通常，把两到三枝葡萄藤捆在铁丝上呈一个杯式，每枝有一个保留2—3 芽的母枝，以便将生长的葡萄串数限定在6 —8 串内。

从采收到装瓶，整个酿造过程都离不开严谨和激情，它需要筛选、经验、传统智慧和葡萄工艺学的最新成就，这是一种浪漫和人性化的科学，预见重于发现。有些酒庄按批酿酒，每批就是当天的采收量。有些人按传统做法，专门用22°—24°度的原汁酿制特殊调配酒。和贵腐葡萄要等到完全成熟的做法不同，还有些人专门采收尚未成熟的长相思葡萄，以保留它的细腻香气和酸度，使酿出来的酒更清凉爽口。总之，酿酒师们不断探索着各种葡萄的完美配比。

有几个酒庄在采收期用轻轻挤压的方法来辅助下一步的榨汁，但大部分酒庄并不认同这种做法。对垂直式、水平式和气压式榨汁法而言，无论是直接还是间接的，都需要细心调校压榨机。第一榨通常榨出四分之三汁液，虽然品质很好，但糖分最足的是此后的两榨，榨出的葡萄汁甘甜香醇，然后，经过一夜的沉淀澄清后，发酵才能开始。

发酵用当地的天然酵母进行，葡萄汁被放进橡木桶或可自动调节的小型不锈钢桶内。

发酵过程要仔细监控，它与此前对葡萄和榨汁的遴选是一脉相承的。通常，发酵过程要持续二到四周。但在苏岱地区，发酵总是面临两难境地。“贵腐”葡萄汁所特有的惰性物质缺乏、沉淀后酵母减少、贵腐霉等问题，使发酵变得困难。人们只好把温度保持在20℃—22℃度来帮助发酵。原则上，酒精浓度达到一定程度后会杀死酵母，发酵过程自动停止。这就是自然法则。最理想的发酵是使酒精含量达到13.5°或14°，实际上，如果把未发酵的糖分完全发酵，酒精浓度还会增加4°—6°。

顶级甜白酒的陈酿过程非常漫长，大多数情况下，要18个月到两年，有时要三年时间。美酒正是通过这个陈酿过程诞生的，有时是用小酿酒桶，但多数情况要用新橡木桶。当然，每个酒庄千差万别，但目的都是促进酒与橡木的结合，使葡萄酒不仅有单宁，还有香草、甘草、丁香、康乃馨的味道。酿酒师在混合调配前要多次品尝，有时，当他们感觉酒的潜质不足时，只好忍痛割爱，不打上“1855年列级酒庄”的酒标。

陈酿由一系列规律性的工艺流程组成，葡萄汁水分蒸发后，在酿酒桶内空气就会进入，葡萄酒有被氧化的危险，这需要不断换桶。除了橡木桶的更换外，在装瓶前还要再次过滤澄清。整个过程让外行人很惊讶，因为酿酒师像对待艺术品一样毕恭毕敬地工作。

苏岱的起源——历史与传说

在酒窖内，面对一排排装满美酒的橡木桶，参观者通常都会问酒庄主人同样的

苏岱产区酒庄的品酒屋

问题："先生，这种酒是从什么时候起开始酿造的？"主人笑笑，有些尴尬地回答说："时间不确定，有很多未解之谜。"总而言之，关于其起源有两大传说，都有些神秘色彩。第一种传说：1836年，有家祖籍德国的波尔多酒商福克，他的酒庄是博姆村的白塔酒庄（Chateau La Tour Blanche），他想等到漫长的秋雨季节结束后再开始采收葡萄。结果，太阳出来后，葡萄收缩变干，"贵腐"发生，他得到了理想的甜白酒，大获成功。或许，其中起作用的是主人来自莱茵河畔关于葡萄种植的遥远记忆和成功的偶然性。第二种传说也是偶然的结果：1847年，伊甘酒庄（Chateau d'Yquem）庄主德·吕尔—萨律斯侯爵去俄国旅行迟归，他行前曾下令，要等他回来后再开始葡萄采收。老天帮忙，当年"贵腐"表现优异，酿出了极品酒。

历史学家并不否认这两个传说逸事，但他们更多地是从历史证据出发进行考证。根据历史学家的说法，从16世纪末起，主宰海上贸易的荷兰商人就大量采购白葡萄酒。一部分白葡萄酒经过烧制后产生了白兰地，另一部分是经过简单处理的甜酒。荷兰人往酒里加糖、酒精、药水，还用植物浸泡，旨在满足北方国家客户的需求，因为那里的人喜欢喝甜饮料。17世纪有很多荷兰人来到波尔多，染指葡萄园。显然，在他们的要求下，巴萨克领地的葡萄酒转向了高糖甜白酒，但当时还不用“贵腐”葡萄酿造。巴萨克领地范围大约包括了今天的巴萨克和苏岱，当时名气很大。从1613年起，巴萨克领地的贵族开始编写了本地的“名酒指南”。1647年，波尔多评审团与荷兰商人共同编写了“葡萄酒税目”，其中，今天苏岱酒区五个村镇的葡萄酒被列在二档，纳税额为84—105银币，仅次于波尔多红酒名庄（纳税额为95—105银币）。在1666年的档案中，还明确记载了巴萨克和苏岱地区的晚收做法。

在我们今天的列级酒庄中，有三分之二的酒庄都是在17世纪末开始大片种植葡萄的，当时，贵族们在领地上大量投资，这种努力贯穿了整个18世纪。虽然如此，在1740年左右，本地酒的卖价还是远低于梅多克酒和格拉芙名酒，后者要比本地酒贵四倍，达1500—1800银币。当然，与两海间地区出产的烧酒比，荷兰人还是愿付双倍的价钱购买巴萨克和苏岱的甜白酒。在18世纪早期，本地的葡萄种植区域主要在加龙河沿岸。在1770—1810年间，才扩展到后面的博姆和苏岱等地。在本地甜白酒的发展历史上，伊甘酒庄的庄主家族（索瓦日家族和后来的吕尔—萨律斯家族，他们还拥有St Cricq、Filhot、Couter酒庄）居功至伟，他们是白葡萄选种和晚收法的最早实践者。后来成为美国第三任总统的杰佛逊慧眼识珠，他曾在1787年造访波尔多。回到美国后，他让美国驻波尔多领事为他订购了85箱12瓶装的葡萄酒，其中就有向伊甘庄主德·吕尔—萨律斯伯爵要的苏岱甜白酒。在他自建的葡萄酒分级目录中，他也没忘记巴萨克、帕涅克、苏岱的甜白酒。这些酒在法属圭亚纳总督的笔下也有记载，他在1741年写道：“当地人等葡萄霉变后才采收……”他还写道：“人们要多次反复采摘来保证糖分充足……”这些都证明当时已经有了“贵腐”葡萄。

伊甘酒庄

Chateau d'Y quem

伊甘庄园坐落在波尔多南部的苏岱产区（Sauternes）一座海拔250米的山坡上，这个产区与巴萨克产区一样均以盛产卓越的甜白葡萄酒而闻名于世。值得注意的是，在因参与了1855年分级评选而入围的21款甜白葡萄酒中，伊甘庄园凭借着其出色优异的品质，成为了1855年波尔多葡萄酒评级时“五大”之外唯一的顶级葡萄酒，其贵腐甜酒堪称世界第一。伊甘庄园总共拥有葡萄园113公顷，其中的100公顷主要用于葡萄的种植，产量很小。葡萄园内土壤复杂多样，表层是薄薄的一层碎石与沙子，下面是一层黏土与更深的石灰岩。

据词源学家考证，伊甘一词最早来源于10世纪日耳曼语中的“aighelm”，意为“拥有尖顶头盔的人”。伊甘酒庄是波尔多历史最悠久的酒庄之一。最开始为阿基坦公国（Aquitaine）的埃莉诺（Eleanor）女爵所有。1137年，女爵与法国的王储路易斯(Louis Capet)也就是之后的法王路易斯七世结婚，庄园也随着阿基坦公国一起加入了法国。遗憾的是，这段婚姻仅仅持续了15年的时间就宣告瓦解了。1154年，Eleanor女爵与英国国王亨利二世(Henry II)再婚，伊甘领地随之归属英国皇室。直至1453年英法百年战争结束，伊甘庄园复回法国怀抱。

伊甘酒庄葡萄酒

产区：苏岱—巴萨克（Sauternes-Barsac）
庄园分级：苏岱和巴萨克列级优等一级酒庄
平均树龄：25年
白葡萄品种：80%赛美蓉（Semillon）、20%长相思（Sauvignon Blanc）
品鉴：伊甘贵腐甜酒耐久藏，历经百年而更甜美。由于甜葡萄需要发酵，温度低时间长，伊甘酒庄的酒要6年后才上市。

波尔多右岸

BORDEAUX RIGHT BANK

历史渊远的独特品牌

诗人奥索纳（Ausone）的回忆录中就曾提到，这里是波尔多葡萄园区的高卢罗马文明的伟大摇篮之一（公元前56年）。自公元8世纪起，该地区便开始盛行宗教生活，从而形成了圣埃米利永城，并建造了许多种植葡萄的修道院和济贫院。11、12世纪，阿基坦的继承人埃莉诺（Aliénor）和英国国王Henri Plantagenet的联姻，使得葡萄园在英国人的控制下取得飞速发展。1296年，利布尔讷港（Libourne）的建立，充分打开了葡萄酒的远征之路。1453年结束的“百年战争”和一直持续到1569年的几次宗教战争期间，这里的葡萄园经历了一个不稳定的阶段。16世纪，该地区进入和平年代，利布尔讷城成为一个最重要的葡萄酒贸易和出口中心，使整个地区拥有了特殊的品牌和真正的独立性。18世纪初，荷兰和英国对上等葡萄酒的需求激增，使得葡萄园种植面积大幅度增加（在圣埃米利永，种植面积翻了一番）。因此，到了18世纪末，诞生了我们今天所理解的第一代名符其实的“酒堡”或“酒庄”。19世纪末，面对席卷整个法国所有葡萄园的根瘤蚜虫害危机，该地区做出了反应，并于1884年在圣埃米利永城成立了法国第一个葡萄产业协会。20世纪，产区集中力量，采用嫁接技术，使葡萄园得以生存与发展。虽然经历了两次世界大战和几次经济危机，葡萄园进行了自我调整和自我发展，并赢得了世界美誉。

葡萄品种

圣埃米利永—波美侯—弗龙萨克葡萄酒，同波尔多其他地区一样，传统上也是多种不同葡萄品种混合酿造成的，它们来自不同的土地、不同的年份，独特且独一无二。主要有三个品种：梅洛、品丽珠、赤霞珠。

梅洛（Melot）

这是该地区种植最多的葡萄品种（在圣埃米利永和弗龙萨克，占全部葡萄品种的60%多，在波美侯占80%）。属于早熟品种，特别适合清新湿润特点的圣埃米利永黏土质的土壤。梅洛品种是这一地区的葡萄之王，非常适合这里的土地和气候，在这里能达到完全成熟。用梅洛酿造出来的葡萄酒，颜色鲜明、酒度浓烈（醇厚）、香味复杂（尤其是熟红和熟黑水果香），并且口感柔和圆润。用梅洛酿造出来的葡萄酒，可以在其年轻时享用，可以和所有的美食搭配，甚至是辛辣的食物。

品丽珠（Cabernet Franc）

主要种植于圣埃米利永—波美侯—弗龙萨克地区，占全部葡萄品种的20%–30%。属于中早熟品种，更适宜于钙质土壤或略微有些热的土质（沙质土壤和砂砾土壤）。该品种赋予葡萄酒略带辛辣味的细腻清香，以及杰出的单宁结构，具有长期储存能力。

赤霞珠（Cabernet Sauvignon）

占全部葡萄品种的10%，属于晚熟品种，特别适应干热的土壤（朝阳的砂砾质土壤和黏钙质土壤）。该品种赋予葡萄酒辛辣味感和丰富的单宁结构，非常适合长期保存。

产区

圣埃米利永和特级圣埃米利永（Saint—Émilion & Saint—Émilion Grand Cru）

在高卢罗马时期，当地的行政官奥索纳（Ausone）拥有这片葡萄种植区，这位行政官同时也是位诗人。“圣埃米利永”一词来源于瓦那地区一位隐士的名字，在公元8世纪，埃米利永加入圣埃米利永地区

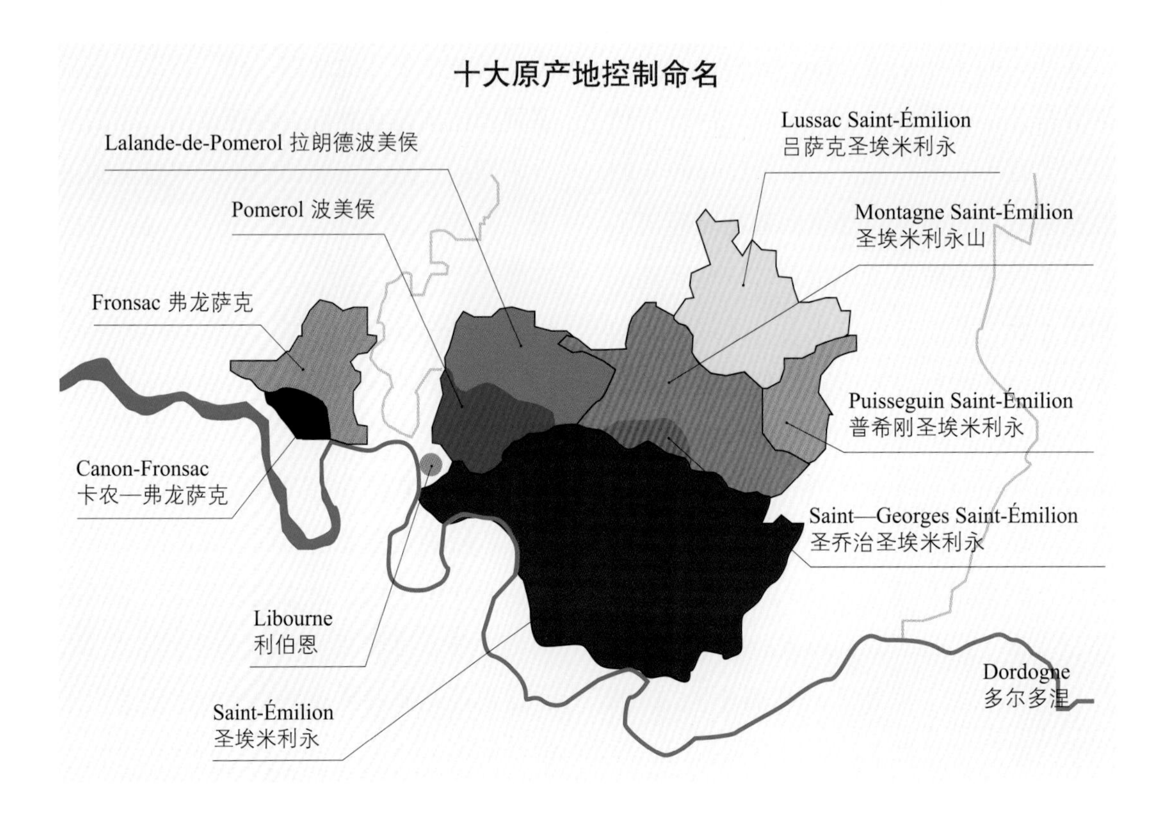

后，这个产区才真正声名鹊起；这是一个朝圣者和祈祷者的圣地，许许多多的宗教规则随后建立：一个中世纪城市诞生了。

此产区位于北纬45°，到北极和赤道的距离一样，赋予了圣埃米利永海洋气候，类似于地中海地区的气候。梅洛占了该地区全部葡萄品种的60%，其次是品丽珠、赤霞珠，最少的就是马尔贝克。

吕萨克圣埃米利永

（Lussac Saint—Émilion）

吕萨克产区产生于高卢罗马时代，与市镇相邻，并且受到皮康波（Picampeau）山丘的高卢巨石建筑的衬托成为圣地。吕萨克由于受到外来者侵袭而被毁坏，在13世纪的时候，本笃会修士们重建了这个产区，并使吕萨克圣埃米利永的葡萄酒声名一直远洋到英国和法国。

吕萨克圣埃米利永葡萄种植区位于波尔多东北方48公里的吕萨克镇，离利伯恩14公里。本产区葡萄种植区由小山坡呈梯形上升为高原地形，形成正面朝南的圆形剧院的形状，这种地形有利于自然排水。

在吕萨克圣埃米利永葡萄种植区的葡萄品种里，70%为梅洛葡萄，其次为品丽珠、赤霞珠，最少的是马尔贝克。吕萨克圣埃米利永葡萄酒拥有诱人而浓烈的芳香，带有红色水果的香气（黑加仑、樱桃），还有甘草、皮革、梅花以及香料的气味。在陈酿的过程中，第三种气味也慢慢丰富起来，特别是野味的气息。在口中，它是优雅而富有构架的，圆润而且高贵，强壮而不乏复杂性。

普希刚圣埃米利永

（Puisseguin Saint—Émilion）

普希刚坐落在天然的山坡上，俯视Barbanne河，面朝著名的圣埃米利永平原，普希刚（Puisseguin）的名字由两部分组成，“Puy”代表山峰，“Seguin”则是在大约800年的时候驻守在这里的查理曼大帝的中尉的名字。普希刚圣埃米利永的历史一再被切断，先是封建战争，随后便是英法之间为了Guyenne持续了3个世纪的争夺。

普希刚圣埃米利永葡萄种植区位于波尔多东北方向48公里的普希刚镇，离利伯恩（Libourne）16公里。

普希刚圣埃米利永葡萄种植区位于圣埃米利永小山的北面偏东北面：普希刚是圣埃米利永地区最为东面的城镇。普希刚圣埃米利永葡萄种植区拥有良好的朝向：南方—东南方。土地为黏土质石灰岩，某些地区为泥沙冲积土。整个葡萄园区均衡地位于石灰岩的基土之上，即使在干旱季节，也能赋予植株充足的水分滋养。通常来说，冬季气候较为温和，夏季炎热，秋季阳光普照，持续时间很长。

普希刚圣埃米利永有750公顷的葡萄园，生产34500百升葡萄酒，占波尔多法定产区葡萄酒的1%。

在普希刚圣埃米利永，梅洛占全部葡萄品种的80%，其次是品丽珠、赤霞珠，以及非常少的马尔贝克。最小的种植密度为每公顷5500棵植株。

普希刚圣埃米利永葡萄酒颜色深红，酒体香味丰盛，尤其带有熟红和熟黑水果的香味（黑加仑、黑樱桃、樱桃、桑葚果），带核水果（李子或李子干），混合着薄荷、无花果、甘草，甚至是淡淡的辛香味。口感柔和圆润，与单宁很好的结合，可以长期珍藏。

圣埃米利永山

（Montagne Saint—Émilion）

葡萄园主、诗人奥索纳（Ausone）遗留下来的雄伟别墅，许多雕塑、马赛克都是由这片土地上的泥土制成，钢筋水泥路一直通到凡颂（Vésone）：圣埃米利永山的土壤培育了高卢罗马文明。它的名字，在中古拉丁语中是山丘的意思，罗马式的教堂加上葡萄园的美丽风景点缀着山顶。

在1600公顷的土地上，圣埃米利永山的葡萄园是波美侯以及圣埃米利永地区在地理上的延长。沙滩和山丘主要是黏钙质土壤或者砂质黏质土壤。梅洛是该地区主要的葡萄品种（占70%），其余的是品丽珠、赤霞珠，偶尔也有马尔贝克。

圣埃米利永山红葡萄酒酒体圆润强劲，颜色鲜明典雅，首先能闻到浓厚的红色水果的香味，逐渐演变为均匀的香料、皮革和甘草的混合香。与其他葡萄，尤其是与品丽珠和马尔贝克的混合酿造，给葡萄酒带来清爽的口感和更紧实的结构，增加了葡萄酒陈酿的潜力，也使它的香味更复杂。在使用过的橡木桶中发酵并陈酿，带给葡萄酒烧烤的香味以及香草的香气，丰富嗅觉感受。

圣乔治圣埃米利永

（Saint—Georges Saint—Émilion）

罗马战争时期开始，圣乔治镇的葡萄种植发生了飞跃性的变化，在随后的几个世纪里，确立了其葡萄种植的独创性。这是一个小型的宗教城市，如今仍随处可见11世纪建立的罗马教堂，正是像圣乔治这样的大酒区存在，才造就了圣埃米利永地区的辉煌盛名。

圣乔治圣埃米利永产区面对着圣埃米利永高原，被Barbanne小溪分隔开，具备出色的地质与气候环境。该产区几乎都是黏土和石灰石地质，坡度统一且排水能力良好，并且其面向南方或者西南方的朝向保证葡萄园一直到采摘期都具备充足的阳光。这些优越的自然条件有利于葡萄的完美展现与成熟。

葡萄品种：70%梅洛、15%品丽珠、10%赤霞珠、5%马尔贝克。

圣乔治圣埃米利永的葡萄酒展现了圣埃米利永地区酒庄的高品质与良好的声誉：酒体由于陈酿而呈现出紫红色，并随着陈

指向圣埃米利永和波美侯的路标

酿呈现出瓦片的亮色。最初的酒香里散发出黑加仑与红色水果的香味，随着酒龄的增加，其香味更复杂、口感紧实浓厚、口味细腻却不乏质感。

波美侯

(Pomerol)

波美侯地区见证了历史文明的发展，先前有两条罗马大道通往这片高原，其中一条通道是诗人奥索纳（Ausone）回他在Lusaniac的别墅的必经之路。12世纪的时候，修士们在Saint—Jean—de—Jérusalem建立了第一个骑士团封地，专供去圣雅克—德—孔波斯特拉（Saint—Jacques de Compostelle）地区的朝圣者使用。葡萄园里经一百多年的战争受到毁坏，直到15和16世纪才得到重建，然后在19世纪达到辉煌。

波美侯或许是整个波尔多地区中最神秘的地区了，极小的产量，高不可攀的价格，只要打上“波美侯（Pomerol）”产区的葡萄酒都很难会有便宜货，这些因素导致很多人只闻其名不见其酒。

波美侯地区只有800多公顷，酒庄数量约131家，平均每个酒庄的面积不到30公顷，最小的只有2公顷，这些先天条件决定了波美侯只能酿造产量小但品质上乘的葡萄酒。该产区位于我们常称的“波尔多右岸”里，这里的土质以石灰岩和黏土为主，整个产区80%面积种植梅洛葡萄，剩余的是赤霞珠和品丽珠。波美侯产区是波尔多几个主要产区中唯一一个没有修订分级制度的产区，但众多酒庄凭借自身的不断努力和至高无上的酿酒理念令波美侯的酒质极为出色，加上稀少的产量，最后导致其出产的葡萄酒比梅多克的列级名庄更要贵，可谓莫大的讽刺。

波美侯产区的葡萄酒主要由梅洛调配而成，酒香浓郁，单宁如丝绒般顺滑，丰腴而性感。

波美侯的葡萄酒拥有色泽浓郁的酒裙。酒香丰富，有红色水果、三色堇、松露、野味等香气。口感融细腻与浓郁于一体，既丰满又丰富。强劲的单宁下是柔和丰润和丝质般的顺滑。波美侯的葡萄酒丰腴而性感，能在年轻的时候享用。但也是适合久藏的葡萄酒，随着时间越变越香，能发展出罕见的复杂度和精细风格。梅洛是主要的调配品种，有时候甚至达到100%。有的也和品丽珠搭配使用。

拉朗德波美侯

(Lalande De Pomerol)

从12世纪开始，Saint—Jean de Jérusalem的修士以及马尔特（Malte）的骑士们便在拉朗德波美侯地区建立了骑士团封地，目的是为了迎接并保护通向Saint地区的十字军战士以及去圣雅克—德—孔波斯特拉地区（Saint-Jacque de Compostelle）的朝圣者。他们留给后人的是一座华丽的小教堂，简约感与平衡感共存，最近在历史学家的指导下得以重修。这是该地区现存的唯一一座修士们建造的教堂。中世纪，葡萄园只是当地多种栽培的体现之一，并没有得到很好的商业发展。但是之后在大修道会的资助下，拉朗德波美侯地区逐渐发展为杰出的葡萄酒产区。一个八角形的白色会徽章印在拉朗德波美侯产区出产的葡萄酒的酒瓶上，代表了波尔多地区最著名的葡萄酒之一。

葡萄品种：梅洛占75%，品丽珠占15%，赤霞珠占10%。地质主要由氧化铁和铁矿渣构成，这块土地上出产的葡萄酒细腻优雅，结构温和美满，一旦酿造完毕便表现出柔和可人的特性。

弗龙萨克

(Fronsac)

弗龙萨克产区一直处在河流与土地相交汇的战略地带。高卢人曾经在那里占据着大部分市场，罗马人又把它当做圣地，之后大约在公元770年，查理曼大帝将这片地区作为要塞重地。然后再被英国人占领的三个世纪中，弗龙萨克出产的葡萄酒被大量出口到英国。1663年，黎希留（Richelieu）公爵占领了弗龙萨克公爵领地，然后他的侄孙Armand du Plessis元帅在这片领地上举行了众多盛大的剧院演出以及庆祝活动，连路易十四的宫廷里都能感受到这欢乐的气氛。从此弗龙萨克的葡萄酒声名远扬。18世纪的时候，弗龙萨克地区的葡萄酒质量开始有所提高，并且通过海运的方式对外扩张，从而使得弗龙萨克产区跻身于波尔多最高贵的产区之一。

梅洛占弗龙萨克产区所有葡萄品种的78%，剩下的是品丽珠和赤霞珠。此产区葡萄酒呈红宝石颜色，细腻且热烈，主要散发红色水果的香味，并伴有香料的香味。

卡农—弗龙萨克

（Canon—Fronsac）

卡农—弗龙萨克产区的历史名声，得益于它处在伊勒河（Isle）和多尔多涅河（Dordogne）两河交汇处的独特地理位置。卡农—弗龙萨克产区的葡萄酒在18世纪时享有很高的声誉。正是有了这些葡萄酒，利布尔纳河域才第一次出现“酒庄”这个名词：1750年。拉菲（LAFON）、波伊尔（BOYER）以及马蒂厄（MATHIEU）三位显贵首先提出进行葡萄种植的革新，将“分成制租田“系统改组成规模较小的各个“酒庄”。

如果说卡农—弗龙萨克产区处在海洋性气候环境，那么与其他波尔多地区的产区相比，它的大陆化程度以及处在两河交汇的地理位置，使得它受益于微气候的影响：夏天较炎热、秋季较长且温和、冬季温暖，总体气候比较干燥。这种气候环境是这片产区特有的，它能使葡萄成熟较慢，且有利于酿造特级葡萄酒。

280公顷的葡萄园，卡农—弗龙萨克产区是波尔多最小的原产地监控命名区之一。它横跨两个城镇：弗龙萨克（Fronsac）和圣米歇尔德弗龙萨克（Saint—Michel de Fronsac）。

梅洛是利布尔纳产区（圣埃米利永—波美侯—弗龙萨克葡萄园）主要的葡萄品种，在卡农—弗龙萨克占了70%。另外两种葡萄品种是品丽珠和赤霞珠。在卡农—弗龙萨克，有着大约50名热衷于葡萄酒酿造的种植者。他们生产的葡萄酒量很少：每年的产量仅相当于6000大桶。

卡农—弗龙萨克葡萄酒的颜色通常是优雅的红宝石色。它有着精细和活泼的芳香，酒体中香味浓烈，特别是水果香。圆润、高雅，与单宁味微妙结合，可以长期陈华珍藏，完美体现了卡农产区的风格。

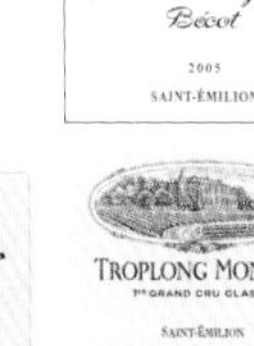

车库酒

GARAGE WINE

车库酒庄是近期在波尔多右岸出现的一种酒庄形式，通常葡萄园面积非常小，只有1—2公顷，产量也控制得极低，并且没有分级制度。当地的葡萄园得到精心的照料，产量很低，大多只有几百箱，因此价格高得惊人。酿酒师偏爱选用成熟度高（通常是梅洛）的葡萄，用来酿造重酒体、结构感强、酒精度数高的红葡萄酒。并采用一系列的最新酿酒科技让酒更浓缩，更饱满，更圆润。几乎完全采用法国新橡木桶陈化，甚至采用经过特别烤制的2倍的新橡木桶，给酒增添了烤面包、烟熏味以及更复杂的酒体。最后酿出的酒比左岸最浓郁的酒还要厚重丰腴，更容易获得酒评家的高分。

所有的这一切都源于一个叫让·吕内·图内文（Jean-Luc Thunevin）的法国人，他曾经是一个伐木工人。1984年为了贴近他所热爱的葡萄酒，他在波尔多葡萄酒圣地圣埃米利永（Saint-Émilion）开了一家小

小的寄卖商店，做一些日用品的小生意。1989年他与老婆合资买了一块0.6公顷的葡萄园，开始了家庭式的葡萄酒的种植酿造。瓦兰佐酒庄（Chateau de Valandraud）的传奇开始了。

因为他们买的这块土地并没有显赫的背景，他们只有从精细的工作上下功夫了，从葡萄的种植到充分的成熟收获，像照顾孩子一样的种植酿造，终于第一批“孩子”诞生了，虽然只有区区1280瓶，但都被他们视为珍宝。

让·吕克·图内文创造了一种全新的酿造方式——车库酒酿造法。挑选最好的葡萄园，最老的葡萄树，对它们进行严格的数量的削减，全部的人工采摘，只挑选最成熟的葡萄。在全新的法国橡木桶中进行精细的醇化，再赋予酒现代化的包装。甚至有些酿造者在酒精发酵与醇化环节都采用全新橡木桶。

这种创新酿造方式打破了传统波尔多的宁静。受到传统的讽刺与质疑，但他们生存了下来，并且很快成了世界瞩目的酒庄。

此酒近似黑色的颜色，浓郁复杂的香气，有强大的骨架与力度，往往受到美国品酒师罗伯特·帕克的美赞。其价格更是超过了一些列级酒庄甚至一级酒庄。

所谓车库酒都会有以下三个特点：第一，产量都极少，一般以不超过五千瓶为原则，避免“以量削价”，也因为产量少，酿酒厂规模很小，形同车库，才被取了车库酒的绰号；第二，价钱都极贵，出厂价都至少一百、甚至二百欧元；第三，口味一定强调浓郁至极，以便能长年储存，也使投机客愿意炒作，使一瓶酒十年、二十年内能一直被推上拍卖桌，所以酿制葡萄大都选择劲道强、口味丰富者，而醇化过程也刻意使用全新橡木桶，可以说是不惜血本。

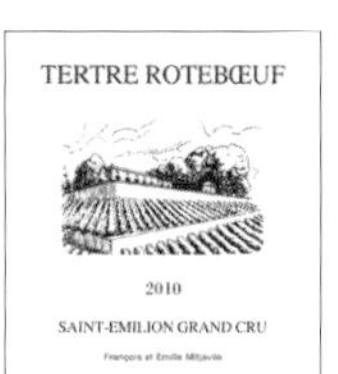

葡萄酒让每顿饭或场面，每张桌子更雅致，每天更文明。

——安德烈·西蒙

葡萄酒商人、美食家

食物与葡萄酒相互影响彼此的口感——食物可使葡萄酒的单宁酸软化，降低酒的酸度；葡萄酒可使食物的味道增强，促进食欲，帮助消化。不过这种搭配宛如婚姻，一旦一方总想去支配另一方，就会导致不是食物的味道过重，就是葡萄酒的气味过于突出。

白马酒庄

Chateau Cheval Blanc

白马庄园（Chateau Cheval Blanc）坐落于圣埃米利永法定产区，是（St. Émilion）列级名庄中排位第一级，A组的四个名庄中排名第一的酒庄。也是近年来世人常称的波尔多（Bordeaux）八大名庄之一。也可以讲因为有了白马庄而使圣埃米利永法定产区增色不少。

白马庄园是圣埃米利永区同一家族拥有最长时间的酒庄。1852年让·罗沙克·弗戈（Jean Laussac Fourcard）与葡萄庄园大地主杜卡斯（Ducasse）家族的女儿麦尔·亨利埃特（Mlle Henriette）结婚。白马庄园就是Mlle Henriette的嫁妆。从此白马庄园在弗戈（Fourcard）家族中世代相传至今天。白马庄园是在1853年正式命名为白马庄园的。当时的白马庄园并不很出名，让·罗沙克（Jean Laussac）接管后的确花了不少心血。他把该园全部种上葡萄树，精心管理，终于在1862年伦敦大赛和1878年巴黎大赛中获得了金奖。现在你看到的白马庄园酒标上位于左右的圆图就是当年所获的奖牌。

1970年至1989年期间酒庄的董事长是家族的女婿Jacques Hebraud。Jacques的祖父曾是波尔多的大酒商，父亲曾是海军上将，他本人是农科教授和波尔多大学校长。他的家庭背景和崇高的学术及社会地位将白马庄园的声势再推向高潮。

白马酒庄干红葡萄酒

产区：圣埃米利永（St Émilion）
酒庄等级：2012年波尔多圣埃米利永产区一级特等酒庄A级（1er Grand Cru Classe A）
葡萄品种：60%品丽珠（Cabernet Franc）、40%梅洛（Merlot）
陈酿时间：全新法国橡木桶陈酿18—24个月
品鉴：深红宝石色，闪烁淡紫色光辉；典型的华美白马异香和黑果（樱桃及黑加仑）香味；入口成熟而辛香，口腔中高度凝缩，浓度高，终感时美妙醇厚和单宁酸味。品质超卓，组成和魅力均浓烈。

欧颂酒庄

Chateau Ausone

欧颂酒庄是圣埃米利永四大超级名庄之一，与白马庄齐名，名列于葡萄酒行家常称的波尔多八大名庄之一。在1781年，本园当时的园主卡特纳就为其取了一个响当当的园名——欧颂庄园。欧颂(Decimus Magnus Ausonius，310—394)是罗马时代生于此地的一位罗马教授、诗人，由于当过“太子太傅”——罗马皇帝当太子时的老师，故官运亨通，官至当地总督及枢密院长老。他以爱酒出名，曾经在波尔多及德国拥有酒庄。当然，现在无法证明欧颂老先生就是在欧颂园的现址上种植葡萄、喝酒吟诗的。不过，幸亏本园面积不大，历代庄主还算争气，所以在19世纪中已跻身本地区最好的三五家酒庄之列。到了20世纪初，已无疑稳居本地区最好的酒庄之位。

欧颂酒庄的酒多以罗马诗句中的哲理来命名。年轻的酒有令人愉快的、细腻的、天鹅绒般的质地，老年份的酒则具有优雅而绵长的香气。欧颂庄和它的葡萄园坐落在一个小山岬，第一次去那的人，只有通过先找到中世纪就存在的圣埃米利永村后才可以发现它。

产区：圣埃米利永（St Émilion）
酒庄等级：2012年波尔多圣埃米利永产区一级特等酒庄A级（1er Grand Cru Classe A）
葡萄品种：50%品丽珠（Cabernet Franc）、50%梅洛（Merlot）
陈酿时间：使全新法国橡木桶陈酿16—20个月
品鉴：欧颂庄园以诗人欧颂为名，故一直有“诗人之酒”的美誉。从它的身上也让我们感受到了属于诗人的独特气质：高傲又带有些孤芳自赏。如果很久以后品尝此酒，单宁中庸、颜色至美、香气极集中又复杂的特质定会令你惊叹不已。正如帕克先生所形容的那样：“如果耐心不是您的美德，那么买一瓶欧颂庄园就没什么太大的意义！”

欧颂酒庄干红葡萄酒

柏菲酒庄

Chateau Pavie

在柏菲的山坡上，曾生长小桃子，公元4世纪开始种植了圣埃米利永产区的第一株葡萄。酒庄逐步的被建立和合并成现在的柏菲酒庄。自圣埃米利永产区第一次分级制度以来，它就被列入了顶级酒庄。

1998年是柏菲庄的一个新开始，新老板杰勒德·珀斯（Gerard Perse）本来经营超市，出于对红酒的热爱，他一口气买下了波尔多的五个名庄，并开始着手对柏菲进行一系列全新的改革复建。他看到了柏菲庄巨大的发展潜力，于是对原有的种植计划、酿酒方法、保管储存等一系列环节进行了全新的改革。这样的改建工程十分浩大、甚至不计成本，许多人对于老板的疯狂举动暗生怀疑甚至嘲讽，但杰勒德·珀斯仍坚持己见，他希望可以酿造出一种兼具法国酒的优雅与新世界酒的浓郁的艺术品。柏菲酒的巨大成功让人们对柏菲庄再次刮目相看，而杰勒德·珀斯也成为柏菲庄发展历史上能与费迪南德·保华德（Ferdinand Bouffard）齐名的人——两者相隔了一个多世纪。

如今，这个有着独立地块的葡萄园面对着圣埃米利永产区的山丘南坡，成为所有顶级酒庄中最大的葡萄园之一。非凡的风土跨越三个不同土质（坡脚为略沙砾质，坡中间为钙质黏土，高原为石灰石质岩石），杰勒德·珀斯以自己独特的方式升华了这非凡的土地。

产地：圣埃米利永（St Émilion）
酒庄等级：2012年波尔多圣埃米利永产区一级特等酒庄A级（1er Grand Cru Classe A）
葡萄品种：70%梅洛（Merlot）、20%品丽珠（Cabinet Franc）、10%赤霞珠（Cabernet Sauvignon）
陈酿时间：法国全新橡木桶 陈酿24个月
品鉴：不同土质的土地组合给予了柏菲独有的复杂性，这也归功于适土适量种植方式，和在二十个带有温控的橡木桶里分组的酿造。酒的构架完整，酒体细腻优雅。

柏菲酒庄干红葡萄酒

金钟酒庄

Chateau Angelus

金钟酒庄（Chateau Angelus）的葡萄园从20世纪70年代就开始种植，一开始只是一小块一小块面积的种植，后来家族将所有的这些小面积的葡萄地整合在一起，才成了现在的葡萄园。据说，金钟庄的名字是缘于当时一块7公顷大的葡萄地，因为在这块土地上，可以在同一时间听到来自马泽拉（Mazerat）的小礼拜堂、圣马丁教堂以及圣埃米利永教堂等三个教堂的祈祷钟的钟声，因此家族将酒庄命名为Chateau Angelus。不过，据说在1990年之前，金钟酒庄的名字在Angelus之前还多了一个“L”，就是L'Angelus。现任庄主于贝·德宝德·拉弗瑞斯特（Hubert de Bouard de Laforest）觉得在当今计算机时代，这个名字会使得酒庄在价目表中的排列靠后，因此决定将酒庄更名为Chateau Angelus。这样，金钟庄的名字就会被排在最上方的A行了，这对于酒庄的宣传和推广都是一件好事。

葡萄园面积约为23.4公顷，分别位于圣爱美容的一个圆谷内、坡地上及山坡脚下，这里能积聚夏季的高温并使葡萄早熟。斜坡能使土壤自然排水。石灰质土和黏土的分布恰到好处，使土壤能定期补充到水份和矿物质。黏土的比例在 8%–20% 之间，使这里的土壤温度较高，葡萄容易早熟。砧木非常适合这块产地，各品种根据不同土质栽培：梅洛栽培在黏土比例更大的坡地上，而品丽珠则栽培在以石灰石砂质黏土为主的山坡下。

产地：圣埃米利永（St Émilion）
酒庄等级：2012年波尔多圣埃米利永产区一级特等酒庄A级（1er Grand Cru Classe A）
葡萄品种：51%梅洛（Merlot）、47%品丽珠（Cabernet Franc）及2%赤霞珠（Cabernet Sauvignon）。
陈酿时间：法国全新橡木桶 陈酿18—24个月
品鉴：葡萄树的平均树龄30年。由于其产地的早熟特点，致使酒体丰满、醇厚、圆润，同时由于大比例的品丽珠以及土壤中石灰岩与黏土的组合非常平衡，使得酒体色泽优雅，口味醇正，非常爽口。

金钟酒庄干红葡萄酒

飞卓酒庄

Chateau Figeac

在圣埃米利永区内除了最具名气的白马庄和欧颂庄外，飞卓庄是历史最久，面积最大的酒庄了。

大约在1694年，卡尔—飞卓家族(Carle-Figeac)收购了这个庄园并以家族名称来为其命名，Chateau Figeac的名字由此而来。Carle-Figeac家族开始在园地上开拓农庄，葡萄园和林区面积达到了很大的规模。今天我们看到的这座3层Figeac城堡就是Carle—Figeac家族于1780年设计建造的。进入19世纪后，因为家族在商业上的债务原因，飞卓庄被逐步分割出几个葡萄园来抵债，这些出售的葡萄园后来被不同的主人加上自己的名字建立为一个完整的庄园，其中1832年被杜卡斯家族收购的一块葡萄园发展成为了今天的白马庄园(CH. Cheval—Blanc)，而拉图飞卓庄园亦是出自其中的一块葡萄园。庄园的发展压力由此得到缓解，但还是在1842年被迫易主。此后的整个19世纪期间，飞卓庄因不断更换主人而没有太大发展。进入20世纪后，更因为战争和经济大萧条等原因进一步陷入低谷。

1953年庄主Thierry最终发现飞卓园地并不与其他圣埃米利永的酒庄土壤完全相同，决定将以梅洛（Merlot）为主的酒园改为种植赤霞珠（Cabernet Sauvignon）和品丽珠（Cabernet Franc）及梅洛各占三分之一的树种。这一举措使得飞卓酒庄所酿造的葡萄酒体质健康，健美平衡，稍加陈年后便能发展出圆滑、天鹅绒般质感。

产区：圣埃米利永（St Émilion）
酒庄等级：2012年波尔多圣埃米利永产区一级特等酒庄B级（1er Grand Cru Classe B）
葡萄品种：35%赤霞珠（Cabernet Sauvignon）、35%品丽珠（Cabernet Franc）、30%梅洛（Merlot）
陈酿时间：法国全新橡木桶陈酿20个月
品鉴：飞卓酒庄的酒具有良好的垂直感，直接、清新而绵长，与波尔多右岸其他的酒比起来更加圆润和有力，但是右岸酒的平衡和清新的优质特点它也同时拥有。

飞卓酒庄干红葡萄酒

柏图斯酒庄

Petrus

柏图斯酒庄位于法国波尔多的波美侯产区，是该产区最知名酒庄。占地12公顷，年产量约5000箱酒，酒质十分稳定。在满布高铁质泥土的高原，90%以上的葡萄品种都是梅洛（Merlot），这里酿造世界顶级的葡萄酒。

波美侯是波尔多四大产区中最小的区域，区内酒庄不到200个，但却是波尔多目前最璀璨的明珠。主要原因是区内微型气候和土壤，加上小规模庄园式的精工细作，能酿造出不少稀世之珍。柏图斯则以品质取胜，占有第一把交椅的位置。

柏图斯葡萄园的种植密度相当低，一般每公顷只有5000—6000株。每株葡萄树的挂果也只限几串葡萄，以确保每粒葡萄汁液的浓度。平均树龄40年左右，有些甚至达80年。纯手工采摘，采用全新的橡木桶酿造，甚至每三个月就换一次木桶，让酒充分吸收不同橡木的香气。此种做法，至今无人能比肩。

柏图斯的酒质十分稳定，气候较差的年份他们会进行深层精选酿酒的葡萄，因此会减产，某些不佳的年份甚至停产。例如1991年就没有柏图斯。柏图斯的特点是酒色深浓，气味芳香充实，酒体均衡，细致又丰厚，有成熟黑加仑、洋梨、巧克力、牛奶、松露、多种橡木等香味。其味觉十分宽广，尽显酒中王者个性。

产区：波美侯（Pomerol）
葡萄品种：95%梅洛（Merlot）、5%品丽珠（Cabernet Franc）
陈酿时间：全新法国橡木桶陈酿18—24个月
品鉴：当著名酒评人罗伯特·帕克品一款2000年份的柏图斯时，激发了他以下的评论："颜色是近乎于墨黑的深紫色，紫色的边缘。香气徐徐飘来，几分钟后开始轰鸣，呈现烟熏香和黑莓、樱桃、甘草的香气，还有明显的松露和灌木丛的香气。味觉上使人联想到年份波特酒，非常优秀的成熟度，架构宏大，酒体健硕，余韵持续长达65秒。这是另一款可以列入柏图斯文化遗产的绝代佳酿。预计适饮期：2015年至2050年。"

柏图斯酒庄干红葡萄酒

里鹏酒庄

Le Pin

里鹏酒庄（Chateau Le Pin）位于波尔多右岸波美侯产区，庄园在1979年之前是柏图斯庄园附近一个默默耕耘的葡萄种植园，名气不大，面积只有1.06公顷，但直到1979年，比利时一个著名酒商天安宝家族（Thienpont）看中了该庄园的资质，以100万法郎的天价收购，正式建立为一个酒庄，取名Le Pin。

里鹏在天安宝家族手上的发展史可谓波尔多的一个难以置信的奇迹。在收购该庄园后，效仿柏图斯成功之路，他们将葡萄种植品种调整为92%梅洛（Merlot）、8%品丽珠（Cabernet Franc），种植密度和数量只有拉菲的一半，酿造方式和精工细作也效仿柏图斯。在1994年，天安宝又买下了旁边一小块约一公顷的小酒田，成为今天两公顷的里鹏酒庄。

罗伯特·帕克先生曾经说道："假如纯粹为了好玩或是纵乐而想奢侈一下的话，全波美侯产区，甚至波尔多地区恐怕都无法找到一瓶比里鹏更适合的酒了，但应在第10—20年之间内饮用。"

产区：波美侯（Pomerol）
葡萄品种：92%梅洛（Merlot）、8%品丽珠（Cabernet Franc）
陈酿时间：全新法国橡木桶陈酿24个月
品鉴：1981年出产第一瓶里鹏酒，而1982年的第二个年份的里鹏酒就被著名的酒评家罗伯特·帕克评为100分，这是波尔多地区酒庄中一大神话。里鹏酒带给我们的是与常规波尔多酒风格完全不同的体验和感受。波尔多酒在口腔中显著特点是芳香内敛；反之，里鹏酒在入口后，熟透的黑色水果香、熏烤及木香便奔涌而来，随后则充盈着椰果香气。

里鹏酒庄干红葡萄酒

卓龙酒庄

Chateau Trotanoy

卓龙酒庄（Chateau Trotanoy）位于波尔多波美侯产区，18世纪末期，由吉罗（Giraud）家族购得，很快成为波美侯最负盛名的庄园。"Trotanoy"一词的语音与古法文中的"千辛万苦"颇为类似，可能是因为该园的土地铁质丰富、泥土晒干后坚硬如石、耕作起来比较辛苦的缘故。

吉罗家族持有庄园长达两个多世纪，陪同庄园一起走过了最为艰难的岁月。第二次世界大战后，吉罗家族将庄园出售给了同行佩格莱斯家族。

1953年，佩格莱斯家族又将卓龙庄园转售给了掌管JPM集团的莫意克（Moueix）家族。莫意克家族购得本园之后，将其作为自家的住宅并且一直拥有至今。

葡萄园位于海拔35米的小山丘上，面积为11公顷，土壤含有非常丰富的矿物质。种植葡萄为90%梅洛（Merlot），10%品丽珠（Cabernet Franc）。

卓龙酒庄的最佳状态是近十几年来，由于树龄的成熟加上追求完美的酿造工艺的配合，其酒的"恰到好处"（midway style）的特点不仅具备波尔多酒的优秀品质，同时也摆脱了人们对于波美侯酒不够圆润的批评。

卓龙酒庄干红葡萄酒

产区：波美侯（Pomerol）
葡萄品种：梅洛（Merlot）、品丽珠（Cabernet Franc）、赤霞珠（Cabernet Sauvignon）
陈酿时间：50%全新法国橡木桶陈酿18个月
品鉴：卓龙酒的酒性浓厚而深沉，复杂又宽广。成熟后的卓龙酒仍然色泽深，香气浓厚诱人，入口丰厚而柔顺，带有奶油、松露、少许苦仁、朱古力、玉桂、成熟浆果香，味觉复杂，性格突出。并且入口后的酸甜度舒展盈溢，薄薄的单宁添加层次，质感圆润舒适，结构协调紧凑，在不知不觉中收结，余味中等。

乐王吉尔酒庄

Chateau L’Evangile

乐王吉尔酒庄（Chateau L’Evangile）位于法国波尔多波美侯产区，来自利伯恩市（Libourne）的雷格理兹（Leglise）家族是乐王吉尔酒庄（Chateau L’Evangile）的起源。18世纪中期波美侯地区的葡萄种植开始兴旺发展，雷格理兹家族亦是此中的领军人物。

乐王吉尔酒庄享有得天独厚的地理位置，环抱着城堡的葡萄园占地14公顷，形状为一条长长的砾石地。北边是柏图斯酒庄的葡萄园，南边为白马酒庄。土质为沙质黏土与碎石，下面是坚硬的沉积岩。园内种植着波美侯产区的传统葡萄品种，葡萄珠平均树龄30年，主要为65%梅洛，35%品丽珠。

1990年，罗斯柴尔德男爵拉菲集团（Domaines Barons de Rothschild Lafite）购得乐王吉尔庄园。拉菲集团一直注重庄园的营运。其最初的措施包括对优质酒进行再次提炼分选，创制“乐王吉尔徽纹”(Blason de L’Evangile)作为其副牌酒。另外还通过一项全面整饬计划，提高葡萄植株的品质。该计划于1998年部分完成。2004年，酿造间和酒窖整修竣工，庄园的新格局由此诞生。

乐王吉尔酒素以优雅精美闻名，培育健康成熟的葡萄，建造设备完善的酿造环境，从深厚精纯的技术提高质量，使这份精美和优雅世代流传下去。

产地：波美侯（Pomerol）
葡萄种类：80%–90%梅洛（Merlot）、10%–20%品丽珠（Cabernet Franc）
陈酿时间：70%全新法国橡木桶陈酿18个月
品鉴：酒体为深红宝石色，香气复杂而优雅，充满太妃糖、甘草、成熟黑色浆果、香草、橡木及高雅的雪茄和巧克力的气味。入口感觉酒体丰满，单宁圆滑，口感均衡复杂，带有成熟浆果及巧克力风味，余韵悠长。

乐王吉尔酒庄干红葡萄酒

贵妃酒庄

Chateau De La Dauphine

法国国王路易十五世之子，路易·费迪南王太子（Dauphin Louis Ferdinand）的妻子，玛丽-约瑟夫·德·萨克森（Marie—Josephe de Saxe）在城堡竣工后不久（约在1750年），曾在这里小住了一段时间，并把她的头衔La Dauphine赐予了庄园，成为今天酒庄的名字。

哈雷家族在2000年购买了酒庄，并投资1000万欧元对酒庄进行重修，使得酒庄面貌焕然一新。这些变革包括重新种植一些葡萄树，对葡萄园的管理进行科学重组，严格细致地控制产量，以增加果实的风味。新设备的使用尽可能地降低对葡萄株生长的干扰。酿酒工艺上采用重力原理可以将葡萄轻柔持续地运送到发酵酒槽中。酒庄还推出了副牌酒品牌：Delphis。同时副牌酒的推出聘请了著名的酿酒师丹尼斯·迪布迪厄（Denis Dubourdieu）作为酿酒顾问。

为了让消费者更轻松地辨识酒标，酒庄重新设计了更简洁明了的酒标，精简了酒商的数量。更为激进的变革是，酒庄还把位于卡农·弗龙萨克（Canon Fronsac）的葡萄园并入更为出名的弗龙萨克产区，扩大了酒庄的产量，同时副牌酒的推出，也确保了酒庄只把酿制最好的酒放在正牌酒La Dauphine品牌之下。

产区：弗龙萨克（Fronsac）
酒庄等级：圣朱利安村庄级
葡萄品种：80%梅洛（Merlot）、20%品丽珠（Cabernet Franc）
陈酿时间：在1/3新橡木桶中陈酿12个月
品鉴：酒刚刚倒出来时，有淡淡的青草味，但还能闻到成熟的酒香，待青草味消散后换来的是成熟的果香，跟着便是木香，最后还有微微的花香，酒香持久。口感幼滑，酒体颇为丰厚，此酒果味并不丰富，单宁很醇和，能在口腔中感受到酒散发出的香气，余味悠长，但变化不多。

贵妃酒庄干红葡萄酒

吉高特酒庄

Chateau Gigault

吉高特酒庄（Chateau Gigault）位于波尔多右岸布拉伊（Côtes De Blaye）法定产区，始建于18世纪，距今已有300多年历史。1868年，吉高特酒庄便被誉为法国名酒，1870年编辑出版的《波尔多和葡萄酒》称之为马里昂村（Mazion）的第一中产阶级名酒。平均37年的葡萄树龄和园地土质是生产14公顷优质红葡萄酒的王牌和关键。20世纪40年代英国人极其喜欢这一名酒，它当时的价格几乎与梅多克地区列级名庄价格持平。1998年4位来自波尔多新一代最有才华的酿酒专家的到来，使得酒庄的葡萄酒品质达到了顶峰。葡萄酒传媒将它评为波尔多质量和价格比最合理的葡萄酒之一。

产区：布拉伊（Côtes De Blaye）
葡萄品种：5%赤霞珠（Cabernet Sauvignon）、90%梅洛（Merlot）、5%品丽珠（Cabernet Franc）
陈酿时间：橡木桶中陈酿12个月
品鉴：吉高特优雅深色的酒体给人以观感美。闻之，散发着樱桃、红色黑莓果香味，让人感觉到朦胧的美好气息。品之，充盈着李子、甘草及饴糖的味道，并有少许的烟草和皮革味，可以细细体味到优质独特的香气。

吉高特酒庄高级干红葡萄酒

产区：布拉伊（Côtes De Blaye）
葡萄品种：10%赤霞珠（Cabernet Sauvignon）、90%梅洛（Merlot）
陈酿时间：橡木桶中陈酿18个月
品鉴：此款酒是由酒庄庄主克里斯托弗在2001年为纪念自己的女儿所酿造。《波尔多新闻》杂志曾评价道：在杯中欣赏它黏稠、润亮的酒裙之后，在口中体会到一种细致内敛的果香，接着，泛起一丝同样美妙的内敛木香。果味醇正，单宁在口中留下丝绸一样的润滑口感。

吉高特酒庄特级干红葡萄酒

十字木桐古堡

Chateau Croix—Mouton

十字木桐古堡（Chateau Croix-Mouton）是一个令人可以为之精神一振的小酒堡，它不但在国际上有着优秀评价，更是出自酿酒大师让·飞利浦·贾努斯(Jean—Philippe Janoueix)之手。有“2005年份波尔多最动人的小城堡”美誉。

十字木桐古堡被多尔多涅河的分支环绕着。庄园里的高卢罗马遗迹证明早在那个时期人们已在这块优质的沙石土地上种植葡萄，它的优越地势使河水直接流入葡萄园供给葡萄树所需的水分。独特的建筑风格和路易十四时代风格的大壁炉证明了酒庄在17世纪的重要地位。在17世纪初，由于庄园经常易主，葡萄园没能受到很好的照顾，以致品质失去了往日的光辉。1997年，波尔多右岸典型的新一代年轻酒庄主让·飞利浦·贾努斯（Jean—Philippe Janoueix)）购下十字木桐古堡，JANOUEIX家族定下了恢复历史名庄风采的大计。酒庄叫“Mouton”，和梅多克的一级酒庄同名，都是因凸起的土地（丘陵地）而得名。

产区：波尔多（Bordeaux）
庄园等级：超级波尔多酒庄
葡萄品种：70%梅洛（Merlot）、25%品丽珠（Cabernet Franc）、5%味儿多（Petit Verdot）
陈酿时间：50%新橡木桶中陈酿不到一年
品鉴：十字木桐是富有才能和创造力的酿酒师让·飞利浦·贾努斯（Jean Philippe Janoueix）经营管理，此款酒由他亲自酿造。其标志性酒标“M”每个年份都有不同的设计，具有很高的收藏价值。不透明的深红色，有馥郁复杂的水果芳香，持久而浓郁，结构强劲，酒体稳健有力，酸度平衡，黑色浆果的气息蕴藏在这款经典的波尔多红葡萄酒中。柔和而又浓郁的果香是最具特征的风格，单宁的收敛感贯穿在入口的每一个时间段，和谐圆润且匀称，整体的平衡感相当出色。

上图 十字木桐古堡干红葡萄酒
下图 十字木桐古堡副牌特藏干红葡萄酒

奥斯登必冈酒庄

Chateau Hostens—Picant

在连绵起伏的奥斯登必冈家族建立的42英亩的葡萄园核心地带，你无可避免地会被广袤美丽的吉隆河的美丽所吸引。在他们最初到达的时候，葡萄园只有19英亩，并且葡萄园中有着许多的裂缝。现如今，长满葡萄藤的架子整齐的排列着，让人仿佛置身在典型的法国葡萄花园。带有18世纪鸽子笼的大房子遵循当地传统风格、经过重新修缮后，现在对所有热爱葡萄酒的人打开怀抱。

奥斯登必冈酒庄

奥斯登必冈酒庄始于1460年，正是英法百年战争后7年，一开始此酒庄名称为格兰芝酒庄，这个名字在1865年波尔多圣经LE FERET中出现。在20世纪初，名字被更改为格兰芝内夫。从1990年起被命名为奥斯登必冈酒庄，这个名字是为了纪念奥斯登必冈家族。

1986年，逸夫与娜丁必冈（Yves et Nadine Hostens-Picant）成为酒庄的主人，他们立即为酒庄制定了一系列的改造计划。通过土壤为奥斯登必冈葡萄酒带来的特殊口感，他们是第一个重新倡导波尔多圣富瓦（Saint—Foy）地区命名的人。

此酒庄占地40公顷，位于圣富瓦产区正中间。离著名的圣埃米利永仅24公里。在刚开始的三年中，逸夫与娜丁必冈尝试了不同类型的酿酒方式，最终他们决定建立自己的酒厂并开始生产他们的第一个年份1990年。

奥斯登必冈酒庄干红葡萄酒

产区：波尔多圣富瓦（Sainte Foy-Bordeaux）
葡萄品种：70%梅洛（Merlot）、30%品丽珠（Cabernet Franc）
陈酿时间：30%新橡木桶中陈酿
品鉴：一款宏大圆润，平衡感极好的葡萄酒，有着蓝莓、黑莓的香气，紧接着辛辣味道。口中有着宽阔的味道，极其圆润，成熟的果香。非常紧实的酒体，优雅的单宁，并且余味悠长。

忏悔庄园

Chateau La Confession

忏悔庄园（Chateau La Confession）这款波尔多右岸的名庄有40多年的历史。它位于圣埃米利永的一块石灰质黏土高地上，与右岸一级庄富尔泰庄园（Clos Fourtet）、宝西奥庄园（Chateau Beauséjour-Bécot）等名庄为邻。

这座属于贾努斯（Janoueix）家族几大酒庄之一的产业得益于4.8公顷的石灰岩黏土质和2.7公顷的硅岩黏土质相混合的土壤，平均树龄42年。种植的葡萄品种主要是梅洛、品丽珠和赤霞珠。

2001年是这款酒的第一个年份，该酒庄在葡萄园里实施了与名庄一样的管理措施，包括间芽、间叶、两次间果等。在天才酿酒师让·菲利普（Jean-Philippe）的不懈努力下，在2005年酿造出了带有忏悔庄园独特风格的、质地非凡的美酒。

国际知名酒评师罗伯特·帕克以及其他酒评杂志对金菲利普（Jean-Philippe）有着极高的评价，常给出90分以上的高分。2008年和2009年份更是给予了94的高分。这是一款备受香港人追捧的经典酒款，年产不到10000瓶。

忏悔庄园使用了两种不同形状的橡木桶，50%传统标准型，50%锥形橡木桶。金菲利普（Jean-Philippe）喜欢用锥形橡木桶，是因为可以让葡萄汁更好地吸收单宁。根据年份不同，葡萄酒会在橡木桶中存放15—19个月不等。

忏悔庄园干红葡萄酒

产区：圣埃米利永（Saint Emillion）
等级：特级酒园（Grand Cru）
葡萄品种：71%梅洛（Merlot）、29%品丽珠（Cabernet Franc）
品鉴：酒体颜色深厚呈紫红色，果味浓厚，桑葚和樱桃果味明显，并夹杂着香木味，口感纯正，酒味芳香，入口香味丰富，有丝滑感和油脂感。

乐邦皇冠干红葡萄酒

Le Sacre Leobon

产区：波尔多（Bordeaux）
等级：法定产区葡萄酒（AOC）
葡萄品种：87%梅洛（Merlot）、12%品丽珠（Cabernet Franc）、1%味儿多（Petit Verdot）
品鉴：此款红酒闻上去有丰富的成熟水果果味，如红色覆盆子和欧洲越橘等。酒体如天鹅绒般丝滑，酒体本身鲜活的红色映衬出酒裙的紫红色。口感圆润丝滑，风味十足，有明显的橡木香味。
搭配：通常和红肉非常搭配，如牛肉、羊肉，还可以搭配烤肉以及野味，如野鸡肉等，搭配家禽类菜式也很适合。

十字圣乔治堡干红葡萄酒

Chateau La Croix Saint Georges

十字圣乔治庄园显著的特点是位于小山村最高的凸处，距离酒中之王柏图斯几百米之遥，因此这里种植的梅洛非常细腻，以其优雅和柔软闻名。庄园正对面有一尊雄伟的骑士雕塑，暗示这里曾经属于十字东征军时期的圣殿骑士团。现在，酒庄为贾努斯家族（Janoueix）所有，由天才酿酒师让·菲利普酿制，年产不到20000瓶。让·菲利普的目标是使十字圣乔治庄成为波美侯前五名的优质酒庄之一。骑士团的传说让这个波美侯酒庄具有典型的侠士风度。

产区：波美侯(Pomerol)
等级：法定产区葡萄酒（AOC）
葡萄品种：94%梅洛（Merlot）、6%品丽珠（Cabernet Franc）
品鉴：内容丰富，单宁丝滑，风味十足，恰到好处的果香令人难忘，表现出经过橡木桶的陈酿之后的和谐纯正。
搭配：适合与羊肉、小牛肉、牛排和奶酪等搭配。

20000干红葡萄酒

20 Mille

2000年让·菲利普（Jean Phillipe）在十字木桐葡萄园附近选取一块2公顷的土地，这是一块以纪龙德河冲积而成的淤积土为主的园地，冬暖夏凉，相对干燥。让·菲利普大胆革新，突破传统种植方式，在这仅2公顷的园地种下了2万株梅洛葡萄树（通常情况下只有一级特等庄园的葡萄园种植密度才达到9000株）——这就是该酒的名称来源。金菲利普认为高密度的种植使得葡萄必须在生长过程中互相争夺养分，从而结出高质量高浓度低产量的葡萄。他的尝试获得了成功，如果你正在找寻一款与众不同的酒，它绝对不会让你失望。20000干红全部采用人工采摘，年产量仅4000瓶，这是一款比较昂贵的超级波尔多葡萄酒，罗伯特·帕克评分均在90分以上。

产区：超级波尔多（Bordeaux）
等级：法定产区葡萄酒（AOC）
葡萄品种：梅洛（Merlot）
品鉴：具有独特的果香芬香及浓郁度，融合香草、烟草、黑浆果、黑巧克力的复合迷人口感。丰腴、饱满，单宁柔顺，平衡感极佳，回味悠长。
搭配：前菜/头道可以和鹅肝酱、猪肉肠、熏肉等搭配，主菜可以和面点食品、烤鸡肉、牛肉搭配，餐后甜点可以和巧克力蛋糕和咖啡味的甜点搭配。

十字木桐珍藏干红葡萄酒

Réserve du Chateau Croix—Mouton

产区：超级波尔多（Bordeaux）
等级：法定产区葡萄酒（AOC）
葡萄品种：70%梅洛（Merlot）、25%品丽珠(Cabernet Franc)、5%小味儿多(Petit Verdot)
品鉴：红宝石色，成熟水果的香气，口感带有优雅的黑莓与矿石气息，结构平衡，单宁柔顺易饮。
搭配：可与红肉类食物搭配。

奥莎城堡

Chateau Haut Sarpe

奥莎城堡酒庄是圣埃米利永产区最古老、规模最大的酒庄之一。该酒庄曾是路易十六的皇家军队副将、拿破仑的将军亚克阿梅德伯爵的庄园。现在酒庄的拥有者——约瑟夫·贾努斯（Joseph Janoueix）家族，也是右岸地区很有名望的大家族，他们在酿酒和商业上的成绩都非常不错。此家族曾被人誉之为“法兰西第一酒商”。自1867年酒庄在巴黎世界博览会上获得金奖以后，酒庄的主人一直坚持不断地努力，他的成功还表现在酒庄及其花园的改造方面。

奥莎城堡的葡萄园沿着山坡和石灰岩高地边缘修建，占地21.5公顷。酒庄的建筑设计灵感来自于凡尔赛的小特里亚侬宫，3公顷的美丽花园占据了葡萄园的突出位置。这是该酒庄独具魅力的景点。法国前总统希拉克的女儿便在此庄当过实习工人，法国的总统竞选者更是这里的常客。更有评论说，虽然法国总统要卸任换届，但是约瑟夫·贾努斯（Joseph Janoueix）家族的葡萄酒却是常驻爱丽舍皇宫。

产区：圣埃米利永（Saint Émilion）
等级：圣埃米利永列级名庄（Grand Cru Classé）
葡萄品种：70%梅洛（Merlot）、30%品丽珠（Cabernet Franc）
品鉴：酒体呈现深樱桃红色，清澈闪亮，闻上去酒香复杂，明显的桑葚和香草的香味，口感醇厚，可感觉到奶油香、橄榄等味道，酒体悠长，后感有轻微的烟熏味。
搭配：可以和煎制鹅肝、鸭肉、火鸡肉、野味、牛排等搭配。

奥莎城堡干红葡萄酒

瑞侬城堡

Chateau Reynon

瑞侬城堡酒庄（Chateau Reynon）坐落于波尔多首丘的贝盖（Beguey），在1958年被佛罗伦萨·迪布迪厄（Florence Dubourdieu）的父亲购买，1976年由女儿以及女婿丹尼斯·迪布迪厄（Denis Dubourdieu）接手。酒庄的底层土壤为黏土，其上有着深层的砾石土壤，成为渗水性良好的山坡。山腰处，土壤为黏土以及含钙质土壤，山脚下为沙石土壤。红葡萄种植区的20.5公顷的面积中，其中81%种植梅洛，6%种植赤霞珠，13%为味儿多。白葡萄种植区域的12.8公顷中，87%种植长相思，13%为赛美蓉。此任庄主致力于改良葡萄园以及酿造技术，尤其他酿造的长相思一炮而红。这款白葡萄酒兼具深度与绝佳的平衡度，获得"波尔多白葡萄酒典型"的美名。

瑞侬城堡酒庄的长相思清爽紧致，有着典型的波尔多白葡萄酒的草香，伴随着些许青椒，酸度在上升的过程中夹带着清爽的柑橘类香气，余韵悠长，是一款非常温柔感性纤细的葡萄酒，好似在草原上奔跑的白马。

产区：波尔多（Bordeaux）
等级：法定产区葡萄酒（AOC）
葡萄品种：100%长相思（Sauvignon Blanc）
品鉴：葡萄柚与白桃的果香形成了复杂的香味，带有矿物质和一丝烟熏味。
搭配：海鲜、鸡肉，咸味较重食品。

瑞侬城堡干白葡萄酒

产区：波尔多首丘
等级：法定产区葡萄酒（AOC）
葡萄品种：70.8%梅洛（Merlot）、16.5%赤霞珠（Cabernet Sauvignon）、12.7%小味儿多（Petit Verdot）
品鉴：宝石红色，果香味浓郁清新，有甘草以及轻微的辛辣味，口感丝滑柔顺，酒体强劲，平衡性极佳。
搭配：牛扒、羊排、小牛肉、野味和家禽。

瑞侬城堡干红葡萄酒

朗格世家城堡

Chateau Segue Longue Monnier

朗格世家酒庄是法国波尔多梅多克（Medoc）产区的酒庄之一，在中级酒庄联盟（L'Alliance des Crus Bourgeois）2012年发布的中级酒庄（Cru Bourgeois）名单中榜上有名。

朗格世家酒庄经过多年的发展，已经拥有了相当规模的葡萄园。园内55%的土地栽培赤霞珠（Cabernet Sauvignon），33%的土地栽培梅洛（Merlot），8%的土地栽培品丽珠（Cabernet Franc），还有4%的土地栽培小味儿多（Petit Verdot）。朗格世家城堡干红葡萄酒（Chateau Segue Longue Monnier）是朗格世家酒庄的正牌干红葡萄酒。值得一提的是，2008年份的该款葡萄酒荣获2010年度的巴黎葡萄酒大奖赛的铜奖。

产区：梅多克（Medoc）
等级：中级酒庄（Cru Bourgeois）
葡萄品种：35%梅洛（Merlot）、60%赤霞珠（Cabernet Sauvignon）、3%味儿多（Petit Verdot）、2%品丽珠（Cabernet Franc）
品鉴：深宝石红色，散发着令人心旷神怡的矿物香气以及甜美的果香。此款葡萄酒还带有复杂的红色水果与黑色水果的味道。
搭配：鹅肝、牛排和奶酪。

朗格世家城堡干红葡萄酒

安吉乐王城堡干红葡萄酒

Chateau L'Argilus du Roi

产区：圣埃斯塔菲（St. Estephe）
等级：法定产区葡萄酒（AOC）
葡萄品种：55%梅洛（Merlot）、40%赤霞珠 (Cabernet Sauvignon)、5%小味儿多—品丽珠 (Petit Verdot—Cabernet Franc)
品鉴：深宝石红色，散发着成熟红色水果及香料香味，浓郁的果味（黑樱桃、野生水果）巧妙混合，醇厚的口感，耐人寻味。
搭配：卤汁料理、野味和辣菜、酱鸭、鹅肝、红烧肉。

勃艮第产区
BURGUNDY

勃艮第葡萄酒的始酿造者，是早期的西多会（Cistercians）修士。早在1000多年前，他们就已经把第一株葡萄树种植在了索恩河畔，并由此开启了勃艮第葡萄酒的伟大历史。也正是他们终年在废弃的葡萄园里砸石头，并且一直希冀着能够凭借对于葡萄品种的研究与改良这一途径，去实现自己与上帝的亲近。1153年以后，西多教会开始在整个科尔多省种植葡萄，其生产规模也扩大到了欧洲各地的400多个修道院。他们不仅提出了“相同的土质可以培育出相同款式的葡萄酒”这一概念，甚至还会为了寻找合适的土壤而用舌头去品尝、分辨土质的优劣。

勃艮第葡萄产区绵延230公里，涵盖三个县，包括夏布利（Chablis）的约讷县(Yonne)，夜丘（Côte de Nuits）和伯恩丘（Côte de Beaune）的金丘（Côte d'Or)，莎隆（Côte Chalonnaise）和马贡（Maconnais）以及索恩卢瓦尔（Saone-et-Loire)。葡萄种植面积达27600公顷，占全法国法定产区葡萄种植地的3%。勃艮第的法定产区餐酒只使用少数几种葡萄品种：用莎当妮和阿里高特酿制白葡萄酒，用黑品诺酿制红葡萄酒，某些马贡产区红酒则使用佳美。年产葡萄酒约为2亿瓶，占全球葡萄酒产量的0.3%。

地理位置

勃艮第地区位于法国东北部，是法国古老的葡萄酒产区。它的名气来源于勃艮第公爵（Dukes of Burgundy ），他曾在很多国家都有大使馆，而且属地遍布荷兰、比利时以及瑞士。勃艮第地区南接地中海，北靠欧亚大陆，西邻大西洋，独特的地理位置和该地区特有的葡萄品种黑品诺（Pinot Noir）和莎当妮（Chardonnay）赋予了勃艮第葡萄酒独一无二的品质。

气候条件

由于独特的地理位置，勃艮第地区受到半大陆性气候的影响，根据季节变化，葡萄园分别受益于海洋性气候（分别在春节和秋季）、大陆性气候（在冬季）或地中海式气候（在夏季）。另外，葡萄园的位置和走向也有利于葡萄品质的形成，地块的走向和延伸在海拔200米到500米斜坡上的葡萄园有利于更好地防止霜冻，天然地避开了西边的

勃艮第葡萄酒产区
Wine Regions of Burgundy

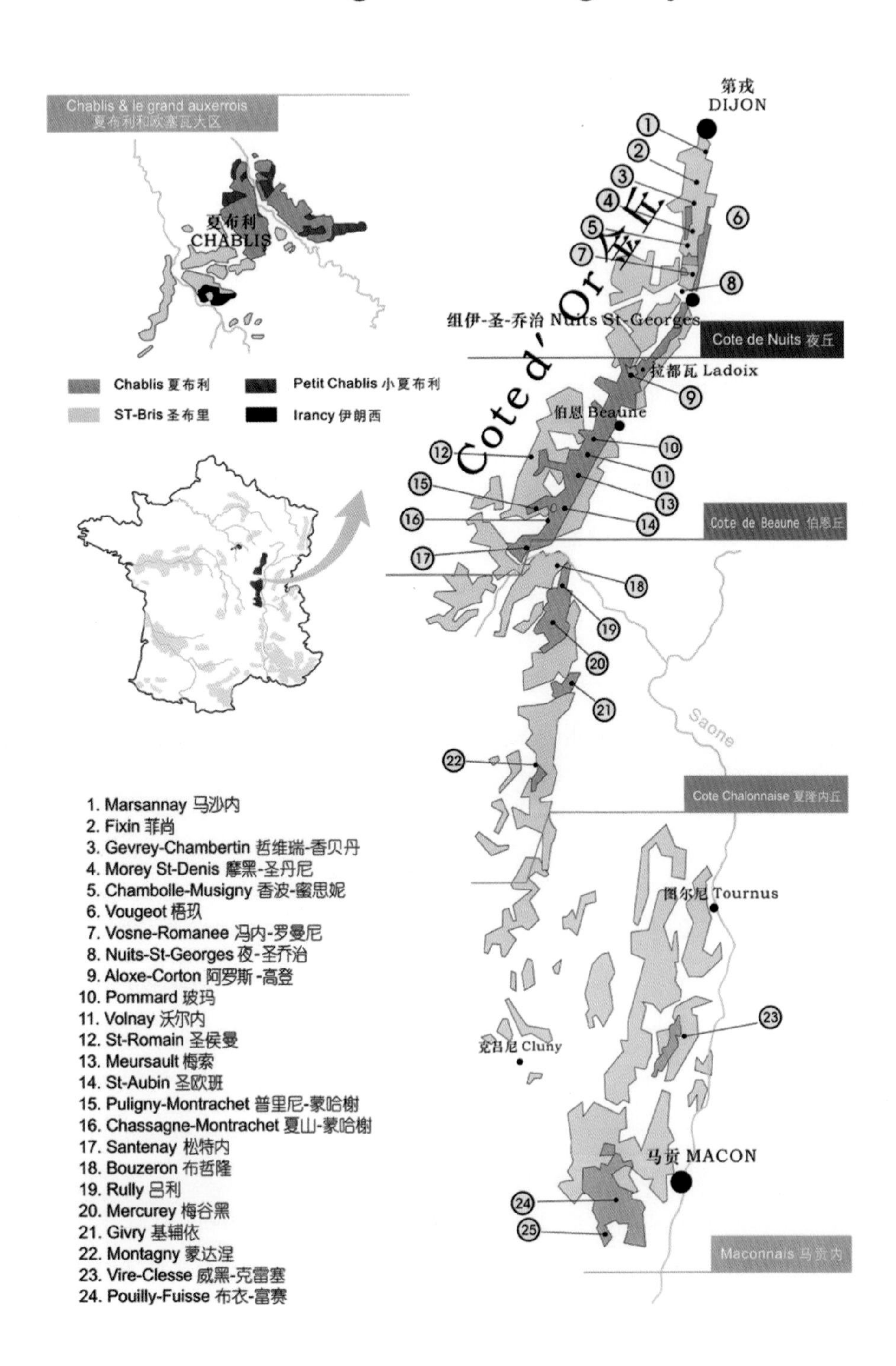

风，获取最大限度的日照，有利排水。

土壤条件

地表和地下土层，也是不可取代和无法比拟的。勃艮第的地下土层在一亿五千年到一亿八千年前形成。它主要由泥灰岩及侏罗纪石灰岩组成。正是这种石灰岩让葡萄通过根部的吸收，获取到了优质，丰富和富含矿物质的元素，从而使勃艮第法定产区的葡萄酒独具特色。

“Climat”是勃艮第地区特有的，是指精确划分的地块，得益于特殊的地理环境和气候条件，并糅合了人类的栽培技术，形成了该地区独一无二的风土。勃艮第葡萄种植园拥有600多个生产一级葡萄酒的“Climat”地块。

勃艮第葡萄酒的多样性

勃艮第的葡萄酒可分为收藏型和立即品尝型。因为勃艮第的葡萄酒大多数是由单一栽培品种酿造的，因此葡萄酒的年份非常重要。

葡萄品种

黑品诺（Pinot Noir）

经典勃艮第黑品诺：年轻时有红色水果香气，陈年后有蔬菜，肉类香味。黑品诺占整个勃艮第1/3的葡萄园面积。

莎当妮（Chardonnay）

能够酿出口感粘稠，带有黄油气味成熟浓郁的葡萄酒，适合陈年或者与酵母接触。

夏布利（Chablis）

夏布利（Chablis）：清瘦，高酸；金丘（Côte d'Or）：复杂，有明显表现；马贡（Macon）：酒体更加厚重，更成熟果香；莎当妮占整个勃艮第1/2的葡萄园面积。

阿里高特（Aligote）

酿造勃艮第阿里高特（Bourgogne Aligote）和起泡酒。阿里高特占整个勃艮第5%的葡萄园面积。

佳美（Gamay）

高产量适宜早饮的品种。佳美占整个勃艮第1/10的葡萄园面积。

法国勃艮第分级制度

全法国有400多个AOC法定原产地控制命名，其中勃艮第就占了100个，勃艮第地区是完全根据葡萄园的自然位置和风土条件来划分级别的，因此只有地理条件最好的葡萄园才能被评为最高的级别，这也代表了勃艮第对酒品的坚持。而波尔多则是根据不同的酒庄来划分级别的。

地区级（Regionales）

地区级是勃艮第最低级别的葡萄酒，有23个法定产区，占总产量的一半以上，除了马贡（Macon）地区外，酒瓶上的AOC的名称都会标注勃艮第（Bourgogne）这个词，非常好记。此外，根据酿造方法、产区位置、酒的颜色和品种不同会在勃艮第（Bourgogne）后面增加标示。比如根据产区位置命名的勃艮第上夜丘（Bourgogne Hartes-Côtes De Nuits），根据品种命名的勃艮第阿里高特（Bourgogne Aligoté），根据酿造类型命名的勃艮第起泡酒（Bourgogne Cremant），根据酒颜色命名的勃艮第桃红（Bourgogne Rosé）。

另外一些勃艮第葡萄酒的标识根据葡萄品种不同可分为：

勃艮第黑品诺（Bourgogne Pinot Noir）：只使用黑品诺葡萄酿造，品质在大区酒中属于最优秀的一类。

勃艮第帕斯·图·格兰斯（Bour-Gogne Passe-Tout-Grains）：使用黑品诺和佳美混合，至少使用三分之一的黑品诺，品质较优于勃艮第普通酒。

勃艮第普通酒（Bourgogne Grand Ordinaire）：勃艮第最便宜最平庸的红酒，通常使用佳美葡萄酿造。

村庄级（Villages）：

勃艮第有400多个产酒的村庄，其中有44个自然条件最好、葡萄酒品质最佳、风格最具代表性的村庄被评为村庄级，占总产量的36%。村庄级的葡萄酒可以直接用村名来命名，比如种植面积和产量最大的夏布利（Chablis），位于金丘的著名酒村波马尔（Pommard）和尚博勒—穆西尼（Chambolle—Musigny）。也有几个村庄共同使用一个合起来的名字，比如Poully—Fuissé的名字来自Pouilli和Fuissé两个村庄。

一级葡萄园（Premier Crus）：

在村庄级的AOC产区内，再对葡萄园进行更高一层的分级，村庄内条件最好的葡萄园被评为一级葡萄园（Premier Cru）。产自这里的葡萄酒，酒标上会标注村庄名和一级葡萄园“Premier Cru”或“1er Cru”的标识，后面还要加上葡萄园的名称。例如Chablis 1er Cru Fourchaume就是村庄名+一级葡萄酒+葡萄园名称的组成。一级葡萄园目前共有635个，这个数字还在缓慢增长中，这些气候地理位置不同的一级葡

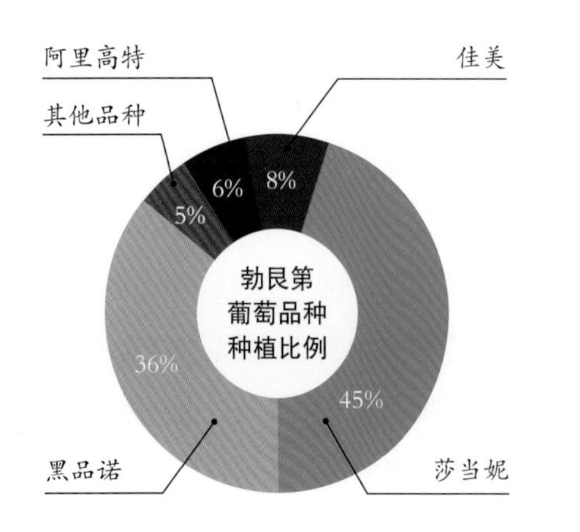

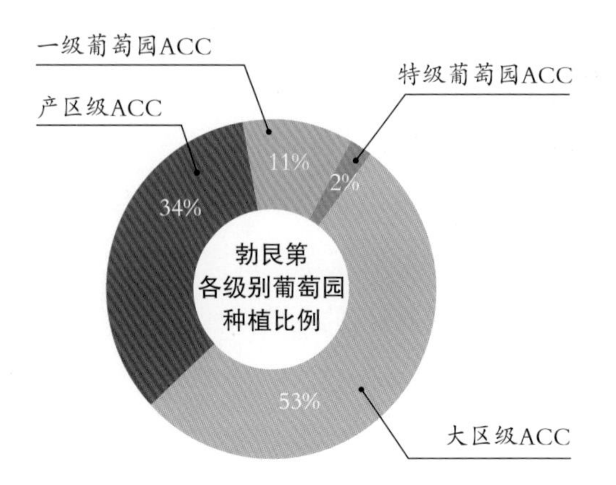

勃艮第产区葡萄园

萄园也被当地人欲称为气候（Climat），由于一级葡萄园单独面积都不大，因此只占总产量的11%，主要分布在夏布利大区和金丘。

特级葡萄园（Grand Crus）：

特级葡萄园代表着勃艮第的最高荣誉，也代表着勃艮第最上等的葡萄园和最好的自然条件，生产的勃艮第最精彩的好酒。勃艮第一共有33个特级葡萄园，占总产量的1.5%，其中金丘占了32个，夏布利大区有1个。特级葡萄园标签上需要注明“Grand Cru”字样，例如香贝丹特级葡萄园（Chambertin Grand Cru）、蜜思妮特级葡萄园（Musigny Grand Cru）、蒙哈榭特级葡萄园（Montrachet Grand Cru），这些名字对于酒迷来说，可谓是葡萄酒中的圣地。

需要注意的是，特级葡萄园名称和村庄名很容易弄混，需要多记忆，例如Chambertin是特级葡萄园名，而Geverey Chambertin是村庄名。

在金丘的某些地方，我们可以看到这样一个现象，同一个山坡上，从坡顶到坡底会划分出不同级别的葡萄园。例如在山坡中部，土壤以石灰质黏土为主，排水性好，受光面最好，因此是特级葡萄园和一级葡萄园的所在。靠近山坡顶部，土少石多，过于贫瘠，产出的酒不够均衡。山坡的偏底部，坡度显得较平缓，土壤里面黏土比例高，排水性较差，是村庄级葡萄园和地区葡萄园的所在。再往下，就是平原区，土壤肥沃，只适合种植谷物了。这种在同一段山坡上划分出几个级别使人看起来很不可思议的行为，却正是勃艮第人对土壤认真和尊敬的典范。

夏布利

CHABLIS

温和大陆性气候，冬冷夏热。这种气候为种植莎当妮（Chardonnay）提供了一个很好的生长环境。在春天，霜冻威胁着葡萄藤，夏布利的人们借用小暖炉来降低严寒。

位于一个排水性好，石灰石和启莫里阶（Kimmeridgien）泥灰岩土壤之上，与香槟土壤相似。小夏布利（Petit Chablis）土壤为波特兰层（Portlandien），莎当妮种植在这种土壤上，常体现出特有的火石和矿物风味，除此之外，夏布利干白年轻时还常有青苹果、青柠檬的香气，口中酸度很高，适合搭配海鲜食品。

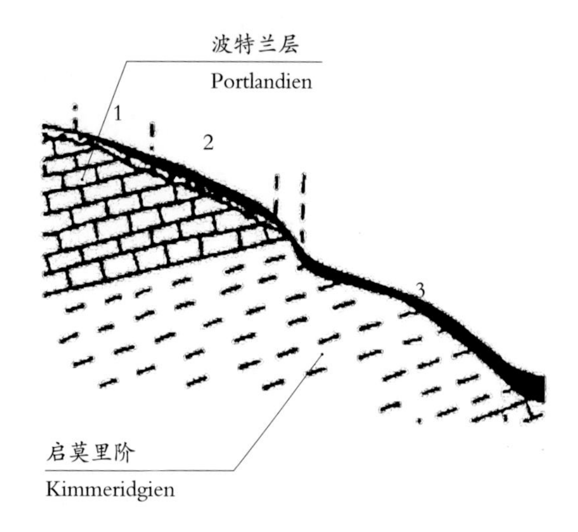

1.上层土壤
2.中部含钙土壤
3.下部含镁土壤

夏布利分级

——小夏布利(Petit Chablis)

——夏布利(Chablis)

——夏布利一级园(Premier Cru)

——夏布利特级园(Grand Cru)

小夏布利(Petit Chablis)

这种白葡萄酒呈透亮的浅金黄色，像黑麦秆的颜色，有时泛绿光。它带有独特的矿物味以及白色花卉（山楂花、刺槐花）和柑橘类水果（柠檬、柚子）的混合香气。有时会散发出桃子和白色水果的香气。入口馥郁，清新，酸度均衡。口感圆润，令人愉悦。它的碘味是当地的一个特点。它柔滑可口，清新馥郁，给人以持久、复杂的美妙感受。可以在新酿之初饮用，储藏两年为佳。

夏布利葡萄园(Chablis)

这种白葡萄酒呈浅金黄色或泛绿金黄色，色泽清亮，香气清新、馥郁，带有矿物味，散发出火石，青苹果，柠檬，灌木和蘑菇的香气。经常也会有椴树、薄荷、刺槐、甘草以及收割后的牧草的香气。随着时间的流逝，它会变得更黄更香。入口后，它的香气会长时间保持清新感，酒汁的馥郁香味令人印象深刻。

夏布利一级葡萄园（Premier Cru）

有40个，位于赛恩河边向阳的坡地上，著名的有美利山（Mont de Milieu）、汤尼尔（Montee de Tonnerre）、科素（Fourchaume）、望民（Montmains）和韦龙（Vaillons）。

葡萄酒特点：白葡萄酒浅金黄色，香气逐渐展现，是一种适于珍藏的酒，有时需要5到10年。不同的climats出产的白葡萄酒因土质和朝向不同而各有特点，其相同之处是架构十足，余味悠长。从矿物味到花香，夏布利一级名庄葡萄酒酿成之初酒香内封，它是在陈酿中慢慢孕育出细腻而精妙的香气，引用时口味极佳。

夏布利特级葡萄园（Grand Cru）

坐落于面朝南，启莫里阶土质的坡地上，共分为7块葡萄园，分别是雷克罗（Les Clos）、沃德西尔（Vaudesir）、瓦勒穆（Valmur）、布朗夏（Blanchot）、普尔日（Preuses）、格努依（Grenouilles）和布尔果（Bougros）。

葡萄酒的特点为金黄的色泽中略带绿色，高贵而纯正。随着时间的流逝，它会慢慢变成浅绿色。这种酒适于珍藏（10到15年甚至更长时间）。它散发出浓郁的矿物味（火石，燧石），还带有椴树、干果、杏仁的香气和淡淡的蜂蜜味。这样的酒口感均衡，介于酸和腻、清新和甘洌之间，展现出一款正宗葡萄酒所具有的非凡魅力。它是夏布利葡萄酒之冠上最美的珠宝，每块葡萄园出产的葡萄酒都有各自的特点。

上图 夏布利产区葡萄
上图 夏布利产区葡萄酒

让·科莱父子

Domaine Jean Collet & Fils

从1792年起，科莱（Collet）家族一代又一代人为葡萄园和葡萄酒酿造奉献他们的全部。科莱（Collet）酒庄的葡萄园位于塞伦（Serein）河的右岸和左岸，占地37公顷。葡萄酒的酿造和成熟均在法国橡木桶中和不锈钢桶中进行。酒庄的理念是以尊重葡萄园土壤的平衡为原则和控制产量，使独特的夏布利“风土”更加出色。

让·科莱父子庄园干白葡萄酒

路易·莫霍

Domaine Louis Moreau

路易·莫霍（Louis Moreau）庄园于1814年诞生于一个热爱美酒的家族。如今，路易·莫霍（Louis Moreau）是家族中在夏布利葡萄园工作的第六代人，掌管4个法定产区的葡萄园：小夏布利产区，夏布利产区，韦龙产区一级葡萄园，沃里纽一级葡萄园和福尔诺一级葡萄园。瓦勒密尔特级葡萄园，沃列日尔特级葡萄园，布朗修特级葡萄园，自1904年以来由家族垄断的Clos des Hospices 葡萄园。路易·莫霍十分重视环境保护的耕种方式，生产的葡萄酒混合了矿物质的风味，独具精致、优雅、纯净的特色。

路易·莫霍庄园干白葡萄酒

让·马克·布罗卡

Jean—Marc Brocard

1973年在皮尔村（Préhy）种植了几公顷葡萄园。今天，多米尼斯·布罗卡（Domaines Brocard）的继承人已经将其发展到200公顷，在夏布利产区和约讷河谷：勃艮第的阿里高特村，圣布里斯，伊朗西村等。

布罗卡酒庄生产葡萄酒的理念：运用传统技艺酿制葡萄酒，并逐步转向自然动力种植法，极少的人工干预，酿酒过程中严格控制品质。葡萄酒拥有明显的矿物味，浓郁，让人即生愉悦的享受。

让·马克·布罗卡庄园干白葡萄酒

露·杜梦

Maison Lou Dumont

露·杜梦庄园干红葡萄酒

露·杜梦（Lou Dumont）是间位于热夫雷—香贝丹的酿酒/经销商，成立于2000年。本酒庄是由Koji Nakada（前日本侍酒师）与他的妻子Jae Hwa Park（韩裔）两位创始人共同管理。

露·杜梦坚持在自家的酒窖酿造葡萄酒，生产15种不同法定产区的葡萄酒。为了得到圆润的单宁和顺滑的口感，所有的葡萄酒都在小橡木桶中经过12个月和24个月不等的陈酿。

所有外销的葡萄酒均销入精品店，如：百货、酒商、饭店以及餐厅等。

金丘

Côte D'OR

金丘区是法国勃艮第最丰富、最重要的酒区，由南边的伯恩丘产区（Côte de Beaune）与北边的夜丘（Côte de Nuits）组成，是莎当妮和黑品诺葡萄的家乡。两边的葡萄园仅被几英里长的大理石矿区隔开，长约50千米而宽不等。本区顶部是一片长满树林的台地，底部则是有如平原般的索恩（Saone）河谷开始之处。山坡的宽度不等，而最好的葡萄酒园就集中在这里很窄的范围内。

这块细长土地的品质分级，大概是全球最详尽的，再加上一大堆拼法仅有些微差距的产区名以及酒庄名，因此更显得复杂难解。分级制度可以上溯到近200年前，本区葡萄园可分为四个等级，并在对应的酒标上详加规定标示方法。

最高档的是特级葡萄园（Grand Cru），现今总数约有30个，主要都位于夜丘区。每一特级葡萄园都有独立的法定产区，使用单一葡萄园的名称来命名法定产区，例如穆西尼（Musigny）、科尔登（Corton）、蒙哈榭（Montrachet）或香贝丹（Chambertin），（有时前面会加上冠词Le.）这些都是勃艮第专有的高品质象征。

伯恩丘区（Côte de Beaune）

伯恩丘区（Côte de Beaune）位于夜丘区南部，北起拉都瓦（Ladoix—serrigny）村，南至马宏吉（Maranges）村，长度达20千米，这里的坡地比夜丘要平缓和开阔许多，种植面积也是夜丘区的两倍。在这个狭窄的山坡上，世界上最顶级的干白葡萄酒与最富盛名的红葡萄酒一同向着太阳的方向生长着。伯恩丘的盛名和它的省会伯恩有很大的联系，后者是勃艮第葡萄酒产业真正的历史和经济中心。在伯恩丘的上方有海拔为400米的高原，跨过河谷可以看到丘陵的风景。这是上伯恩丘。大约有20个葡萄酒村坐落在充满太阳光照的斜坡上，被命名为上伯恩丘原产区。

伯恩丘区主要的村庄从北到南包括：

拉都瓦（Ladoix-Serrigny）

虽然南临的高登特级葡萄园有部分被划分到拉都瓦村产区，但整体而言，拉都瓦的名气不是很高，所酿红葡萄酒以柔和可口、成熟快为主要特点，部分会被调配到伯恩丘村庄级AOC酒中。

阿罗斯—高登（Aloxe-Corton）

有2个位置相邻的特级葡萄园是此村

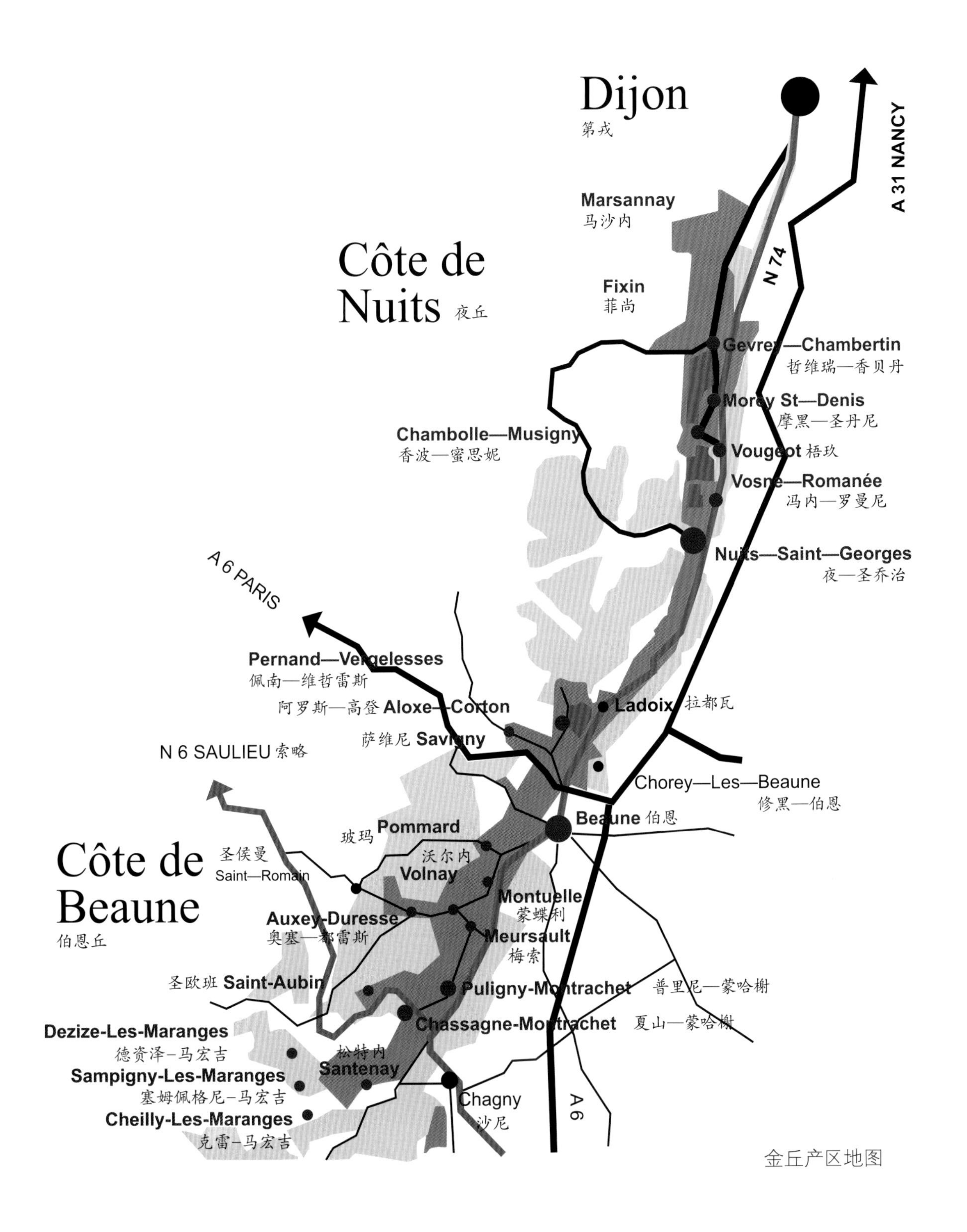
Dijon
第戎
A 31 NANCY
Marsannay
马沙内
Côte de Nuits 夜丘
Fixin
菲尚
N 74
Gevrey—Chambertin
哲维瑞—香贝丹
Morey St—Denis
摩黑—圣丹尼
Chambolle—Musigny
香波—蜜思妮
Vougeot 梧玖
Vosne—Romanée
冯内—罗曼尼
Nuits—Saint—Georges
夜—圣乔治
A 6 PARIS
Pernand—Vergelesses
佩南—维哲雷斯
阿罗斯—高登 Aloxe—Corton
Ladoix 拉都瓦
萨维尼 Savigny
N 6 SAULIEU 索略
Chorey—Les—Beaune
修黑—伯恩
Beaune 伯恩
玻玛 Pommard
Côte de Beaune
伯恩丘
圣侯曼
Saint—Romain
沃尔内
Volnay
Montuelle
蒙蝶利
Auxey-Duresse
奥塞—都雷斯
Meursault
梅索
圣欧班 Saint-Aubin
Puligny-Montrachet
普里尼—蒙哈榭
Chassagne-Montrachet
夏山—蒙哈榭
Dezize-Les-Maranges
德资泽-马宏吉
松特内
Santenay
Sampigny-Les-Maranges
塞姆佩格尼-马宏吉
Chagny
沙尼
Cheilly-Les-Maranges
克雷-马宏吉
A 6
金丘产区地图

庄的主角：高登（Corton）和高登—查理曼（Corton-Charlemagne）。高登（Corton）是博恩丘唯一的黑品诺特级葡萄园，所酿优质红酒基本上以粗犷浑厚为特点；由于高登的大幅扩充（已成为勃艮第最大的特级葡萄园），酒的品质显得有些良莠不齐。高登—查理曼（Corton-Charlemagne）是莎当妮白葡萄的特级葡萄园，出产果味浓郁的丰厚型白葡萄酒，平均水准都很高。虽然理论上可以出产挂名为“高登”的红葡萄酒，但少有人这么做，毕竟此园的白葡萄酒能卖个高价钱。

佩南—维哲雷斯（Pernand—Vergelesses）

位于阿罗斯—高登（Aloxe—Corton）的西面，部分高登—查理曼葡萄园被划分在这个村庄里。虽然以出产较为清淡的红葡萄酒为主，但白葡萄酒的产量和水准都较高。

萨维尼（Savigny-Les-Beaune）**和**
修黑—伯恩（Chorey-Les-Beaune）

柔顺细腻、展现出黑品诺的细致可口是这两个村庄的特点。前者的知名度会高些，后者较低且没有任何一级葡萄园在内，所以修黑—伯恩的红酒往往都用来调配伯恩丘村庄级红酒。

伯恩（Beaune）

作为历史上勃艮第公国的首都，伯恩市的葡萄酒商业气氛很浓，除了众多著名酒商汇聚于此，还有大面积的葡萄园，其中包括34个一级葡萄园。大部分出产红葡萄酒的风格属于中性，介于玻玛（Pommard）的强劲紧涩和沃尔内（Volnay）的细致优雅之间。

玻玛（Pommard）

玻玛村的红葡萄酒名气很大，但其实属于口感紧涩、结构严谨的风格，并不太讨人喜欢，能够禁得起长年的陈放久藏，怎么看都和夜丘区的红葡萄酒风格类似，和伯恩丘临村的红葡萄酒风格差别较大。

沃尔内（Volnay）

被誉为伯恩区的“香波—蜜思妮”，红葡萄酒表现出黑品诺最细致优雅的特点。

蒙蝶利（Monthelle）

在尚未成立独立的AOC村庄之前，该产区酒常以玻玛或沃尔内的名义销售，但无论是深厚和细致都比两个前辈略逊。

奥塞—都雷斯（Auxey-Duresses）

最出名的葡萄园是九个一级葡萄园中的都雷斯（Duresses）。整体性价比较高。而且很多葡萄园都采用机械采收方式，在金丘区也算独树一帜。

圣侯曼（Saint-Romain）

因为海拔较高气候寒冷，黑品诺葡萄只有在比较炎热的年份才能完全成熟，以出产莎当妮白葡萄酒为主。无论红葡萄酒还是白葡萄酒，基本都属于轻松易饮的清爽类型。

梅索（Meursault）

作为勃艮第首屈一指的出产白葡萄酒

的村庄，出产口感丰润肥美的莎当妮白葡萄酒。

普里尼—蒙哈榭（Puligny-Montrachet）**和夏山—蒙哈榭**（Chassagne-Montrachet）

这两个村庄都是以莎当妮白葡萄酒闻名于世。与高登—查理曼的丰厚猛烈和梅索的圆润肥美不同，蒙哈榭白酒更赋有一种平顺、如绅士般的细致儒雅。近年来可以说是价格疯长。

圣欧班（Saint-Aubin）

莎当妮白葡萄的种植和酿造比例逐年增加。所酿红葡萄酒无论在名气还是品质上都逊于白葡萄酒。

松特内（Santenay）

此村庄的土质与夜丘区的哲维瑞—香贝丹类似，以酿造红葡萄酒为主，口感比较紧涩。

夜丘区（Côte de Nuits）

夜丘区（Côte de Nuits）位于勃艮第台地和苏茵河平原交接，绵延60千米的面东山坡，被称为金丘区（Côte d'Or），是勃艮第出产葡萄酒最精华的区段。以拉都瓦村（Ladoix-Serrigny）分界，北部的20千米被称为夜丘区（Côte de Nuits），其中基本上每一个村落都是黑品诺红葡萄酒的典范，除了伯恩丘的高登（Corton），此产区囊括了勃艮第其他所有的红葡萄酒特级葡萄园，可以说是红葡萄酒迷向往的圣地。

夜丘区的精华集中在中段，最南端和最北端的那些较不出名的村庄合称为夜丘村庄（Côte de Nuits-Villages）。夜丘区主要的村庄从北到南包括：

马沙内（Marsannay）

作为夜丘区最北部的产酒村庄，此产区是勃艮第唯一红葡萄酒、白葡萄酒和桃红葡萄酒都出产的村庄级AOC产区，而且也是唯一的勃艮第桃红葡萄酒的村庄级AOC产区，在此区的桃红葡萄酒用100%黑品诺葡萄酿造，不同于勃艮第地区性AOC中往往用佳美葡萄酿造的惯用做法。与夜丘区整体的酿酒侧重一样，马沙内以红葡萄酒为主，白葡萄酒仅占1/8的产量（这个比例在夜丘区已经算非常高的了）。此产区的红葡萄酒口感比较粗犷紧涩。

菲尚（**Fixin**）

菲尚村庄中的葡萄园面积都不大，包含5个一级葡萄园。出产的红葡萄酒单宁非常重，属于强劲涩口的重酒体风格，而且因为单宁含量多，陈年久藏能力很强。

哲维瑞—香贝丹（Gevrey-Chambertin）

哲维瑞—香贝丹村庄是夜丘区最大的产酒村庄和勃艮第最多特级葡萄园的村庄。全夜丘区24个特级葡萄园，有9个在哲维瑞—香贝丹村庄内，其中最著名的当数香贝丹庄园（Chambertin）和香贝丹—贝日庄园（Chambertin Clos de Beze）。所产的酒口感雄浑丰厚、结构严谨，在历史

上成为拿破仑的最爱。但因为在此村庄内有60多家独立酒庄，品质良莠不齐，所以并不是所有标有“Gevrey-Chambertin”的酒都属于顶级优质酒。

摩黑—圣丹尼（Morey-Saint-Denis）

地理位置位于北边哲维瑞—香贝丹村庄（Gevrey-Chambertin）和南边香波—蜜思妮村庄（Chambolle-Musigny）之间，酒的风格也颇有融合南北村庄的韵味，不过更接近香贝丹的强劲厚实。也正是因为风格不够凸现，所以在历史上的名气不如前两者，但同样不乏出品精彩的好酒。此产区5个特级葡萄园中，以罗西庄园（Clos de la Roche）和圣丹尼庄园（Clos Saint-Denis）最为出名。

香波—蜜思妮（Chambolle-Musigny）

此产区酒以温和多变和细致优雅著称。最出名的葡萄园要数爱侣庄园（Les Amoureuses）和蜜思妮庄园（Musigny）。其中，爱侣庄园虽为一级葡萄园，但价格和特级葡萄园不相上下；蜜思妮庄园（被13家酒庄所共有）更是公认最能表现出黑品诺细致风味的葡萄园。

梧玖（Vougeot）

此村庄虽然面积不大，酒庄也不多（仅9家），但盛名已久。其中产量的4/5为红葡萄酒，1/5是白葡萄酒。最出名的酒庄是位于梧玖庄园（Clos de Vougeot）内的拉图尔城堡（Chateau de la Tour）（这和波尔多波雅克产区的特级酒庄拉图城堡Chateau Latour可完全是两个酒庄）。

冯内—罗曼尼（Vosne-Romanee）

此村庄是夜丘区乃至勃艮第红葡萄酒的最精华区域，出产非常均衡协调、香气层次丰富、丰厚肥美的黑品诺红葡萄酒。包括多个世界闻名的葡萄园，例如罗曼尼—康帝酒园（Romanee-Conti）、塔希酒园（La Tache）和李其堡酒园（Richebourg）等，罗曼尼—康帝酒庄（Domaine de la Romanee-Conti）更是酒庄中的翘楚，出产世界上最贵的红葡萄酒。

夜—圣乔治（Nuits-Saint-Georges）

虽然此村庄中没有特级葡萄园，但其中很多一级葡萄园，例如布多特斯（Boudots）、一文不值（Les Vaucrains）和圣乔治（Saint-Georges）等名园，并不逊于那些特级葡萄园。村庄北部产区出产的红葡萄酒口感偏温和细腻，而南部偏强劲紧涩。同时也出产少量的莎当妮白葡萄酒。

上夜丘区（Hautes-Côtes-de-Nuits）

在金丘区的西部，其实还有很多类似金丘区的山坡，整体被称为上丘区（Les Hautes-Côtes），在夜丘区辖区范围内的部分被称为上夜丘区（Hautes-Côtes-de-Nuits）。虽然仍以红葡萄酒为主，白葡萄酒和桃红酒都有所生产。在金丘区的产能趋近饱和的今天，很多酒庄都在向上丘区扩展，酒的品质也在不断提升，是个寻找价廉物美勃艮第葡萄酒的极具潜力的产区。

一级葡萄园（Premier Cru ）是下一个等级，所属的村庄名后面可以标示出葡萄园，如果混合一个以上的一级葡萄园则会在村庄名称后面加上premier cru（一级）字样。以“Chambolle-Musigny，(les) Charmes”为例，如果Charmes园混合其他一个或两个一级葡萄园的酒，那么名称就会变成“Chambolle-Musigny Premier Cru”。

> 葡萄酒界将他们自己的价值观强加给消费者。他们告诉消费者应该喝什么样的葡萄酒，我强烈的反对这一点。
>
> ——蒂姆·汉尼 Winequest, Napa的葡萄酒咨询公司

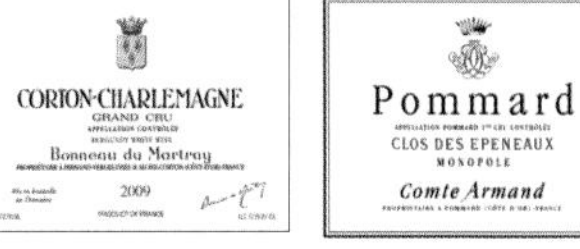

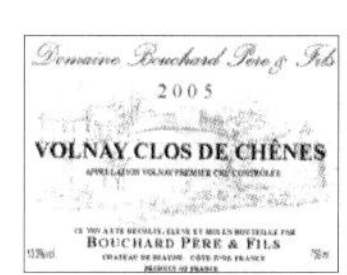

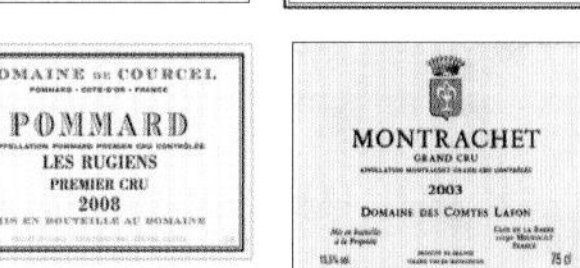

哲维瑞—香贝丹

GEVREY - CHAMBERTIN

哲维瑞—香贝丹（Gevrey-Chambertin）是位于勃艮第夜丘（Côte de Nuits）北面的著名乡村，在它以北的乡村，全都是知名度低很多的乡村，如Marsanny-la-Côte 和菲尚（Fixin）。在各勃艮第乡村之中，哲维瑞—香贝丹的酒体浓厚，结构扎实，颜色较深，橡木桶味道也比较重。因此，哲维瑞—香贝丹往往被形容为男性化的葡萄酒，难怪特级香贝丹（Chambertin Grand Cru）会被称为葡萄酒中的国王（King of Wines），而特级蜜思妮（Musigny Grand Cru）则被称为葡萄酒中的王后（Queen of Wines）。

哲维瑞—香贝丹这个村子原名为Gevrey-en-Montagne，它是第一个勃艮第乡村，将它最出名的葡萄田Chambertin 加入它的乡村名字，以增加知名度，因此，于1847年，便正式命名为哲维瑞—香贝丹。

哲维瑞—香贝丹是夜丘最大的乡村，总面积超过500 公顷。更拥有九片特级田（Grand Crus），26片一级田（Premier Crus）。可惜，哲维瑞—香贝丹的大面积和大量的特级田和一级田，也令哲维瑞—香贝丹出产的葡萄酒品质非常参差。当中的一些特级田，如香波利—香贝丹和马莎爷—香贝丹的特级田地位，更经常受到质疑。但香贝丹和贝兹园，则是百分百勃艮第最佳的葡萄田之一。

特级田（Grand Crus）

香贝丹（Chambertin）（12.9 **公顷**）

香贝丹—贝兹园（Chambertin-Clos de Beze）（15.4 **公顷**）

香贝丹和贝丹—贝兹园为哲维瑞—香贝丹各特级田之中品质最高的葡萄田。

贝兹园出产的葡萄酒，可以标签为香贝丹，但香贝丹却不可以称为贝兹园（Clos de Beze）。虽然如此，由于贝兹园的名气，并不低于香贝丹，所以其实甚少生产商会把它们的贝兹园称为香贝丹。但一些生产商如Dujac，由于在香贝丹和贝兹园所拥有的葡萄田都极小，这可以方便拥合两者，并名为香贝丹。此外，相比香贝丹，贝兹园有比较多的斜坡面向东方，阳光较

哲维瑞—香贝丹产区酒庄介绍栏

多。同时，由于贝兹园没有受到Combe de Grisard 的冷空气影响，所以葡萄一般会比香贝丹早成熟一些。

香波利—香贝丹（Chapelle-Chambertin）（5.49 **公顷**）

香波利—香贝丹（Chapelle-Chambertin）由两片葡萄园组成，除了En la Chapelle 外，于1936 年起，Les Germaux 所出产的葡萄酒，也会被称为香波利—香贝丹。香波利—香贝丹 的命名，是由于这片葡萄田当年曾经有一座玫瑰圣母园，但这教堂已不存在。

夏姆—香贝丹（Charmes-Chambertin）（12.24 **公顷**）

马莎爷—香贝丹（Mazoyeres-Chambertin）（18.59 **公顷**）

虽然这两片都是特级田，但大部分生产商都会将它们的马莎爷称为夏姆，会生产并命名为马莎爷的就只有克里斯多夫（Christophe），卢米（Roumier），杜加（Dugat-Py），佩罗特（Perrot），陶培诺—梅尔姆（Taupenot—Merme）和卡慕（Camus）。

热天雷—香贝丹（Griotte-Chambertin）（2.73 **公顷**）

这是哲维瑞—香贝丹面积最小的特级

田。热天雷（Griotte）的意思，是一种用车厘子造成的果酱，热天雷所出产的葡萄酒，也常常有这种味道。虽然热天雷 一般都是结构柔滑，酒体较轻，但品质一般比夏姆和香波利更佳，而且香味非常芬芳。是哲维瑞—香贝丹中，除了香贝丹和贝兹园以外，高品质的特级田，只可惜年产甚少。

拉提歇尔—香贝丹（Latricieres-Chambertin）（7.53 **公顷**）

拉提歇尔（Latricieres）的意思是贫瘠，可惜它相比其他哲维瑞 的特级田并不真的特别贫瘠。和香波利相反，拉提歇尔在天气较热的年份，表现会较佳，这是由于拉提歇尔受到来自Combe de Grisard 冷空气的影响。风格方面，拉提歇尔一般较为粗糙，香料的味道亦较重。在哲维瑞的特级田中，拉提歇尔算是品质较低，拉提歇尔往往缺乏特级田应有的复杂性、集中度和优雅。

马立—香贝丹（Mazis-Chambertin）（9.1 **公顷**）

除了叫做Mazis 以外，也可以叫做Mazy。Mazis 包括Les Mazis—Hauts 和Les Mazis—Bas 两部分，其中以Les Mazis—Hauts 品质较高。马立（Mazis）的土壤和贝兹园相似。虽然马立的结构，往往比香贝丹和贝兹园弱一点，但马立仍是哲维瑞质量较高的一片特级田，酒体扎实，力量十足。

香伯廷—哲维瑞（Ruchottes-Chambertin）（3.3 **公顷**）

Ruchottes 的意思是小石，土壤方面，香伯廷的确比较多些石块，也比较贫瘠。和马立一样，可以分为山坡上方的Ruchottes du Dessus 和下方的Ruchottes du Bas。当中以Ruchottes du Dessus 的品质较高，并全部由Dom. Armand Rousseau 所拥有。风格方面，和马立颇为相近，同样为酒体扎实，力量十足，是哲维瑞另一块高素质的特级田，品质虽高，但可惜产量极少。

爱侣园

Les Amoureuses

香泊·木西尼有一个非常浪漫的庄园Les Amoureuses，这是“爱侣”的意思。

香泊镇共有60公顷园地被评定为一级酒园，总共有24个酒园挂上了“香泊·木西尼·一级”的标志。其中可以称得上好酒的只有7个，而这7个酒园有3个集中在南边，环绕在木西尼园的东方及东北方。这3个南方园区分别是爱侣园、列香园（Les Charmes）及列香播园（Les Chabiots）。爱侣园的口感几乎和木西尼不分伯仲，在所有盲目评鉴时，连品酒大师也不易分辩，所以爱侣园无疑有入选“百大”的资格。

爱侣园仅仅5.2公顷，却分成10个左右的小园区，其中最有名的有3家。第一家是木西尼园主角卧驹公爵园，占地0.6公顷，年产约2500瓶。第二家则是卢米园（Domaine Geoages Roumier），这个在1924年被当做嫁妆进入卢米家族的园区，由当时的乔治·卢米到今日当家的克里斯多夫（Christophe）已是第三代。园区也扩张到总面积12公顷，分布在9个不同的酒区。卢米园在木西尼区也有小小的0.1公顷园地，可别小看这仅有1000平方米的小园，其葡萄树龄已达66岁，年产量不过600瓶左右，在市场上难觅踪迹！卢米园在伏旧园也有0.32公顷，树龄平均为43岁，年产量不过2000瓶。卢米园在爱侣园的面积略大于伏旧园区（0.4公顷），树龄34岁，产量也在2000瓶上下。

第三家著名的酒园是木尼艾酒园（Domaine Jacques-Frederic Mugnier）。木尼西艾酒园在19世纪70年代是第戎市的酒商，以贩卖白兰地及葡萄酒致富，所以在香泊镇及伏旧园两处买了9公顷园地。到了1945年，家园因分家而割裂，其中一支家族保有精华区，即是木尼艾园。

木尼艾园也效仿康帝园，橡木桶木材买回后自然干上3年才制桶储酒。木尼艾园不迷信全新橡木桶的功能，怕酒会沾上太重橡木味而失去清香，所以每年只有25%使用新桶，顶级酒也只有30%使用新桶。醇化期约为一年半。

爱侣园干白葡萄酒

李其堡

Richebourg

李其堡（Richebourg）是勃艮第夜丘（Côte de Nuits）地区的一个拥有Grand Cru法定AOC称号的特级葡萄园。该葡萄园是Vosne—Romanee村中的6家特级园之一，毗邻于La Romanee和Romanee—Conti特级葡萄种植园，位于金丘（Côte d'Or）的中坡段略靠上端。

Richebourg的字面意思是“富裕的城镇”，不过该名来历不详。该园面积8公顷，是Vosne—Romanee村中第二大的特级葡萄园，仅比Romanee—Saint—Vivant园略小。尽管大多勃艮第葡萄园经过历代相传会被不断拆分，李其堡园的所有者却数量极小。目前其最主要的所有者是罗曼尼·康帝（Romanee—Conti）酒侯和若干的Gros家族后裔。

该园在勃艮第的所有特级园中，其面积属于平均水平9公顷，但却是冯内·罗曼尼（Vosne—Romanee）村中数一数二的大园。Vosne—Romanee村以其葡萄园的面积虽小却精耕细作以及气候风土佳而闻名。

李其堡特级酒是冯内·罗曼尼村和其邻村法基·艾萨素（Flagey—Echezeaux）（两村的葡萄园相连，经常被合在一起谈及）的特级酒中口感最丰富的佳酿之一，但是出于某种原因，李其堡的酒的吸引力尚难与它的Romanee伙伴等量齐观。

为了要能获得李其堡特级（Richebourg Grand Cru）特级AOC称号，所酿的葡萄酒不仅需要由至少85%以上的黑品诺品种（莎当妮（Chardonnay），灰品诺（Pinot Gris）和白品诺（Pinot Blanc）最多允许的含量为15%）酿制，并且这些葡萄品种必须是该园生长成熟，同时还要符合严格的酿制法规。这些酿制法规是为保证高品种酒而设计制订的，所监控的因素比如：葡萄园的管理，最大产量限制，以及成品酒的自然含糖量和酒精浓度等。

李其堡干红葡萄酒

柏内·玛尔

Bonnes—Mares

柏内·玛尔（Bonnes—Mares）产区位于香泊·木西尼（Chambolle—Musigny）北部与莫内·圣丹尼（Morey—St—Denis）的边界，共有15.5公顷，仅有2公顷不到的园区是在圣丹尼之内，大半部是在香泊。和木西尼一样，柏内·玛尔也是本园区的两个顶级产区之一。柏内·玛尔本身就是一个好彩头的名字，这个名称来自于勃艮第的土话“玛尔”（marer la vigne）即“耕种”葡萄园的意思，若耕种“得宜”（bonnes），则变成柏内·玛尔（bonnes mares）。

大体上，柏内·玛尔的气候和木西尼无太大的差异。土壤方面，柏内·玛尔比南方的木西尼多些石灰岩及黏土，所以本区的酒就和北边的莫内酒较相似——单宁重、口感强劲。简言之，是比较豪迈而非较含蓄的酒质，且必须陈上十年以后才会成熟，在年轻时并不适合饮用。

柏内·玛尔也是小园林立的地区，总共拥有15.5公顷，却有35个小葡萄园。其中有10家拥有大约七成的土地——例如香泊镇重要酒园卧驹园（2.6公顷）、卢米园（1.46公顷）、木尼艾园（0.36公顷）等，但占地1.74公顷的杜亨·拉厚泽园（Drouhin—Laroze）最值得一述。

拉厚泽家族（Jean—Baptiste Laroze）在1850年辟建了一座葡萄园，后来又和杜亨（Alexandre Drouhin）家族联姻，改为现在的名称。本园有15公顷极优的葡萄园位于伏就园及香贝丹区（Chambertin）。

另一个出产柏内·玛尔酒最杰出的酒园是卢米园（Domaine Georges Roumier）。在提到香泊·木尼西的爱侣园时，已经叙述到卢米园的园地遍布9个酒区，在柏内·玛尔，卢米园拥有1.4公顷的园地，但是又再分成两个小园区。一个园区土壤是富含铁质的棕红土，比较适合种植红葡萄；另一个是较贫瘠、石灰质多的灰土壤，不适合种红葡萄。

柏内·玛尔干红葡萄酒

孚日园酒庄

Clos de Vougeot

孚日园酒庄干红葡萄酒

孚日园酒庄（Clos de Vougeot）是勃艮第地区最大的一个Grand Cru。公元1110年，由天主教一支信奉“耕食苦修”的西都派教会成员在Vouge河的沼泽地和森林中开垦出来。1227—1370年间，随着逐渐收购邻地，这里形成了超过50公顷的园区。也因此园葡萄收成及酒质极佳，所以广为人知。拿破仑东征时，据说曾派人强行索取本园珍藏40年的酒王，颇有骨气的园主戈布理院长差人传达：请皇帝自己来喝。另外一个说法是有关于一位拿破仑麾下的比松（Bisson）少将，有一次他率队经过此园时，下令部队致礼，从此每当法国部队行军经过时都会如此。这是全国唯一享此殊荣的酒园。

勒桦酒庄

Domaine Leroy

勒桦酒庄干红葡萄酒

1868年，弗朗索瓦·勒桦（Francois Leroy）在莫尔索（Meursault）产区一个名为奥赛·都雷斯（Auxey—Duresses）的小村子建立了勒桦酒庄。到19世纪末，弗朗索瓦的儿子约瑟夫·勒桦（Joseph Leroy）和他的妻子一起经营酒庄。1919年，他们的儿子亨利·勒桦（Henry Leroy）进入家族产业，将自己的全部时间和精力都投入到勒桦酒庄，使之成为国际上专家们口中的“勃艮第之花”。后来，亨利的女儿拉茹（Lalou）成为酒庄庄主。在向来以男人为中心的勃艮第葡萄酒业里，拉茹是个少数，过去她掌管的罗曼尼·康帝酒庄(Domaine de la Romanee—Conti)以及现在的勒桦酒庄在勃艮第都有着难以企及的崇高地位，至少酒价都是最高的。

罗曼尼·康帝酒庄

Domaine de la Romanée—Conti

罗曼尼·康帝酒庄(Domain de la Romanee—Conti)位于勃艮第禾恩·罗曼尼村庄产区，这个小而精的葡萄园首任主人为高伦堡家族（Croonembourg），当时罗曼尼·康帝不过是一块1.8公顷大小的葡萄园而已，此后通过收购隔壁的拉塔希葡萄园扩大种植面积。1760年，高伦堡家族（Croonembourg）掌管数个世纪以后决定把庄园出售，由于其得天独厚的地理优势和精湛的出品质量，此次出售引起了法国皇宫贵族的注意，路易十五的情妇和康帝公爵争相拥有此庄园，但最后被康帝公爵以极大的代价换得，庄园亦都被正式冠上罗曼尼·康帝（Romanee Conti）的名字，从这时开始罗曼尼·康帝已成为世界上最贵的庄园，酿造整个地区最精湛的葡萄酒，庄园出产的佳酿除了供奉皇室贵族之外绝不馈赠或出售到市场上，罗曼尼·康帝一度成为稀世佳酿。可惜好景不长，庄园最后因法国大革命被迫离开康帝公爵之手，革命结束之后庄园几经易手，最后于1869年被布克家族收购(Duvault—Blochet)，该家族随后收购了李其堡(Richebourg)、依瑟索(Echezeaux)等葡萄园，虽然此后庄园因财产分割等原因被分离多次，但最终到20世纪60年代之后聚合到一起，此后庄园被整体运营至今。

作为全世界最贵的葡萄酒之一，罗曼尼·康帝以其极小的产量和完美的表现称雄整个勃艮第乃至全法国，其特性把勃艮第地区的黑品诺特性完美呈现出来。它的单宁扎实而集中，酒体层次感丰厚，余韵悠长，浆果味、摩卡咖啡、奶油味等气息，衬托着美好的橡木桶气息，不断挑战着你的味蕾与大脑想象力，有人说这一瓶酒仿佛让人置身于百花世界中，或进入一个美好的葡萄园。

罗曼尼·康帝酒庄干红葡萄酒

依瑟索及大依瑟索园

Echezeaux/Grands Echezeaux

依瑟索（Echezeaux）和大依瑟索（Grand Echezeaux）是一对姊妹庄，两片园区仅仅相隔一条1米宽的小路，但却是两个完全不同的葡萄园，所产酒的价格也会相差很多，甚至有些酒会有天壤之别。可见，勃艮第人对土地的研究绝对是世界酿酒界第一流的。

弗拉吉镇的依瑟索区，除了专门酿制顶级的大依瑟索酒的地区外，还有一大部分是酿制依瑟索的地区。酿制依瑟索的地区中，有37公顷在1937年获得顶级的评鉴，另外还有30公顷酿制次等的一级酒。大依瑟索酒之所以称之为“大”，是因为品质优于依瑟索酒，但有时同属顶级的依瑟索酒的品质能超过大依瑟索。大依瑟索比较耐藏，也需要较长的成熟期。

顶级依瑟索园的37公顷产区，细分成250个小园区，分由50个小园主所有。其中，占地面积最大的(4.6公顷)仍是康帝园，树龄平均40岁，年产1.6万瓶，标签样式和其姊妹厂一样易于辨识。整个顶级依瑟索区年产量可望达到约18万瓶。

上图 依瑟索园干红葡萄酒
下图 大依瑟索园干红葡萄酒

拉塔希园

La Tâche

拉塔希园在康帝公爵竞得康帝酒庄后成为全法国最受欢迎、最昂贵的酒园之一。可以说，拉塔希园成为法国最重要的葡萄酒园至少有两百余年的历史。拉塔希园和罗曼尼·康帝酒庄的关系极为密切，也有类似的命运。17世纪，拉塔希酒园与罗曼尼.康帝酒园都是克伦堡家族的产业，只是后者后来被大名鼎鼎的康帝公爵夺为己有，而拉塔希园则被当地望族比微（Joly de Bevy）所收购。法国大革命时，比微与康帝家族同因身为贵族而亡命海外，拉塔希园也遭到被没收和拍卖的厄运。

现在拉塔希园会每年酿造2万瓶有编号与签名的酒，标签格式和罗曼尼·康帝酒庄极为类似，价钱亦是极其昂贵。

1800年，拉塔希园被一位从第戎市来的平民巴西（Nicolais—Ciullaume Basire）所购得，后巴西先生又将此园传给她的女儿卡莱瑟希（Claire—Cecile）。卡莱瑟希结婚时，把拉塔希园当做陪嫁的嫁妆，于是隔壁罗曼尼酒园的园主利泽·贝雷（Louise Liger—Belair）将军一举拥有名媛与名园。1933年，因为继承问题的纠纷，拉塔希园从利泽·贝雷家族手中再度被康帝园园主杜渥·布罗杰家族购回，时间整整隔了140年，勃艮第地区两大最好的葡萄园又归同一个园主所拥有。本来真正属于拉塔希园的仅有1.44公顷，较罗曼尼·康帝园略小，杜渥·布罗杰在1933年收购拉塔希园时，一并收购了其西北边4余公顷质量较差的葡萄园高帝秀园（Les Gaudichots），并经法院判决允许将上述新购葡萄园酿的酒皆挂上“拉塔希园”的招牌。所以目前拉塔希园的全部面积达到6.06公顷，超过先前的“拉塔希园”达3倍之多。

拉塔希园干红葡萄酒

大街堡
La Grande Rue

大街堡（La Grande Rue）是勃艮第夜丘（Côte de Nuits）地区的一个拥有特级（Grand Cru）法定AOC称号的特级葡萄园。该葡萄园是沃恩·罗曼尼（Vosne-Romanee）村中的6家特级园之一。它所处的位置犹如三明治的夹心，被南边的拉塔希（La Tâche）特级园和北边的罗曼尼（La Romanee）以及罗曼尼·康帝（Romanée-Conti）特级园包夹其中。

就地理面积而言，大街堡葡萄园几乎是法国最小的，占地仅1.65公顷。沿着金丘（Côte d'Or）东坡向上，葡萄园坐落在一片拥有出类拔萃的风土气候和环境的狭长带里，宽度仅为30米，总长160米。沃恩·罗曼尼（Vosne-Romanee）以其葡萄园面积小却精耕细作而闻名。

尽管位居于沃恩·罗曼尼村的特级葡萄园区的中心，大街堡葡萄园却是在1992年7月才被接纳到这个声名显赫的俱乐部中。该葡萄园是拉马舒（Lamarche）家族拥有的一家酿造单一品牌葡萄酒的特级葡萄园，是夜丘地区知名度较低的特级园。究其原因，一方面是其成为特级园的历史较短，另一方面是它不得不酿造与其成名相比较早的近邻特级园风格匹配的葡萄酒。例如，与一个葡萄园距离仅几米之隔、历史稍短的高分酿造商相比，2005年份的罗曼尼·康帝酒的均价大约是同年份的大街堡酒的30倍。

为了要能获得名副其实大街堡的Grand Cru特级AOC称号，所酿的葡萄酒不仅需要由至少85%以上的黑品诺品种[莎当妮（Chardonnay）、灰品诺（Pinot Gris）和白品诺（Pinot Blanc）最多允许的含量为15%]酿制，并且这些葡萄品种必须是该园生长成熟，同时还要符合严格的酿制法规。这些酿制法规是为保证高品种酒而设计制订的，所监控的因素比如：葡萄园的管理、最大产量限制以及成品酒的自然含糖量和酒精浓度等。

大街堡干红葡萄酒

科奇庄园

Domaine Coche—Dury

科奇庄园（Domaine Coche—Dury）地处法国勃艮第伯恩丘产区的默尔索（Meursault），其历史最早可追溯至20世纪20年代。当时的庄主是利昂·科奇（Leon Coche）。后来，酒庄传给了时任庄主的三个孩子。三个孩子中的乔治斯·科奇（Georges Coche）接管的那部分土地，后来发展成为现在的科奇酒庄。1973年，乔治斯·科奇退休后，他的儿子让—弗朗索瓦·科奇（Jean—Francois Coche）接手了该酒庄。让—弗朗索瓦·科奇在接手酒庄后，将其妻子的姓氏杜里（Dury）加在了酒庄名字的后面，于是酒庄的外文名便成了"Domaine Coche—Dury"。2010年，让—弗朗索瓦·科奇将酒庄传给其儿子拉斐尔·科奇（Raphael Coche）。至今，酒庄仍由拉斐尔·科奇掌管。

科奇酒庄葡萄园的面积为9公顷，种植的主要葡萄品种为黑品诺（Pinot Noir）、莎当妮（Chardonnay）和阿里高特（Aligote）。园里葡萄的收获时间弹性较大：有些年份是选用第一批采摘的，而有些年份却是选用最后一批采摘的。该酒庄的酿酒和培养方式简单，包括轻 度压榨（使用一台古老的水平榨汁机），在更新比例最多为50%的阿利尔橡木桶中（仅限顶级葡萄酒）进行18到20个月的陈年，之后进行两次分离，而装瓶前不进行过滤。

该酒庄出产的两款白葡萄酒科奇查理曼（Coche—Charlemagne）和莫尔索皮耶尔干白（Meursault— Perrieres)是这一地区生命力最长、最芳香、最复杂，质地最性感迷人的白葡萄酒。这两款酒几乎在每一年份都能够进入勃艮第产区最佳白葡萄酒排名的前6名。

科奇庄园干白葡萄酒

康特·拉芳庄园

Domaine des Comtes Lafon

康特·拉芳酒庄（Domaine des Comtes Lafon）地处默尔索（Meursault）村内，是勃艮第最顶级的白葡萄酒生产者之一。

1865年，拉芳酒庄由拉芳家族创建，并一直由这个家族所有。1987年，酒庄开始由曾在法国和美国学习过葡萄酒酿造的家族第四代子孙多米尼克·拉芳（Dominique Lafon）及其弟弟布鲁诺·拉芳（Bruno Lafon）接管。至今，酒庄仍由这两位才华横溢的兄弟打理。

目前，该酒庄葡萄园占地13.8公顷，这些葡萄园分布在4个村庄内，遍布15个产区。葡萄园里种植的主要葡萄品种是莎当妮（Chardonnay）和黑品诺(Pinot Noir)，葡萄树的平均树龄为25—50年，种植密度为10000—12000株/公顷，平均产量为2500—4500公升/公顷。在葡萄栽培方面，酒庄推行尊重自然的原则，从1998年开始，酒庄在葡萄园里全面实施自然动力栽培法。葡萄在达到最佳成熟状态后，完全由人工采摘。

该酒庄的酒窖的位置是整个勃艮第地区最幽深的，温度也是最低的。由于这个原因，拉芳酒庄葡萄酒的后期需要继续发展的时间总是会被拖长，其中最典型的是，葡萄酒需要在背风处存放2年。由于酒窖内温度低，葡萄酒几乎会保持自然的原始状态，因此装瓶前不需要进行任何形式的澄清。

拉芳酒庄出品的酒款主要包括：默尔索·夏尔姆（Meursault Les Charmes）、默尔索·嘉内威尔士（Meursault Les Genevrieres）、默尔索·皮耶尔（Meursault Les Perrieres）、蒙哈榭（Les Montrachet）和沃尔内·中央桑图诺（Volnay Santenots—du—Milieu）葡萄酒。其中莫尔索·夏尔姆和莫尔索·嘉内威尔士这两款酒口感最肥厚、个性最鲜明，莫尔索·皮耶尔则是矿物质味道最为浓郁。这里出产的酒总的特点是精细、优雅和生命力持久。

康特·拉芳庄园干白葡萄酒

罗曼尼·圣蔚望庄园

Romanee Saint Vivant

罗曼尼·圣蔚望庄园（Romanee Saint-Vivant）是勃艮第夜丘(Côte de Nuits)地区一个拥有Grand Cru法定AOC称号的特级葡萄园。

该园名中的“Saint—Vivant”部分是应原先拥有这个葡萄园的修道士的要求而命名的，因为他们的修道院叫作“L'Abbaye de Saint—Vivant”。园名中的“Romanee”部分的命名是因为，罗曼尼·圣蔚望园曾经是旧时大罗曼尼（Romanee）葡萄园中东部的一块区域，经过了多年的分拆和转卖，形成目前独立的罗曼尼·圣蔚望种植园。

虽然在勃艮第的所有特级园中，该园面积属于平均水平（9公顷），但却是沃恩·罗曼尼（Vosne—Romanee）村中最大的葡萄园。沃恩·罗曼尼村以其葡萄园的面积虽小却精耕细作以及气候风土俱佳而闻名。举个例子，罗曼尼·圣蔚望园是伏旧（Clos de Vougeot）特级园的1/5大小，但它却比其邻园罗曼尼（La Romanee）特级园大了5倍。

经年累月，金丘(Côte d'Or)上坡段的各种物质由于雨水的冲刷和地球引力等原因，滑落到地势较低的土地。与邻园相比，罗曼尼·圣蔚望种植园地势较低，也因此它的土表较厚，并有较高含量的黏土，这也是当地特定的风土气候形成的原因，这种特征可以让罗曼尼·圣蔚望庄园从众多的葡萄园和葡萄酒中被清晰地分辨出来。

罗曼尼·圣蔚望的酒是沃恩·罗曼尼村和其邻村弗基拉吉·依瑟索（Flagey—Echezeaux）村(两村的葡萄园相连，经常被一起谈及)的特级葡萄园的佳酿中，酒体最轻、口感最柔和的，但它的酒与其特级园伙伴罗曼尼·康帝相比，吸引力还是稍逊。虽然如此，它们还是拥有极高的美誉，并在消费群中拥有一大批偏爱黑品诺柔和清雅风味的忠实爱好者。

罗曼尼·圣蔚望庄园干白葡萄酒

塔特园

Clos de Tart

位于莫雷·圣丹尼(Morey—Saint—Denis)南部的塔特园(Clos de Tart)特级田早在公元1141年的文献上就有记载。当时有位善心人将一块土地捐给本地由圣本笃教派的修女在1125年建立的修道院，这座修道院名为Tart le Haut，因此这块土地就被称为塔特园(Clos de Tart)特级田，之后本田就一直属于教会财产。650年后经过法国大革命，本田被拍卖，马莱·蒙戈(Marey—Monge)以低价购得，此后塔特园(Clos de Tart)特级田便一直在马莱·蒙戈家族手中，直到1932年法国葡萄酒产业大危机时，才以40万法郎转手给马贡(Macon)地区大酒商摩曼森(Mommessin)。摩曼森入主后，于1993年与德国一个家族合并，但酒田仍保持原状。在土地往往被众多小酒农零碎分割的勃艮第地区，能拥有7.5公顷土地，且横亘数个世纪仍能保持完整，实在不易。

塔特园特级田中有一个轮动压榨机，一次可榨汁3吨。自1570年起开始使用到1924年为止，因此称塔特园为勃艮第的“古董田”绝不为过。与一般葡萄田的东西走向不同，塔特园由北向南呈平行状栽植葡萄，以求达到防腐与排水间的最佳平衡。同时塔特园每隔3年会通过“马撒拉”选种法(从自家的葡萄园遴选出最佳的树苗，而非从树苗培养场选出的育种)局部更换新苗，葡萄一律种植黑品诺，平均树龄55年，最早的一批种于1918年。塔特园特级田平均每公顷产量在2800—3000公升，全年可酿造26000瓶。

距葡萄采收3年之后才与世人见面的特级塔特园(Clos de Tart Grand Cru)，有着红宝石般的光泽，可嗅到淡淡的宝贵松露香，并夹杂着紫罗兰、草莓的气味，但这一切都是若隐若现的，绝不喧宾夺主。这种含蓄的特征往往会使刚入品酒行列的人士错认为本酒不应被列入特级酒的行列，从而塔特园也常常被人们认为是顶级勃艮第酒中的异类。

塔特园干红葡萄酒

拉侯士园

Clos de La Roche

拉侯士园（Clos de La Roche）1861年时面积仅为4.57公顷，其后通过不断兼并相邻的葡萄田香播（Chabiots）、Fremières，Froichots、莫尚普（Mauchamps）和蒙特·路伊森（Monts Luisants）的一部分从而发展成为莫雷·圣丹尼（Morey Saint Denis）村5个特级田中面积最大的一个，但它16.9公顷的土地却又被40个酒庄所分割。

地处当地海拔最高的路易山山脚下，土壤以石灰石为主并夹杂少许棕土，倾斜度适中并正朝东方，这十分有利于排水以及日照的进行，也许这是其出产的葡萄酒比相邻的圣丹尼园（Clos Saint—Denis）质量更为优秀的原因之一。圣丹尼园的朝向略偏东北。典型的拉侯士园葡萄酒常常散发出越橘、黑樱桃、紫罗兰甚至松露的风味，结构强劲，极具成年潜质。

在40个出产拉侯士园的酒庄中，出类拔萃的当数彭寿酒庄（Domaine Ponsot）。此酒庄是1772年由威廉·彭寿所建，当初规模很小，直到19世纪末，现在的庄主杰·马利的叔祖才将酒庄发展到3公顷。1922年叔祖死后由杰—马利的父亲继承，并逐渐收购，到杰—马利1949年独掌时，酒庄已有6公顷。10年之后，酒庄已有8.7公顷，分在10块田内，其中5个是特级田（约5公顷）。彭寿酒庄5个特级田中最大的是在拉侯士园，占地3.15公顷，并且树龄已达57年。对于这些葡萄酿制的酒，彭寿酒庄会特别标明“老藤精酿”（产量极少的意思）。以1993年为例，每公顷的产量只是顶级官方标准（3500公升）的一半，因此此园的拉侯士酒每年只生产7500瓶左右。彭寿酒庄的老株拉侯士园酒被认定是勃艮第产区的登峰之作。该酒庄不用新橡木桶成年，因为固执的杰—马利老先生不愿意新木桶使其美酒“走味”。他坚信好酒必须慢工出细活，老木桶可以使新酒慢慢和空气接触而醇化，而新木桶会使桶气入味且会加速醇化。

拉侯士园干红葡萄酒

波玛庄园

Chateau de Pommard

波玛庄园（Chateau de Pommard）位于法国勃艮第（Burgundy）产区波玛镇著名的默尔索（Meusalut）村，拥有勃艮第现今最大的私人葡萄园，整块葡萄园的面积达40英亩。

1098年，勃艮第第一代公爵欧德公爵（Duc Eudes）获授波玛领地。1726年，路易十六国王的掌马倌以及秘书威万先生（Messire Vivant de Micault）兴建了葡萄园以及我们现今仍能看到的一些外部建筑。1763年，克劳德·马雷（Claude Marey）买下酒庄。他的儿子尼古拉·约瑟夫（Nicolas Joseph）预见到1789年的动乱，所以将酒庄卖给了某官员，但保留了葡萄园。法国大革命时期，酒庄全部充公。1855年，波玛酒庄的葡萄酒获得朱尔斯·拉瓦列（Jules Lavalle）的好评（他是第一个列出勃艮第葡萄酒并按等级予以排列的人）。1936年，拉普兰谢（Laplanche）家族获得该酒庄，并重塑波玛酒庄。2003年，毛丽斯·吉罗（Maurice Girau）先生的MGM公司买下波玛酒庄，酿出了波玛酒庄有史以来最为精良的葡萄酒。值得一提的是，18世纪后期，拿破仑作为酒庄庄主的密友经常前来拜访，庄主还因此特意为他布置了一个房间。经历了三个多世纪历史的酒庄，见证了勃艮第葡萄酒产业的发展与兴旺，是勃艮第的珍宝，也是法国精品酒的化身。

庄园的地下酒窖非常壮观，除了橡木桶外，在各个巷道里面还有码放整齐的酒瓶，按年份分区堆放，有些酒瓶的瓶身已布满霉菌和灰尘，看酒牌显示很多酒已经有几十年或上百年的历史。好酒也要配好瓶，波玛特的酒瓶非常独特，是18世纪时手工吹制的，中间曾随着历史的流逝而消失，后来酒庄的老板让·路易·拉普兰谢（Jean Louis Laplanche）与他的妻子在1969年重塑了酒瓶原型模具，并沿用至今。

波玛庄园干红葡萄酒

路易亚都世家

Louis Jadot

路易亚都世家（Louis Jadot）创建于1859年，是当今勃艮第地区最富盛名的葡萄园。路易亚都世家始终坚持一个信念，就是要保留勃艮第与博若莱两地所有的风土特质，从而生产出最高品质的产品。路易亚都世家坐落于博讷（Beaune），勃艮第的心脏地带。连续三代由Jadot家族掌管，现在的掌门人是皮尔·亨利·甘杰（Pierre Henry Gagey）。路易亚都世家控制的105公顷的葡萄园中，超过一半是一级和头等苑的葡萄园。

路易亚都世家对酿酒技术的原则是：平衡传统和技术，着重于“风土气候”的最纯粹表达和小气候的不同所带来的独特的品质。路易亚都世家的葡萄园分布在勃艮第的几大酒区如金丘、马贡（Maconnais）、夏龙奈（Chalonnais）和夏布利（Chablis）。在其控制的105公顷的葡萄园中，可酿造出150多款葡萄酒，其中超过一半是一级和特级的葡萄园。

路易亚都世家勃艮第黑品诺法定产区干红葡萄酒，此酒颜色中等，年轻时呈现紫色，稍长后则转为红宝石色，装瓶几年后则变为深石榴红色。酒体和谐平衡，具有浓郁的果香，中等、优雅的酒体加上圆润柔和的单宁，会带来柔顺的口感。酒香则为典型的优雅芳香，余味十分持久、可口。此酒适合与烧烤的红肉，野禽和软奶酪相搭配。

路易亚都世家干红葡萄酒

产区内的指路牌

夏隆内丘和马贡

Côte Chalonnaise & Mâconnais

金丘再往南就进入了夏隆内丘，夏隆内丘南北长20公里，东西宽7公里，平均海拔高度为250—370米。这里的坡地不像金丘那么连续，显得杂乱一些，一段段独立的丘陵散落在森林和牧场之间。丘陵相对于金丘显得更加平缓和宽阔，土壤主要以石灰质为主。夏隆内丘有五个AOC法定产地，最北部的是布哲隆（Bouzeron），这里使用的葡萄品种是阿里高特（Aligote），酿出的酒带有白色水果和清淡的花香，口感简单，酸度高。偏东南一点是吕利（Rully）产地，吕利主要生产莎当妮干白葡萄酒，价格却比金丘便宜得多。在好的年份，高品质的吕利也有着饱满的口感和复杂的架构，有幸购买到一瓶顶级吕利，也可以品尝到一流莎当妮的风味。吕利产区也是勃艮第起泡酒的重要产区。

吕利往南，就进入了夏隆内丘最知名的产地梅谷黑（Mercurey），这里是夏隆内丘最主要的红葡萄酒产地，占地面积超过600公顷，主要生产高品质的黑品诺葡萄酒。梅谷黑没有特级葡萄园，却拥有超过100多公顷的30多个一级葡萄园，含金量也是相当高的。梅谷黑红酒年轻时显得严肃、封闭、涩口，需要5—10年成熟，虽然没有夜丘和伯恩丘那么出名，但往往还是能以平实的价格购买到水准很高的一级葡萄园酒。

再往南则是基辅依（Givry），是夏隆内丘最小的法定产区，主要以生产红酒为主，带有年轻的红色水果香气，简单易饮。最南部则是蒙达涅（Montagny）法定产地，仅生产莎当妮白葡萄酒，清淡可口，好的年份也有杰出表现。

夏隆内丘地区风景如画，悠悠的白云下，一片片的葡萄园和绿色的草地交织在一起，一群群的奶牛悠闲地吃草，沐浴着温暖的阳光。历史悠久的克吕尼隐修院也坐落于此，在宗教节日的时候，仍然有许多信徒从世界各地慕名来此地朝拜。

马贡（Mâconnais）区位于勃艮第产区最南边，长约35公里，宽约10公里。如果你想来这里，你需要找到三座城市之间的三角地带，这三座城市依次是：Cluny à l’Ouest，Sennecey-le-Grand au Nord 和 Saint-Véran au Sud，它们中间夹带的地方就是马贡葡萄园。再往南移一点就是闻名海外的博若莱（Beaujolais）产地。越往南移海拔越高，一直延伸到中央高原地区（Massif Central），也就是法国中部庞大的高地山区。

马贡产地由丘陵和山谷组成，土地偏石灰质。这里主要属大陆型气候，也受到一些地中海和海洋气候的影响。

葡萄园东边流淌着索恩河（la Saône），索恩河穿过马可市中心。

马贡（Maconnais）来自于其城市名“马可”（Macon）。公元前1世纪起，凯尔特人和罗马人先后在此居住，成为一个重要河港。在13世纪才成为法国统治的区域，当时的国王是圣路易（Saint-Louis）。经过一次脱离统治，15世纪时此片地区才又最终被纳入法国国土。19世纪时这里发生了拿破仑战争。本世纪80年代，该地区成为媒体焦点，因为当时的密特朗总统每年都会来这里攀登一块著名的岩石：索特留（Solutré）岩石。

最好的一片马贡葡萄园普依—富塞（Pouilly-Fuissé）就在这块岩石脚下。直到18世纪，这里都主要出产佳美种类的红酒。莎当妮葡萄渐渐增加分量，成为今天这里最主要的葡萄品种（总种植量的80%），而且莎当妮葡萄能带来更好的收成。

许多年来，马贡葡萄酒失去了一部分市场，且没有进行任何补救的措施。然而在马贡七种AOC中，物美价廉的好酒也不在少数。

最好的白葡萄酒要从普依—富塞（Pouilly-Fuissé）中找，特别是好年份的酒，异常细腻且适合陈酿。酿酒的葡萄在四个村庄周围栽种着，它们分别是：富塞（Fuissé）、Chaintré、Solutré-Pouilly 和 维尔基松（Vergisson）。

博若莱产区
BEAUJOLAIS

博若莱葡萄酒是生产于法国中部偏东的博若莱（Beaujolais）地区的葡萄酒种类。在多种博若莱葡萄酒之中，一种被称为博若莱新酒（Beaujolais Primeur）的酒种，拥有压倒性的产量与销售量及强势的行销，因此常常被误认为是唯一一种博若莱葡萄酒。

博若莱葡萄酒的特色在于它是法国境内唯一一个使用佳美葡萄（Gamay，全名应称为Gamay noir à jus blanc，白汁黑佳美葡萄）为原料制造葡萄酒的产区，使用特殊的二氧化碳浸泡法（Macération carbonique），部分酒区使用改良的半二氧化碳浸泡发酵，并且不经橡木桶陈年或只短暂陈年之后就装瓶发售。基本上，使用这种做法的葡萄酒单宁含量少，口味上较为清新、果香重，常常被形容带有梨子糖（Pear Drop）的味道，但缺点是对于习惯正

统陈年葡萄酒口味的人来说，太过年轻的博若莱葡萄酒欠缺人们对于葡萄酒所期待的标准口感。

在博若莱地区生产的葡萄酒，分别属于12个法定产区（Appellation d'Origine Contrôlée ——AOC），其中博若莱区、博若莱新酒区（Beaujolais Nouveaux/Primeurs）与博若莱村庄区（Beaujolais Villages）有不少面积的地区是互相重叠的，但博若莱地区真正最受推崇的葡萄酒，却是产自由其他10个社区性产区共同成立的博若莱酒庄区（Crus Beaujolais）。

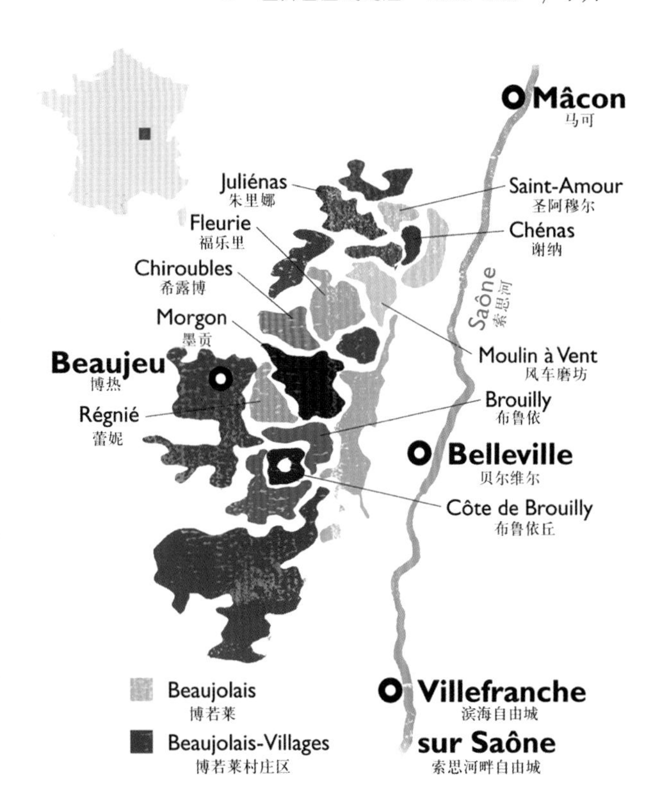

地区性（Regional）法定产区

博若莱区（Appellation Beaujolais Contrôlée）、博若莱新酒区（Appellation Beaujolais Primeur Contrôlée，或又称为Appellation Beaujolais Nouveau Contrôlée）、博若莱村庄区（Appellation Beaujolais—Villages Contrôlée）。

博若莱特级村庄酒（Beaujolais Crus）

柔和的葡萄酒

希露博（Chiroubles）：牡丹、百合、紫罗兰香。

布鲁依（Brouilly）：红色水果和李子香。

蕾妮（Regnie）：黑醋栗、黑莓、覆盆子香。

强壮的葡萄酒

福乐里（Fleurie）：花香及果香。

圣—阿穆尔（Saint-Amour）：樱桃、桃子和香料。

布鲁依丘（Côte de Brouilly）：鸢尾草、新鲜葡萄香气。

朱丽娜（Julienas）：牡丹、红色水果和桃子香。

岁月之花

谢纳（Chenas）：花香及木头香味。

墨贡（Morgon）：成熟的带核水果香气，例如樱桃。

风车磨坊（Moulin-a-Vent）：成熟的水果味，香料味。

博若莱村庄干红葡萄酒

Beaujolais Village Red

产区：博若莱（Beaujolais）
葡萄品种：100%佳美（Gamay）
陈酿时间：25%–30%新橡木桶中陈酿12个月
品鉴：具有怡人的果香，醇香浓郁，酒体柔和而清爽，单宁的结构感强，层次丰富。

甘松世家系列葡萄酒

Quinson Pere et Fils

产地：博若莱（Beaujolais）
葡萄品种：佳美（Gamay）
酒庄等级：博若莱特级村庄
品鉴：此三款村庄级博若莱葡萄酒均有着清新的口感，各种红色水果的香气，较之博若莱大区级酒有着更加丰富的口感，复杂的结构。

左图 朱丽娜干红葡萄酒
中图 布鲁依干红葡萄酒
右图 墨贡干红葡萄酒

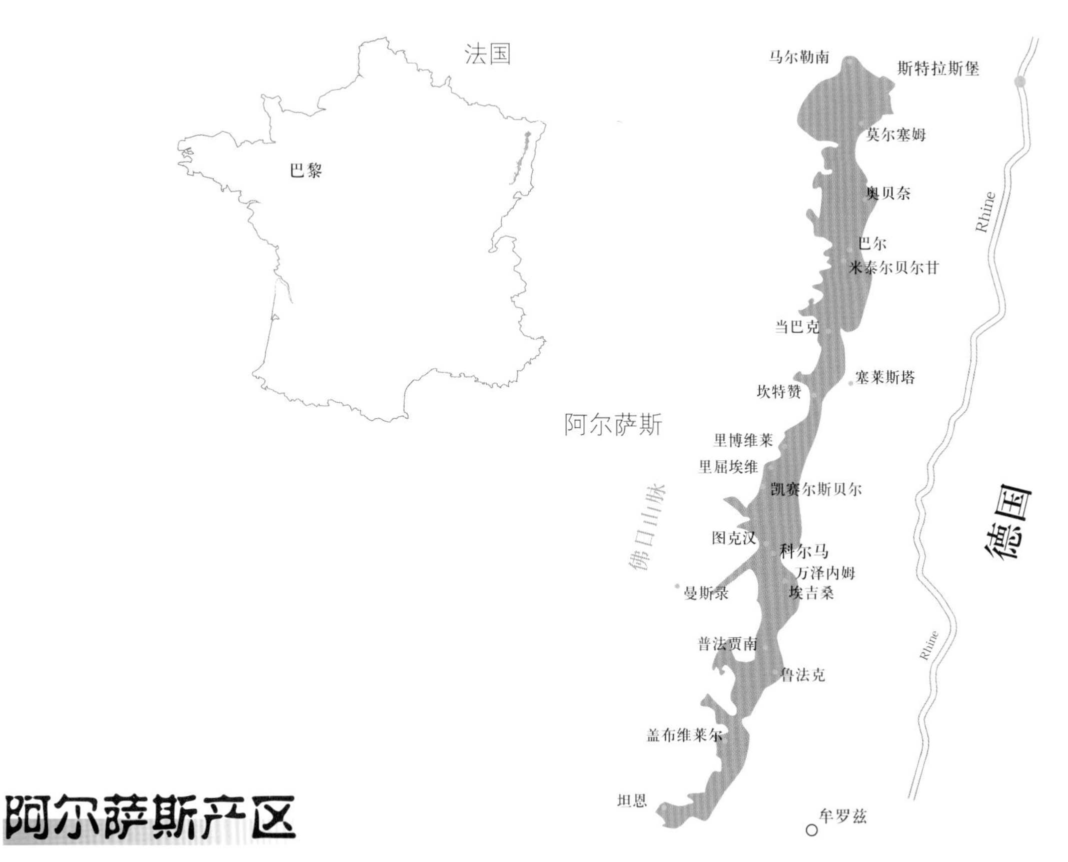

阿尔萨斯产区

ALSACE

阿尔萨斯位于法国的东北部，是法国本土面积最小的一个区，它被莱茵河南北分成两个部分：北部的下莱茵省和南部的上莱茵省。17世纪以前阿尔萨斯属于神圣罗马帝国的领土，三十年战争后被划归法国，1870年普法战争后被德国割占，第一次世界大战后法国收回，第二次世界大战期间又被德国短暂占领，战争结束后再度回归法国。由于它的地理位置，历史上的交替受到拉丁民族和日耳曼民族的深远影响，形成了独特的阿尔萨斯文化。

阿尔萨斯早就栽种葡萄，在法国加洛林王朝时期，人们为了提振精神就大量酿制、饮用葡萄酒。约在公元1000年，阿尔萨斯已有百余处村庄种植葡萄，在16世纪阿尔萨斯葡萄种植业达到了顶峰。随后被三十年战争所破坏，战争使阿尔萨斯遭到了掠夺，经济受到了巨大的影响，人口急剧下降。第一次世界大战结束后，阿尔萨斯葡萄园开始了重生。此后，葡萄种植者为了保障葡萄酒的质量，制定了相关的政策：需选用当地典型的葡萄品种酿制葡萄酒；划定葡萄园界限以及制定严格的葡萄酒生产和酿制法规等。1962年阿尔萨斯设立了“阿尔萨斯法定产区”，1975年设立了“阿尔萨斯特级酒庄”，1976年制定了“阿尔萨斯起泡酒”的标准。

阿尔萨斯的地形特点是孚日山脉占据了该区大部分领土。阿尔萨斯葡萄园受孚日山脉最高峰的遮蔽，形成半大陆性气候，降雨较少，日照光照充足，气候炎热干燥。葡萄园位于海拔高度200—400米的山丘之上，这一特殊的高度及受到最充分的阳光照射的优势，使阿尔萨斯葡萄成熟缓慢，成熟期延长，果实细腻、芳香。阿尔萨斯的地质情况极其复杂，是镶嵌式结构，有花岗岩、石灰岩、黏土、片岩和砂岩。这种多样性结构十分适合种植葡萄，同时也形成了阿尔萨斯葡萄酒独特、复杂的气质。

葡萄品种

阿尔萨斯地区的白葡萄酒最为有名，必须要提到的是，阿尔萨斯产区和法国其他产区最大的区别在于，阿尔萨斯葡萄酒是以酿酒葡萄的品名命名的，不像法国其他产地多以地区命名。当地还生产少量起泡酒和红葡萄酒。白葡萄酒酒液呈现诱人的金黄色，带有浓郁迷人的花香和果香。阿尔萨斯酒瓶高长细瘦，呈墨绿色或深棕色，完全是德国酒瓶的风格。

在阿尔萨斯地区，传统酿酒方法是将葡萄汁在古老的大橡木桶中发酵。现在越来越多的酒庄使用不锈钢罐，其好处是可以控制温度，保持酒质的清纯与果味。有时也会在发酵前用低温泡皮来萃取更多果香和获得更深的颜色。为了维持更多的酸度，大多数葡萄酒不进行苹果酸乳酸发

酵，发酵后通常立即装瓶，以保持口感的清新。大部分白葡萄酒适合在年轻时饮用，上等佳酿具有陈年的潜力。

阿尔萨斯有七大葡萄品种，六白一红，各具特色，常被比喻为七仙女。葡萄酒大多以单品种酿造，在酒标上标注葡萄品种，读起来简单易懂。

雷司令（Riesling）

甘美，纯正，含精致果香，雷司令葡萄酒带有非常细腻的酒香，隐约透露着柑橘的芬芳，但也带有花朵和矿物质的特别香气。这款无与伦比的美味葡萄酒与鱼类，甲壳类、白肉类以及腌酸菜形成绝妙的搭配。

琼瑶浆（Gewurztraminer）

琼瑶浆葡萄酒是真正的芳香综合体。醇厚，结构紧实，散发着丰富的果香，花香或者香料的香气。琼瑶浆葡萄酒通常也是圆润柔美的。不论是作为开胃酒，还是搭配异域风情的烹饪和所有芳香四溢的菜肴，或者纯正的奶酪和甜点，琼瑶浆葡萄酒都会是一个完美的选择。

灰品诺（Pinot Gris）

灰品诺葡萄酒醇厚且品质丰富。结构紧实，在口中圆润绵长，体现了灌木丛的复杂芬芳，有时带有淡淡的烟熏味道。灰品诺葡萄酒能够绝妙的搭配肥鹅肝、野味、白肉、烤肉。

麝香（Muscat）

麝香葡萄酒散发着新鲜葡萄的香味，有时候还带有鲜花的芳香。与南方的麝香葡萄酒相反，阿尔萨斯麝香葡萄酒味道甘美，在唇齿间留下美妙的感觉。它的特性使得其与开胃菜和芦笋搭配更具趣味。

白品诺（Pinot Blanc / Auxerrois）

白品诺葡萄酒散发着幽幽的果香，融合了果园中水果的香气和细腻的花香。白品诺葡萄酒结合了新鲜与柔软的特点，温柔而精致，它可以与大部分的菜肴搭配，包括格式冷餐会和海鲜。

西万尼（ Sylvaner）

西万尼葡萄酒散发着柑橘，白色花朵、鲜草的果香或花香新鲜而轻盈，可以与海鲜、鱼类或者猪肉制品搭配。

黑品诺（Pinot Noir）

黑品诺葡萄酒有着红色水果的芬芳，例如樱桃、覆盆子、醋栗，或者带有树木的清香。黑品诺葡萄酒在橡木桶中酿制，使得其结构更复杂。它能搭配红肉，野味，猪肉、山羊奶酪或者格鲁耶尔干酪。

阿尔萨斯法定产区

包含阿尔萨斯地区级、阿尔萨斯特级葡萄园和阿尔萨斯起泡酒。如果标签上标示的是高贵的混合（Edelzwicker）或者至尊帕夫（Gentil），则表示该瓶葡萄酒是由数种不同的葡萄品种混合所酿成的，并且其中至少要含雷司令、琼瑶浆、灰品诺、

阿尔萨斯城镇集市、风光

麝香葡萄中一种的50%。有时生产商为了区别不同酒的品质和级别，会在酒标上额外标注珍藏（Reserve）或特酿（Cuvee Spaciale）的字样，但是这些词汇没有任何的法律意义。

阿尔萨斯地区级（AOC Alsace）

是阿尔萨斯产区最常见的级别，占该产区80%的产量，只要是阿尔萨斯省内的葡萄都可用来酿制。与法国其他地区AOC不同，阿尔萨斯酒标上允许标出品种。

阿尔萨斯特级葡萄园

（AOC Alsace Grand Cru）

根据严格的地理及气候标准，51个产区被选定为特级酒庄，构成一张阿尔萨斯特级葡萄酒的平面图。这些法定产区的面积从3公顷到80公顷不等。阿尔萨斯葡萄酒的标签上标注了葡萄的年份、产区名称以及葡萄品种。除特殊情况，特级葡萄酒所承认的葡萄品种有：雷司令、麝香、灰品诺和琼瑶浆。阿尔萨斯特级酒庄充分展现了它的土地的杰出性，并使它的葡萄酒具有强烈的表达力和独一无二性。

阿尔萨斯特级酒庄葡萄酒的年平均产量为45000百升，相当于全部阿尔萨斯葡萄酒产量的4%。

国家葡萄酒与烈酒原产地命名研究院的专家们确定了这51个特级酒庄，并且以严格的法律保护这些产区的命名。根据2001年1月24日的法律规定，阿尔萨斯特级酒庄葡萄酒必须使用51个特级酒庄里通过手工采摘的葡萄，并且在阿尔萨斯的生产区域内部酿制而成。所有想生产阿尔萨斯特级酒庄葡萄酒的葡萄种植者或者葡萄酒酿造者，都必须在每年的3月1日之前决

定他的葡萄品种，并且使用其选定的品种酿造葡萄酒。

除了对生产上的规定，2001年1月24日的法律还在法定产区的管理方面，加强了葡萄栽培工会的作用，比如对全部的葡萄品种的规定、葡萄采摘的开始日期、对每个产区或者每个葡萄品种是否可以制定比法律规定要高的酒精度数、根据不同的产区制定不同的葡萄酒最低储备量。

除雷司令、琼瑶浆、灰品诺和麝香四种葡萄被承认外，2005年3月21日颁布的法令特许在卡弗科夫（Zotzenberg）产区内的西万尼葡萄品种可以被列入阿尔萨斯特级酒庄葡萄酒，并特许Altenberg de Bergheim产区内酿造的混合酒可以被列入阿尔萨斯特级酒庄葡萄酒。紧接着，2007年1月12日颁布的法令允许卡弗科夫（Kaefferkopf）产区内酿造的混合酒可以被列入阿尔萨斯特级酒庄葡萄酒。

阿尔萨斯起泡酒

（AOC Cremant d'Alsace）

阿尔萨斯葡萄种植区气候干燥，光照丰富，山坡朝阳，正是这种独特的地理位置和气候条件，赋予了每个葡萄品种不可复制的特性，酿造出的起泡酒细腻而精致。

阿尔萨斯起泡酒主要选用白品诺葡萄，

> 葡萄酒……适度地醉……它可以加快一个人的心智，抚慰心灵。
>
> ——安德鲁·布尔德，英国旅行家、医师、作家
>
> 古希腊哲学家第欧根尼也说，我愿意以其他任何东西为代价醉饮最好的葡萄酒。

储酒木桶

也使用灰品诺、黑品诺、雷司令或者莎当妮，通过二次发酵后，所出产的葡萄酒热烈、活泼而且精致。

20世纪初，许多阿尔萨斯葡萄酒公司使用香槟的发酵方法来酿造起泡酒但在20世纪上半叶并不兴盛。直到1976年8月24日，阿尔萨斯起泡酒原产地监控命名标准建立，这个法令的实施给予了阿尔萨斯酒庄全新的管理框架，依照香槟酒所使用的各种标准和要求，酿造高质量高品质的起泡酒。如今，阿尔萨斯起泡酒制造者联合工会已拥有超过500个会员。

迟收甜酒（Vendanges Tardives）

“迟收甜酒”这一概念可能在“阿尔萨斯法定产区葡萄酒”和“阿尔萨斯特级酒庄酒”的标签上出现，它代表了那些依照法国法定产区中最严格的标准生产出来的杰出葡萄酒。

“迟收甜酒”是在官方采摘日之后（通常是几周后），采集那些过熟的葡萄酿制而成的葡萄酒，葡萄品种多为琼瑶浆、灰品诺、雷司令或麝香。

贵腐甜酒

（Selection de Grains Nobles）

葡萄在经过贵腐（灰孢霉菌）之后再进行连续筛选、酿造所得的葡萄酒，称之为“贵腐葡萄酒”。灰孢霉菌的发展和浓缩现象使得葡萄的烈度降低，并赋予葡萄酒浓烈的芳香、丰富的构架和柔软的特质，只能有四大贵族品种酿造这一级别的葡萄酒。

雨果酒庄

Gewurztraminer Hugel

阿尔萨斯的葡萄种植酿造业已经拥有2000多年的悠久历史，以酿造全球最好的白葡萄酒而闻名。而雨果家族酿酒历史在阿尔萨斯可追溯到15世纪，并以出色的酿酒技巧以及对葡萄园的细心培育而获得令人称羡的声誉。几乎所有的法国高级餐厅都有雨果的葡萄酒，超过80%的雨果葡萄酒出口到世界100多个国家。

雨果酒庄甜白葡萄酒

葡萄品种：100% 琼瑶浆（Gewurztraminer）
品鉴：酒体颜色为柠檬黄中略有淡淡的绿色，它的明亮和清澈给人以年轻活泼的感觉，轻轻摇晃酒杯会留下多姿的酒裙。闻起来充满了植物香气，尤以迷人、清新的花束香及明朗的水果香为主，包括玫瑰、铃兰、芒果、荔枝、菠萝、百香果的香气。入口后感觉清爽，香气充盈着口腔，令人振奋。饮用最佳温度为8℃，适合2—3年内饮用。可作为开胃酒或搭配微辣的食物及重奶酪。

特林巴赫酒庄

Trimbach

特林巴赫酒庄干白葡萄酒

特林巴赫酒庄（Trimbach）和它的家乡雷伯维尔镇（Ribeauvillé）有着千丝万缕的关系。其中，古思贝格（Geisberg）和奥斯特贝格（Osterberg）两个壮阔的葡萄庄园无疑是世界上最大的雷司令酿酒葡萄地区。这里产出的葡萄酒口感醇正，结构紧实，比起其他葡萄品种，固然水果味道很少，但是其特有的矿物质味道非常突出。

葡萄品种：雷司令（Riesling）
品鉴：酒体为暗金黄色，闻起来有矿物油脂、熟杏、菠萝、青苹果的混合味道。入口味道饱满，充满整个口腔，回味悠长。酒体的平衡感很好，结构完整。是一款具有深度和个性的葡萄酒。

温巴赫酒庄

Domaine Weinbach

温巴赫酒庄（Domaine Weinbach）坐落于法国阿尔萨斯的凯塞斯贝格镇（Kaysersberg），在科尔马（Colmar）西北方向大约5公里处。该酒庄是这一地区的主宰，影响力很大，以至于附近的葡萄园都争相模仿它的酒标来提升自身的形象。在雄伟的施洛斯贝格山脚下，由修道士建立的温巴赫酒庄被葡萄树和玫瑰围绕，一条被称作“酒泉”的溪流蜿蜒其间。酒庄有一处名为“Clos des Capucins”的葡萄园，只有5公顷大，是温巴赫酒庄的中心。这里出产阿尔萨斯（Alsace）地区最顶级的甜白葡萄酒。

温巴赫酒庄甜白葡萄酒

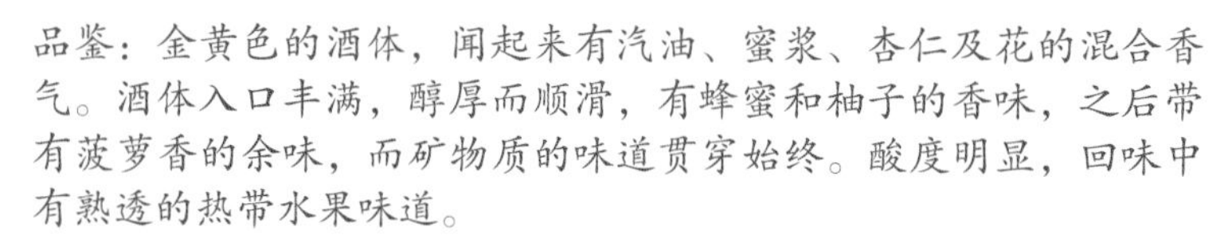

品鉴：金黄色的酒体，闻起来有汽油、蜜浆、杏仁及花的混合香气。酒体入口丰满，醇厚而顺滑，有蜂蜜和柚子的香味，之后带有菠萝香的余味，而矿物质的味道贯穿始终。酸度明显，回味中有熟透的热带水果味道。

乔士迈酒庄

Josmeyer

乔士迈酒庄（Josmeyer）由现任CEO让·梅耶（Jean Meyer）的祖父（Aloyse Meyer）在1854年建立，酒庄和葡萄园位于阿尔萨斯的中心地带科尔马（Colmar）的万泽内姆（Wintzenheim）村庄，现在完全采用有机葡萄酿造方式。

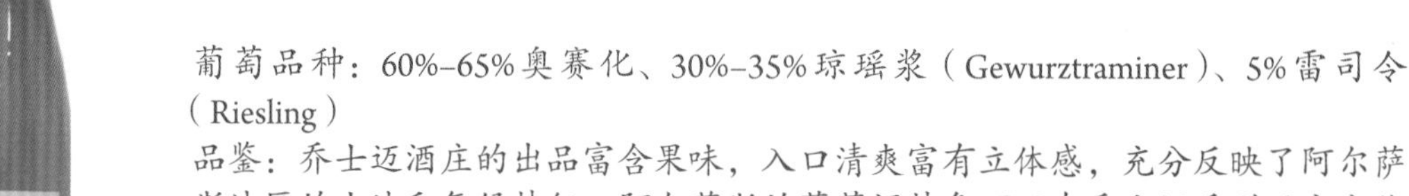

葡萄品种：60%-65%奥赛化、30%-35%琼瑶浆（Gewurztraminer）、5%雷司令（Riesling）
品鉴：乔士迈酒庄的出品富含果味，入口清爽富有立体感，充分反映了阿尔萨斯地区的土地和气候特征。阿尔萨斯的葡萄酒特色可以在乔士迈系列里充分体现，干爽、富有激情而典雅，无论是中西菜肴都可以轻而易举地同其搭配。图中这款莲白葡萄酒就是阿尔萨斯地区被称作“高贵的混合”的多品种混酿白葡萄酒。莲花是酒庄专为亚洲设计的酒标，充满东方韵味，酒标上的书法和印章由中国书画大师李鸿烈和陈树恒设计。

乔士迈酒庄干白葡萄酒

卢瓦尔河产区
LOIRE VALLEY

卢瓦尔河是法国最长的河流，它发源于法国中央高原的阿尔岱什省（Ardeche），由南向北绵延，在奥尔良市（Orleans）转向西进入南特市(Nantes)，最后流向大西洋，全长1020千米。卢瓦尔河中游的河谷地带，风光秀丽，法国历史上许多国王都在这里建立了自己的城堡，其中不乏建筑史上的珍品。一些伟大的文学家如巴尔扎克、大仲马、拉伯雷等也在此生活过并创作出流芳百世的文学巨著。卢瓦尔河谷及附近地区盛产草莓、苹果等许多鲜美果蔬，两岸布满葡萄园，因此，卢瓦尔河谷被誉为法国的“皇家后花园”。

卢瓦尔河葡萄酒一般认为始于中世纪。最开始在宫廷、贵族中流行，到了15世纪，随着贵族葡萄酒专卖权专营法令的废除，中产阶级开始了葡萄园的发展并输出海外。20世纪后，为了保证葡萄酒质量，1935年，法国建立法定原产地命名制度(AOC)。1936年，卢瓦尔河地区建立了法定原产地命名制度(AOC)。

卢瓦尔河两岸是法国最知名的葡萄酒

产地之一，它大致可以分成四个区域：中央大区（Centre）、士伦区（Touraine）、安茹区（Anjou)）和南特区（Nantais）。卢瓦尔河沿岸气候温和，南特和安茹受大西洋的影响，属于海洋性气候，上游地区偏向大陆性气候，这种多样气候使所产的葡萄酒有着不同的品质。卢瓦尔河谷地区土质复杂，既有石灰岩、火石岩和沙质岩，也有砾石、火成岩和页岩，这种极不相同的地貌，使得该地区酿造的葡萄酒种类繁多，口感丰富。四个产区总产量一半以上为白葡萄酒，四分之一为红葡萄酒，大约12%为粉红酒。

葡萄品种

卢瓦尔河地区的白葡萄品种主要是白诗南（Chenin Blanc）、长相思（Sauvignon Blanc）和密斯卡岱（Muscadet），这三个品种在卢瓦尔河地区都表现得非常精彩。白诗南常用于酿造干白葡萄酒和起泡酒，蕴含着苹果、梨以及洋槐花的香气，成熟后带有蜂蜜的甜香，口感清新，酸度较高。由于葡萄成熟后很容易受到贵腐霉感染，因此也适合酿造甜酒。长相思带有黑醋栗芽孢、芦笋香气，酸度很高，有时还伴有烟熏和矿物的风味。密斯卡岱葡萄主要种植在南特区，口感清淡，酸度较高。

最主要的红葡萄品种是品丽珠（Cabernet Franc），品丽珠非常适应该地凉爽的气候，酿出的酒带有红色水果的香气，以及一些植物的味道。大多品丽珠酿的红酒在年轻时芳香可口，柔和高酸，适合轻松饮用。也有些品丽珠在橡木桶中陈酿，口感结实，年轻时有较粗涩的单宁，具有一定陈年能力。品丽珠在卢瓦尔河也经常用来酿造桃红葡萄酒。另一个红葡萄品种果若（Grolleau）也仅在安茹种植，主要用于酿造桃红葡萄酒。酿造出的葡萄酒清淡、高酸。此外，也有一些佳美和黑品诺的种植。

卢瓦尔河产区

中央产区（The Central Valley）

在卢瓦尔河向西转向之前的东部区域都是中央产区。它在产量上是四个产区中最小的一个，但它却生产世界最著名的桑塞尔（Sancerre）与普伊—富美（Pouilly—Fumé）葡萄酒。这2个重要的小镇隔河相望，其实在地理形势与气候上更相近于勃艮第。气候是明显的大陆性气候，有严寒的冬季与炎热的夏季。夏季的冰雹与春季的霜冻严重威胁着当地葡萄园。

桑塞尔生产卢瓦尔河地区最细腻的干白葡萄酒。它囊括15个村庄，白垩石土壤，很像离它不远的夏布利（Chablis），富有海洋生物化石，有很高的渗透性。它们大部分在面向东南与西南的低山斜坡上。葡萄园基本都是以小单元分布。

与桑塞尔葡萄酒搭配的最好食物就是当地的山羊奶酪

大部分的桑塞尔都是用长相思（Sauvignon Blanc）酿造的白葡萄酒，高酸。传统上它们是用600升的大木桶进行缓慢发酵，但是现在很少用木桶发酵了，大部分都采用不锈钢发酵罐。最好的与桑塞尔搭配的食物就是当地的山羊奶酪（Crottin de Chavignol）。因为它的高知名度与有限的产量，价格也在不断提升，也并不是能每年在任何市场上都能找到的美酒。

此区大约20%是用黑品诺（Pinot Noir）来生产红葡萄酒及粉红葡萄酒。在根瘤蚜虫到来之前，这里几乎100%生产红葡萄酒。现在因为最好的土地种植了长相思，所以它的粉红酒与红酒都倾向于轻的风格。

在卢瓦尔河的对岸就是AC普伊—富美（Pouilly—Fumé），它的土壤大部分与桑塞尔相似，只是含有更多的燧石。它的酒很干，很像桑塞尔酒的风格，但是由于更多地使用橡木桶来陈酿，所以缺少了具有攻击性的青草的味道。这里不生产红葡萄酒，白葡萄酒的价格也是不菲。

在桑塞尔的西南部，生产著名的默内阁—萨隆（Menetou—Salon）。它的白垩土壤与夏布利相似。生产白、红、粉红葡萄酒，但它的价格相对于桑塞尔与普伊—富美来说就便宜很多了。

土伦（Touraine）

虽然土伦（Touraine）距入海口200公里，但它还是大陆性气候。它的葡萄园分成两大部分：西部是红葡萄酒区希农（Chinon）与布尔格伊（Bourgueil），东部是白葡萄酒区武弗雷（Vouvray）。它的红葡萄酒大部分是用品丽珠（Cabernet Franc）或者佳美（Gamay）酿造，干白葡萄酒用白诗南（Chenin Blanc）或者长相思（Sauvignon Blanc）酿造。酒标一般会表明葡萄品种。

白诗南是土伦和安茹的主要白葡萄品种，勉强成熟的用来酿造起泡酒，充分成熟的用来酿造干白及甜白。有很好的酸度，有很好的陈年能力。年轻的就可以有苹果到热带水果的味道（根据成熟的程度来看），同时也会有烟熏与矿物质的味道，或者贵腐的味道，经过陈年，发展得更加丰富圆润，带有蜂蜜的味道。

卢瓦尔河最出名的产区是希农(Chinon)，大部分酿造红葡萄酒，几乎只酿造红葡萄酒，也有用品丽珠酿造的桃红葡萄酒。根据葡萄生长的地方的不同，分3种类型的葡萄酒。最轻柔的葡萄酒出自河谷地段的沙质土地。黏土与石子地给予葡萄坚实的酒体，最细腻的葡萄酒来自石灰石的山坡上。在希农的北部是布尔格伊和圣尼古拉斯—布尔格伊（Saint—Nicolas de Bourgueil）原产地命名。品丽珠酿造的酒带有一定的乡土气息，许多是需要陈酿几年才能体现它的特点。

安茹—索姆尔（Anjou—Saumur）

安茹—索姆尔（Anjou—Saumur）是卢瓦尔河的中心地区，它的西边是密斯卡岱（Muscadet），东边是索姆尔（Saumur）小镇，在这里大陆性气候转变成海洋性气候，向西潮湿的气候增加了，冬季与夏季都没有极端的气候。土壤也由东部的石灰石与白垩土壤转为 西部的页岩土壤。最好的葡萄酒来源于河的南岸。由白诗南酿造干白、甜白，当地最出名的干红为Saumur Champigny。这里也是生产起泡酒的重要产区。

安茹生产红白与桃红葡萄酒，白诗南与品丽珠是主要的葡萄品种。果若(Grolleau)只有在安茹种植，它生产高产量的比较贫瘠酸性红葡萄酒。在安茹有三种桃红葡萄酒，Cabernet d’Anjous是最高质量的桃红葡萄酒，是中甜型的，用品丽珠与赤霞珠混合酿造。Rosé d’Anjou有一丝轻柔的甜意，是由果若、品丽珠与佳美混合酿造。最后一种Rosé de Loire是干型的桃红葡萄酒，最少有30%品丽珠的成分。

最好的安茹—索姆尔葡萄酒是用白诗南酿造的白葡萄酒。高酸与葡萄中由贵腐的葡萄发展出来的糖分产生平衡。最出名的是莱昂丘甜白（Côteaux du Layon）。另外的两个世界著名的甜白为卡—德—绍姆（Quarts de Chaume ）和邦尼舒(Bonnezeax)。

萨维涅尔（Savennieres）坐落在卢瓦尔河的北部，在18—19世纪作为甜白酒已经闻名世界了。当今它却是世界上最出色的干白葡萄酒之一。卢瓦尔河北部良好的空气对流影响了贵腐的发展，但是可以使晚收葡萄白诗南酿造出干型的酒体丰富出色复杂的干白葡萄酒。当酒年轻时可以配合带有蜂蜜的苹果馅饼，是当地很时髦的饮用方法。5年酒龄的酒适合与带有奶油佐料的食物搭配。它是白诗南最出色的表现。

南特（The Nantais）

南特（Nantes）主要的葡萄酒是密斯卡岱（Muscadet)，大片的葡萄园坐落在山坡上，最好的葡萄园在南特东部的塞弗—

马恩（Sevre et Maine）。这里的气候潮湿温暖，很少有霜冻的危害。

这里唯一的制定酿酒葡萄品种为密斯卡岱（Muscadet），作为中性葡萄品种，它带有清苹果的味道与草香味。所有的密斯卡岱都是干型的白葡萄酒，适合于年轻时饮用，一般配合海鲜特别是带壳类海鲜。

Muscadet Sevre et Maine sur Lie是一种特殊的酒，第二年春季葡萄酒直接从酒桶装瓶，酒在上一年的冬季一直与Lie（死酵母的沉淀于胶体混合物）混合接触，没有过滤。与Lie接触使酒带有更多的酒体更加圆润，丰富，并且带有酵母的特点。

特雷西城堡

Chateau de Tracy

特雷西城堡(Chateau de Tracy)是家族式酒园，古堡雄伟、富有风霜感，充满了生机。城堡酒庄的品酒屋，一进去，正面就是一个小人儿，正是酒庄的酒神。有个不成文的习惯，就是收成好的时候，酒神面冲大家，但是年份不好的时候，就要面冲墙壁了。特雷西城堡的酒以莎当妮为主，闪耀的酒体散发出浅金黄色的光泽，花香果香扑鼻诱人，圆润的口感透着清凉和柔和之感。

特雷西城堡干白葡萄酒

予厄庄园

Domaine Huet

在武弗雷（Vouvray）的酒庄中，予厄庄园（Domaine Huet）无疑是最为出色的，不仅在卢瓦尔河地区，乃至整个法国，予厄庄园酿造的武弗雷白酒都有极高的声望.

予厄庄园成立于1928年，老庄主加斯顿·予厄（Gaston Huet）从1947年开始管理酒庄，直至2002年去世。他是一个有点传奇色彩的人物，参加过世界大战，还做过武弗雷的市长。在他的主持下从1988年开始进行生物动力学法种植葡萄，这是一种顺应自然规律，完全不使用人工合成药剂化肥的种植方法。因此生产出来的酒不仅香气浓郁而且带有着明显当地土壤的特点。现在这个传统被他的酿酒师女婿诺厄尔·平基（Noel Pinguet）坚定地继承着。

酒庄的酿造工艺在当地是比较罕见的，酒庄中所有的葡萄园都有理想的向阳性，保证充足的光照，葡萄成熟度也能达到最高，因而生产出该产区最醇厚、最持久的葡萄酒。好年份的酒可以保存50年甚至更久。酒庄以生产具有陈年潜力的白诗南葡萄酒而闻名。

予厄庄园干白葡萄酒

菲利普爱耶庄园

Domaine Philippe Alliet

菲利普爱耶庄园（Domaine Philippe Alliet）位于卢瓦尔河谷希农（Chinon）酒区，是酿造希农红酒的最好酒庄之一。希农地区拥有长久的培植白、绿葡萄历史，但是本区最具代表性的酒却是香醇的红酒。希农城是圣女贞德第一次晋见皇太子查理的地方，除了古堡，数百年历史的浓郁红酒也很值得一尝。

菲利普爱耶干红葡萄酒

希农红酒的关键是选用品丽珠葡萄，这种葡萄的祖先来自酒乡波尔多，是另一种知名红葡萄赤霞珠的分支。这个品种的味道变幻无常。由于当地的制酒厂多将希农红酒装在小木桶里储藏，因此酒的甜葡萄味较弱，偏好不甜的酒客，这里的红酒肯定能让你陶醉。

菲利普爱耶干红葡萄酒属于口感清淡、中稠度的红酒，所以适合搭配诸如烤鸭、熏鸡、炒面、嫩禽肉及主食。

罗纳河谷产区
RHÔNE VALLEY

罗纳河谷位于法国东南部，处于里昂城与普罗旺斯区之间。这里温暖如春，终日阳光明媚。也许正是罗纳河（Rhône）的艳红长日带来了这里浑厚、饱满、浓烈的红葡萄酒。

据考古表明，早在公元1世纪，随着罗马人征服高卢，罗马人就发现了罗纳河谷两岸是种植葡萄的宝地，这里便成为法国葡萄酒的发源地。100多年后，葡萄种植才传到波尔多等地区。

罗纳河谷产区沿罗纳河谷的狭长地带自北向南呈条状分布，长约200公里。因气候和土壤条件不同，又可分成北部和南部两大区域。北罗纳河谷地区，气候属大陆性气候，干而冷的北风加速葡萄成熟。共有西拉（Syrah）等4种法定葡萄品种。其葡萄园多在陡峭的河岸山坡上，形如梯田。南罗纳河谷地区，气候属地中海气候，阳光充足，雨量充沛，也有干冷的强风。共有歌海娜（Grenache）、慕为怀特（Mourvèdre）等13种法定葡萄品种。其葡萄园多是鹅卵石土壤，成为独特的景观。据说世界上酒精度最高的葡萄酒就产自于此，正是因为这鹅卵石地貌——鹅卵石白天吸收太阳阳光热量，夜晚再散发给葡萄树，使葡萄更加成熟，酒精度高。

按照自然组合，罗纳河谷产区所使用的葡萄品种来自三大葡萄生长区。可以说法国地中海地区是神索（Cinsault）、克莱雷特（Clairette）和布尔朗克（Bourboulanc）这三个葡萄品种的家乡。歌海娜、佳丽酿和慕为怀特，是大约两个世纪以前由人们从西班牙的一些地方带来的。西拉（Syrah）、胡珊（Rousanne）、马珊（Marsanne）和维欧尼（Viognier），一般认为是来自多菲内森里的野生葡萄。在罗纳河谷产区原产地命名的规定中共允许使用21个葡萄品种。

分级制度

罗纳河谷并没有像波尔多（Bordeaux）和勃艮第（Burgundy）那样的分级制度（Grand Cru Class），仅仅按地区分为最低级的地区级（Côtes du Rhône）AOC、中级村庄级AOC（又可分为村庄级和优质村庄级AOC）和最高级上等葡园级AOC。而且大多数地区级酒都来自于南罗纳河谷地区，北罗纳河谷地区面积较小，以村庄级为主。

罗纳河谷葡萄酒产区
Wine Regions of Rhone

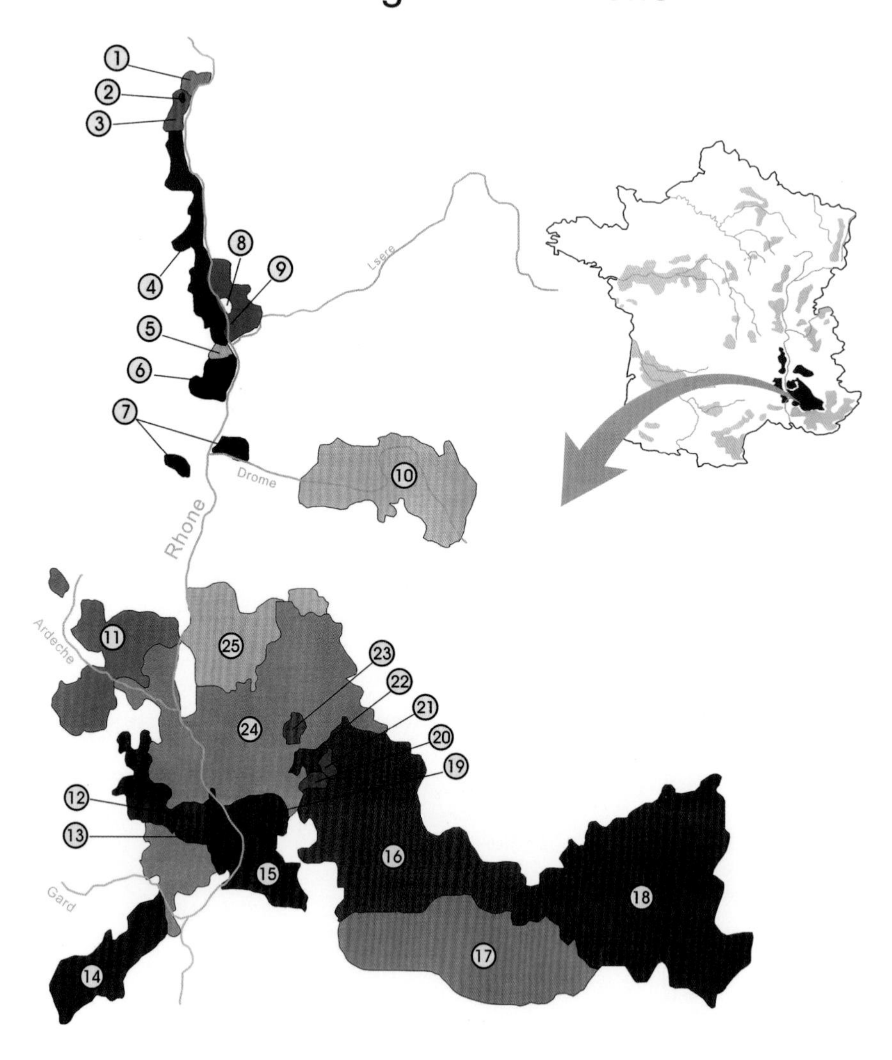

1. Cote Rotie 罗帝丘
2. Chateau Grillet 葛莉叶堡
3. Condrieu 孔德里约
4. St-Joseph 圣乔塞夫
5. Cornas 科尔纳斯
6. St-Peray 圣佩雷
7. Cotes du Rhone 罗纳河丘
8. Hermitage 埃米塔日
9. Crozes Hermitaga 克罗兹-埃米塔日
10. Clairette de Die 黛-克莱尔特
11. Cotes du Vivarais 维瓦莱丘
12. Lirac 利哈克
13. Tavel 达维
14. Costieres de Nimes 尼姆丘
15. Cotes du Rhone 罗纳河丘
16. Cotes de Ventoux 望都丘
17. Cotes du Luberon 吕贝隆丘
18. Coteaux de Pierrevert 绿石丘
19. Chateauneuf-du-Page 教皇新堡
20. Vacqueyras 瓦克雅
21. Beaumes-de-Venise 伯姆维尼斯
22. Gigondas 吉贡达
23. Rasteau 哈斯图
24. Cotes du Rhone-Villages 罗纳河谷村庄
25. Coteaux du Trivastin 特里加斯丹丘

罗纳河谷葡萄园

(1) 产区级AOC葡萄酒[罗纳坡地地区酒 (AOC CDR Regional)]

位于维也纳城 (Vienne) 至瓦伦斯 (Valence) 地区和瓦伦斯 (Valence) 至阿维农 (Avignon) 地区的法定产地都允许生产罗纳坡地地区酒，种植面积40200公顷。6000个生产商，单位产量为52百升/公顷，红葡萄酒和桃红酒，黑歌海娜 (Grenache noir) 葡萄最少使用40%，(使用单一品种西拉的北罗纳河谷除外)。白葡萄酒，六大品种之一必须超过80%，所有葡萄酒最低自然酒精度不得低于11

度。标签上标注为：Côte du Rhône和Appellation+ Côte du Rhône（罗纳河谷产区）+Controlee 。

（2）村庄级AOC葡萄酒[（罗纳坡地村庄酒（AOC CDR Villages）]

集中于南罗纳河谷，位于德龙省（Drome）、沃克吕兹省（Vaucluse）、加尔省（Gard）和阿尔代什省（Ardeche）的95个村庄允许生产该级别酒，种植面积4550 公顷，单位产量为45 百升/公顷。红葡萄酒，黑歌海娜（Grenache noir）最少为50%，西拉（Syrah）或慕维怀特（Mourvedre）最少为20%，其他品种不得超过20%。桃红酒，除品种比例和红葡萄酒有相同限制外，混入的白葡萄酒品种不得超过20%（6大白葡萄品种）。白葡萄酒，除6大品种之外其他不许超过20%。所有葡萄酒最低自然酒精度不得低于12度，标签上标注为：Côte du Rhône villages和Appellation+Côte du Rhône villages+Controlee。其中，只有16个村庄可以在酒标上标明其村庄名，称为上等村庄或者优质村庄酒（AOC CDR Villages Communaux）。这些村庄有5 个在德龙省（Drome），3 个在加尔省（Gard），8 个在沃克吕兹省（Vaucluse），种植面积为4950 公顷，单位产量为42 百升/公顷，除遵守村庄酒相同条例外，红葡萄酒最低自然酒精度不得低于12.5度，标签上标注为Appellation +Côte du Rhône villages +村庄名+ Controlee。这16个村庄分别是：Rochegude、Rousset les Vignes、Saint—Maurice、Saint Pantalreon les Vignes、Vinsobres、Chuselan、Laudun、Saint Gervais、Beaumes de Venise、Cairanne、Rasteau、Roaix、Sablet、Séguret、Valreas、Visan。其中的Beaumes de Venise村庄用密斯卡岱葡萄所酿的天然甜酒很著名。

（3）上等葡园AOC葡萄酒（AOC Crus des CDR）

罗纳河谷上等葡萄园级葡萄酒，具有好骨架和肌肉，善于陈放，是罗纳坡地最值得收藏的酒，标签上可直接标注产地名：Appellation+葡萄园名称+ Controlee。罗纳河谷享有盛名的具有各自风格的13个上等葡萄园分别是：

北罗纳坡地8个：Côte Rotie、Condrieu、Chateau Grillet、Saint Joseph、Hermitage、Crozes Hermitage、Corna、Saint Peray。

南罗纳坡地6个：Gigondas、Vacqueyras、Chateauneuf du Pape、Lirac、Tavel、Vacqueyras。

其中，北罗纳河谷以埃米塔日（Hermitage）最为著名。南罗纳河谷以教皇新堡（Chateauneuf-du-Pape）最为著名。南罗纳河谷Tavel以桃红酒著名，是法国最好的桃红葡萄酒。

北罗纳河谷

The Northern Rhône

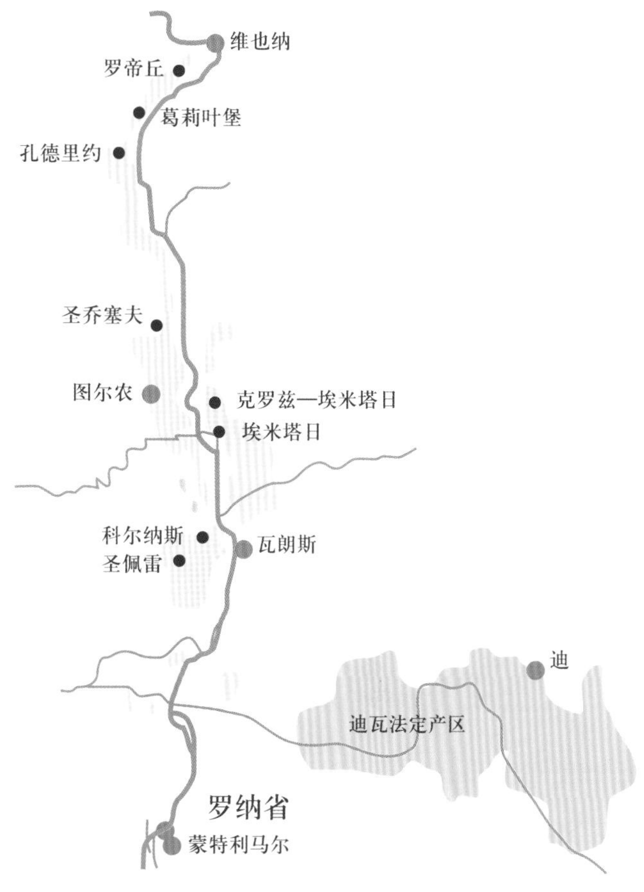

北罗纳河谷地区，与勃艮第(Bourgogne)产区接壤，属大陆性气候，深受干燥冷风的影响，葡萄成熟较快。葡萄园多位于陡峭的河岸和山坡，呈梯形分布，以花岗岩土壤为主，擅长于酿制芳香四溢的白葡萄酒。产量占罗纳河谷5%，最好的葡萄园种植在朝南陡峭山坡上。大陆型气候，夏季温暖，冬季严寒。

葡萄品种

西拉（Syrah）：唯一允许在北罗纳河谷种植的红葡萄品种，颜色深，高单宁，有着黑色水果、黑胡椒和花香，陈年后有肉味。

维欧尼（Viognier）：低酸度，高酒精度，有杏味、辛香以及花香，为与其混酿的西拉带来细腻口感。

马珊（Marsanne）：可产生浓郁的酒体。

胡珊（Roussanne）：具有良好的酸度及清新的果味。

主要产区

罗帝丘（Côte—Rotie AC）：精致的西拉，色深，浓郁，辛香以及花香，口中非常典雅。

孔德里约（Condrieu AC）：维欧尼，高品质的葡萄酒来自低产量老藤葡萄园。

圣乔塞夫（Saint—Joseph AC）：酒体较轻，有着覆盆子以及胡椒香气的西拉。

埃米塔日（Hermitage AC）：北罗纳河谷西拉中酒体最丰满的产区。

克罗兹—埃米塔日（Crozes—Hermitage AC）：高产量中等价位的葡萄酒。

科尔纳斯（Cornas AC）：100%西拉，颜色深酒体偏重。

葛莉叶堡

Chateau Grillet

葛莉叶堡干白葡萄酒

法国罗纳河谷产区的葡萄园95%以上出产红酒，仅5%生产干白葡萄酒。生产干白的佼佼者乃是位于罗纳河谷上游、在红酒产地蒙帝丘陵南边的葛莉叶堡（Chateau Grillet）。葛莉叶堡葡萄园仅3公顷大，但却在1936年起独立成为一个法定产区，成为法国最小的法定产区。

葛莉叶堡专门种植维欧尼（Viognier）葡萄，土壤为碎花岗碎花岗石。葡萄园向南，阳光充足，不受北风侵袭。葡萄生长良好，而且采用精工细作的种植方法。酒庄的葡萄酒至少要在橡木桶中熟成2年，香气浓郁细腻，口感饱满圆润，有蜂蜜、核桃、水蜜桃、野花、紫罗兰等混杂的气味。葛莉叶堡产量极少，每年仅生产1万瓶而已。

奥古斯·克拉普酒庄

Domaine Auguste Clape

奥古斯·克拉普酒庄干红葡萄酒

奥古斯·克拉普酒庄（Domaine Auguste Clape）位于法国罗纳河谷北部AOC法定产区高纳斯（Cornas），由现任庄主皮埃尔—马利·克拉普（Pierre-Marie Clape）的父亲奥古斯都创立于1949年，种植的葡萄品种全部为西拉，面积只有5公顷，年产量只有1.5万支左右。葡萄园中许多老藤的树龄已近100年。葡萄被栽种在花岗岩地层上，享受着充足的阳光日照。在罗纳河谷北部，高纳斯虽然没有罗帝丘和埃米塔日那么高的知名度，但1995年克拉普酒园高纳斯却是英国《滗酒器》杂志（Decanter）2004年评出的“今生必喝的100支葡萄酒”之一，入选该排行榜的罗纳河谷葡萄酒只有9支。

葡萄品种：西拉(Syrah)
陈酿时间：法国橡木桶陈年12个月以上

让·路易沙夫酒庄

Domaine Jean—Louis Chave

让·路易沙夫酒庄（Jean-Louis Chave）是罗纳河谷 教皇新堡（Chateauneuf-du-Pape）产区的名庄之一。教皇新堡产区是罗纳河谷最具盛名的产区，地处罗纳山麓最干燥的地区，以出产优质上乘的酒款而闻名。而路易·沙夫酒庄得天独厚的地理优势也在其各酒品中得到充分体现。

让·路易·沙夫（Jean-Louis Chave）和他的父亲堪称世界最优秀的酿酒师，他们家族已拥有将近600年的埃米塔日（Hermitage）葡萄酒酿制历史。沙夫家族拥有埃米塔日山上37英亩的葡萄园。

在路易·沙夫酒庄里，不同风土栽培的葡萄被分装在不同的不封口的小木桶或小不锈钢酒罐中酿制。白葡萄酒在橡木酒桶中酿制，这是由让·路易在20世纪90年代中期发明的一种新技术。10—12个月之后，他们会细心品尝各个酒罐和酒桶中的佳酿，然后把认为可以酿出传奇沙夫埃米塔日葡萄酒的混合在一起，之后葡萄酒就会和酒槽一起发酵。红葡萄酒要在酒桶或小号卵形大木桶中发酵14个月以上，然后过滤装瓶。出自沙夫的略带激进想法的一款奢华佳酿第一次酿制是在1990年，而且只在最佳年份才会酿制。

路易·沙夫酒庄葡萄酒的成功，其原因一是葡萄树产量低，葡萄采收晚，所以在生理上完全成熟；二是葡萄酒的发酵过程中没有任何人工操作，只做稍微澄清后，不过滤直接装瓶。

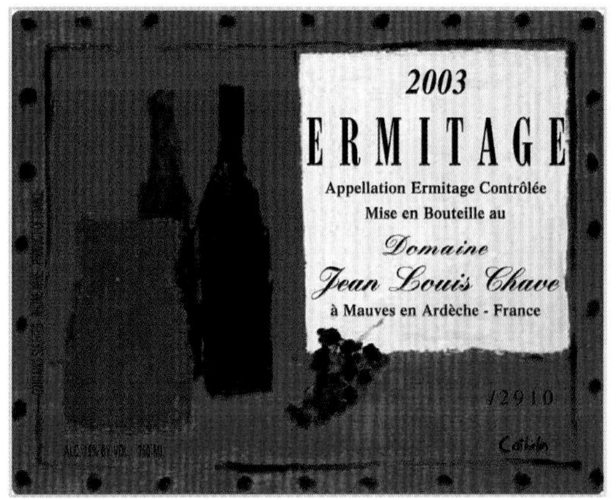

让·路易沙夫酒庄干红葡萄酒

葡萄品种：西拉（Syrah）、马珊（Marsanne）、胡珊（Rousanne）

南罗纳河谷

The Southern Rhône

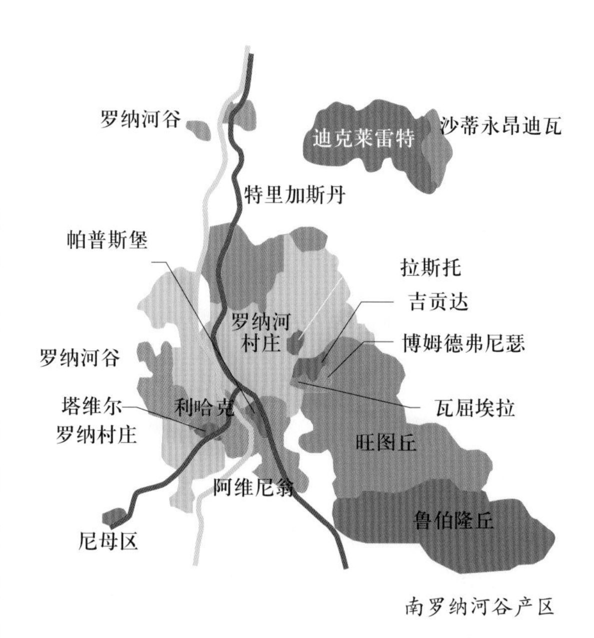

南罗纳河谷产区

南罗纳河谷地区沐浴在地中海的阳光和海风之中，阳光充足，雨量充沛，时而有干冷的强风光顾。同时葡萄园内的鹅卵石土壤为该产区增添了一道独特的风景，这为世界上酿制酒精度最高（16.2%）的葡萄酒提供绝佳的先天条件。占罗纳河谷总产量的95%，葡萄园大多在平坦的坡地。地中海式气候，冬天温和夏天干燥炎热。土壤多石头，吸收热量，帮助葡萄成熟。

葡萄品种

歌海娜（Grenache）：可在干燥多风炎热的条件下良好成熟，集中辛辣的红色水果风味。

慕为怀特（Mourvedre）：需要炎热的生长条件，颜色深，高单宁，酒中有肉味。

神索（Cinsault）：具有辛香果味。

分级制度

Côtedu RhôneAC；Côte du Rhône Villages AC；Chateauneuf-du-Papa AC

第一个得到AOC命名的产区，平坦的坡地，最好的酒有着丰满的酒体，浓郁的口感，红色水果与高酒精度的平衡感。

Tavel AC Lirac AC

特级村庄

Gigondas AC；Vacqueyras AC；Beaumesde VeniseAC；Vinsobres AC

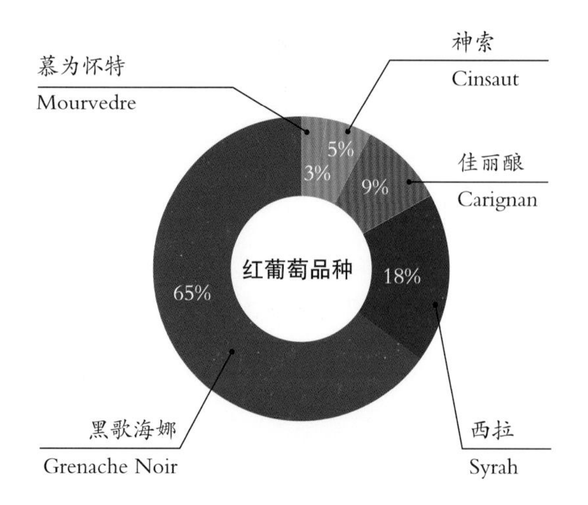

帕普酒庄

Clos des Papes

帕普酒庄（Clos des Papes）始建于1756年，到18世纪末酒庄才开始出品葡萄酒，1802年酒庄取名为帕普酒庄。酒庄拥有29公顷的葡萄园，却种植13种法定可使用的葡萄，这样的酒庄在法国寥寥无几。

帕普酒庄的老庄主保罗·艾维尔（Paul Avril）一生对教皇堡区都有非常大的贡献，早于1963年时，他便继承了家族的帕普酒庄，当年所有教皇堡区的葡萄酒都并非由酒庄自行装瓶，保罗·艾维尔便是第一个在教皇堡区内推广酒庄自行装瓶的人，该举动在当年可算是非常大胆。

保罗·艾维尔从1963年至1987年都在帕普酒庄内工作，在此其间，他酿造的1978年帕普酒得到了有史以来的最高评价99分。酒庄现由老庄主的儿子保罗·文森特·艾维尔（Paul -Vincent Avril）经营。

在葡萄酒爱好者心目中，帕普酒庄的地位并不比波尔多五大名庄低，2007年美国权威葡萄酒杂志Wine Spectator的百大葡萄酒评选中，帕普酒庄名列第一（2003年曾经名列第二名）。

帕普酒庄干红葡萄酒

老电报酒庄

Domaine du Vieux Telegraphe

老电报酒庄（Domaine du Vieux Telegraphe）于1898建立，位于教皇新堡产区最高的地方。酒庄由布鲁尼家族经营，有着一百多年历史。现庄主是酒庄的第四代传人，家族将精益求精酿造高品质好久的理念一代一代地传承下去。目前老电报酒庄在教皇新堡占地173英亩，由费雷德里克·布鲁尼（Frederic Brunier）和丹尼尔·布鲁尼（Daniel Brunier）兄弟合作打理。

老电报酒庄干红葡萄酒

酒庄多使用罗纳河谷的典型葡萄品种黑歌海娜（Grenache Noir），赋予了葡萄酒刚烈有力的个性。酒香清新、强劲，酒体醇厚大气。为了保存祖传的酿酒传统和工艺，老电报酒庄的每瓶葡萄酒都不进行过滤，将葡萄酒浓郁的原汁原味保留瓶中。尽管葡萄酒会有少许沉淀让人看起来感觉清澈度不够，但就像庄主所说，只有这样，才能最大限度地保持老电报的高贵家族血统和葡萄酒的天然美味。

莎普蒂尔酒庄

M. Chapoutier

莎普蒂尔酒庄（M. Chapoutier）创立于1808年，拥有罗纳河谷5个产区内175公顷的葡萄园。现在酒庄由精力充沛的米歇尔·莎普蒂尔（Michel Chapoutier）先生掌管。米歇尔开始经营酒庄后，酒庄的酿酒质量进步很快，酿酒哲学也发生改变。他完全改变了莎普蒂尔葡萄酒的酿制方式和酿酒程序，使其酿制的葡萄酒可以和罗纳河谷产区最出色的酿酒师马塞尔·吉佳乐（Marcel Guigal）所酿制的葡萄酒相匹敌。

酒庄的葡萄园遍及罗纳河谷到教皇新堡各个产区，拥有多个优质葡萄园，种植的主要葡萄品种有：西拉（Syrah）、歌海娜（Grenache）、玛珊（Marsanne）、胡珊（Roussanne）等。酒庄奉行“单品种”（即完全只用单一品种酿制葡萄酒）策略，如莎普蒂尔罗第丘（Côte—Rotie）葡萄酒用的全是西拉，埃米塔日（Hermitage）白葡萄酒用的全部是玛珊，而教皇新堡（Chateauneuf—du—Pape）葡萄酒全部用的是歌海娜。

莎普蒂尔酒庄从1989年开始采用生物动力耕种和酿造方法，目的是酿造最纯粹、最接近天然风土条件的葡萄酒。葡萄栽培和酿制过程的每一个决定、每一个步骤都是为了增加葡萄酒的风土条件、品种特性和年份特性。发酵时只采用野生酵母，并且在小橡木桶中酿制，酒庄最优质的红葡萄酒和白葡萄酒在装瓶前不再进行澄清和过滤。

莎普蒂尔酒庄干红葡萄酒

海雅丝酒庄

Chateau Rayas

早在1880年，艾伯特·雷诺(Albert Reynaud)将军买下了位于罗纳河谷的海雅丝酒庄(Chateau Rayas)。如今海雅丝酒庄由伊曼纽尔·雷诺(Emmanuel Reynaud)掌管。雷诺家族拥有该酒庄已长达120多年的历史。酒庄在雷诺家族四代人的努力经营下从默默无闻的一个小酒庄，逐渐成为罗纳河谷知名的顶级酒庄。

海雅丝酒庄最初被艾伯特·雷诺购买时，仅拥有一个不起眼的小葡萄园，其土壤是沙地，且朝北，保温性能和日照都不尽如人意。现在酒庄拥有25公顷的葡萄园，葡萄藤的平均树龄已达35年。酒庄的成功全在于庄主的执著与创新。本来教皇新堡(Chateauneuf—du—Pape)地区的酿酒传统是混合多种葡萄品种进行酿酒，但艾伯特·雷诺先生却独辟蹊径，放弃教皇新堡使用多种葡萄混酿的传统，采用本地歌海娜(Grenache)葡萄和少量的西拉(Syrah)葡萄酿造。最后克服种种缺点，酿出顶尖的海雅丝教皇新堡红葡萄酒(Chateau Rayas，Chateauneuf—du—Pape)。此葡萄酒在推出市场前会在旧木桶中熟成2—3年，而且产量很低，价格称雄教皇新堡地区。外界对此酒的评价甚高：1996年份的红葡萄酒在2006年就被《葡萄酒观察家》评为98分，分数是当年此产区之冠。海雅丝酒庄红葡萄酒口感绸滑，香气优雅；白葡萄酒口感清爽，留香持久。

海雅丝酒庄干红葡萄酒

博卡斯特尔酒庄

Beaucastel

从16世纪开始，博卡斯特尔(Beaucastel)家族已经生活在法国库特伦(Courthezon)地区。1549年，博卡斯特尔家族在这里买了一间谷仓以及附近的土地。之后，家族在此修建了庄园，一直保存至今。酒庄在让—皮埃尔(Jean—Pierre)和弗朗索瓦(Francois)两兄弟手中焕发出新的光彩。如今，酒庄事务由让—皮埃尔的儿子接管。

博卡斯特尔酒庄面积达130公顷，其中100公顷种植葡萄树，剩余的30公顷用于轮流种植葡萄树。每年将1—2公顷的老葡萄树连根挖起，然后在已经休养10年以上的空地上重新种植同样面积的新葡萄树。葡萄园内典型的土壤条件是众多的砾石，通风良好，多孔，渗水性强，这使得葡萄树根深、健壮。此外，葡萄园内完全使用有机肥料。葡萄园内目前仍种植教皇新堡法定产地批准的13类葡萄品种，其中红葡萄品种主要有：慕为怀特(Mourvedre)、黑歌海娜(Grenache Noir)、西拉(Syrah)、神索(Cinsault)和古诺瓦兹(Counoise)，白葡萄品种主要有胡珊(Roussanne)和白歌海娜(Grenache Blanc)。

经过手工采收的葡萄在运往酒窖之后，都需要经过精心筛选，只有品质最佳的葡萄才能进入酿造环节。在经过彻底的去梗之后，葡萄被装入发酵大桶，进行传统的酿造。

博卡斯特尔酒庄生产红葡萄酒和白葡萄酒，在过去30年一直被认为是教皇新堡地区最伟大的酒庄之一。现在它的产品中很多都是世界顶级好酒。

博卡斯特尔酒庄干红葡萄酒

圣杜克酒庄

Domaine Santa Duc

圣杜克酒庄（Domaine Santa Duc）不仅是吉恭达斯（Gigondas）地区一个重要的庄园，而且是罗第丘区内一个值得关注的酿酒厂。酒庄葡萄园占地面积达到17英亩，现由伊弗·格拉斯(Yves Gras)掌管。圣杜克酒庄成为吉恭达斯质量第一的酒庄只花了十多年的时间，其功臣非伊弗·格拉斯莫属。伊弗用来酿制吉恭达斯高灌木丛红葡萄酒（Hautes Garrigues - Gigondas Rouge）的葡萄都采收自50年的山坡葡萄园，种植70%歌海娜（Grenache）、15%西拉（Syrah）和15%慕为怀特（Mourvedre），平均产量低得惊人，只有0.5吨/公顷。低产量是该酒庄的特征，所以经典的葡萄酒酒精度都为13%–14%，而且像1989年和1990年这样的年份，酒精量更会高达15%，但因为酒中水果和萃取物的强度较高，它的酒精度并不明显。吉恭达斯高灌木丛红葡萄酒比正常陈酿（30%在100%全新橡木桶中陈酿）的橡木味更浓，也包含大量的慕为怀特，有时高达30%。圣杜克酒庄超过90%的葡萄酒都卖给了出口市场，像新加坡、澳大利亚和南美洲这些遥远的地方都会进口精致的吉恭达斯葡萄酒。罗伯特·帕克曾说，圣杜克酒庄将健壮、丰富以及吉恭达斯的经典活力与高度的优雅和纯粹完美地结合在一起，恰好这正是这个产区很多葡萄酒都欠缺的特性。

圣杜克酒庄干红葡萄酒

吉佳乐世家酒庄

E.Guigal

吉佳乐世家酒庄（Etienne Guigal）是罗帝丘（Côte-Rotie）最富盛名，也是最重要的酒庄。1946年，艾蒂安·吉佳乐（Etienne Guigal）在罗帝丘的酿酒中心阿布斯村（Ampuis）创建了该酒庄。阿布斯村历史悠久，其葡萄园已有超过2400年的历史，至今仍保留着罗马时代的建筑物。1923年，14岁的艾蒂安·吉佳乐来到这里并投身于酿酒业，1961年马赛尔·吉佳乐（Marcel Guigal）接替了父亲管理酒庄。在马赛尔的努力下，吉佳乐世家酒庄开始收购一些知名的酒庄，实力不断提升。现在，该家族的第3代成员菲利普·吉佳乐（Philippe Guigal）担任着该酒庄的酿酒师，与伯尔纳德（Bernadette）、马塞尔（Marcel）一起构成酒庄的核心力量。

吉佳乐世家酒庄的酒窖至今仍位于阿布斯村，生产罗帝、恭得里奥（Condrieu）、埃米塔日（Hermitage）、圣乔瑟夫（St.-Joseph）以及克罗兹埃米塔日（Crozes-Hermitage）等多个AOC酒款，而该酒庄在罗纳河谷南部生产的教皇新堡（Chateauneuf-du-Pape）、吉恭达斯（Gigondas）、塔维勒（Tavel）和罗纳河谷丘（Côtes du Rhône）的酒款也会在这里陈年。酒庄的总部位于阿布斯堡（Chateau d'Ampuis），这座城堡建于12世纪，周围环绕着大片的葡萄树，曾接待过多位法国君主，现已成为当地的名胜。

吉佳乐世家酒庄共拥有超过45公顷的葡萄园，全部使用有机肥料。白葡萄酒使用木桶发酵，红葡萄酒在不锈钢酒槽发酵，所有的葡萄酒发酵都不添加人工酵母，酿造时也很少过滤和翻桶，尽量减少人为的因素干扰发酵和陈酿过程。酒庄的葡萄酒瓶型外观和标签风格都保持一致，但所属众多不同的葡萄园所酿的酒使用不同的标签来区分，对于从其他葡萄园收购回来酿的酒和用收购回来原酒调配的“酒商酒”，则通过酒瓶上的凸纹图案不同来区分。

吉佳乐世家酒庄干红葡萄酒

德拉斯兄弟酒庄

Delas Freres

德拉斯兄弟酒庄（Delas Freres）的发展源头可以追溯到19世纪。1835年，查理斯·奥迪伯特（Charles Audibert）和菲利普·德拉斯（Philippe Delas）成立了一间公司，并从事酒商工作。后来菲利普·德拉斯的两个儿子，亨利（Henri）和弗罗伦丁（Florentin）分别娶了奥迪伯特的两个女儿，使德拉斯和奥迪伯特实际上成为一家1924年，亨利和弗罗伦丁共同继承了这个酒庄，并将其更名为“Delas Freres”，意为“德拉斯兄弟”。之后，德拉斯兄弟继续扩展酒庄的葡萄酒市场和家族葡萄种植园，他们不但买下了 教皇新堡（Chateauneuf-du-Pape）的一处葡萄园，还扩大了埃米塔日（Hermitage）的葡萄种植面积，以保证提供充足的优质葡萄酒。

德拉斯兄弟酒庄现任负责人法布斯·罗塞特（Fabrice Rosset）于1996年接管酒庄管理，孕育出了酒庄更新的计划并获得了一系列的投资。所有陈酿设备得到了重建，新酒窖全部依照酒庄对葡萄酒质量的最新规则而设计，使这间古老酒庄再度迸发出昔日的激情。

德拉斯兄弟酒庄并不特别强调使用新橡木

桶，只有来自最好葡萄田产的葡萄酒才会用新木桶来陈酿。陈酿期满后，酿酒师将一桶一桶地进行品尝，并按不同的陈年效果进行调配。装着白葡萄酒的木桶在木条上放置6—8个月，直到具有足够的丰满度和结构后，还要经过滤后才能装瓶。德拉斯兄弟酒庄的地下酒窖里面有所有由最完善的保存技术保存起来的葡萄酒，每瓶都能达到最充盈的陈年品质。酒窖里面还有一面著名的酒墙，里面保存着所有款式不同年份的葡萄酒。

德拉斯兄弟酒庄扮演着三种身份：庄园主、合伙人和酒商。作为酒商，除销售自产葡萄酒以外，也购买罗纳河谷南部地区一些酒庄的成酒。这些酒庄分属于罗纳丘（Côtes du Rhône）、旺图丘（Côtes du Ventoux）、教皇新堡（Chateauneuf-du-Pape）、吉恭达斯（Gigondas）和瓦凯拉（Vacqueyras）几大产区。所有的酒都在当地的酒庄直接酿造、陈酿和调配，但在工艺上均由德拉斯兄弟酒庄的技术部门负责。

朗佛斯干红葡萄酒

Delas Les Launes

产区：克罗兹—埃米塔日法定产区
葡萄品种：黑歌海娜（Grenache Noir）、西拉（Syrah）
品鉴：深石榴红色，果香浓郁，带有强烈的黑醋栗和李子的香味，还带有些许紫罗兰的芬芳。饱满，丰富，单宁感强烈。
搭配：可搭配烤肉或是任何风味的菜肴。

尚皮埃尔干红葡萄酒

Delas Haute Pierre

产区：罗纳河谷教皇新堡
葡萄品种：90%歌海娜（Grenache Noir）、10%西拉（Syrah）
品鉴：深石榴红色，散发出强烈的辛辣香气，表现出饱满强劲的酒体以及精致典雅的单宁。入口柔滑，饱满，圆润，余味中还留有些许甘草的芬芳。
搭配：与传统的法国菜或普罗旺斯菜都是绝佳搭配的。

远眺鲁西荣产区

朗格多克—鲁西荣产区

LANGUEDOC — ROUSSILLON

世界上再也没有哪个产区拥有如此多种多样的土壤和葡萄品种。朗格多克—鲁西荣大区生产种类丰富的法定产区葡萄酒和奥克保护地区餐酒。葡萄酒不但特征突出，而且品质优良。作为首个法国有机葡萄酒产区，朗格多克—鲁西荣以其尊重环境的种植方法而享有盛名。除此之外，酒农的热情、几千年传承的酿造工艺以及独特的葡萄酒旅游资源，均赋予了这片土地以独一无二的特色。

朗格多克产区（Languedoc）

朗格多克是法国葡萄酒的10大产区之一，位于法国南部地中海沿岸，是全世界面积最大的葡萄种植园。全法国有三分之一葡萄园坐落在这个地区。据考证，早在公元前8世纪，希腊人就已经在这里开始种葡萄和酿酒了。在朗格多克——鲁西荣的科比埃法定产区内的葡萄藤，被认为是全法国历史最悠久的葡萄树。

朗格多克地区是世界上保有葡萄品种最多样化的地区之一。传统品种如佳丽酿（Carignan）、神索（Cinsault）、歌海娜（Grenache）和西拉（Syrah），以及赤霞珠（Cabernet Sauvignon）、梅洛（Merlot）和莎当妮（Chardonnay）。

土壤、气候和生产条件的多样性使每个产区的葡萄酒品质奇异独特。其中五个法定产区被列为受保护的原产地命名：圣希年（Saint Chinian）、密涅瓦（Minervois）、福日尔（Faugeres）、克莱雷特(Corbieres)和朗格多克(Coteaux du Languedoc)。这些著名法定产区生产的葡萄酒占埃罗省葡萄酒总产量的21%。

鲁西荣产区（Roussilon）

鲁西荣产区位于比利牛斯山脚，地势较朗格多克高且崎岖。这里除了是全法国最重要的天然甜葡萄酒（VDN）的产区，同时也出产不错的干型葡萄酒“鲁西荣区（Côtes du Roussillon）”以产红葡萄酒为主，但白葡萄酒和桃红葡萄酒也有生产。位于北部的“鲁西荣村庄区（Côtes du Roussilllon Villages）”只产优质的红葡萄酒。本地红酒的主要特色是颜色深、单宁强，除了果香外，常有香料味。这里的白葡萄酒不多，清新的酸度和清淡的口感是最大特点。与西班牙交界的“科利乌尔（Collioure）”产干型的红酒和桃红酒，颜色深，酒精强，口感颇为强劲厚实。

朗格多克—鲁西荣地区的葡萄酒，和谐，光照时间长，以西拉和歌海娜两种葡萄混合酿制而成。

奥克产区（D’OC）

法国南部的奥克地区向全球提供质量上乘，品种丰富的佳酿。早在公元前6世纪，古希腊人就已经开始在此栽植葡萄，400年后，古罗马部队的到来使这里成为法国最早的葡萄酒产地。历史上，这里的葡萄酒不仅进贡过法国国王，从17世纪起还远销英伦和北欧。1986年，为了应对新世界葡萄酒的挑衅，奥克地区葡萄酒业有识之士决议变更传统种植范围，降低成本，适应新的消费习惯，出击国际市场。为了保证质量，他们还将奥克地区餐酒“Vin de Pays D'OC”作为一种法定称号保存下来，并制定了严格的质量尺度：必需由区内四省酿造，并采取法定的葡萄品种，坚持100%葡萄品种，并经地区委员会品尝鉴定。

现在奥克产区是法国最大的地区餐酒产地，葡萄种植面积达30万公顷，法国人餐桌上的葡萄酒有44%来自于此，也使它成为法国最大的葡萄酒出口基地和世界三大葡萄酒产区之一。

普罗旺斯地区茂盛的薰衣草园

普罗旺斯产区

PROVENCE

普罗旺斯位于法国南部地中海和阿尔卑斯山脉之间，是法国最大的桃红葡萄酒产区。公元前600年，腓内基人将葡萄园的概念引进到了法国，但只生产桃红葡萄酒，桃红葡萄酒因而盛行一时。若干年后，腓内基人不敌罗马人的进攻，将美丽的普罗旺斯地区拱手相让。罗马人引进了新的葡萄品种，并改善了传统的葡萄酒酿造方法。

中世纪的时候，修道院引导着普罗旺斯地区葡萄园的发展。葡萄园的开垦改变了普罗旺斯的地貌，令这个地区更加苍翠迷人。

直到14世纪末期，成片的葡萄园都围绕着王公贵族和王室显贵的庄园而建。随后，王室军队的功臣们开始主宰葡萄园的命运。从这一时代开始，葡萄和小麦与橄榄一起，成为了普罗旺斯三种最主要的农作物。也正是从这时候起，普罗旺斯的葡萄酒开始扬名海外。

17世纪和18世纪整整两个世纪，普罗旺斯葡萄酒都是法兰西国王最欣赏的美酒。19世纪，普罗旺斯出产的葡萄酒都被冠以“Côte de Provence”之名，焕发出旺盛的生命力。

1860年，普罗旺斯的葡萄园险些遭到灭顶之灾。来自美洲大陆的一种寄生昆虫袭击欧洲大陆，无情地啃噬葡萄树的根系，几乎使欧洲所有的葡萄园都毁于一旦。

但最终，科学家们还是找到了相应的救护方法。

1955年，普罗旺斯的23个产区被国家原产地命名管理局(INAO) 授予“列级酒庄”等级（Cru classé），这一级别是高质量的象征。1977年，普罗旺斯出产的葡萄酒进入“原产地监控命名”等级(A.O.C)，审核标准更为严格。20世纪末，葡萄酒的发展上升到了一个新的台阶，普罗旺斯的葡萄酒当之无愧地列于法国名酒之列。普罗旺斯的葡萄酒与蘑菇和龙虾相配，口感圆润细腻，而与异国风味的菜肴或者典型的普罗旺斯菜肴搭配，口感又足够浓郁。

并不是所有普罗旺斯的葡萄酒都可以享有“Côte de Provence”的称号。只有18000 公顷的葡萄园，因为其气候，土壤和地理条件符合普罗旺斯地区的特征而被授予原产地称号。普罗旺斯地区有3个省（Le Var，Les Bouches du Rhône，Les Alpes Maritimes）有权使用原产地称号。

普罗旺斯地区的349个私人酒庄、49个联合酒庄和58个葡萄酒贸易公司保证了本地区1亿瓶葡萄酒的产量，其中1300万瓶用于出口。普罗旺斯地区是法国为数不多的既有红葡萄酒、白葡萄酒，又出产桃红葡萄酒的地区，其中白葡萄酒产量占葡萄酒总产量的5%，红葡萄酒占15%，而桃红葡萄酒则占到80%。普罗旺斯地区一地出产的桃红葡萄酒就占到整个法国桃红葡萄酒产量的45%还要多。这使得普罗旺斯地区无论从产量还是名气上，都成为法国，乃至全世界最大的桃红葡萄酒产区。

土壤和气候

普罗旺斯地区的土壤透水性强，砾石遍布，有机物质缺乏，正是上等葡萄园的好选择。降水量全年可达到600毫升，主要分布在秋季和春季。秋季的降雨适逢葡萄采摘期过后，让辛苦了一年的土壤得到雨水的滋润，重新获得养分。春季的雨水使葡萄园充满生机。

来自阿尔卑斯山脉的强风干燥、寒冷，时时光顾普罗旺斯地区，有效地抑制了葡萄园的病虫害。早到的春天让葡萄园枝繁叶茂，而炎热的夏季又催熟了葡萄，迎来了一个硕果累累的采摘季节。

主要葡萄品种

上等的普罗旺斯地区桃红葡萄酒要精心混合几个葡萄品种。为了达到原产地命名级别，更有一些品种是必不可少的。

佳利酿(Carignan)：黑葡萄品种，产量低，酿出来的葡萄酒结构紧凑，颜色浓郁，适合不同的搭配。

神索(Cinsault)：黑葡萄品种，外形亮丽，在很长一段时间内都用于酿造日常餐酒。酿出来的葡萄酒清爽宜人，果味浓郁。若与其他品种混合酿制，口味明显。

歌海娜(Grenache)：是普罗旺斯地区最基本的葡萄品种之一。由这个葡萄品种酿造的葡萄酒，如果酒龄年轻的话，会带有红色浆果的香气。酒龄愈长，香气愈浓烈，还会带有些许辛辣的味道。总的来说，这个品种酿制的葡萄酒口味强烈、厚重，内涵丰富。

慕为怀特(Mourvedre)：法国南部绝佳的葡萄品种。果粒细小但密实。酿出的葡萄酒色重，结构平衡。酒龄越长，柔和滑润的特点愈明显。

堤布宏(Tibouren)：普罗旺斯地区本地产的葡萄品种，主要用于酿造桃红葡萄酒。细腻的香气，紧密的果实，有着其他品种所不能比拟的优雅。

普罗旺斯桃红葡萄酒的酿造方法

放血法（Saignée），前期基本上与红葡萄酒的酿造方法相同，但葡萄皮在葡萄汁中浸泡（被称为"浸皮"）的时间较短，一旦获得合适的颜色，就把接近血红色的葡萄汁放出，于是被形象地称为"放血法"。剩下未被放出变得更为浓缩的葡萄汁可以继续用于酿制红酒，放出的葡萄汁被置于另外的发酵罐内，按照酿白葡萄酒的方式继续发酵得到桃红酒。

另一种是直接压榨法，跟放血法一样，将葡萄破皮后，短暂浸皮。不同的是，浸皮之后直接进行压榨（甚至直接让采收后的葡萄入压榨罐，加入过程中的短暂接触当作浸皮），压榨后去掉葡萄皮，再用白葡萄酒的发酵技术对让葡萄汁进行发酵。

现在又有了另一种新的方法：低温浸泡法（Macération à froid）。将前期浸泡果皮1—2天后未发酵完全放出的葡萄汁，和留在发酵桶里的发酵后压榨的葡萄汁混合，并保持5到8摄氏度的低温一个星期的时间而得到。前期放出的葡萄汁赋予酒细腻的果香、清新感以及足够的酸度，而发酵后压榨的葡萄汁则能确保酒的层次，结构感，两者的混合便产生了风味独特的普罗旺斯桃红酒。

分级

此产区葡萄酒分为法定普罗旺斯产区葡萄酒（A.O.C.）、地区餐酒（vin de Pays）和普通餐酒（vin de Table）。

风格／口味

普罗旺斯区(Côtes du Provence)和艾克斯区(Côteaux d'Aixer—Provence)的红葡萄酒带有药草和黑醋栗的味道；香滑的桃红葡萄酒结构完整；白葡萄酒芳香清丽。邦多勒(Bandol)的红葡萄酒颜色深沉，辛烈香味中混杂着药草和浆果的味道。皮埃尔凡区(Côteaux de Pierrevert)和瓦尔区(Côteaux Varois)的红葡萄酒丰厚润泽而带怡人果味。

德国
GERMANY

德国葡萄酒在中国

德国出口到亚洲市场上的葡萄酒占整个德国酒出口量的12%，对中国的出口量在亚洲排名第一。

销量

据德国葡萄酒协会（DWI）发布的数据，截至2012年8月，在过去的12个月中，德国葡萄酒出口到亚洲市场的量为8900万升，出口额3.9亿欧元，比前一年同期增加了8个百分点。因此，出口到亚洲市场上的葡萄酒占整个德国酒出口量的12%。中国、日本、韩国、新加坡、中国香港以及中国台湾是亚洲最重要的出口地。

成长性

德国葡萄酒在中国市场表现一直显得比较低调，仅有20%的德国葡萄酒出口海外市场，最畅销的前三名市场为美国、英国和荷兰，在中国的市场份额少得可怜。德国葡萄酒以终端产品为主，大众市场则是消费啤酒。此外，德国葡萄酒产业结构松散，没有特别大的酒业集团，因此无法复制类似法国在中国的成功。

未来趋势

德国葡萄酒协会公布了2013年的一系列活动，包括继续举办德国雷司令推广月大赛（31 Days of German Riesling）以及Dragon’s Den—style 大赛“Get it on”等。工作重点将放在雷司令和黑品诺葡萄酒的推广上。2013年7月举办的德国雷司令推广月活动将退出“雷司令复兴（Riesling Revivalist）”推广活动，主办方是葡萄酒行业贸易商，旨在向全世界推广雷司令葡萄品种。这些活动会在包括中国在内的全球重点市场举行。

2013年，德国葡萄酒协会将在中国加大推广力度，为德国葡萄酒生产商提供更多平台展示葡萄酒，同时也会为专业人士提供更加广泛的教学课。将首次在中国组织“餐厅活动”，以展现不同产区雷司令与亚洲菜肴搭配所拥有的优质果香和新鲜口感。

德国不仅啤酒举世闻名，葡萄酒也在世界酒坛占有相当地位。德国葡萄酒产量大约是法国的十分之一，约占全世界生产量的3%。德国葡萄种植面积约10万公顷，葡萄酒年产量约1亿公升，以白葡萄酒为主，类型非常丰富，从一般半甜型的清淡甜白酒到浓厚圆润的贵腐甜酒都有，另外还有制法独特的冰酒。德国白葡萄酒有芬芳的果香及清爽的甜味，酒精度低。特别适合不太能喝酒的人及刚入门者。不同的葡萄酒各有特色。

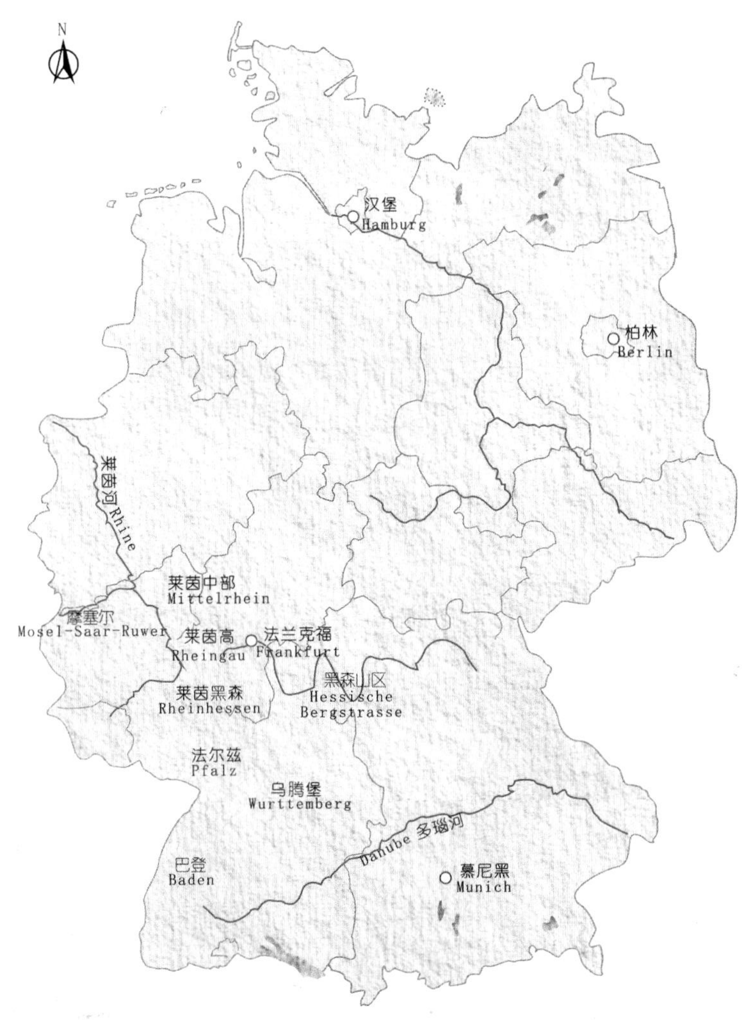

德国的葡萄酒产区分布在北纬47°—52°，是全世界葡萄酒产区的最北限。虽然种植环境不佳，但凭着当地特有的风土和日耳曼人卓越的酿造技术，也酿造出媲美法国的顶级葡萄酒，成为寒冷地区的葡萄酒典范。

著名产区主要分布在莱茵河及其支流摩塞尔河地区。摩塞尔酒的酒瓶是绿色的，而莱茵酒的酒瓶是茶色的，口味更浓郁。

葡萄品种

雷司令（Riesling）

雷司令已经成为德国葡萄种植业的一面旗帜，它对于德国葡萄酒的世界形象，起着举足轻重的作用，非任何其他葡萄品种可比。不同性质的土壤确保了德国雷司令葡萄口味丰富，魅力诱人。全球65%的雷司令葡萄是在德国种植的，说德国是雷司令的故乡，自然是当之无愧的。

雷司令是个晚熟的白葡萄品种，漫长的成熟期造就了馥郁的香气，酿造的酒体柔和，带金银花、苹果和桃子的花香，雷司令独特的香气使无论葡萄酒资深鉴赏家或是初次接触雷司令者都能印象深刻。

雷司令葡萄酿造的酒风格多样，从干酒到甜酒，从优质酒、贵腐型酒到顶级冰酒，各种级别都能酿造。由于其得天独厚的酸甜平衡特性，雷司令酒在配菜方面也有广泛的适应性。适合和海鲜、猪肉类搭配，甚至与较难配酒的泰国菜和中餐搭配也能表现卓越。年轻的、清香的雷司令葡萄酒，从干酒到甜酒，都相当适宜于夏天饮用。干或者是半干的酒特别适宜作为鱼、肉和亚洲菜肴的佐餐酒。晚摘的甜型酒或是颗粒精选的甜型酒最宜搭配甜点。

米勒特劳（Muller—Thurgau）

成熟早，抗寒，产量大的葡萄品种，是雷司令（Riesling）和曼德林·罗伊尔（Madeleine Royale）的杂交品种。

西万尼（Silvaner）

在莱茵黑森（Rheinhessen）和弗兰肯（Franken）地区种植，有着中等酸度，较中性的葡萄品种。

灰品诺[Grauburgunder/Rulander（Pinot Gris）]

白品诺[Weissburgunder（Pinot Blanc）]

黑品诺[Spatburgunder（Pinot Noir）]

在法尔兹（Pfalz）和巴登（Baden）地区种植，口感轻盈的果味较重的葡萄品种。

分级制度

德国葡萄酒是依据葡萄采摘时的成熟度来划分葡萄酒等级的，这一点和大多“旧世界”国家（例如法国、意大利、西班牙等）按酒庄或产区分级的方式不同。主要原因还是因为气候寒冷，葡萄的成熟度对葡萄酒的影响非常大。对于高品质酒而言，葡萄的成熟度会标识在酒标上，目前世界上也只有德国和奥地利葡萄酒会在酒标上有此类信息。

日常餐酒（Tafelwein）

德国最低等级的葡萄酒，相当于法国酒中的VDT级别。可在德国各地生产，也可用各地同类品质的葡萄酒勾兑而成。

地区餐酒（Landwein）

德国普通佐餐酒，相当于法国酒中的VDP级别级别，产量很少，只占到德国总体葡萄酒产量的5%。

优质餐酒（QbA——Qualitatswein bestimmter Anbaugebiete）

占德国总产量的70%，此种酒的葡萄产自法定的13个产区，以当地栽培的优质葡萄为原料，必须经官方的质量管理和控制中心鉴定，合格后才能销售。

高级优质餐酒（QmP——Qualitatswein mit Pradikat）

德国葡萄酒的最高级别。必须以好年份和熟透的葡萄为原料，品种和生产地必须符合规定。

根据葡萄成熟度的上升又分为6个细分等级，而且在酿造过程中是不允许加糖的。

一般葡萄酒（Kabinett）

由正常采摘季节收获的葡萄酿成，酒精浓度高而口味清淡。

迟摘葡萄酒（Spatlese）

葡萄成熟后再过7–10天再进行采摘，香气和酒体都较一般葡萄酒浓重一些，可以是干型或是有些微甜。

逐串精选葡萄酒（Auslese）

在迟摘葡萄基础上，逐串精选非常成熟的葡萄，并将没有熟透的葡萄去除。往往只有在好的年份才会酿造这种等级的酒。酒的整体表现会更高一层，通常带有甜味，价格也会更贵。

逐粒精选葡萄酒（Beerenauslese）

简称BA，手工逐粒精选那些已经长出贵腐霉菌（Noble rot或者称为Botrytis cinerea）的葡萄，葡萄的糖分含量非常高，酿造昂贵优质的甜酒。

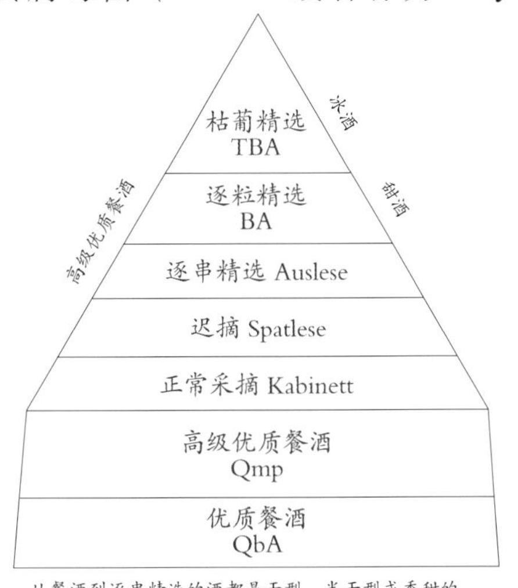

从餐酒到逐串精选的酒都是干型、半干型或香甜的。

枯萄精选葡萄酒

（Trocken-beerenauslese）

简称TBA，等到葡萄基本干枯了才进行采摘，由于糖分浓度非常高，很难进行正常的发酵，所以酒精度不超过6°，并且需要陈年10年以上。价格当然也是天价，世界上最贵的白葡萄酒“伊贡—米勒（Egon Muller）枯萄精选”就属于此类。

冰酒（Eiswein）

等到下雪当天才进行葡萄采摘，葡萄成熟度已经达到逐粒精选的程度，葡萄内部的水分已经结冰，通过压榨去除冰块，剩下浓缩的果汁进行酿酒。

德国顶级的甜型葡萄酒基本上都是用雷司令葡萄酿造的，但冰酒就不一定了，有时甚至用红葡萄品种黑品诺酿造。另外，由于寒冷气候的影响，如果年份情况一般，酒庄往往都会选择酿造比较清淡、酸度高、回味较短的优质餐酒和一般葡萄酒等级的酒，只有遇到好的年份才会酿造更高等级的酒。

德国葡萄种植区

德国葡萄酒的特点首先来自于特有的产地和气候条件。这里的葡萄大都种植在河谷地区，南起康士坦丁湖沿着莱茵河及其支流，北抵波恩的米特莱茵，西从法国

摩塞尔产区葡萄园

的接壤地区，至东部的易北河。全德国葡萄酒产地共分为13个特定葡萄种植区，如摩塞尔—萨尔—卢文、莱茵高、莱茵黑森、乌藤堡、巴登、法尔兹等。每一个产区都有自己的特产。北部地区生产的葡萄酒一般清淡可口，果香四溢，芳香馥郁，幽雅脱俗，并有新鲜果酸。而南部生产的葡萄酒则圆满充实，果味诱人，有时带有更刚烈的味道而不失温和适中的酸性。最常见到的德国酒是来自摩塞尔河（Mosel）流域和莱茵河（Rhein）流域的4个主要产区，摩塞尔—萨尔—卢文（Mosel—Saar—Rewur），莱茵高（Rheingau），莱茵黑森（Rheinhessen），法尔兹（Pfalz）。

摩塞尔—萨尔—卢文

（Mosel-Saar-Rewur）

摩塞尔河（Mosel）发源于法国境内的弗日山脉，北流出法国后成为德国和卢森堡的天然国界，并在德国西部边境蜿蜒流贯245公里，最后在科布伦茨与莱茵河汇流。作为莱茵河的支流，摩塞尔河也由几条支流形成，萨尔（Saar）河与卢文（Rewur）河便是摩塞尔河水系的两大支流。水对于寒冷的北部地区是很重要的，它可以在寒冷的冬季起到调节温度的作用，同时，水面的反光对于葡萄的种植也十分有利。在寒冷的北部，每一屡阳光对于葡萄都是宝贵的。

摩塞尔—萨尔—卢文（Mosel—Saar—

Rewur）是被世界公认的德国最好的白葡萄酒产区之一,一般简单以摩塞尔（Mosel）称之。这里的土壤大部分以板岩为主，所有的葡萄园几乎都位于陡峭的河岸上，坡度一般在60°以上，手工操作是这里唯一可行的办法，葡萄树必须独立引枝以适应如此陡峭的坡度。整个地区一共有12809公顷葡萄园，其中54%的面积种植贵族品种雷司令，22%种植米勒特劳。产区内有6个子产区（Bereiche），划分成19个酒村（Grosslagen），525个单一葡萄园（Einzellagen）。

在摩塞尔地区，萨尔河两岸的气候条件最为恶劣，但是这里却有最为精美但也是最为昂贵的德国葡萄酒厂家伊贡穆勒（Egon Muller）。摩塞尔的酒精致优雅，一般装在绿色的直型瓶子里，酒精度很少超过10%，一般在7.5%—8%之间。

海格酒庄

Weingut Fritz Haag

海格酒庄位于德国摩塞尔（Mosel）河谷中部的布拉尼伯格（Brauneberg）村，是最顶级的酒庄之一。其历史可以上溯到1605年，现任庄主威尔海姆·海格(WilhelmHagg)是世界闻名的酿酒师。

酒庄葡萄园占地7.7公顷，园里全部种植着 雷司令 ，葡萄树的平均树龄为30年，种植密度为5,000-7,000株/公顷。这里葡萄的产量适中，而且生产的葡萄还会经过葡萄园和酒厂两道严格的人工筛选。在葡萄酒的酿制方面，酒庄会根据葡萄的质量，结合使用旧木桶或不锈钢酒桶进行发酵。酿制时先使用本地酵母发酵，然后把酒放在冰冷的地窖中陈酿，直到次年春天再进行装瓶。

海格酒庄出品的主要酒款有布拉尼伯格雷司令白葡萄酒（RieslingBrauneberg）及布拉尼伯格朱芬日晷园雷司令葡萄酒（RieslingBrauneberg Juffer Sonnenuhr)。该酒庄出产的葡萄酒产量非常低，虽然看起来毫不起眼，但是口感却相当均衡。有着金银花、苹果、李子和柑橘的混合味道，还有布拉尼格葡萄园的板岩土质的潜在矿物质特性，通常需要几年的时间才能达到充分发展的状态，具有巨大的陈年潜力。海格酒庄出产的雷司令可以说是摩泽尔地区出产的最佳葡萄酒，令人印象深刻。

海格酒庄干白葡萄酒

塔尼史园——伯恩卡斯特医生园

Wwe.Dr.H.Thanisch—Erben Thanisch

塔尼史园地处德国摩塞尔（(Mosel）产区内的伯恩卡斯特（Bernkastel）镇。

该酒庄的创立者是塔尼史（Thanisch）家族,1650年塔尼史家族获得了“医生酒庄”（该酒庄改名前的名字）的经营权。酒庄葡萄园在1988年时，因为继承问题被分成了两块。较大的新园，面积为11公顷，保留祖宅老园的面积为6.5公顷。历史比较悠久的老园面向西南，土壤以板岩为主，透水性强。园里全部种植雷司令（Riesling）,葡萄树的平均树龄为40—60岁之间。

酒庄酿制各种不同等级的白酒。塔尼史酒庄的枯葡精选和冰酒都有浓郁的芳香，夹杂着些许的果酸与苦味。同时，既可趁着新鲜时饮用，也可以保存20年而不改变其美好的风味，甚至更加芳醇动人。

塔尼史园干白葡萄酒

圣乌班·荷夫

Weingut Sankt Urbans—Hof

圣乌班·荷夫位于莱文镇边缘，地点非常偏僻，但是有着风景如画的葡萄园。经过两代人的努力经营，圣乌班·荷夫成为德国最著名和令人敬仰的庄园之一。Weis家族长期经营莱文（Leiwen）镇，拥有这里最好的葡萄园，通过不断经营，目前大部分拥有的葡萄园都在陡峭的摩塞尔（Mosel）与萨尔（Saar）河谷，这里凉爽的气候、不太强烈的阳光给予葡萄很好的发展条件，那些著名的石板以及河流的冷空气给予葡萄更多的风味。

圣乌班·荷夫酒庄干白葡萄酒

这里的雷司令葡萄酒拥有成熟的青苹果、梨和花束的香气，香气清新并带有淡淡的自然残留的甜味。

莱茵高产区葡萄园

莱茵高（Rheingau）

莱茵高（Rheingau）地区葡萄园面积并不算大，只有区区3288公顷，但是这里却出产世界级的葡萄酒。莱茵高地区内只有一个子产区（Bereich）约翰山堡（Johannisberg），这里被认为是真正的雷司令的老家。在美国很多雷司令葡萄酒的标签上都会使用Johnannisberg Riesling的名称已证明其是正宗的雷司令品种。全区还分为10个酒村和119个单一葡萄园。葡萄园面积的81%种植的是雷司令品种，但是近年来红葡萄品种，特别是黑品诺（Pinot Noir），在德国叫做Spatburgunden的种植有了戏剧性的增长，目前面积已经达到莱茵高葡萄种植面积的9%。

相比摩塞尔的白葡萄酒而言，莱茵高的白葡萄酒不论是颜色、香气、口感、酒体都更重。如果说摩塞尔的酒是莫扎特，那么莱茵高的酒就好比贝多芬。葡萄酒也是装在直形瓶子里但是颜色是棕色的。本区的顶级酒厂包括：Schloss Johannisberg，Schloss Vollrads，Weingut Robert Weil，Weingut George Breuer等。近年来，莱茵高的葡萄酒被批评价格居高质量下滑，但是这里的著名酒厂还是依然保持较高的水准。1994年，本地区开始实行半官方的葡萄园分级制度，来自最好的葡萄园逐串精选（Auslese）等级以上的干型葡萄酒可以使用“rstes Gewachs”（一等酒）的名称。

约翰山堡

Schloss Johannisberg

莱茵高（Rheingau）是德国最古老、最著名的雷司令产区，同时也是最小的葡萄产区之一。雷司令的生长，在干燥多石的山脉南面，态势尤为可喜。它能抵御寒冷的冬日，拥有超长的成熟期，这些都有助于形成其葡萄果实的宜人酸性和迷人芳香。

约翰山堡（Schloss Johannisberg）是莱茵高产区有900多年历史的酒庄，也是顶级酒庄。查理曼大帝时代开拓的葡萄园环绕着宏大的酒庄。酒庄酿造雷司令的历史有275年，大概只有德国酒庄才会特地将酿雷司令的历史突出出来。在葡萄酒世界最正宗的雷司令全名就是约翰山堡雷司令（Johannisberg Riesling）。

约翰山堡酒庄干白葡萄酒

本园的葡萄精选入口有一股蜂蜜、烟熏、杏子与水蜜桃的香气，稠状、微酸令人牙根稍稍发麻，随后而来的是满口的芳香，令人回味无穷。德国伟大的浪漫派诗人海涅曾经有一诗赞扬约翰山堡：“如果我有幸能拥有一山，非约翰山莫属。”

罗伯威尔酒庄

Weingut Robert Weil

罗伯威尔酒庄干白葡萄酒

罗伯威尔酒庄拥有连德国皇帝威廉二世都爱喝的美誉，自1868年建立以来一直支持这一声誉的正是追求高质量的理念。为保证质量，将最高级葡萄园伯爵山园的葡萄减少到德国国内平均收获量的一半。

庄主威廉·威尔拥有由日本三得利公司提供的在德国独一无二的酿酒设备。由于工艺完美的酒窖管理，使其能以无比精准的标准来制造从极干型至最甜型的白葡萄酒系列。为了保证葡萄从生长到收割的杰出品质，葡萄园从不会节省任何酿制环节当中的花费。这个酒庄的著名蓝色标志成为德国高品质葡萄酒和酿酒师至高荣誉的代表标志。

Pfalz（法尔兹）

Pfalz原文为“宫殿”的意思，因古罗马皇帝奥古斯都在此建行宫而得名。以前此地区也被称作莱茵法尔兹（Rheinpfalz），葡萄园面积达到23804公顷，是德国第二大葡萄产区。所产77%为白酒。这里葡萄种植的品种比较丰富，其中种植面积雷司令（Riesling）和米勒特劳（Muller Thurgau）各占21%，10%种植Kerner，9%种植Portugieser，8%种植西万尼（Silvaner），6%种植Scheurebe。

法尔兹内有3个子产区，25个酒村，333个单一葡萄园。最好的法尔兹酒来自该地区的北部那些种植雷司令和米勒特劳的葡萄园。而南部则大量种植西万尼等品种，且高产，生产大量质量平平的葡萄酒。

莱茵黑森（Rheinhessen）

莱茵黑森是德国最大的葡萄酒产区，葡萄园的面积有26372公顷。其中23%种植米勒特劳（Muller Thurgau），13%种植西万尼（Silvaner），9%种植雷司令（Riesling），9%种植Scheurebe，Kerner和Bacchus各占8%。内有3个子产区，24各酒村，434个单一葡萄园。

莱茵黑森地区多数是富饶而平坦的土地，因此比较容易种植且高产的Scheurebe，Kerner，Bacchus和比较可靠的米勒特劳，这些品种总和超过了葡萄种植面积的四分之一。这里出产最多的也是质量平平的酒，其中最具代表性的就是”圣母之奶”（Liebfraumilch）。

前面的四个产区在德国葡萄酒的出口中占的比例最大，在国际市场上经常见到，而后面这9个产区不仅产区相对比较小，而且出口不算多，国际市场上不很常见。

凯乐酒庄干白葡萄酒

凯乐酒庄

Weingut Keller

凯乐酒庄由凯乐家族（Keller）1798年创建，如今这个位于莱茵黑森产区的传统酒庄已成为德国最知名最受人尊崇的生产商之一。这样的成就归功于他们并不以循规蹈矩的模式来管理葡萄园和酒窖，而是像对待新事物一样，用热情、专注及悉心的照料在日常酿制葡萄酒的每一过程中。严格的葡萄园管理、严峻的葡萄年份挑选、限量的生产，自然的沉淀，缓慢控制的发酵过程，使凯乐酒庄生产的雷司令酒一直非常出色，果香浓郁，并具有夺目的水晶般酒体和突出的口味。

莱茵黑森产区葡萄园

阿赫（Ahr）

阿赫仅有632公顷的葡萄园，其中种植红葡萄黑品诺（占总面积52%）和Portugieser（占总面积18%），另有白葡萄品种11%的米勒特劳和9%的雷司令。酿成的酒主要在本地消费，该地区有1个子产区，1个酒村，43个单一葡萄园。红酒风格从热烈到丝滑，这里的Spatburgunder虽然很难与勃艮第的黑品诺相比，但是也有很好的优雅与细致感；这里的雷司令酒，新鲜而具有良好的酸度。

米特海姆（Mittelrheim）

米特海姆有662公顷葡萄园地，75%种植雷司令，8%种植米勒特劳。这里包括2个子产区，11个酒村和112个单一葡萄园。这里由于地理位置靠北，气候寒冷，白葡萄酒的酸度颇高。米特海姆是一个风景宜人的地方，沿着莱茵河四处是美丽的古堡，但是这里的葡萄酒由于价格太低，并非是主要经济来源，废弃的葡萄园也比比皆是。

纳赫（Nahe）

纳赫位于莱茵黑森及摩塞尔区之间，所以出产的葡萄酒也兼有这两区的特色。纳赫土壤结构种植品种十分多样。全区共有4665公顷葡萄园，26%种植雷司令，23%种植米勒特劳，11%种植西万尼。内有1个子产区，7个酒村，323个单一葡萄园。纳赫的葡萄酒结合了细致高酸度的果味，同时还带有矿物和香料味道，具有良好的复杂性，同时在价格上也十分合理。

巴登（Baden）

巴登是德国的第三大产区，共有16371公顷葡萄园，其中大约有三分之一种植的是红葡萄品种，其中绝大部分为黑品诺，占到总种植面积的26%，另外有33%种植米勒特劳，9%种植灰品诺，9%的Gutedel，8%的雷司令。巴登内有8个子产区，16个酒村，351个单一葡萄园。

巴登是德国最靠南的葡萄酒产区，位于上莱茵河谷（Upper Rhein Valley）和黑森林（Black Forest）之间，气候温暖，产品中红葡萄酒的比例相对较高，这里以干酒居多，更具有国际口味。巴登地区的人有饮用葡萄酒的习惯，平均每人每年的葡萄酒消费量比一般德国人高一半。

弗兰肯（Franken）

弗兰肯地区位于法兰克福的东部，以白葡萄酒为主。产区共有6078公顷葡萄园，46%种植米勒特劳，20%种植西万尼，11%种植Bacchus。内有3个子产区，23个酒村，212个葡萄园。与德国其他地方不同的是，这里的酒多数为干白酒，酒体较重带有泥土的复合口感，高质量的酒装在独特的扁圆形瓶子里，这种瓶子叫做Bocksbeutel。Franken地区的酒在德国以外的地方很不好找，而且价格较贵，但的确独特，尤其是这里的Silvaner和Riesling干白酒。

乌腾堡（Wurttemberg）

乌腾堡是德国最大的红葡萄酒产区，也是德国少数红葡萄酒产量高于白葡萄酒的产区。乌腾堡共有11204公顷葡萄园，种植24%的雷司令，22%的Trollinger，16%的Schwarzriesling，9%的Kerner，9%米勒特劳，6%的Lemberger；有6个子产区，16个酒村，205个单一葡萄园。这里更靠南部，气候更为温暖，但是本地人似乎更加偏爱颜色淡，瘦弱而无特点的红酒。

黑森山区（Hessische Bergstrasse）

此地区仅有469公顷葡萄园，56%种植雷司令，15%种植米勒特劳，内有2个子产区，3个酒村，23个单一葡萄园。此区以白葡萄酒为主，非常浓郁但是酸度较低，主要为本地消费。

巴伐利亚装扮的女子庆祝葡萄酒节

萨勒—温楚斯特（Saale—Unstrut）

在两德统一前，此地区位于东德境内，共有390公顷葡萄园，80%的种植面积为白葡萄品种，其中37%种植米勒特劳，28%种植西万尼。生产非常好的优质餐酒（QbA）和高级优质餐酒（Qmp—Kabinett）等级的干白葡萄酒。产区内有两个子产区，4个酒村，17个单一葡萄园。

萨克森（Sachsen）

此区是德国最靠北部的产区。产区只有300公顷葡萄园，38%种植米勒特劳，15%种植白品诺，内有2个子产区，4个酒村，18个单一葡萄园。这里的葡萄酒90%是中等酒体的干白酒和起泡酒萨克。多数也为本地消费。

杜荷夫酒庄

Weingut Donnhoff

杜荷夫酒庄地处德国纳赫（Nahe）产区，著名酒评家罗伯特·帕克（Robert Parker）曾经把该酒庄选入全世界最好的180个酒庄之中的7家德国酒庄之一。

该酒庄是由杜荷夫家族在1750年创立的，自创立以来，一直归杜荷夫家族所有。目前酒庄由家族的传人赫尔穆特·杜荷夫（Helmut Donnhoff）负责经营。

该酒庄葡萄园占地面积为约12.7公顷，葡萄园里种植着75%的雷司令（Riesling）、25%的白品诺（Weissburgunder，又名Pinot Blanc）和灰品诺（Grauburgunder，又名Pinot Gris）。葡萄树的平均树龄为30—45年，种植密度为5000—7000株/公顷。这些葡萄园中最著名的是尼德豪泽赫曼豪勒（Niederhauser Hermannshohle）葡萄园，该葡萄园坐落于一片光照理想的陡峭山坡上，土壤是板岩和火山岩石的完美结合。另一个出名的葡萄园是该家族独家垄断的 欧柏豪泽布鲁克（Oberhauser Brucke）葡萄园，最大、最艳丽和最有力的杜荷夫葡萄酒一般都产自这里。

在酿酒方面，该酒庄采用传统的工艺酿酒，首先在中性的大橡木桶中加入本地酵母进行发酵，然后于次年早春进行装瓶。杜荷夫酒庄所用的酵母是庄主从自己酿制的葡萄酒中培养出来的，这种酵母的使用可以使发酵的过程变得缓慢而易于控制。

杜荷夫酒庄出品的主要酒款有欧柏豪泽布鲁克园雷司令精选白葡萄酒（Riesling Oberhauser Brucke）、尼德豪泽赫曼豪勒园雷司令精选白葡萄酒（Riesling Niederhauser Hermannshohle）、费尔森伯格园雷司令白葡萄酒（Riesling Schlossbockelheimer Felsenberg）和库普芬格鲁布园雷司令白葡萄酒（Riesling Schlossbockelheimer Kupfergrube）。近期比较优秀的年份有2003年、2002年和2001年。

杜荷夫酒庄干白葡萄酒

奥地利 AUSTRIA

奥地利作为葡萄酒之国是一目了然的。在奥地利有收成的葡萄园面积约为57000公顷，由约32000名葡萄农种植经营；约有6500个农场自己进行瓶装葡萄酒的灌装。其他葡萄农则将其葡萄出售给葡萄农合作社或酿酒厂。

奥地利的葡萄种植有着悠久的历史，人们曾经在奥地利东部布尔根兰州的一座坟穴中发现了公元前700年遗留下来的葡萄籽。考古学家考察证明：这些葡萄籽是人工种植的产物。到了罗马人统治时期，葡萄种植在奥地利已经广泛流传开来，仅从现在留存下来的酒瓶和酒杯来看就知道罗马人和葡萄酒结下了不解之缘。

18世纪，开明的女皇玛丽亚·特蕾西亚当政时期，她的儿子约瑟夫二世在1784年颁布了一道豁免令，允许酒农们在家里销售当年酿成的新酒，于是“新酒酒店”如雨后春笋遍布奥地利。这项法令一直延续至今，如今“新酒酒店”不仅是奥地利人饮酒取乐的场所，而且已经成了每个游客必须光顾的胜地。

近十几年来，奥地利的葡萄酒已经跻身于世界前列。奥地利在世界各大比赛中

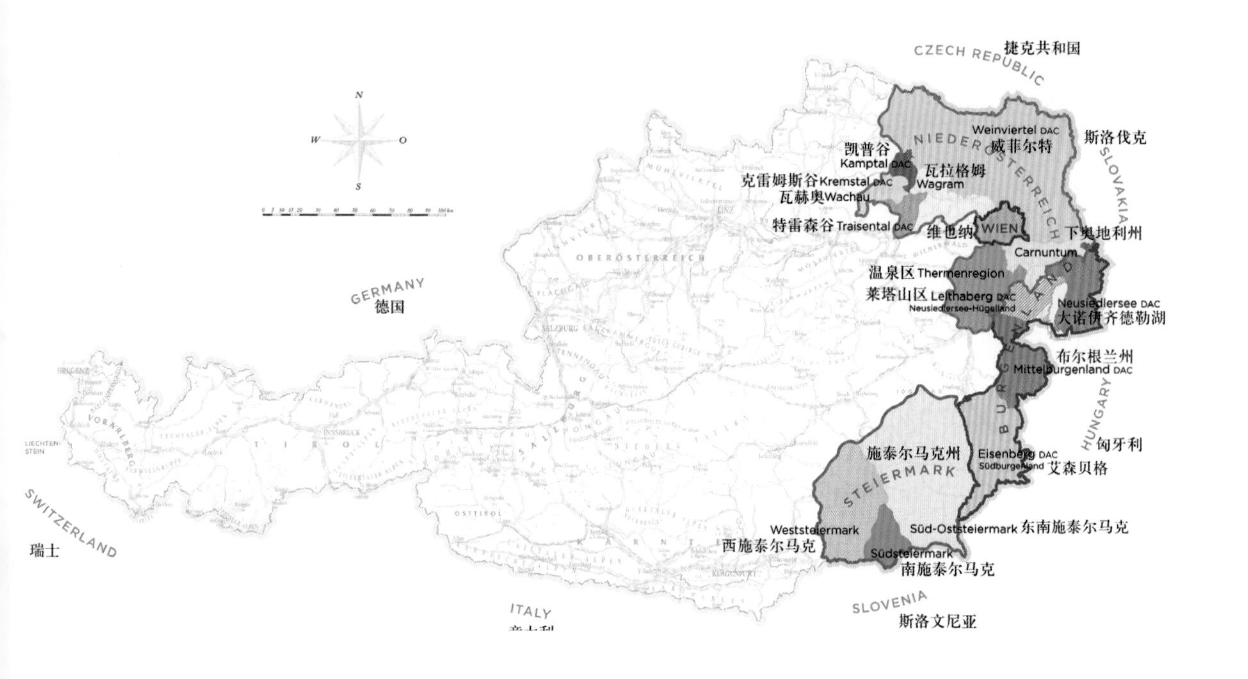

奥地利葡萄酒堡

连连夺魁，在酒业的同行中已经让人刮目相看。目前，奥地利一共拥有16个葡萄种植区，年产量为250万吨，位于世界各国葡萄酒种植面积第18位。奥地利葡萄酒的世界排名虽然还在法国、意大利、西班牙和美国加州之后，但其主要原因是葡萄酒的数量有限，出口供不应求。

奥地利的葡萄种植地总体来说均位于温和的气候带，约在纬度47°和48°之间，同法国葡萄种植区勃艮第（Burgundy）相似。大多葡萄种植地的典型气候为温暖、晴朗的夏天和持久、温和、夜晚清凉的秋天。

东部年降雨量为400毫米，施泰尔马克（Steiermark）可达800毫米或更多。影响葡萄产地气候的因素有多瑙河流，起到反射太阳光和平衡温度大幅度波动的作用，同样还有大诺伊齐德勒湖（Neusiedlersee），晚秋时节，常有用于浆果特选和果粒酒的葡萄在湖岸边渐渐成熟。葡萄园多位于海拔200米处。在下奥地利（Nieder Österreich）葡萄农在海拔400米处同样种植葡萄。最高的葡萄种植地在施泰尔马克，海拔约560米。

主要葡萄品种

绿维特丽娜（Gruner Veltliner）：香气复杂，年轻时有青苹果、沙拉、白胡椒、带核水果香气；陈年后出现蜂蜜、面包的味道。有丰富的矿物风味。

威尔士雷司令（Welschriesling）：简单葡萄酒，易感贵腐霉，可以酿出美味甜酒。

雷司令（Riesling）：干型，有着丰满酒体，成熟的桃子味。

茨威格（Zweigelt）：颜色深的红葡萄酒，有着柔软的单宁。

蓝弗朗哥（Blaufrankisch）：中等单宁，清脆的酸度，胡椒，酸樱桃的味道。

葡萄种植产区

定义为葡萄种植区的联邦州有：下奥地利州（Nieder Österreich，30000公顷）、布尔根兰州（Burgenland，14560公顷）和施泰尔马克州（Steiermark，3290公顷）。此外还有16个葡萄种植区：

克雷姆斯谷（Kremstal）（2175公顷）

数百年的葡萄酒文化，时尚的葡萄酒在克雷姆斯谷可找到正统的土壤：原始岩、黏土和黄土；这里主要生长香味丰富和果味突出的高贵白葡萄。

凯普谷（Kamptal）（3868公顷）

清凉的山谷，盛产精美细致的葡萄酒凯普谷的土壤以黏土和黄土为主，原始岩也在这里留下了它的痕迹。绿雅特莉娜和雷司令是其传统的葡萄品种。

瓦赫奥（Wachau）（1390公顷）

陡峭的梯地，名贵的葡萄品种，气度非凡的葡萄园美尔克（Melk）和克雷姆斯（Krems）之间狭窄的多瑙河谷是世界上最美丽的河流风景之一。在陡峭的原始岩梯地上生长成熟的主要品种有绿雅特莉娜和雷司令。

特雷森谷（Traisental）（682公顷）

充满魅力和深度的葡萄酒特雷森谷沿着特雷森从圣普腾（St. Pölten）延伸至多瑙河。以沙质黄土为主的土壤上生长着果味芳香的白葡萄。

温泉区域（Thermenregion）（2332公顷）

温和的气候和厚重多石的钙质土形成了这条“南道”的特点，此地生长充满力度的白葡萄和密实的红葡萄。

西施泰尔马克（Weststeiermark）（432公顷）

秀谐儿（Schilcher）蓝维特巴赫Blauer Wildbacher）的故乡，生长于这片小小的葡萄种植区的葡萄欢快活跃，在片麻岩和原始页岩土壤中达到最佳质量。值得一游的有从利吉斯特（Ligist）到艾比斯森林（Eibiswald）的秀谐儿葡萄之路。

南施泰尔马克（Südsteiermark）（1741 **公顷**）

浪漫的丘陵地，鲜活的葡萄酒处于南欧气候影响范围中的陡峭的绿色丘陵上，主要生长威尔士雷司令、长相思（Sauvignon Blanc）和摩瑞龙（Morillon）。这里出产的葡萄以其果香和新鲜而闻名。

东南施泰尔马克（Südoststeiermark）（1119 **公顷**）

火山岩，香味浓郁的葡萄酒，在干燥的气候和潮湿的地中海气候之间的过渡地带，主要生长果味浓郁的白葡萄。

南布尔根兰德（Südburgenland）（448 **公顷**）

田园风光，充满表现力的红葡萄酒，这片奥地利最小的葡萄种植区，凭借其天然的状态和精美的红葡萄酒，显得格外诱人。

多瑙河地带（Donauland）（2732 **公顷**）

来自瓦格拉姆（Wagram）山坡的浓郁葡萄酒，沿多瑙河从克雷姆斯（Krems）东部到克洛斯特新堡（Klosterneuburg）的富含黄土和钙质的土壤中，生长着味道浓郁的红白葡萄。

卢瓦莫酒庄·绿维特丽娜坎普山法定产区干白葡萄酒

Loimer Gruner Veltliner Kamptal DAC 2011

卢瓦莫酒庄是一家古老而又杰出的奥地利酒庄。所有葡萄园均遵循生物动力种植法。该酒庄酿酒师弗雷德·卢瓦莫（Fred Loimer）于2002年被著名的Falstaff杂志称为“年度最佳酿酒师”。

产区：施泰尔马克州(Stelemark)
葡萄品种：绿维特丽娜（Gruner Veltliner）
酒精度：12.5%
品鉴：辛辣的胡椒味和充满异国情调的葡萄水果和菠萝味，非常清纯浓郁果汁味加上酸度优美平衡，使得此酒生气勃勃、令人愉悦。因其丰富的层次结构和矿物的绵长口味，使其中等的酒体却拥有深层次的口感。是坎普山绿维特丽娜葡萄品种的典型代表。

卢瓦莫酒庄黑品诺干红葡萄酒

Loimer Pinot Noir 201

产区：施泰尔马克州 (Stelemark)
葡萄品种：黑品诺（Pinot Noir）
酒精度：12.5%
品鉴：明亮的宝石色，优美的奶油花香味；新鲜水果与优雅单宁令其回味萦绕舌间。
搭配：可与炖牛肉、红金枪鱼排、布里芝士、法式熟食、各类家禽搭配。

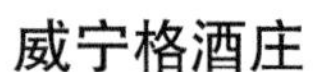

威宁格酒庄

Wieninger

威宁格酒庄是来自奥地利首都维也纳的顶级葡萄酒生产商，由弗莱茨·威宁格和他的家人共同经营，所酿美酒精妙迷人，其中包括品质卓越的黑品诺干红。

产区：下奥地利州（Nieder Österreich）
葡萄品种：黑品诺（Pinot Noir）
酒精度：12%
品鉴：饱满柔和，有一丝泥土的香气和樱桃莓子的果香。圆润复杂，是一款极具风格的美酒。

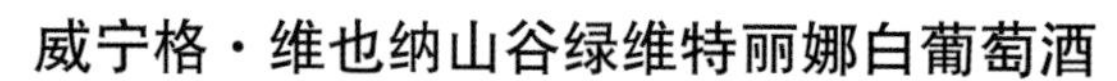

威宁格·维也纳山谷绿维特丽娜白葡萄酒

Wieninger Vienna Hills Gruner Veltliner 2011

产区：下奥地利州（Nieder Österreich）
葡萄品种：绿维特丽娜（Gruner Veltliner）
酒精度：13%
品鉴：白色香梨的味道搭配有柠檬、薰衣草、香草、石头和熄灭的蜡烛的烟熏味。中等酒体，干爽清脆的果味、胡椒和花香味。柠檬的清新感回味无穷，口感平衡、清爽。

尼玖酒庄绿维特丽娜森特博格干白葡萄酒

Nigl Gruner Veltliner Senftenberger Piri 2010

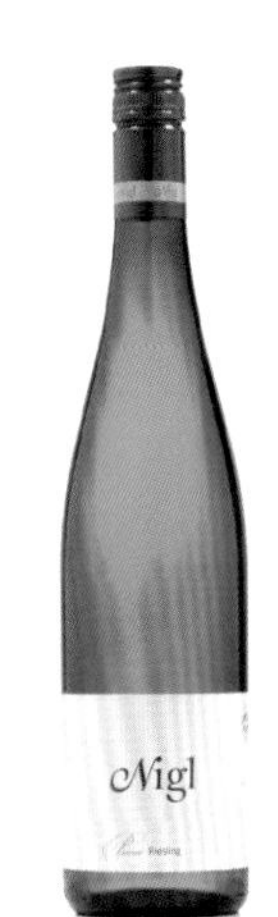

产区：克雷姆斯谷（Kremstal）
葡萄品种：绿维特丽娜（Gruner Veltliner）
酒精度：12.5%
品鉴：甜豌豆、甜菜根、草药等味道主导了2010年尼玖酒庄绿维特丽娜森特博格干白，高海拔和未经脱酸处理增加了对这支酒的期待。还需要一些时日以表现其独特的风格，值得您等待4到6年。
搭配：与前菜炸虾或鱿鱼、龙虾、海螯虾、腌三文鱼、生薄三文鱼、带子、软芝士、素食等搭配。

尼玖酒庄绿维特丽娜冰酒

Nigl Gruner Veltliner Eiswein 2008

产区：克雷姆斯谷（Kremstal）
葡萄品种：绿维特丽娜（Gruner Veltliner）
酒精度：12.5%
品鉴：香气有力多样，奥地利特有的干面包、辣椒和淡淡的烤面包香气，带有蜂蜜和黄色水果的甜蜜味道，略带收敛的坚果香气，果香精妙，口感圆润，桃子的柔美香气中带有一丝蘑菇的味道，结构适中，强劲有力，回味绵长。
搭配：与盐烤坚果、泰国菜和亚洲菜、鹅肝、水果塔搭配。

尼玖酒庄珍藏雷司令干白葡萄酒

Nigl Riesling Privat 2011

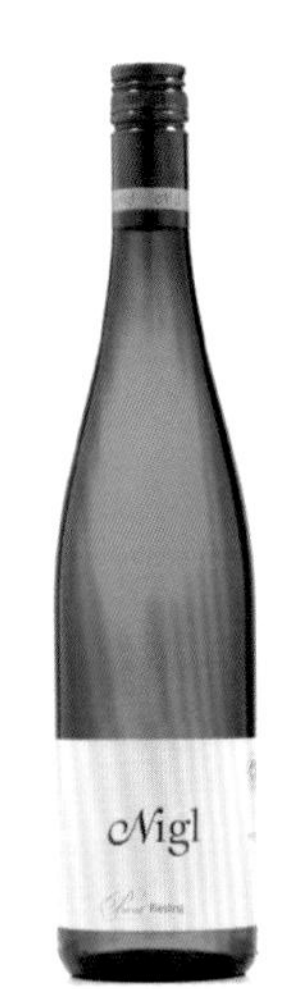

产区：克雷姆斯谷（Kremstal）
葡萄品种：雷司令（Riesling）
酒精度：13.5%
品鉴：风格独特的辛辣味，柠檬，白桃，带有北方寒冷国家的异国情调，微妙的番石榴味，饱满多汁，口感带有花朵的清香和浆果，桃子，美妙的水果味，余味绵长。
搭配：与生蚝、鸡肉、中式拌牛肉、川味食物、清炒虾仁、鱼香牛肉、肴肉、蟹、鹅肝酱搭配。

匈牙利
HUNGARY

匈牙利四周环陆，典型的大陆型气候，夏季酷热冬季严寒，西部大湖巴拉通湖（Balaton）为欧洲最大湖泊，是该国重要的葡萄酒产区之一，目前匈牙利大约有12万公顷的葡萄田，70%生产红酒。比较特别的是匈牙利秋季特殊的气候，惯有的阴霾常笼罩天际，有利于酿造出可口的贵腐甜酒。相较于其他欧洲产酒国，匈牙利葡萄园多种植该国特有的土生品种，也因此使得该国葡萄酒风味独具，在酒标上，通常标示葡萄品种。

主要葡萄品种

富尔民特（Furmint）

富尔民特是匈牙利最重要的白葡萄品种，广泛种植于匈牙利最著名的葡萄酒产区——杜卡伊（Tokaj），是酿制杜卡伊贵腐甜酒的3大葡萄品种之一，占杜卡伊葡萄酒中70%的比例。也可以酿制出高酸、陈年潜力强、精致且热烈的干型葡萄酒。

卡法兰克斯（Kekfrankos）

卡法兰克斯是一种红葡萄品种，是匈牙利种植最广泛的一种蓝色葡萄。用它所酿制的葡萄酒酸度精细，单宁结构良好，带有森林水果的风味，有时候会比较辛辣。

卡达卡（Kadarka）

卡达卡是一种红葡萄品种，它曾经是匈牙利最著名的红葡萄品种。不过，因为卡达卡葡萄成熟较晚，易感染疾病，且需要严格地控制其树冠活力，目前许多卡达卡葡萄园已经被取代。如果产量较小，卡达卡可以酿出非常优秀的葡萄酒，其单宁含量非常低，不过酸度充足，具有成熟的红色水果香气，回味中有辛辣感。它是公牛之血（Bikaver）的主要原料，可以为葡萄酒带来更多的香气以及辛辣的回味感。

哈斯莱威路（Harslevelu）

哈斯莱威路是一种白葡萄品种，其外文名意为“椴树之叶，是匈牙利第二大广泛种植的葡萄品种。哈斯莱威路是酿制杜卡伊贵腐甜酒的三大葡萄品种之一，在杜卡伊葡萄酒中的比例占到18%，它可以为杜卡伊甜酒增添香气。

威尔士雷司令（Olasz Rizling）

威尔士雷司令是一种白葡萄品种，在中欧和东欧地区均有广泛种植。尽管被引入匈牙利种植才不到一个世纪的时间，但由于其高产量，成为匈牙利种植最多的白葡萄品种之一。威尔士雷司令具有很好的橡木桶成熟潜力，其带有独特的苦杏仁风味。

品丽珠（Cabernet Franc）

品丽珠是红葡萄品种，因在波尔多与赤霞珠和梅洛一起混酿而闻名于世。在匈牙利南部，品丽珠占据绝对主要的地位，且通常不会与其他品种的葡萄进行调配。匈牙利南部地区的气候和土壤能酿造非常独特的品丽珠葡萄酒，其风味复杂、集中，呈现出巧克力色泽，带有多汁的红色水果和蓝莓风味。

匈牙利最重要的4大葡萄酒产区：马特拉、埃格尔、布克、杜卡伊。东北部地区以生产优质葡萄酒而闻名，主要得益于其土壤、地形和气候十分适合葡萄的种植。

马特拉产区（Matra）

匈牙利海拔最高的马特拉山的山麓地带风光秀丽，并拥有该国最大的葡萄种植区，面积达7000公顷。此地的葡萄酿酒业历史悠久，形成于13—14世纪，15世纪时已经产生有组织的葡萄酒贸易。这里的“雷司令”等白葡萄酒为匈牙利国内最佳。马特拉地区最大的一个酿酒商每年能够向多个欧洲国家供应数百万瓶葡萄酒。

埃格尔产区（Eger）

马特拉山山麓地带的埃格尔，是一座具有巴洛克式建筑风格的城市。中世纪时，埃格尔盛产白葡萄酒；15—16世纪时，移居来的南斯拉夫人带来了酿造红葡萄酒的葡萄品种。“埃格尔公牛之血”（Eger Bikaver）是如今匈牙利最有名的干红葡萄酒之一。该酒采用不同品种、单独采摘的葡萄酿造而成，集中了四五种不同葡萄酒的特点，清香醇厚、回味悠长。像公牛的血一样深邃莫测，是时下最流行的红酒品种之一。关于“公牛之血”名字的由来，最为广泛流传的故事是：早年土耳其人进攻埃格尔时，由当地军人、市民、郊区农民组成的军队在饱餐战饭之后，借着酒酣耳热的兴奋劲儿，向土耳其人发动了猛攻；埃格尔人满脸通红，很多人还在脸上洒上了葡萄酒，土耳其人见状误以为他们将公牛的鲜血涂在了脸上，惊慌恐惧之下溃不成军、四散奔逃……“公牛之血”就此得名。

匈牙利最著名的干红葡萄酒之一——公牛之血

在南部，尽管著名的葡萄酒产区不如北部那么众多，但也开辟出一条以葡萄酒著名产区维拉尼为重点的“葡萄酒之路”。维拉尼附近地区阴凉、潮湿并布满霉菌的农庄葡萄酒窖，数百年的历史文物、地方传统特色的菜肴对人们颇具吸引力。

典型且传统的匈牙利葡萄酒是白酒（更贴近来说是暖金色的酒），辛香味重。如果是好酒，尝起来非常浓郁，但未必是甜的，不过非常热情，甚至有些激烈；比起清淡型白酒，更适合用来搭配辛香、油腻的料理，这些是匈牙利人用来御寒的传统食物。

杜卡伊（Tokaji）

在世界上享有盛誉的杜卡伊（Tokaji）可称为匈牙利产区最耀眼的明珠。杜卡伊山麓6000公顷葡萄种植区域内良好的自然生态条件，使这里自16世纪中叶起就成为出产世界上最卓越的甜白葡萄酒“杜卡伊阿苏”的产区。历史上该地曾拥有很多专供王室或极品珍藏的葡萄酒产点，杜卡伊因而成为匈牙利葡萄酒贸易的中心。18世纪下半叶，俄国沙皇还曾在此地专设常驻采购团，以保证王室优质葡萄酒的供应。如今杜卡伊以其品质一如既往的葡萄酒和保存完好的自然、人文景观吸引了大批游客。

杜卡伊在匈牙利的东北部和斯洛伐克接壤的地方，只有5500公顷的葡萄

杜卡伊葡萄园

园，只有白色品种，大部分是富尔民特(furmint)。是世界上最早的AOC产生的地方，所以到现在，也只有5500公顷可以生产tokaji，不允许扩张，所以山的另外一边的斯洛伐克也生产tokaji，而且不停的扩张，出于原产地保护，两个国家打了很多次的口水战之后，限定斯洛伐克大约1500公顷的生产面积，并且保证质量，所以tokaji也有产自斯洛伐克的。

目前欧洲法院已裁定自2007年3月以后，Tokaji（Tokay）名称之使用权归匈牙利单独享有。

杜卡伊贵腐酒（Tokaji ASZU)，被看作液体钻石、财富的标志，在18世纪成为风靡欧洲各国的宫廷宴酒，甚至外交的工具，俨然成为各国王室权贵唯恐求之不得的稀世珍品。沙皇彼得大帝为保证供应，不惜派出专门的使团和军队分别负责采购、保护和运送。这一切超乎普通葡萄酒的概念，被称为“天使的眼泪”、“上帝的玉液琼浆”、“装在瓶子里的太阳”。

1571年，世界上第一支贵腐酒在杜卡伊问世。1655年，皇家法令规定了贵腐葡萄必须一一手工采摘。1737年，皇家法令限定了杜卡伊酒区葡萄种植栽培区域。

杜卡伊酒区第一支（也是世界上第一支）贵腐酒诞生，比德国的约翰山堡整整早了100年，而比法国著名的苏岱

(Sauternes）更是早了近200年。(2000年，历史学家IstvánZelenák在一封写于1571年的书信上发现了最早的有关杜卡伊葡萄酒的文字记载。这封信出自一个名为László Alkonyi的人——当时杜卡伊王的兄弟，在信中，他表示要将自己酒窖中的52桶酒全部献给其“尊敬的陛下”，并提到了关于酿酒的一些信息，比如当时的杜卡伊酒农已经在用“带皱褶的葡萄”来酿甜酒了，这便是今天匈牙利人引以为傲的杜卡伊Aszu甜酒。这封信的发现证明了贵腐甜酒的酿制方发源杜卡伊，而并非法国)。

杜卡伊贵腐酒

1703年，Transylvania王　子Ferenc Rákóczi将一批杜卡伊贵腐酒作为礼物送给法国国王路易十四（Louis XIV），自此，杜卡伊酒便成为凡尔赛宫的宴上必备。路易十四对杜卡伊酒可谓是情有独钟："Le Roi des Vins et le Vin des Rois"，是路易十四赐予杜卡伊的最高赞誉，意思是："王室之酒，酒中之王"。

杜卡伊酒传至俄国皇室，彼得大帝和女皇叶卡特琳娜为之倾倒。彼得大帝甚至还曾派驻专门的使团和军队以保障这种珍稀葡萄酒的供应，一路护送到圣彼得堡皇宫。

法国启蒙思想家伏尔泰、歌德及音乐家舒伯特都是杜卡伊酒的狂热痴迷者。伏尔泰给予杜卡伊如此赞美："杜卡伊激发我大脑的每一根神经，深入我的心田，点燃智慧的火花和幽默的灵感！"舒伯特曾为其谱写了优美的《杜卡伊赞歌》。素不嗜酒的希特勒与其情妇伊娃在自杀之前，亦不忘记享受他们那最后一杯杜卡伊，杜卡伊之无穷魅力由此可见。

甚至连匈牙利国歌歌词："你酿造的甘美的杜卡伊美酒一滴滴地往下淌"都少不了对它赞美。

2002年6月，联合国教科文组织将该酒区列入“世界文化遗产”，这在全世界数以千计的葡萄酒产区中是绝无仅有的。

意大利 ITALY

意大利葡萄酒在中国

2012年中国进口意大利葡萄酒3053万升，同比增长2.2%。

销量

2012年，由于恶劣的天气状况，意大利葡萄产量同比下降最高达40%，葡萄酒产量达到4080万百升（hectoliter），超过法国重新成为全球最大的葡萄酒生产国。法国以4040万百升位居第二，西班牙3150万百升，排全球第三，美国2050万百升，位居第四。

虽然产量连续下降，但是意大利葡萄酒在新兴市场的增幅非常快，其中增长最快的市场无疑是中国。2012年1月，意大利葡萄酒对中国香港的出口额猛增57.2%。相比之下，对法国出口额下跌35.7%。意大利成为中国香港十大葡萄酒进口来源国中增长最快的国家。另据意大利国家统计局（ISTAT）公布数据显示，从2011年二季度至2012年一季度，意大利瓶装葡萄酒对中国出口3180万升，同比增长22%；出口金额6800万欧元，增长51%。目前对中国出口规模仍较低，排在前十大出口市场之外，但增速较快，2012年第一季度意大利瓶装葡萄酒对华出口金额增速为53%。

成长性

减产并没有影响意大利进入中国市场的步伐，中国市场依然是意大利觊觎的目标。2012年12月，亚洲最大的意大利葡萄酒品鉴会在中国香港举办，赴港展出佳酿的顶级意大利酒庄包括：安东尼世家酒庄（Antinori）、花思蝶酒庄（Frescobaldi）、圣圭托酒庄（San Guido）等。通过消费者、专业人士与酒庄庄主面对面的交流、品尝葡萄酒，意大利葡萄酒的独特魅力将为其赢得更广阔的市场。具有世界影响力的意大利酒评家詹姆斯·萨克林（James Suckling）表示，继波尔多和勃艮第葡萄酒的热潮后，意大利美酒现在已风靡亚洲。这亦适逢意大利优质葡萄酒的复兴，从来未有如此多的意大利优质葡萄酒于市场上出现。意大利凭借其悠久的酿酒历史，以及独特丰富的葡萄品种将成为法国葡萄酒在中国市场的有力竞争对手。

意大利葡萄酒产区
Wine Regions Of Italy

1. Valle D′aosta 阿欧斯达谷
2. Piemonte 皮埃蒙特
3. Lombardia 伦巴第
4. Liguria 利古里亚
5. Toscana 托斯卡纳
6. Umbria 翁布里亚
7. Lazio 拉齐奥
8. Campania 坎帕尼亚
9. Calabria 卡拉布里亚
10. Basilicata 巴西利卡塔
11. Puglia 普格利亚
12. Molise 莫利泽
13. Abruzzo 阿布鲁佐
14. Marche 马尔奇
15. Veneto 威尼托
16. Friuli-Venezia Giulia 弗留利-威尼斯-朱利亚
17. Trentino-Alto Adige 铁恩提诺-上阿迪杰
18. Enilia-Romagna 艾米利亚-罗马涅
19. Sicilia 西西里岛
20. Sardegna 撒丁岛

未来趋势

意大利葡萄酒协会主席埃托雷布加·尼科莱特（Ettore Nicoletto）公开表示："未来三年，中国的葡萄酒消费量将达到2.4亿箱，增长50%。因此我们有必要抓住机会整合起来。否则，我们将处于边缘位置。通过形成中心决策力量，制定意大利在中国推广的全球战略，提高意大利葡萄酒的整体形象，进一步提高消费者认知。这是一次巨大的行动，联合起来我们就能做到。"

2012年11月26日，意大利经济发展部通过国际事务总局出资和推动的"意大利葡萄酒在中国"项目举行了开幕仪式。这个历时一年的项目旨在增加中国市场对意大利主要葡萄酒产区的认知，展现意大利葡萄酒相关机械生产的杰出工艺。一年间将组织进口商和专业媒体去往意大利参加培训研讨会；还会挑选该部分区域中的代表酒庄或者葡萄酒相关的机械生产商举行B2B会议；组织意见领袖以及普通媒体参加意大利旅游以及当地历史文化方面的培训交流等系列活动。另外，意大利的各个主要产区，如托斯卡纳、皮埃蒙特也将在2013年开启在中国大陆多个城市的推广工作。

随着意大利美食在亚洲的日趋流行，意大利葡萄酒的需求也将越来越高。意大利国际酒展总协调员史蒂维·金（Stevie Kim）说："意大利的生活方式和烹调模式最能使亚洲消费者爱上葡萄酒。去年的香港国际美酒展上，我们邀请了大厨们烹饪意大利美食来搭配美酒，人们被意大利葡萄酒的高品质所震撼。我们认为这是推广意大利葡萄酒的最好方法，尤其是向那些了解我们美食却对我们的葡萄酒知之甚少的人。"

意大利是欧洲最早得到葡萄种植技术的国家之一，这个神秘而典雅的国度，除了有着令人叹为观止的艺术文化外，葡萄酒的产量也占世界的1/4。意大利酿酒的历史已经超过了3000年。古代希腊人把意大利叫做葡萄酒之国（埃娜特利亚）。实际上，埃娜特利亚是古希腊语中的一个名词，意指意大利东南部。据说古代的罗马士兵们去战场时，和武器一块儿带着葡萄苗，领土扩大了就在那儿种下葡萄。这也就是从意大利向欧洲各国传播了葡萄苗和葡萄酒酿造技术的开端。

意大利的整体气候类型比较复杂，它狭长的地形从北到南跨越了10个纬度。因为受到了山脉和海洋的影响，小气候区别很大。北部气候属冬季寒冷、夏季炎热的大陆性气候。往南推进，从亚平宁半岛一直到意大利南端都属于地中海气候，常年炎热干旱。

跨越这么大幅度纬度和海拔的意大利

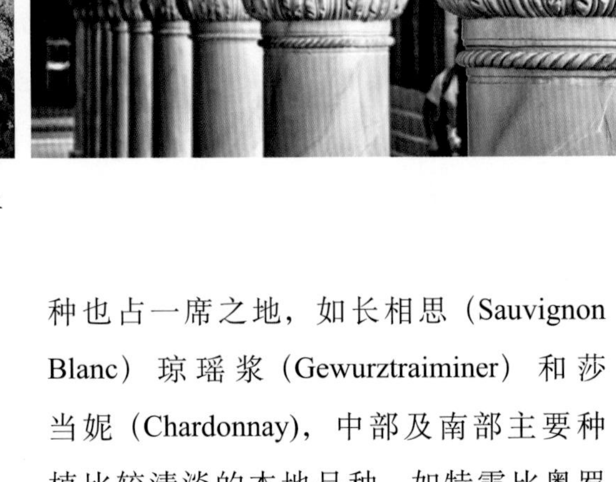

左图 托斯卡纳田园风光　右图 意大利宫殿精美的廊柱

地形导致它的土壤构成千变万化。大部分的土壤是火山石、石灰石和坚硬的岩石。当然，也有大量的砾石质黏土。

意大利的地理环境和风土南北差异极大，所以各区种植不同的葡萄品种。意大利大概有800种本土葡萄，而意大利农业局（Ministero per I' Agricoltura)只认可其中300多种为酿制葡萄酒的法定葡萄（法国只有大约40种）。用作酿制出名的意大利酒，只是其中数十种葡萄。芸芸的红葡萄品种中，北部的内比奥罗（Nebbiolo）称皇，中部以桑娇维塞（Sangiovese）最棒，而南部则是艾格尼科（Aliganico）的地盘。

但白葡萄较难界分地域性，北部百花齐放，本土葡萄占大部分，如托凯（Tocai）、歌蒂丝（Cortese）和卡尔卡耐卡（Garganega)，而法国和德国的进口品种也占一席之地，如长相思（Sauvignon Blanc）琼瑶浆（Gewurztraiminer）和莎当妮（Chardonnay)，中部及南部主要种植比较清淡的本地品种，如特雷比奥罗（Trebbiano）、尹卓莉亚（Inzolia）和玛尔维萨（Malvasia）。

分级制度

日常餐酒[Vino da Tavola（VdT）]

以“Vino da Tavola”命名的葡萄酒包括没有被灌装的葡萄酒，许多的酒被用来和廉价的散装葡萄酒混合，部分此类的葡萄酒也被蒸馏成工业酒精。在哥利亚法案实施之前，一些意大利最好的葡萄酒也以“VdT”等级灌装，因为该国许多的手工葡萄酒生产者希望酿造世界级的葡萄酒，而这类葡萄酒不符合1963年通过的原始DOC

法规的传统规定。从1996年收获开始，这些好酒就不能再称为“Vino da Tavola”。现代的DOC法规延续了最初“餐酒”命名的意图。如果葡萄酒被灌装，那么商标只能标有颜色（例如Vino da Tavola Rosso，红葡萄餐酒）以及生产商的名字。葡萄的种类、已知的地理名称和年份都不能列在酒标上。

地区餐酒

[Indicazione Geografica Tipica（IGT）]

每一个IGT葡萄酒都必须用特定大产区的葡萄并在当地酿造。IGT葡萄酒必须是在法定的DOC或者DOCG产区酿造的，但是IGT的产地标注不能与法定产区名称相同。

1992年以前，这些葡萄酒都只能被简单地命名为“Vino Tipico”(典型葡萄酒)。奇怪的是，尽管“Vino Tipico”等级自从1963年就是意大利葡萄酒法规的一部分，却没有一个意大利葡萄酒被如此命名过；到1996年，似乎IGT命名也面临着相同的命运。非传统的葡萄酒，比如说基昂帝（Chianti）地区桑娇维塞和赤霞珠调配的葡萄酒，或者是皮埃蒙特生产的莎当妮，这些酒的生产商会把酒命名为“Vino da Tavola”，这样既避免了许多官僚的麻烦又表明了他们对当时法规的不满。然而到了1996年，经过了多次讨论后，任何一个连续五年的IGT产区能够申请更高一级的DOC的决议被认可，这样IGT命名的申请开始大批地涌入农业部。现在意大利生产成百上千的IGT葡萄酒，这个数字还在不断上升。尽管有些理想化，乔万尼·哥利亚的希望是最终40%的意大利葡萄酒能够成为IGT等级，这就会占世界葡萄酒产量的10%。

IGT中包含了大量的非常好的葡萄酒，他们是从过去的Vino da Tavola等级中提拔的好酒，由信誉良好的生产商酿造，这是一个品质的绝对保障。一些酒，比如安东尼世家太阳园葡萄酒（Solaia）、安东尼世家天歌奈里欧格拉帕酒（Tignanello）、班菲桑慕斯葡萄酒（Summus）都产自托斯卡纳，可以被列入意大利最昂贵的葡萄酒行列，而且至少在意大利葡萄酒法规下，是最有争议的葡萄酒。因为它们最完美地表达了酿酒者的艺术，IGT命名已经发展成为一个值得炫耀的法规，尤其是很多这个等级的酒在出口市场上取得了令人惊奇的商业成果。第一个被从IGT等级升级成为DOC等级的葡萄酒，是历史上有名的西施佳雅，这是一款以赤霞珠为基础的葡萄酒，由圣圭托酒庄在1986年首次酿造，采用的是从拉菲酒庄引种的葡萄。

法定产区级葡萄酒

[Denominazione di Origine Controllata（DOC）]

一款被命名为DOC的葡萄酒是用法定地理区域内的法定葡萄品种酿造的，其中详细说明了葡萄酒的地理区域、葡萄种类、产量等等。310个左右的DOC产区，有的可以媲比整个地区大小，有的只有一个公社或者村镇的一部分大。二级地区，比如说经典产区（classico district，某一个DOC产区的传统核心地区），可能被划分出来，一些最有名的二级区域有经典基安蒂（Chianti Classico）、经典维波利（Valpolicella Classico）、经典奥维多（Orvieto Classico），以及索阿维（Soave Classico）。

除了DOC法规的广义规定之外，当地的种植者和生产商联盟会进一步限定某一个DOC的标准，比如经典维波利（Valpolicella Classico）地区的种植者联盟会商定在国家DOC标准的限定之内再规定每一个葡萄园每亩的产量。新提名的DOC产区由各联盟和当地商会提交给地区DOC代表，然后再上交给隶属于农业部的联邦DOC机构。

每一个DOC要在以下几个方面控制该范围内生产的葡萄酒：

批准的品种及比例；对一些葡萄酒，种植的最低和最高海拔；

每亩产量以及葡萄园用到的修剪方法；

每公顷葡萄园生产葡萄酒的最大产量；

葡萄酒酿造方法；

陈酿方法和一些珍藏酒（Riserva）的最短陈酿时间（每一个DOC葡萄酒都有自己最短的陈酿时间限制）；

皮埃蒙特葡萄园

自2007年份起，管理机构也为一些DOC等级的葡萄酒加封瓶标，这种细长型的封签类似于DOCG等级的封签。

除了以上规定，酿酒过程中加糖以提高酒精度的做法在任何意大利葡萄酒里都是不被允许的。1990年开始在皮埃蒙特实施，但是没有在其他意大利省推行的一个规定是：每一款DOC葡萄酒必须达到关于颜色、香气和口感的最低标准，这些项目都由品尝委员会控制。所有用于销售的意大利葡萄酒必须通过严格的最低酒精含量和总酸的化学测试。在有些情况下，最低和最高的残糖含量也被限定，尤其是特定DOC产区里生产出不同风格的葡萄酒。比如说奥维多（Orvieto）、翁布里亚（Umbria）省的DOC级白葡萄酒，范围从干型到半甜到甜型，每一款葡萄酒的含糖量都被限定。所有的葡萄酒产区都期望跟随皮埃蒙特的脚步，在接下来几年的时间里实施更多更好的科学分析和感官测试，对葡萄酒的外观、气味和口感进行严格的判断。

保证法定地区级葡萄酒

[Denominazione di Origine Controllata E Garantita（DOCG）]

DOC法规里的最高等级。DOCG葡萄酒必须瓶装出售，酒瓶容量小于5升，官方编码的标签必须放在瓶子的橡木塞上。一旦

巴罗洛地区葡萄酒

DOCG产区的生产商被品尝委员会公开否决，这些酒就必须降级到Vino da Tavola。申请DOCG等级的DOC产区必须作为被认可的命名地持续至少5年的时间（对IGT葡萄酒，这个过程需要最少10年；必须花至少5年时间作为IGT名称的一部分，然后另外5年作为DOC产区整体的一部分申请DOCG等级）。根据意大利葡萄酒法规，申请成为DOCG产区必须充分展现自我以及意大利葡萄酒产业，创造一个“国内市场和国际市场同时都具有的声誉和商业影响力的产品”。

向DOC产区授予DOCG称号有四个核心条件：

第一，这个可能的DOCG产区已经生产了历史上重要的葡萄酒。

第二，该产区生产的葡萄酒质量已经在国际范围被认知，并且具有持续性。

第三，葡萄酒质量有了巨大提升并且受到关注。

第四，该地区生产的葡萄酒已经为意大利经济的健康发展做出巨大贡献。

葡萄种类

红葡萄（Rosso）

桑娇维塞（Sangiovese）：意大利栽培最多的品种，原产托斯卡纳。采用传统酿造，葡萄酒带有樱桃的芳香，以及泥土和雪松的气息。用以酿制经典基安蒂（Chianti Classico）、蒙塔奇诺的布鲁内洛（Rosso di Montalcino）、蒙特普尔恰诺红葡萄酒（Brunello di Montalcino）等法定产区酒。

内比奥罗（Nebbiolo）：意大利最昂贵的品种。其名字（意为小雾）是指秋天的雾气覆盖着皮埃蒙特的大部分区域，为葡萄提供了极佳的生长环境。内比奥罗是一个较难种植的品种，但出产了最为著名的巴罗洛（Barolo）和巴巴莱斯科（Barbaresco）红酒。这些酒因富含野生蘑菇、松露、玫瑰和焦油的芬芳而被称为优雅而雄浑。传统酿造的巴罗洛可以陈酿50年以上，并被许多葡萄酒爱好者视为意大利最伟大的葡萄酒。

蒙特普尔恰诺（Montepualciano）：这个葡萄的名称不应与托斯卡纳的城市蒙特普齐亚诺混淆，它广泛种植于阿布鲁佐的对岸。该品种酿造的葡萄酒口感柔滑，果香独特，酸度适中并且单宁柔和。

巴比拉（Barbera）：在皮埃蒙特和伦巴第南部广泛种植的红酒葡萄，最著名的产区位于阿斯蒂、阿尔巴和帕维亚等城市周边。葡萄酒经过精心的酿造、陈年的巴比拉被称为“高级巴比拉（Barbera Superiore）”，而陈酿于法式橡木桶内的又被称为“陈年巴比拉（Barbera Barricato）”，并销往国际市场。该酒有鲜明的樱桃香味，酒体呈深红色，其酸度与食物的搭配恰到好处。

科维纳（Corvina）：加入另两种葡萄隆迪内拉和莫利纳拉一起构成了威尼托著名红酒瓦尔波利切拉和阿玛罗尼。瓦尔波利切拉的红酒带有黑樱桃和辛香。而利用半干葡萄制作的干酒如今被称作阿玛罗尼，它在葡萄阴干后才发酵，除了糖度高外，酒精度也非常高（16%以上）。优质的阿玛罗尼可以陈酿40年以上，并售以惊人的价格。尽管瓦尔波切拉、阿玛罗尼在2009年12月才获升为保证法定产区（DOCG）酒，但它早被许多葡萄酒爱好者视为意大利最佳红酒之一。

黑珍珠（Nero d'Avola）：西西里岛最重要的葡萄品种，这个品种以往在国际市场上几乎闻所未闻，直到最近才凭借其特有的李子果香和甜单宁受到重视。黑阿沃拉的质素近年有大幅提升。

多赛托（Dolcetto）：与巴比拉及内比奥罗一同生长于皮埃蒙特，其名字意为“小甜”，并非指葡萄酒的味道，而是它易于生长，非常适宜日常饮用。口感和谐，如同野生黑莓及香草渗入酒中。

内格罗阿玛罗（Negroamaro）：此品种的字面意思为“黑色和苦涩”，集中种植于普利亚，它还是萨利切萨伦蒂诺红酒的基础品种，这种酒辛辣、焦香和带有深红果子的饱满。

阿里安尼科（Aglianico）：被尊称为“南方的高贵品种”，主要生长于坎帕尼亚和巴斯利卡塔。该名称是由希腊语衍生，因此它也被认为移植自希腊。酒体雄浑而辛辣，质朴而有力。

萨格兰蒂诺（Sagrantino）：原产于翁布里亚，种植区域仅250公顷，但由它（也可与桑娇维塞混合为蒙特法尔科干红或纯萨格兰蒂诺）酿造的葡萄酒却是闻名世界的。此酒呈墨紫色，伴随野果及重单宁的口感，可陈酿多年。

黑马瓦西亚（Malvasia Nera）：皮埃蒙特的红马瓦西亚品种。一款香甜的葡萄酒，有时也可用以酿造更为精致的帕赛豆（Passito）。

其他主要的红葡萄品种还包括希列格罗（Ciliegolo）、加格里奥波（Gaglioppo）、拉格莱恩（Lagrein）、兰布鲁思科（Lambrusco）、莫尼卡（Monica）、内雷罗·马斯卡雷瑟（Nerello Mascalese）、皮格诺罗（Pignolo）、普里米蒂沃（Primitivo）雷弗斯科（Refosco）、施基亚瓦（Schiava）、施乔佩蒂诺（Schiopettino）、特洛德高（Teroldego）及特罗亚乌瓦（Uva di Troia）等。

一些国际品种如梅洛、赤霞珠、西拉、品丽珠等也在意大利广泛种植。

白葡萄（Bianco）

特雷比亚诺（Trebbiano）：意大利种植最广泛的白葡萄品种之一，产量仅次于卡塔拉托（主要应用于灌装或勾兑酒）。它在全国各地都有种植，尤以产自阿布鲁佐和拉齐奥包括弗拉斯卡蒂的葡萄酒最为著名。更重要的是该品种所酿之酒色浅且易于入口，一些生产商如瓦伦蒂尼（Valentini）的出品可以陈酿15年以上。特雷比亚诺在法国又被称为白玉霓。

麝香（Moscato）：生长于皮埃蒙特地区，主要用于酿造微泡葡萄酒（frizzante），半甜阿斯蒂麝香葡萄酒。为了避免与黄麝香及玫瑰麝香混淆，后两个日耳曼葡萄品种主要在特伦蒂诺—上阿迪杰地区种植。

努拉古斯（Nuragus）：在撒丁岛南部发现的一个古老的腓尼基品种。轻盈和微酸的口感使该品种酿造的葡萄酒成为一款极佳的开胃酒。

灰品诺（Pinot Grigio）：一款获得巨

大成功的经济型葡萄品种，其酿造的葡萄酒特点是清脆和纯净。作为一个大规模酿造的葡萄品种，其口感通常是精致柔和的，但在一些优质的生产商手中，这类葡萄酒也可变得更为浓郁和复杂。灰品诺的主要问题在于为了满足商业需求，葡萄每年的收成都相对较早，以致无法形成该葡萄的特性。

弗留利托凯（Tocai Friulano）：是白索维农的远亲品种，其酿造的顶级弗留利葡萄酒富含桃香及高矿石味。

里博拉基亚拉（Ribolla Gialla）：源自斯洛文尼亚的葡萄品种，目前种植于弗留利。其酿造的葡萄酒是旧大陆的典型，带有凤梨和霉腐的气息。

阿内斯/安内斯（Arneis）：带有清新花香的皮埃蒙特葡萄品种，自15世纪开始便已种植。

白玛尔维萨（Malvasia Bianca）：另一款在意大利广泛种植的白葡萄品种，有着良好的克隆和变异性。

皮加图（Pigato）产自利古里亚的一个重酸性品种，其酿造的葡萄酒非常适宜于与海鲜美食搭配。

菲亚诺（Fiano）：生长于意大利西南海岸。

加戈内加（Garganega）：是特级维甜酒（Soave）的主要葡萄品种，那是一款酿自维尼托的一款清新、爽口的白葡萄酒。该酒在意大利东北部维罗纳及周边地区非常受欢迎。目前有超过3500个不同的厂家在生产索阿维（Soave）。

维门蒂诺（Vermentino）：广泛种植于撒丁岛北部，在托斯卡纳和利古里亚沿岸也有种植。特别适合搭配鱼类和海鲜。

其他重要的白葡萄品种还包括卡利坎特（Carricante）、卡塔拉托（Catarratto）、柯达德沃佩（Coda de Volpe）、歌蒂丝（Cortese）、法兰吉娜（Falanghina）、格雷切托（Grechetto）、格里洛（Grillo）、尹卓莉亚（Inzolia）、皮科利特（Picolit）、特拉米娜（Traminer）、维多佐（Verduzzo）及维纳奇亚（Vernaccia）等。国际品种则包括莎当妮、琼瑶浆、雷司令等。

葡萄酒产区

意大利有20个葡萄酒产区，是对应的20个行政管理区域。要对意大利葡萄酒有更深的了解就需知晓各区域之间的差异。位于13个不同地区的50个DOCG葡萄酒，其中大部分集中在皮埃蒙特大区（Piedmont）和托斯卡纳（Tuscany），而世界各地的葡萄酒爱好者赞赏和追捧的意大利巴罗洛（Barolo）和布鲁奈罗（Brunello di Montalcino）也是出产于意大利名酒产区。由西北到东南，意大利的葡萄酒五大产区。

北部山脚下产区
VINI PETEMONTANI

瓦莱塔奥斯塔（Aosta Valley）

瓦莱塔奥斯塔是意大利西北部的一个产区。其西方为法国，北方为瑞士，南方为皮埃蒙特（Piedmont）产区。该产区位于阿尔卑斯山脉的中心地带，西欧最高峰勃朗峰（Mont Blanc）和多拉巴尔泰（Dora Baltea)均位于其境内。

瓦莱塔奥斯塔是意大利所有产区中面积最小的一个，属大陆性气候，因被高山峻岭环绕，气候相对温暖，但能种植葡萄的地区实在不多，是意大利产量最低的产区。葡萄酒酿造只能用两个词来形容，即“艰难”与“英勇”。这里的农夫必须艰难地在陡峭的山坡上靠着双手双脚栽种，只能靠着几只勇敢的骡子来帮忙，因为机器在这个陡峭的河谷地势里几乎是不可行的。

该地区主要的葡萄品种有：巴比拉（Barbera)、伯纳达（Bonarda)、布拉凯多（Brachetto)、品丽珠（Cabernet Franc)、赤霞珠（Cabernet Sauvignon)、黑品诺（Pinot Noir)、小胭脂红（Petit Rouge）和灰品诺（Pinot Gris）等。

该产区酿制一些优秀的红葡萄酒。多纳兹（Donnaz）产区的内比奥罗（Nebbiolo）红葡萄酒并不浓厚，但却细致而优雅。以小胭脂红（Petit Rouge）酿制的红葡萄酒酒色深而清爽。该地也产白葡萄酒，两个产区以产清淡的干白葡萄酒为主，还产有一些品质上乘的莎当妮白葡萄酒。

正如该产区只有一个省一样，它也只有一个DOC级别的葡萄酒，以“瓦莱塔奥斯塔”命名，在这一DOC下面，根据具体葡萄的品种，不同的颜色，还有25种具体的葡萄酒酒款。另外，此产区的酒很少出口到其他地区，只有来到这勃朗峰下的美丽山区才可以品尝到该产区的酒。

皮埃蒙特（Piedmont）

皮埃蒙特是葡萄酒爱好者久仰的地方。它在意大利西北部的地位，就如勃艮第在法国的地位一样。远在罗马时代，皮埃蒙特就以盛产名酒闻名，并以其高质量享誉世界。如今，该产区已拥有16种DOCG（保证法定产区酒）和44种DOC（法定产区酒），遥遥领先于其他产区。

皮埃蒙特位于阿尔卑斯山脉的丘陵地带，其名字“Piedmont”在意大利语中就是“山麓”之意。产区葡萄园几乎都在绵

皮埃蒙特葡萄园

延的山坡上，土地结构良好，土壤肥沃。这里属大陆性气候，冬季寒冷，夏季炎热。葡萄成熟期昼夜温差大，使葡萄皮能聚集更多的风味物质，酿出的葡萄酒香味浓烈持久。

皮埃蒙特酿酒用的葡萄几乎都是土生品种，而且多用于酿造单一品种酒。这里的葡萄种类很多，重要的红葡萄品种包括内比奥罗（Nebbiolo）、巴比拉（Barbera）和多塞托（Dolcetto），主要的白葡萄品种为麝香（Moscato）。其中，内比奥罗是地位最高的葡萄品种，它和桑娇维塞（Sangiovese）是意大利的两大支柱葡萄品种，在全球葡萄酒界都是赫赫有名的。麝香是皮埃蒙特最具代表性的白葡萄品种，可以用于酿制阿斯蒂起泡酒（Asti Spumante）。

如果说皮埃蒙特是意大利西北部的一顶皇冠，那巴罗洛（Barolo）和巴巴莱斯科（Barbaresco）无疑就是这顶皇冠上最闪耀的明珠。这两个DOCG产区，不仅闻名于意大利，在世界上也享有盛誉。巴罗洛所产的红葡萄酒是内比奥罗的经典酒款，享有“王者之酒，酒中之王”的美誉。巴巴莱斯科是意大利西北部另一个著名的DOCG产区，它的酿酒水平仅次于巴罗洛。

一座砖砌成的老酒窖，一个贴着高贵酒标的酒瓶，一道风味十足的菜肴和一杯美酒，一排排挂满果实的葡萄树……这就是对意大利皮埃蒙特大区最美好的诠释。

巴罗洛（Barolo）

以巴罗洛村来命名的巴罗洛（Barolo）酒，用100%的内比奥罗（Nebbiolo）葡萄酿造，至少要在橡木桶中熟成2年，再在瓶中熟成一年。据说最高级别的巴罗洛陈酿（Barolo Riserva）要熟成8年后才达到最佳状态。它具有十分浓郁的果香，高酸高单宁高酒精度，酒体醇厚。完全熟成后会有复杂而富有层次的香气，包括花香、草莓、蘑菇、焦油及皮革味。

最受瞩目的三个酿造巴罗洛的酒厂：

1. 佳科莫孔特诺酒庄（Giacomo Conterno），1770年创立的著名传统老酒厂，其招牌蒙弗提诺（Monfortino）的巴罗洛酒只选用好年份的内比奥罗葡萄酿造。

2. 巴罗洛侯爵酒庄（Marchesi di Barolo）酿造以Estate Vineyard命名的巴罗洛酒，别具特色。

3. Domenico Clerico——生产全新风味的巴罗洛酒，称为巴罗洛男孩（Barolo Boys）。萃取葡萄的色素而不萃取过多的单宁，酿造出深红色具有浓郁果味的巴罗洛酒，其魅力在于不需等待漫长的熟成即可饮用。

巴巴莱斯科（Barbaresco）

同样是在朗格（Langhe）丘陵区内，巴巴莱斯科位于阿尔巴（Alba）市的东北边，隔着阿尔巴（Alba）市与巴罗洛（Barolo）遥遥相对。巴巴莱斯科可说是巴罗洛的兄弟产区，它们在各方面都非

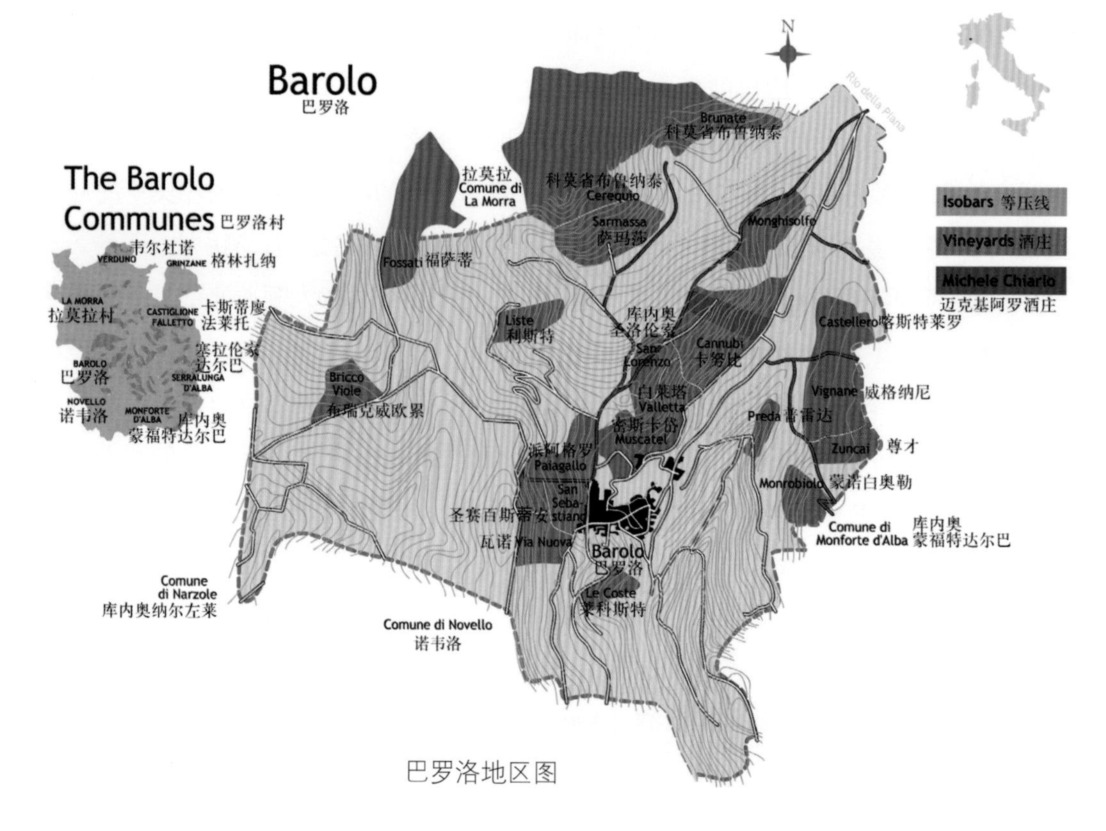

巴罗洛地区图

常相似：土壤、地形、品种和产品风格等。这里的酿酒历史也已经有两千年以上了，不过相对于巴罗洛来说，巴巴莱斯科葡萄酒一直是不受疼爱的小弟，在古时候甚至没有自己的名字，仅被称为内比奥罗（Nebbiolo）或是也被称为“巴罗洛”。开始用巴巴莱斯科的地名来称呼这里的葡萄酒不过是近200年的事，因此也很少在历史纪录上看到王公贵族们对巴巴莱斯科酒的特别青睐。一直要到十九世纪末一位多米佐·卡瓦扎（Domizio Cavazza）先生的出现，巴巴莱斯科葡萄酒才开始得以崭露头角。多米诺·卡瓦扎先生是阿尔巴葡萄酒学校的第一任校长，他非常喜爱巴巴莱斯科的酒，因而投入了许多心力将当时较先进的种植、酿酒技术引进到巴巴莱斯科，甚至买下巴巴莱斯科村中的一座城堡创立了本地的首家酿酒合作社“Cantine Sociali”，将巴巴莱斯科酒销售到意大利全国各地，甚至国外市场，至此巴巴莱斯科酒才开始扬名海内外。卡瓦扎先生对巴巴莱斯科酒的卓越贡献，使当地人对他非常感念，视他为“巴巴莱斯科酒之父”。1926年巴巴莱斯科的产区范围被确定出来，1966年成为DOC级法定产区；1981年巴巴莱斯科和巴罗洛成为意大利全国的诸多产区中最早被认可的DOCG级法定产区。

巴巴莱斯科的地形也是丘陵绵延，不过高度没有巴罗洛那么高，大多是海拔200–400米的山丘。本区的土壤主要属于“托妮诺（Tortoniano）”土壤，这种土壤位于由泥灰土和砂土在第三纪沉积而成的地层，泥土呈现淡淡的灰蓝色，富含钙质；因为其易于松动的特性，因而形成低缓而圆的山丘，这提供了许多理想的种植葡萄环境。整个地区稀稀落落散布着许多农舍，因为居民们需要住在自家的葡萄园附近，以便就近照顾葡萄园。属巴巴莱斯科法定产区的葡萄园（种植内比奥罗品种）面积有将近500公顷左右，都在向阳坡上，由大约500位葡萄农种植经营。它是全意大利产量最小的DOCG产区之一，其产量大约只有巴罗洛的一半，平均年产量大约两百多万瓶左右。

巴巴莱斯科产区同样是由几个村镇组成的：巴巴莱斯科（Barbaresco）、莱威市（Neive），以及一小部分的阿尔巴[Alba(San Rocco Seno d’Elvio)]。

巴巴莱斯科红酒的色泽大致是石榴红或偏些砖红，闻起来可能会有黑色浆果(如梅子、李子、黑樱桃等)、花香、松露、皮革、沥青、烟草、香料之类的丰富怡人香气，口感饱满馥郁，单宁厚实。依一般的评论，巴巴莱斯科红酒的特色和巴罗洛红酒比起来颇为相似，但是较为细致高雅，而陈年能力没巴罗洛那么强，随着越来越多酿酒人采用新式酿造法，酿得相当坚实强劲的巴巴莱斯科也并不少见。

布鲁诺·贾克萨堡

Bruno Giacosa

布鲁诺·贾克萨堡（Bruno Giacosa）酒庄位于皮埃蒙特州的莱威市（Neive），拥有18.2公顷的葡萄园，其中13公顷分别位于巴罗洛地区和巴巴莱斯科地区。阿尔巴园是其中最好的葡萄园。此园坐落在海拔400米的山坡上，面朝正南和西南方向，日照充足，有独特的微气候条件。其所酿制的葡萄酒要在橡木桶中醇化24—36个月，装瓶后再在瓶中陈酿12个月才上市。它被誉为意大利的“Romanee Conti”，酒色深红略带橙色暗影，具有红色水果和黑色水果的芬芳，还具有烟草、烟熏木桶和玫瑰及紫罗兰的芳香，结构复杂而非凡。

布鲁诺·贾克萨堡干红葡萄酒

布里格·罗什堡

Bricco Rocche

布里格·罗什堡干红葡萄酒

布里格·罗什堡（Bricco Rocche）酒庄位于皮埃蒙特州的阿尔巴市（Alba），最好的布里格·罗什堡葡萄园每十年中只有三个年份出产布里格·罗什堡、布鲁诺·赛拉图（Bruno Ceretto），是巴罗洛产区酒，而且每次年产只有6000瓶。深琥珀色的浓郁酒体，结构复杂，含有香草、甜樱桃、李子的香气。

斯卡维诺安南堡

Paolo Scavino Rocche dell'Annunziata

保罗·斯卡维诺酒庄（Paolo Scavino）拥有约20公顷的葡萄园，其中最好的葡萄园是位于巴罗洛镇中心地带的斯卡维诺安南堡葡萄园，种植的葡萄品种为内比奥罗，平均树龄为35年。酒庄只在最好的年份生产斯卡维诺安南堡珍藏干红葡萄酒（Paolo Scavino Rocche dell'Annunziata Riserva），而且年产只有2500瓶。该葡萄酒酒体醇厚，细密优雅，呈深褐红色，香气复杂而有层次，含有黑色水果、咖啡、橡木、甘草和薰衣草的香气。

斯卡维诺安南堡干红葡萄酒

布鲁诺·罗卡堡

Bruno Rocca

布鲁诺·罗卡（Bruno Rocca）酒庄是意大利巴巴莱斯科产区在葡萄酒品质和酿造上最具有前瞻性的年轻酒园。酒庄的创立者布鲁诺·罗卡（Bruno Rocca），现今也只是个俊朗的意大利中年男士。

1978年，巴巴莱斯科最富盛名的葡萄种植区瓦巴扎镇（Rabaja）中一块7公顷的土地，被布鲁诺·罗卡接管了，从此布鲁诺·罗卡酒庄诞生了。瓦巴扎镇地势较高，特殊的风土导致这里出产的葡萄酒总体带有强劲浓郁的风格。

布鲁诺·罗卡堡干红葡萄酒

庄主布鲁诺自称是一个现代主义者。他采用现代风格的高新酿造技术，以提高葡萄种植和酿造水平。广泛使用不同的法国橡木桶，以优化葡萄酒的香气。巴巴莱斯科的瓦巴扎镇的布鲁诺·罗卡葡萄酒（Barbaresco, Rabaja Bruno Rocca）是现代主义的代表之一。它是以单一酒园的内比奥罗葡萄，采用小木桶陈年而成。相比巴罗洛的内比奥罗葡萄，这种巴巴莱斯科的内比奥罗葡萄因当地气候更加温和而成熟的更早些。该酒就具有更年轻，同时口感强劲的特点：酒体呈现深石榴红色，果味和单宁强劲，带有成熟的红草莓的香气，黑草莓的芳香，并有一丝雪松的味道。

嘉雅堡

Gaja

1859年，西班牙人嘉雅家族(Gaja)在意大利北部建立了嘉雅酒庄并开始了他们的家族酿酒事业，刚开始的嘉雅酒庄崇尚意大利传统酿酒理念，如种植当地特有的葡萄品种和采用大木桶陈酿。1961年，安吉洛·嘉雅(Angelo Gaja)从父辈手中接过了酒园并开始全面管理，受法国波尔多和勃艮第顶尖酒园的影响，安吉洛决定对庄园进行全面改革以酿造出媲美五大庄园的顶级红葡萄酒。首先就是改变庄园现有葡萄品种的组合，把原有的意大利特有品种内比奥罗（Nebbiolo）等全部拔掉，然后种上该地区第一个非本地葡萄品种——赤霞珠，他父亲看到此幕之后长叹一句：Darmaji（真遗憾）。四年之后，嘉雅堡第一批采用赤霞珠品种的葡萄酒面世，其优雅的酒体、细腻的单宁、层次感丰富的结构令所有意大利乃至全欧洲的酒评家刮目相看，意大利葡萄酒在国际市场的地位亦都从此登上一个新高度。

嘉雅堡干红葡萄酒

孔特诺酒庄

Giacomo Conterno

孔特诺酒庄（Giacomo Conterno）一直以来就是巴罗洛（Barolo）地区酿制高品质巴罗洛葡萄酒最负盛名的酒庄。该酒庄是保守和传统酿酒厂的典型，不会为了迎合现代口味而对自己的底线作出任何让步。目前，该酒庄由孔特诺（Conterno）家族的第四代罗伯特·孔特诺（Roberto Conterno）掌管。

该酒庄的葡萄园位于皮埃蒙特塞拉伦加达尔巴村（Serralunga d' Alba）一个单一的小块土地上，占地约14公顷，朝向南方和西南方，园里种植的主要葡萄品种是阿尔巴产区内比奥罗（Nebbiolo d' Alba）和阿尔巴产区巴比拉（Barbera d' Alba）。葡萄树的平均树龄为28年，种植密度为4,000株/公顷。

在酿酒方面，孔特诺家族世世代代都是以相同的方式酿制巴罗洛（Barolo）葡萄酒：非常低产的葡萄园、成熟的葡萄、长时间的浸渍和非常持久的陈年等。葡萄的发酵在不锈钢大桶和开口的橡木大桶中进行，温度控制在28℃—30℃之间，时间为3—4周左右。不进行过滤和澄清，也不使用浓缩器。苹果酸乳酸发酵在天然温度下进行，这个发酵过程结束后，葡萄酒被转移到斯拉夫尼亚（Slavonian）大橡木酒桶中或大木桶中陈酿。不同酒款陈酿的时间不同。一般陈酿1年后于7月中旬左右装瓶，装瓶后接着窖藏1—2年，然后面市。

该酒庄出品的主要酒款包括孔特诺酒庄希纳弗朗西亚园巴罗洛红葡萄酒（Barolo Cascina Francia）和孔特诺酒庄蒙福尔蒂洛园巴罗洛陈酿（Barolo Riserva Monfortino）。酒庄庄主比较喜欢的年份包括：1996年、1995年、1990年、1989年、1988年和1987年等。

孔特诺干红葡萄酒

巴罗洛侯爵酒庄

Marchesi di Barolo

巴罗洛侯爵酒庄（Marchesi di Barolo）位于意大利皮埃蒙特（Piedmont）产区巴罗洛（Barolo）镇，可以俯瞰马奎斯·法莱蒂（Marquis Falletti）城堡。这是闻名世界的巴罗洛葡萄酒的诞生之地。当时，任何人都没想到这里所产的巴罗洛葡萄酒会成为葡萄酒之王和国王之酒。

该酒庄悠久的历史可追溯至1806年。当时，巴罗洛侯爵法拉提与法国国王路易十四麾下财政部长的孙女朱丽亚在巴黎结婚。朱丽亚发现，巴罗洛地区拥有优质的葡萄品种和适合葡萄生长的优质土壤，有酿造绝世美酒的潜力。例如强劲的内比奥罗，就能充分地体现出巴罗洛地区独特的地域特征。1864年，朱丽亚侯爵夫人去世。为了纪念她，在都灵（Turin）建立了富丽堂皇的巴罗洛宫殿。之后，该酒庄转到了阿博纳（Abbona）家族手中进行管理。彼得罗·阿博纳（Pietro Abbona）在与兄弟尼斯多（Ernesto）及其姐姐玛丽娜（Marina）、瑟莉提娜（Celestina）共同努力下，掌握了古老的酒窖酿造法，并提升了酒庄的酿酒技术。彼得罗·阿博纳是酿造巴罗洛葡萄酒的先锋，是他带领巴罗洛产区的葡萄酒走向世界，享誉全球。

该酒庄在阿博纳家族手中所产的巴罗洛葡萄酒品质之所以备受瞩目离不开侯爵夫人茱莉亚的帮助。拥有陈酿巴罗洛葡萄酒的巨大橡木桶其实是侯爵夫人遗留下来的。如今，阿博纳家族坚持不懈地致力于生产高品质的葡萄酒，年复一年，该酒庄酿酒技术、葡萄种植法以及葡萄酒文化不断地传承下去，已经超过了五代人。

该酒庄有得天独厚的地理环境，适宜的土壤以及阳光充足的热量为葡萄的生长提供了理想的环境，种植的葡萄品种有桑娇维塞（Sangiovese）、内比奥罗（Nebbiolo）和科罗里诺（Colorino）等，出产有巴罗洛·卡努比（Barolo Cannubi）、Barolo Coste di Rose和Barolo del Comune di Barolo等多种葡萄酒，凭借优秀的品质曾多次获奖。

巴罗洛侯爵酒庄干红葡萄酒

伦巴第（Lombardy）

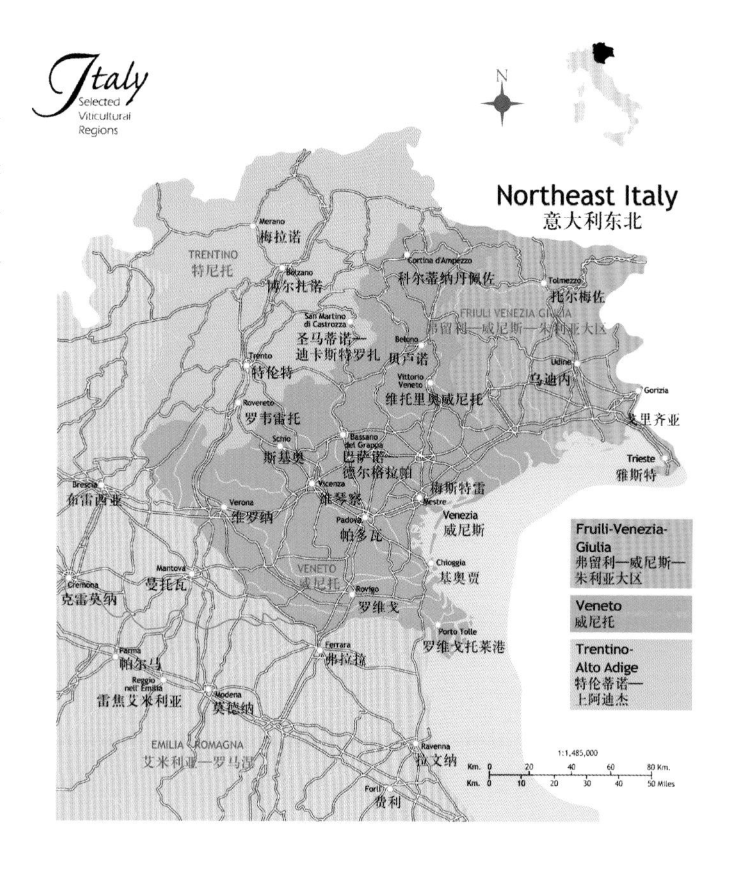

伦巴第位于意大利东北部，北与瑞士相连，东接皮埃蒙特产区（Piemonte），其首府所在地正是鼎鼎有名的国际时尚之都米兰。伦巴第是意大利最重要的葡萄酒产区之一。

从山区到北部地区，再到温暖的沿岸平原地区，这里的气候非常多变。该产区土壤以岩石为主，伴有冲积土。尽管此地四面被陆地环绕，昼夜温差大，但这里较多的湖泊可以调节气温和湿度，有利于葡萄的生长，对于高寒、高海拔的地方尤为明显。

伦巴第以酿造口感较厚重的内比奥罗（Nebbiolo）葡萄酒而闻名，口感较皮埃蒙特的清淡一些，名声仅次于皮埃蒙特。伦巴第也出产清淡的红葡萄酒和桃红葡萄酒、细致的干白葡萄酒以及起泡酒。此外，本地还出产一种以半风干葡萄酿成的不甜色富莎（Sfursat）。

伦巴第拥有5个优秀法定产区（DOCG）和15个法定产区（DOC）。其中，弗朗齐亚柯达（Franciacorta）是伦巴第最早的法定产区，主要生产细致的起泡酒，是意大利最好的起泡酒产区之一。伦巴第内的瓦尔特林纳（Valtellina）产区以内比奥罗葡萄酒而闻名，超级瓦尔特林纳（Valtellina Superiore）在好的年份堪比巴罗洛（Barolo）、巴巴莱斯科（Barbaresco）。此外，加尔达（Garda）、路盖纳（Lugana）产区在伦巴第也比较著名。

特伦托（Trentino）

特伦托是意大利最靠北的葡萄酒产区，主要由两个自治省特伦托（Trentino）和上阿迪杰（Alto Adige）构成。该产区由于经历过复杂的地理政治历史，所以特伦托省的人几乎全部讲意大利语，而上阿迪杰省由于曾经被奥匈帝国占领，多数的人讲德语。

产区葡萄园光照充足，空气流通也很理想，加之产区的谷底地区在夏季清晨时分，气温会上升得很快，这种暖空气之后又会迂回升上山坡，所以这里出产的葡萄可以酿出丰富浓郁且单宁成熟的葡萄酒。温暖的高山暖流还有一个好处，能有效预防葡萄树疾病和真菌感染。这里的土壤质量一般，主要由冲积土和崩积物构成，排水性相对较好，且富含矿物质。

特伦托产区的葡萄酒发展状况像产区的地形一样，非常复杂。葡萄园栽培的品种大部分都是德国品种，主要为米勒—图高（Muller—Thurgau）和西万尼（Sylvaner）。当地品种施基亚瓦（Schiava）葡萄树的面积也较为可观。黑品诺（Pinot Noir）、灰品诺（Pinot Grigio）、莎当妮（Chardonnay）、白品诺（Pinot Bianco）和长相思（Sauvignon Blanc）的产量虽然不大，却呈不断上升的趋势。此外，值得一提的是，特伦托是意大利唯一一个在20世纪后20年葡萄园面积不断增长的产区。

弗留利—威尼斯—朱利亚

（Friuli-Venezia Giulia）

位于意大利东北角，北接奥地利，东接斯洛文尼亚，南临亚得里亚海（Adriatic sea），阿尔卑斯山雄踞于此。它是意大利赫赫有名的葡萄酒产区。

这里种植葡萄的历史悠久，有资料证明葡萄当年由东方传入时，首先来到弗留利—威尼斯—朱利亚，而后才传到法国。该产区南部为地中海气候，北部受阿尔卑斯山影响，属大陆性气候。此地土壤多石，其山麓、丘陵地带为富含钙元素的土壤，较低的平原则为冲积土和砂质土。此产区大都用非传统的葡萄品种酿酒，如长相思（Sauvignon Blanc）、雷司令（Riesling）和白品诺（Pinot Bianco），不过这里也种植本地葡萄品种，如灰品诺（Pinot Grigio）和皮科利特（Picolit）等。

早在20世纪70年代，弗留利—威尼斯—朱利亚产区便以高雅的白葡萄酒而闻名于世。这里的白葡萄酒口感清新，有一丝橡木风味，香气优雅。用皮科利特（Picolit）葡萄酿造的白葡萄酒则酒体强壮，呈现麦秆黄色，散发着花朵芳香。而用维多佐（Verduzzo）葡萄酿造的甜酒是当地的特产，呈现出琥珀色。

该产区有3个DOCG产区，10个DOC产区，它以注重质量，限制产量而闻名。弗留利—威尼斯—朱利亚的葡萄酒产区主要集中在南方，著名产区有弗留利东坡（Colli Orientali de Friuli）和戈里齐亚坡（Collio Goriziano）等。

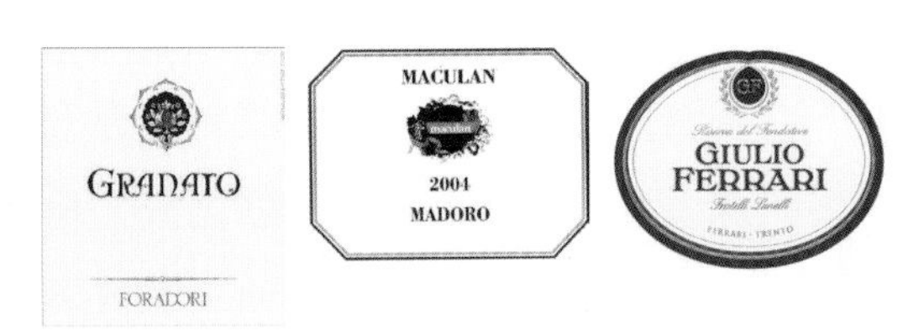

梵帝内圣海琳娜灰品诺干白

Fantinel Saint'Helena Pinot Grigio

葡萄品种：100% 灰品诺（Pinot Grigio）
所获奖项：WA 88pts，WS 89pts，08/09 San Francisco Wine Competition Bronze Medal，Wine and Spirit 88Pts Best Buy，Decanter World Wine Awards Bronze Medal，Gambero Rosso 2 Glasses，UK International Wine Challenge Commended
品鉴：闻起来有淡淡的水果香气，不时掺杂着干草的气息和烤杏仁和胡桃壳的味道。入口后，口感干爽，单宁适中而紧实。

梵帝内圣海琳娜灰品诺干白葡萄酒

威尼托（Veneto）

威尼托是意大利东北部的行政区，首府是威尼斯。威尼托产区是意大利三大葡萄酒产区之一。东边有水城威尼斯，西边则被恬静迷人的加尔达湖包围。它是意大利东北部3大产区中最著名的产区，与皮埃蒙特齐名，同时还是意大利葡萄酒产量最多的产区。

威尼托的气候由于受到北部山脉与东部海洋的调节，气候温和而稳定，适合葡萄的生长。该产区有1/2的面积为平原，土壤表层遍布淤沙，含有黏土和钙质岩屑。这里主要种植加戈内加（Garganega）、特雷比亚诺（Trebbiano）和科维纳（Corvina）葡萄。前两者可以酿制酒体丰满的白葡萄酒，是当地著名的索阿维（Soave）白葡萄酒的主要原料。

威尼托拥有14个DOCG和11个DOC产区。其中最重要的3个DOC产区瓦波利切拉（Valpolicella）、索阿维（Soave）和巴多力诺（Bardolino），都处于产区西部，位于维罗纳城（威尼托区的酒业中心）。索阿维地区出产的索阿维白葡萄酒是典型的意大利不甜白葡萄酒，拥有高雅的香气和清爽的口感。索阿维也产甜酒，当地的索阿维雷西欧（Recioto di Soave）是以风干葡萄酿成的著名甜酒。风干后的葡萄糖分提高，用其酿制的葡萄酒也特别香甜。巴多利诺产区则主要生产早饮型的红葡萄酒，超级巴多利诺（Bardolino Superiore）就是其DOCG酒款。威尼托还有意大利的第二大起泡酒产区普洛赛克（Procecco），这个地区的起泡酒口感清淡、柔和，含有坚果的香气。

罗马诺·戴福诺酒庄

Romano Dal Forno

酒庄由罗马诺·戴福诺(Romano Dal Forno)创立。1957年，戴福诺诞生在维罗纳(Verona)东部一个名叫卡波维拉(Capovilla)的小村里。他的祖辈就开始酿造葡萄酒，但以小作坊合作社形式经营。

现今罗马诺·戴福诺酒庄是除阿马罗尼(Amarone)经典产区之外，最优的阿马罗尼制造者。其所产的阿马罗尼，以酒体近黑，酒精度高，并具有极熟而甜美的果香闻名。与同区其他酒庄比较，戴福诺酒庄不喜使用品质较差且酸度过高的莫林纳拉葡萄(Molinara)，而是使用单宁强劲的罗蒂妮拉葡萄。使其所产的阿马罗尼，具有容易入口，单宁扎实，并且潜力绝佳的特点。

罗马诺·戴福诺酒庄干红葡萄酒

艾琳娜·沃尔什酒庄

Elena Walch

艾琳娜·沃尔什酒庄干白葡萄酒

最近几年，特伦蒂诺—上阿迪杰(Trentino—Alto Adige)地区备受国际葡萄酒市场和业界人士的关注，原因是这个地区的酒庄庄主掀起了一场轰轰烈烈的质量大革命。艾琳娜·沃尔什酒庄庄主艾琳娜·沃尔什(Elena Walch)无疑是这场大革命的领衔人物，她曾是一名建筑师，在1985年嫁入特勒民(Tramin)地区历史悠久的酿酒家族后成为一名酿酒师，希望酿制出属于自己品牌的优质葡萄酒。

铃堡(Castel Ringberg)是艾琳娜·沃尔什最重要的葡萄园，海拔接近300米，气候温和，土壤非常适合种植酿酒葡萄。目前种植的品种包括拉格莱恩(Lagrein)、莎当妮(Chardonnay)和赤霞珠(Cabernet Sauvignon)。艾琳娜·沃尔什的三款珍藏葡萄酒所选用的葡萄均是出自铃堡。经过改革之后屡获殊荣，意大利著名的葡萄酒购买指南《Gambero Rosso》接连几年给予艾琳娜·沃尔什最高级的三星级评价，足见其魅力之大。

第勒尼安海产区

VINI TIRRENICI

托斯卡纳（Tuscany）

托斯卡纳是意大利最知名的明星产区，北邻艾米里亚—罗马涅（Emilia—Romagna），西北临利古里亚（Liguria），南接翁布利亚（Umbria）和拉齐奥（Lazio），西靠第勒尼安海（Tyrrhenian Sea），地理位置优越。托斯卡纳之于意大利中部，好比波尔多之于法国。

托斯卡纳主要为地中海气候，冬季温和，夏季炎热干燥。境内大多是连绵起伏的丘陵地，土壤多为碱性的石灰质土和砂质黏土。这里有一种被称为“galestro”的泥灰质黏土，非常适合桑娇维塞（Sangiovese）的生长，因此桑娇维塞在托斯卡纳十分受关注。桑娇维塞是该产区的主要葡萄品种，也是意大利最普遍的红葡萄品种。这个品种一般只有意大利才有，别的国家很少种植。顺境中生长的桑娇维塞有些平庸，它在成熟期遭受困苦和磨难，萎靡不振，可是到了八九月份，只要艳阳相伴，它就会迸发出强烈的生命力，成为具有强烈个性的“丘比特之血”。

这个以红葡萄酒为主的产区共有11种DOCG和34种DOC葡萄酒，而且其中的大多数都拥有卓越的名声。著名的DOCG包括经典基安蒂（Chianti Classico）、基安蒂（Chianti）和布鲁奈罗蒙塔希诺（Brunello di Montalcino）。值得注意的是，经典基安蒂的生产者组织成立了经典基安蒂协会。加入这个协会的会员，其葡萄酒瓶身上会贴一个圆形标志，这个标志的中央绘有一只黑公鸡（Gallo Nero），在其下方写着“Chianti Classico（经典基安蒂）”字样。

除了上述卓越的DOCG、DOC等级的酒，此地很多IGT和VDT等级的葡萄酒同样令人印象深刻。某一类的IGT，其实是最高质量的意大利酒，例如皮埃蒙特（Piedmonte）或托斯卡纳属于此等级的优质葡萄酒，在全球都享有极高的声誉。意大利关于葡萄酒有严格的法律规定——酒庄使用外国葡萄（如法国的赤霞珠）酿成的酒，即使品质很高，也不能使用更高的等级（如后面所提的DOC或DOCG），只能用IGT甚至VDT。意大利许多备受赞誉的优质佳酿都没有相应的等级映衬，这无不体现出意大利葡萄酒分级制度的尴尬。这些“名小于实”的葡萄酒大多来自托斯卡纳，专家们将其称为“超级托斯卡纳（Super Tuscan）”，这在葡萄酒界几乎无人不晓。

超级托斯卡纳是由一些满怀热情、强调独创性的酿酒师，在葡萄品种、混合比率、酿制方法等方面对传统葡萄酒进行大胆革新，酿造出的独特而优质葡萄酒。如今，著名的超级托斯卡纳酒有西施佳雅（Sassicaia）和马塞多（Masseto）等。西施佳雅在20世纪70年代中期成为世界知名的顶级红葡萄酒，被称为是“最正宗的新派超级托斯卡纳葡萄酒”。它的名字很美，令人产生浪漫的遐想，宝蓝色的瓶盖和圆形蓝底上八道金针的标志，带有独特的地中

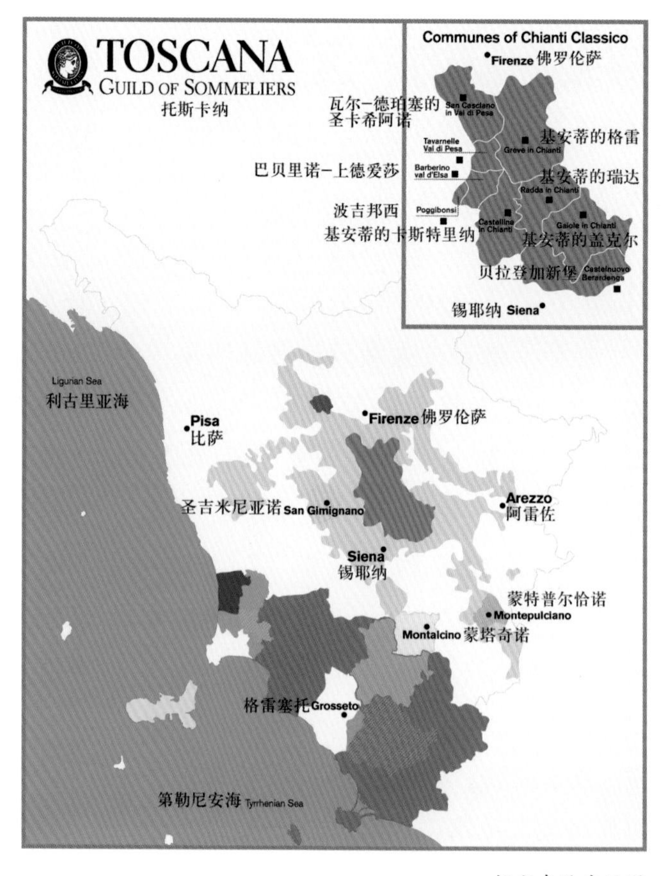

托斯卡纳产区图

海艺术气息，其品质足以媲美波尔多五大名庄的酒。

蒙塔奇诺（Montalcino）

蒙塔奇诺产区位于锡耶纳（Siena）以南40公里处，面积24000公顷。这里50%的土地为森林和荒地，10%种植橄榄，15%为葡萄园，余下的是耕地、草地和其他作物种植地。蒙塔奇诺产区生产高质量酒的声誉已经驰名几个世纪。但是布鲁内洛葡萄酒的出现则是在19世纪末，在20世纪六七十年代，布鲁内洛越来越有名，远销海外。1980年7月1日，布鲁内洛成为意大利第一款获得DOCG等级的葡萄酒。

当地法定的葡萄品种为桑娇维塞（Sangiovese），上市前长期陈酿是布鲁内洛的主要特点，这使得酒的颜色为偏石榴红的红宝石色。酒香浓郁，持久复杂，既有灌木丛、红色浆果以及泥土的清香，也有由木桶与陈酿带来的甜香。口感高雅和谐，酒体饱满，酸度合适。酒精度最低为12.5度，而通常会略高到13.5度。饮用布鲁内洛·蒙塔奇诺葡萄酒时，必须用宽大的酒杯，以便保留其特殊复杂的芳香。

芭毕酒庄

Fattoria dei Barbi

哥伦比亚（Colombini）家族从1790年起掌管了芭毕酒庄的一切事务，从此开启了酒庄走向成功的旅程。在1892年，芭毕酒庄凭借其生产的美酒获得意大利农业部颁发的银奖，此后更不断在意大利及世界各国获得了一系列的嘉奖。

芭毕酒庄声名显赫的庄主弗朗西斯卡·哥伦比尼·奇内利夫人（Francesca Colombini-Cinelli）曾任布鲁内洛地区的大使，一直致力于宣传和传承杰出独特的当地传统工艺，荣获了“布鲁内洛夫人”的称号。酒庄现在主要由她的儿子斯特凡诺·奇内利·哥伦比亚（Stefano Cinelli Colombini）掌管，而且继续沿用古老的传统工艺，并使之与现代化的革新技术相结合。

芭毕酒庄占地约300公顷，平均每100公顷的葡萄株可以生产70万瓶的美酒。整个葡萄园得益于来自南方的充足日照以及这里混合加列斯托、黏土和石灰石的土质。夏季炎热，冬季雨量适中，降雨量平均每年650毫米。酒庄内主要种植用于生产蒙塔奇诺布鲁内洛干红葡萄酒的布鲁内洛葡萄和用于生产维桑托葡萄酒（vin santo）的莫斯卡德罗（Moscadello）葡萄。

芭毕酒庄干红葡萄酒

西施佳雅酒庄

Sassicaia

西施佳雅酒庄的开辟者马里奥侯爵是一个典型的欧洲贵族公子。在二十世纪二、三十年代，他最大的嗜好就是养马、赛马和法国精品葡萄酒。第二次世界大战的爆发，使法国葡萄酒不易在市面上见到。马里奥侯爵决定自给自足，生产一种如法国勃艮第红酒般“高贵的”葡萄酒。马里奥侯爵与妻子克莱瑞斯（Clarice）的婚姻，也让他与圣圭托庄园（夫人嫁妆）结缘。而那里就是后来出品西施佳雅的地方。马里奥侯爵在这片优质的土壤上不断尝试，在试种了一些法国葡萄品种之后，发现赤霞珠非常适合意大利中部的土壤。并且使用法国橡木桶替换原来的南斯拉夫橡木桶。经过开创性的革新，西施佳雅的品质终于一跃千里，在1968年震惊了整个葡萄酒世界。

西施佳雅酒庄出产的西施佳雅葡萄酒名列意大利四大名酒（俗称四大“IA”）之首，而且也是六十款超级托斯卡纳之首。西施佳雅被誉为“意大利葡萄酒之王”，是意大利餐饮协会规定的领导人和高级官员访问意大利的接待用酒，也是梵蒂冈教廷的宴会接待用酒。

西施佳雅酒庄干红葡萄酒

花思蝶酒庄

Frescobaldi

花思蝶酒庄
干红葡萄酒

花思蝶庄园(Frescobaldi)在14世纪建园前已经种植葡萄长达两个世纪了，其所属家族是意大利托斯卡纳最古老的葡萄酒世家之一，其所产葡萄酒在中世纪时期曾成为罗马教皇和英王亨利八世的御用佳酿。

时至今日，花思蝶家族拥有多个葡萄园，总种植面积达到1200公顷，是托斯卡纳地区最大的庄园。其中最享负盛名的是布鲁内洛系列(Brunello)，该系列是19世纪开始出现在蒙塔奇诺地区的葡萄品种，该品种实质上是意大利特有葡萄品种圣祖维斯的克隆版，但个头更大，单宁较厚重，酿出来的酒层次感更上一层楼，适合长期陈酿，所体现的复杂与优雅性足可使其成为意大利顶级葡萄酒的代表作。

安东尼世家酒庄

Antinori

安东尼世家酒庄（Antinori）在意大利托斯卡纳（Tuscany）地区声名显赫，世代隶属于安东尼家族。自1385年吉万尼·安东尼（Giovanni di Piero Antinori）加入在佛罗伦萨市被称作“佛罗伦萨艺术”的酿酒师公会（Winemakers Guild of Florence）以来，安东尼家族从事葡萄酒酿造业已有长达600年的历史。传承的每一代人都亲身参与到酿酒事业中，秉承传统的同时，又能开拓进取，勇于创新。该酒庄现由马奎斯·皮埃尔·安东尼（Marquis Piero Antinori）掌管。

安东尼世家酒庄的总部叫做“安东尼宫殿”，是安东尼家族在佛罗伦萨的家族住宅，同时也是家族百年历史的见证。它位于安东尼广场附近的阿诺河畔，是文艺复兴的建筑瑰宝，内设50个房间，自1506年以来一直都是安东尼侯爵的住处和办公室。1461年，宫殿由意大利著名的建筑设计师朱利亚诺·迈阿诺（1432—1490）设计并建造，1543年巴修·阿罗诺对宫殿进行了扩建。

安东尼世家酒庄是一个历史文化底蕴深厚的酒庄。安东尼侯爵们一直热爱托斯卡纳的土壤及栽培艺术，热情洋溢地栽培葡萄藤。为了使托斯卡纳地区的风土、葡萄栽培传统和安东尼家族尽可能得到发扬光大，获得足够的重视和专注，安东尼家族成立了安东尼学院和安东尼学会。

安东尼世家酒庄干红葡萄酒

安东尼世家酒庄对葡萄培植法充满激情，为了提升葡萄的质量，他们进行了持续而全面的调研活动，哪怕是极小的一片区域也不会放过。他们经常在葡萄园和酒窖内进行许许多多的实验，例如：寻找本地和国际葡萄品种的新克隆，试验培植技术，园地纬度，发酵操作和温度控制，现代的和传统的发酵方式相结合，不同类型和尺寸的橡木在陈酿中的使用，不同类型木桶的陈酿能力以及葡萄酒上市前的陈酿时间长短。经过多年的不懈努力，安东尼世家酒庄寻找到了出产优质葡萄的方法和地区。皮埃尔·安东尼如是说，“历经多年，我们已经证明，在托斯卡纳和翁布里亚可以酿造优秀的葡萄酒，而且在世界范围内，它们在保持本性的同时，也能展现不同的风格。我们有一个尚未完全实现的任务，这驱使我们一方面热切地想展示我们葡萄园巨大的潜力，另一方面在即将进行的新项目和托斯卡纳庄园的祖产之间寻求平衡。祖产包括传统、文化、农业、艺术和文学，它们能表达安东尼世家酒庄的真实意愿，即主要观点是做托斯卡纳，如果你喜欢，也可以说是做完全真实的托斯卡纳性格。”

太阳园

Solaia

太阳园是安东尼家族众多葡萄园中的一个，面积约为10公顷，面朝西南，坐落于海拔350—400米之间的坡地上。其土壤为石灰土，含有石灰岩。酿造葡萄酒所使用的葡萄品种包括80%的赤霞珠（Cabernet Sauvignon）葡萄，20%的品丽珠（Cabernet Franc）葡萄；1979年之后的几年，又开始添加了20%的桑娇维塞（Sangiovese）葡萄，并且对赤霞珠葡萄和品丽珠葡萄的比例做了修改，从而形成了当前酿制该款葡萄酒的混合比例。

太阳园葡萄酒只是在一些特殊的年份才进行酿制，1980、1981、1983、1984和1992年都没有酿制该款葡萄酒。而2002年，由于所产桑娇维塞葡萄没有达到预期的质量要求，所以只采用了赤霞珠葡萄来酿制，因此2002年的太阳园葡萄酒也被冠为“annata diversa”，意思为特殊年份。1997年份的酒被美国的《葡萄酒观察家》杂志葡萄酒观察家（Wine Spectator's）评为年度红酒，也是意大利红酒第一次获此殊荣。

太阳园干红葡萄酒

特里齐奥卢碧卡雅酒庄

Castello del Terriccio

特里齐奥卢碧卡雅酒庄（Castello del Terriccio）坐落在利沃诺（Livorno），距离风景美丽的塞希那（Cecina）夏日度假村不远。特里齐奥卢碧卡雅的历史可以追溯到18世纪中期，当时这里是比萨（Pisa）的盖塔尼（Gaetani）家族的产业。在1921年被如今的拥有者吉安·安尼巴莱·罗西·麦德拉纳·塞拉菲尼·费里（Gian Annibale Rossi di Medelana Serafini Ferri）所收购。费里的家族地位显赫，他的父亲是波洛尼亚（Bologna）的贵族，母亲则是来自罗马的伯爵家族。在费里的经营打理之下，特里齐奥卢碧卡雅重获新生，如今庄园的覆盖面积达4200公顷，当中部分土地用于种植有机谷物、牧草和橄榄树，其他部分则是葡萄园。由于这里的风土条件极为优越，因此种植出来的酿酒葡萄带有独特的个性，给人留下深刻的印象。

酒庄先后引进了莎当妮（Chardonnay）、梅洛（Merlot）、西拉（Syrah）、赤霞珠（Cabernet Sauvignon）等酿酒葡萄品种，所有的葡萄藤均经过严格挑选，并且得到精心照料。为了保证葡萄的丰满及葡萄汁的浓度，特里齐奥卢碧卡雅对葡萄产量进行控制。最具特色的两款酒分别是天狼星葡萄酒（Lupicaia）和塔斯那雅葡萄酒（Tassinaia）。天狼星，使用90%的赤霞珠（Cabernet Sauvignon）和10%的梅洛（Merlot）酿制而成的，具有突出的香味和口感，颜色呈宝石红。塔斯那雅葡萄酒酒体呈紫红色，带有浆果以及烟草的味道，适合陈年。

特里齐奥卢碧卡雅酒庄干红葡萄酒

奥纳亚酒庄

Tenuta dell'Ornellaia

奥纳亚庄园(Tenuta dell' Ornellaia)成立于1981年，位于托斯卡纳的西部，紧邻地中海，由91公顷的葡萄园组成。由于受地中海气候的影响，再加上大海和火山双重作用而形成的土壤，当地的自然环境对高级葡萄的种植是非常有利的。

庄园种植的葡萄是优等的红葡萄系列，有赤霞珠、品丽珠、梅洛、味儿多。虽然酒庄的历史并不长，但是由于它得天独厚的地理位置和气候环境，加上严格、科学的管理，使得奥纳亚庄园在世界范围内成为公认的顶级葡萄酒厂商。2001年，权威的《葡萄酒观察家》杂志授予1998奥纳亚(Ornellaia)葡萄酒“世界最好葡萄酒”的称号。

在意大利普遍种植的应该是桑娇维塞等葡萄品种，但是奥纳亚酒庄自成立的第一天，就在葡萄园内种植着来自法国的著名葡萄品种：赤霞珠、梅洛、品丽珠。这在当时的意大利葡萄酒界可谓是件“另类”的举动，大家都抱着怀疑的态度来等待着不属于本土葡萄品种种植的“失败”，但是酒庄的创始人：洛多维科·安蒂诺里侯爵(Lodovico Antinori)坚持在庄园不同的土壤上适合种植赤霞珠，品丽珠和梅洛，通过葡萄品种的原始生长环境：温和的海洋性气候以及独特的土壤，加上葡萄种植者和酿酒师的协力配合，

奥纳亚酒庄干红葡萄酒

赋予了这里的葡萄酒非常鲜明的特色：浓郁的成熟水果的果香结合充满异国风味的香料味道，复杂中带有独特性；口感浓郁，结构良好，酒体平衡饱满。

超级托斯卡纳奥纳亚酒庄邀请中国艺术家张洹(音译 Zhang Huan)为其设计限量版艺术家之获(Vendemmia d' Artista)2009年份系列葡萄酒酒标。为了体现平衡的主题，反映2009年份特征，张洹创作了一系列公元前6世纪中国哲学家孔子时期的人物作品。张洹的作品以“探究孔子”命名，包括放置在酒厂庭院的孔子钢雕。与此同时，张洹还创作了一系列限量版大幅面酒瓶，包括100款孔子形象和其智慧语录的3升装酒瓶，以及10款孔子不同生活阶段的6升装酒瓶。皇冠上的珠宝是一款单一的9升装葡萄酒，在孔子肖像上刻铸一个椭圆形的钢雕。

尼塔蒂酒庄——意大利木桐庄

Fattoria Nittardi

尼塔蒂酒庄（Fattoria Nittardi）是一个家族酒庄，位于基安蒂、潘扎诺和多纳托交界的卡斯特利那三角地带，也是著名的经典基安蒂的中心地带。酒庄于1982年被德国的出版商兼美术馆长彼得·法蒙菲特和他的妻子斯蒂芬妮·康纳利购买，康纳利女士是来自威尼斯的历史学家。之后，斯蒂芬妮和彼得逐步对酒庄进行改革。他们重新种植了葡萄，并于1992年将古老的木桐酒窖改造为现代化的酒窖。同时，酒庄还打造了一个充满热情的专业团队，其中包括著名的葡萄酒酿造顾问卡罗·费里尼、首席农艺家安东尼奥·斯普瑞和商务总监乔治·孔蒂。

1999年，斯蒂芬妮和彼得又在邻近的托斯卡纳南部的马雷玛购置了一块土地。如今，酒庄拥有17公顷的土地用于种植本地品种和国际品种的葡萄。

尼塔蒂酒庄所在的区域位于锡耶纳区和佛罗伦萨区的交界处，在12世纪时是一个防御塔，名为“Nectar Dei”(众神的甘露)。16世纪，这片广阔的土地属于世界闻名的文艺复兴时期的艺术家、西斯廷教堂的画家米开朗基罗·博那罗蒂所有。1549年米开朗基罗在给他的侄子尼奥纳多的信中写到：“我宁愿要两桶酒也不要八件衬衫。”同时，他将尼塔蒂酒送往罗马，并称之为“送给教皇的真正礼物”。

为了向米开朗基罗·博那罗蒂致敬，尼塔蒂至今仍将艺术风格根植于葡萄酒中。每年都有一位艺术家为尼塔蒂的卡萨诺瓦的酒瓶设计限量版的酒标和包装。这一传统始于1981年，设计酒标的艺术家包括世界闻名的艺术家，以及两名诺贝尔奖级别的文学家君特·格拉斯（获诺贝尔文学奖提名）和达里奥·福（1997年获诺贝尔奖）。尼塔蒂酒庄还拥有60幅绘画原品，上面均有当代艺术界最有名的画家签名。

尼塔蒂酒庄干红葡萄酒

凯胜泰利酒庄

Castellare Di Castellina

凯胜泰利酒庄（Castellare Di Castellina）是意大利托斯卡纳产区的著名酒庄之一，以其出产的托斯卡纳干红葡萄酒而闻名。

凯胜泰利酒庄坐落在经典基安蒂（Chianti Classico）的中心地带，占地80公顷。它于1968年由五个农场合并而成，其葡萄园占地面积33公顷，海拔高度370米。葡萄园内的葡萄树龄在5—30年之间，所栽培的品种包括桑娇维塞等。

酒庄出产多款葡萄酒，包括凯胜泰利经典基安蒂干红葡萄酒（Castellare Di Castellina Chianti Classico）、凯胜泰利珍藏经典基安蒂干红葡萄酒（Castellare Di Castellina Chianti Classico Riserva）、凯胜泰利益寿迪干红葡萄酒（Castellare Di Castellina I Sodi Di San Niccolo）和凯胜泰利30周年纪念版干红葡萄酒（Castellare Di Castellina 30 Vendemmie）等。目前所有葡萄酒的年平均产量约为25万瓶。

凯胜泰利酒庄现为世界葡萄酒名庄，其葡萄酒在许多国际级评选中屡获殊荣，受到了世界各国葡萄酒爱好者和收藏家的热捧。

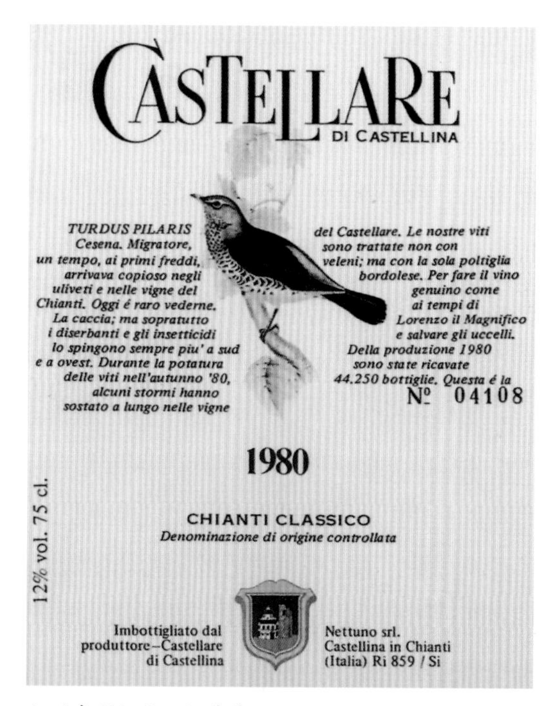

凯胜泰利酒庄干红葡萄酒

> “在欧洲，人们认为酒跟食物一样健康常见，同时也是带来幸福、安康与欢乐的好东西。喝酒并不代表这个人精于世故，也不代表他城府颇深或者是一名狂热分子；喝酒如同吃饭，是件很自然的事情，并且对我来说是必须的。”
>
> ——厄纳斯特·海明威 《流动的盛宴》
>
> 希腊“医药之父”希波克拉底记载下来的几乎每个药方上都能见到葡萄酒的影子：淡黑色的葡萄酒是湿性的，它们会产生肠胃气胀，利于排便；烈性的葡萄酒比其他葡萄酒更利于排便，因为它更接近鲜葡萄酒汁，更富有营养；鲜葡萄汁会引起肠气，扰乱大肠，并将其排空……

碧安帝山迪酒庄

Biondi Santi

如果说意大利托斯卡纳的现代酒王是西施佳雅（Sassicaia），那它的传统老酒王就一定非“碧安帝山迪”莫属了。碧安帝山迪酒庄（Biondi Santi）位于意大利中北部托斯卡纳（Tuscany）地区，是本地区举足轻重的酒庄，堪称意大利四大顶尖酒庄之一。

该酒庄的历史最早可追溯至1840年，这一年山迪（Santi）家族的女儿卡特琳娜·山迪（Caterina Santi ）嫁给碧安帝（Biondi）家族的雅克波·碧安帝（Jacopo Biondi），两个家族的场地合并后，开始了葡萄种植和葡萄酒的酿造，这就是最初的碧安帝山迪酒庄。

后来，卡特琳娜和雅克波的儿子费鲁奇奥·碧安帝·山迪（Ferruccio Biondi Santi）接手该酒庄，将酒庄的名字正式改为“Biondi Santi”。在接手酒庄后，费鲁奇奥在葡萄园内引入了布鲁内洛（Brunello）这一葡萄品种，并酿出了令全意大利为之惊喜的好酒，也就是大名鼎鼎的蒙塔奇诺的布鲁内洛葡萄酒（Brunello di Montalcino）。布鲁内洛品种实质上是意大利特有葡萄品种桑娇维塞（Sangiovese）的克隆版，但个头更大，单宁较厚重，酿出来的酒层次感更上一层楼，适合长期陈酿，所以其体现的复杂与优雅性可以作为意大利顶级葡萄酒的代表作。

碧安帝山迪酒庄的葡萄园位于蒙塔奇诺（Montalcino）山上的海拔最高处，山腰常有雾，这里不仅有着非常优质的土地，还有着海拔的优势。酒庄酿制的所有蒙塔奇诺的布鲁内洛（Brunello di Montalcino）级别的葡萄酒，用于酿酒的葡萄均选自源于葡萄园内树龄在10年以上（ 珍藏级选自树龄25年以上 ）的优质葡萄树。在发酵完成后，这些葡萄酒首先要在斯洛文尼亚橡木桶内储存3年，之后还要在瓶内陈放半年以上，才能上市销售。

碧安帝山迪酒庄干红葡萄酒

纪念2013年去世的伟大庄主弗兰克·碧安帝·山迪

艾玛城堡

Castello di Ama

艾玛城堡（Castello di Ama），是一个处在小山坡且名为艾玛（Ama）的小村庄，位于西耶纳（Siena）省份的基安蒂盖奥勒（Gaiole in Chianti）产区，是基安蒂经典（Chianti Classico）里的中心点也是最重要的产区，这里交错种植着葡萄、橄榄树和树木。文献表示最早在公元988年就有种植葡萄，之后这里成为罗马帝国的封地，酒庄经过四次的易手经营后，于1972年由现任的庄主经营。

艾玛（Ama）酒庄占地250公顷，其中包括90公顷的葡萄园和40公顷的橄榄园，平均海拔高度480米。葡萄酒年产量30万—35万瓶，最知名酒款Castello di Ama Chianti Classico是以Sangiovese品种葡萄严格筛选后酿制而成。

在马克·帕兰蒂（Marco Pallanti）努力改造之后，大幅度地提升了酒的质量，随后艾玛城堡的酒，马上就获的《大红虾》(Gambero Rosso）和《慢食》(Slow Food）最高等级三个杯子的评价，此后连续多年都荣获最高等级的三杯评价，并获得罗伯特·帕克（Robert Parker）及《葡萄酒观察家》(Wine Spectator）高分的肯定。让艾玛城堡成为意大利最伟大的酒庄，也是世界上最优良的酒庄。

坐落于贝拉维斯塔（Bellavista）葡萄园上方由数个小葡萄园所形成的阿帕瑞塔（L'Apparita）葡萄园区，占地仅3.84公顷，栽种了玛尔维萨（Malvasia Bianca）和梅洛（Merlot）品种的葡萄。这个葡萄园区也是采用5年实验计划下的结晶开放式希腊七弦竖琴的方式栽种方法。以32℃—33℃的恒温发酵，为期30天的浸渍，之后将酒注40%新的Allier橡木桶内酵母发酵。酵母发酵完成后，18个月存放于木桶内等待成熟。年产量6800瓶(约560箱)，1985年上市后立刻造成轰动而成为膜拜酒，并将艾玛城堡送上了国际舞台。这瓶主要用梅洛葡萄的阿帕瑞塔（L'Apparita）呈现出令人惊叹的扎实结构，无以伦比的优雅细致，立刻获得消费者及酒评家高度的肯定，成为意大利的梅洛酒款中和马赛多（Massetto）相提并论的酒款之一。

艾玛城堡干红葡萄酒

凤都堡酒庄

Castello di Fonterutoli

凤都堡酒庄（Fonterutoli）位于距离西耶纳的卡斯泰利纳基安蒂（Castellina in Chianti）约五公里远的山坡上。拥有丰富酿酒历史的马泽（Mazzei）家族于14世纪入主此地，并将酿酒工艺带进基安蒂。如今，此酒庄拥有约650公顷葡萄园，区分为凤都堡酒庄（Fonterutoli），西艾皮堡（Siepi），芭迪拉堡（Badiola），观景楼庄园（Belvedere）和Caggio几个不同的庄园，分布在海拔230–500米的山坡上。

占地约18公顷的凤都堡酒庄海拔420米，占地18公顷，其中75%种植意大利原生种桑娇维塞（Sangiovese）葡萄，其余则是梅洛葡萄。桑娇维塞葡萄在原乡展现出精彩的潜力。在较高的凤都堡酒庄和芭迪拉堡，表现出丰沛的香气及优雅；结构及力量则常见于较低的西艾皮堡（Siepi）和观景楼庄园（Belvedere）。主要的栽种程序和收割皆以全手工完成，确保葡萄保有最佳成熟度。

酿造时，依不同葡萄品种及葡萄园分别进行。在锥形不锈钢桶进行榨汁以得到深浓的色泽、温和优美的单宁并保留香气。待发酵初期结束后，再采用小型橡木桶陈年以完成乳酸发酵程序。经过数个月的熟陈后才会上市。

凤都堡酒庄的土壤结构中富含石灰岩和砂岩的矿物质，以及高度的含水量，因此当地酿成的葡萄酒也被称为“矿石之酒”。为了忠实呈现当地风土并维持高品质，种植葡萄时需尊重细致的环境平衡，产量也控制在每公顷4000升。因葡萄园受到完美的日照，加上出色的地质环境，造就了拥有出色复杂度、优雅又有力量的佳酿。

2006年全新改建完成的凤都堡酒庄，被《品醇客》（Decanter）杂志选为“基安蒂产区最有魅力的酒窖”。

酒窖由家族中的建筑师艾格尼丝·马泽（Agnese Mazzei）所设计，利用酿酒产生的废料当成再生能源的环保理念，将葡萄储藏槽建于最高楼层以利用重力榨汁，搭配与墙面结合的天然洒水系统。这个以裸露石墙建成的酒窖有3500个标准木桶的容量，可完美保存那些长久传承下来的历史酒款。

凤都堡酒庄干红葡萄酒

利火狐酒庄

Castello di Volpaia

利火狐酒庄(Castello di Volpaia) 的历史可回溯到1172年，酒厂坐落在佛帕亚村庄中，是古典基安蒂葡萄酒产区的中心位置，以酿造优质古典基安蒂闻名。1966年，意大利知名出版商拉斐尔 · 斯提安第（Raffaello Stianti）买下了酒厂以及2/3的村庄，赠送给他的女儿乔凡娜（Giovannella）及女婿。20世纪70年代中期，乔安娜决定提升酒厂设备，重新整顿园区，并成为该地区第一个拥有温控发酵设备的酒厂。酒厂除了致力于古典基安蒂红酒的酿造外，更致力于推广托斯卡纳地区的人文历史，让更多人能徜徉在托斯卡纳阳光下。

利火狐酒庄巴里菲可红葡萄酒是一款超级托斯卡纳红酒（Super Tuscana）。超级托斯卡纳运动源自20世纪70年代，由古典基安蒂产区的制造商发起，为抵制规定酿酒中必需使用法定葡萄的法规，尤其是特雷比亚诺和玛尔维萨葡萄，而改用传统波尔多品种，如赤霞珠(Cabernet Sauvignon)。超级托斯卡纳的制程不同于基安蒂(Chianti)，不使用大型橡木桶，而是放在小型的法国橡木桶中熟成。由于超级托斯卡纳不遵循意大利DOC法规条例，因此当时只能标示为餐桌用酒(Vino da tavola)，直到1994年政府才认可超级托斯卡纳的高品质，并给予此款酒专属的IGT类别。

利火狐酒庄干红葡萄酒

翁布利亚（Umbria）

翁布利亚是意大利中部的葡萄酒产区之一，与托斯卡纳（Tuscany）、马尔奇（Marches）和拉齐奥（Lazio）产区相邻。该产区的地形主要由起伏的山丘构成，许多村庄和城镇，如阿西西（Assisi），就坐落在山顶上。翁布利亚产区的葡萄酒年产量大概在1亿升左右。

翁布利亚的气候与邻近产区托斯卡纳较为相似，冬季寒冷多雨，夏季干燥且光照充沛。产区多数的葡萄园都位于山腰的梯田上，所以翁布利亚许多DOC的名称中都有“colli（山丘）”的字样。

截至2010年，产区虽然仅有17%的葡萄酒是DOC级的，但这些酒的质量和声誉都有日渐上升之势。这种成功部分要归因于产区效仿了托斯卡纳等地区在20世纪80年代和90年代的做法，即大量聘请酿酒学大师作酿酒顾问，改善了产区用桑娇维塞（Sangiovese）酿制的葡萄酒。此外，产区还出产用赤霞珠（Cabernet Sauvignon）、梅洛（Merlot）和黑品诺（Pinot Noir）酿制的品质较高的新款红葡萄酒，用莎当妮（Chardonnay）酿制的品质较高的新款白葡萄酒，以及用莎当妮和格雷切托（Grechetto）调配并在桶中发酵的酒，这些酒的价格都低于托斯卡纳同类型的酒，该产区也因此吸引了不少海内外的投资。

实际上，翁布利亚以出产白葡萄酒而闻名，其中以欧维耶多（Orvieto）酿制的品种酒最为出名，该酒也是意大利最好的白葡萄酒之一。该产区还有两个DOCG级别的红葡萄酒，一个是蒙特法科（Montefalco）地区用本土品种萨格兰蒂诺（Sagrantino）酿制的极具深度且强劲浓郁的葡萄酒；另一个是托及亚罗珍藏葡萄酒（Torgiano Rosso Riserva），该酒主要用桑娇维塞酿制，口感浓郁强劲，为产区赢得了不少声誉。

拉齐奥（Lazio）

拉齐奥位于意大利中西部。东为中亚平宁山脉，西濒第勒尼安海(Tyrrhenian Sea)，北临托斯卡纳产区(Tuscany)。意大利首都罗马就在拉齐奥境内。随着罗马的历史更迭，该产区的葡萄种植技术和酿酒技术也得到了提升。

海岸附近的地区炎热干燥，内陆地区较湿润凉爽。地形为丘陵和平原，土壤为火山土。火山土肥沃，排水性好，富含钾元素，是葡萄种植的理想土壤。这种土壤尤其适合白葡萄品种的生长，可以使酸味平衡得很好。

该产区白葡萄品种包括玛尔维萨(Malvasia)、特雷比亚诺(Trebbiano);红葡萄品种包括赤霞珠(Cabernet Sauvignon)、梅洛(Merlot)、桑娇维塞(Sangiovese)、蒙特布查诺(Montepulciano)和切萨内赛

翁布利亚地区

(Cesanese)。

拉齐奥产区主要生产白葡萄酒。此地最有名的一款酒名为“Est!Est!!Est!!!di Montefiascone”，中文译名为“就是它!就是它!! 就是它!!!”。据传，一位主教的随从为主教搜寻美食时，在一家店中发现了这种美味的白葡萄酒，因此在店门口写下这个记号，此后这个记号便成为这款葡萄酒的名字。此酒非常细腻，口感清爽，适合搭配海鲜饮用。拉齐奥还有另一款受欢迎的白葡萄酒——佛兰斯卡蒂(Frascati)，这款DOC等级的葡萄酒有干、半甜和甜3种类型，口感轻快。

拉齐奥拥有3个DOCG和26个DOC产区。其中，DOCG以皮格里奥塞桑纳斯(Cesanese del Piglio o Piglo)葡萄酒为代表;DOC级别著名的葡萄酒有卡斯泰利罗曼尼(Castelli Romani)、弗拉斯卡蒂(Frascati)和“就是它!就是它!!就是它!!!”。

卡帕尼亚（Campania）

卡帕尼亚位于意大利南部，北部是拉

齐奥（Lazio）和莫利塞（Molise），西南部是第勒尼安海（Tyhhrenian），东部是普利亚（Apulia）和巴斯利卡塔（Bailicata），西部是地中海（Mediterranean Sea）。该产区种植葡萄的历史悠久，可追溯至公元前12世纪，堪称意大利最古老的产区之一。

该产区气候多变，风土条件多样。夏季炎热干燥，冬季温和，常年日照充足，葡萄生长季较长。丘陵、峡谷和山区中分布有富含矿物质的肥沃土壤，以及凝灰质火山岩土壤。地中海吹来的海风起到了缓和的作用，避免了过热的天气影响，同时也赋予了葡萄明快的酸味。

卡帕尼亚拥有100多个本地葡萄品种。这些葡萄品种是该产区4种优秀法定产区（DOCG)和20种法定产区（DOC）级别葡萄酒的重要原料。在所有这些红葡萄品种里，阿里安尼科（Aglianico）是无可争议的国王，最初由古希腊人引入。这种葡萄的酸度和单宁含量都比较高，与慕为怀特（Mourvedre）一样，带有浓郁的花香。这在意大利红葡萄品种中是很少见的。在红葡萄品种中，最有名的当属派迪洛索（Piedirosso）。白葡萄品种主要是格雷克（Greco）和菲亚诺（Fiano）；此外，法兰吉娜（Falanghina）的影响力也不容小觑。有些葡萄藤还有“火葡萄藤（vines of fire）”之称，这主要是由于这些葡萄生长在当地的火山土中，且长势颇好。

卡帕尼亚所产的葡萄酒果香浓郁，活力十足。白葡萄酒以其芳香著称，常带有当地花朵的芬芳香气；红葡萄酒通常需要陈酿。图拉斯（Taurasi）是该产区最著名的优秀法定产区级别的红葡萄酒。在这里，生产白葡萄酒较好的两个优秀法定产区包括阿维利诺菲阿诺（Fiano di Avellino）和都福格雷克（Greco di Tufo）。前者所产的葡萄酒口感细致，酒体饱满；后者则带有矿物质气息。该产区还有一款名为维素威（Vesuvio）的葡萄酒，这种酒包括红、白葡萄酒两款，有“基督之泪”的称号。在酿酒方面，卡帕尼亚注重创新方法的采用，尤其是葡萄园管理、葡萄采摘和窖藏技术方面的创新。通过这些创新，这里的葡萄酒质量得到了极大的提高。

巴斯利卡塔（Basilicata）

在12世纪以前被称为卢卡尼亚（Lucania），其后改名为巴斯利卡塔，可是到了1932年又恢复旧名，现在又改为了巴斯利卡塔。这是意大利最鲜为人知的产区。

该产区北部和东部是普利亚（Apulia），西侧和南侧是卡帕尼亚（Campania）。其东部为塔兰托湾（Tarentine Gulf）。这里的土壤主要为富含矿物质的火山土。这个常被忽视的干旱的山丘和高山地带，相对于意大利南部来讲，比较寒冷。但是寒冷的高山环境为葡萄种植提供了良好的条件。

这种气候可以让酿造出来的葡萄酒具有芬芳浓郁的花香味。

阿里安尼科葡萄（Aglianico）早在公元前6、7世纪的时候就被古希腊人带到了巴斯利卡塔，艾格尼科寓意“希腊的衰败”，可以酿制强劲色深的葡萄酒。尽管它是该产区的明星品种，不过其他一些鲜少使用的品种也正发挥着重要的作用，如麝香（Moscato）葡萄酿制的酒芳香宜人；玛尔维萨（Malvasia）在孚图地区也能酿成不错的葡萄酒。

巴斯利卡塔产区只有一个优秀法定产区（DOCG），即孚图的阿里安尼科（Aglianico del Vulture）。这仅有的一个优秀法定产区也能带给当地居民一种自豪感。这个优秀法定产区的酒分为3级，即一年、三年陈酿（Vecchio）、五年珍藏（Riserva）；三年陈酿和五年珍藏都要在木桶中熟成两年。

卡拉布里亚（Calabria）

卡拉布里亚是意大利南部的葡萄酒产区，位于意大利靴状版图的靴尖脚趾位置，北部与巴斯利卡塔（Basilicata）相邻，西南部与西西里岛（Sicily）隔墨西拿海峡（Strait of Messina）相望，东侧和西侧分别为爱奥尼亚海（Ionian）和伊特鲁里亚海（Tyrrhenian）。

数百年前，卡拉布里亚的葡萄酒无论是在意大利国内还是在欧洲其他国家都很出名。由于产区与当时主要的葡萄酒市场伦敦和阿姆斯特丹距离较远，所以自从法国波尔多等地区的葡萄酒业兴起后，本产区的葡萄酒业就开始逐渐没落。19世纪末期，葡萄根瘤蚜病侵袭了这里的葡萄园，击垮了整个产区的葡萄酒产业。20世纪末期，新世界葡萄酒性价比较高的优势逐渐突出，卡拉布里亚作为旧世界的没落产区更难恢复往日之兴盛。

尽管卡拉布里亚的酿酒业不容乐观，但产区内还是有12个DOC产区。这12个DOC级葡萄酒产量约占产区所有葡萄酒的5%。西罗（Ciro）酒是卡拉布里亚最古老最著名的葡萄酒，也是20世纪以来唯一一款能为产区赢得尊重的葡萄酒。产区还有另外一款值得关注的酒，那就是用东南海岸的葡萄干酿制而成的甜型格雷克白葡萄酒（Greco di Bianco）。除以上两种酒款外，产区还用加格里奥波（Gaglioppo）和黑格来克（Greco Nero）来酿制红葡萄酒，用菲娜玛尔维萨（Malvasia Fina，当地称作“Trebbiano Toscano”）和白玛尔维萨（Malvasia Bianca）酿制白葡萄酒。卡拉布里亚和整个意大利南部地区一样，从未忽略开拓国际品种如莎当妮（Chardonnay）和赤霞珠（Cabernet Sauvignon）的商业潜力。

中部产区
VINI CENTRALI

艾米利亚—罗马涅（Emilia—Romagna）

艾米利亚—罗马涅北至波河（Po River），南至亚平宁山脉托斯卡纳段（Tuscan Appenines），东至亚得里亚（Adriatic）海，西至亚平宁山脉利古里亚段（Ligurian Apennines），是意大利北部的一个富饶之地，堪称意大利最多产的葡萄酒产区之一。这里的气候多变，山区较凉爽，沿海地区较温暖。产区土壤多为岩石和冲积土。

该产区的葡萄种植历史可追溯至公元前7世纪，是意大利较古老的葡萄酒产区之一。艾米利亚—罗马涅产区目前有19个法定产区（DOC）和2个优秀法定产区（DOCG）。在该产区所产的酒中有21.4%的葡萄酒属于法定产区级别，只有少部分的酒属于优秀法定产区级别。

该产区的主要葡萄品种是玛尔维萨（Malvasia）、兰布鲁思科（Lambrusco）、

特雷比亚诺（Trebbiano）、巴比拉（Barbera）、伯纳达（Bonarda），当然还少不了桑娇维塞（Sangiovese）。这些葡萄很大一部分用于酿制起泡酒。尽管该产区也酿制一些著名国际品种：如莎当妮（Chardonnay）和赤霞珠（Cabernet Sauvignon）的单一品种或者混酿酒，但该产区的独到之处还是采用当地的葡萄酿成的葡萄酒。

虽然这里的葡萄酒产量十分可观，不过有特色或者令人兴奋的产品却不多。这里的罗马涅桑娇维塞（Sangiovese di Romagna）红葡萄酒，特别是陈酿型的，算是其中为数不多的一款佳酿。这款红葡萄酒十分优雅，在丰富的水果味和柔和的单宁之间达到了微妙的平衡。而白葡萄酒中的代表则是罗马涅阿巴娜（Albana di Romagna），这款酒散发着美妙的水果香气和一点过度烘烤的味道，是意大利第一款优秀法定产区级别酒(1987年评定)。此外，具有消腻开胃功效的兰布鲁思科（Lambrusco）起泡红酒，也可谓是该产区比较独特的一款酒。

采摘季节

亚得里亚海产区

VINI ADRIATICI

马尔奇（Marche）

马尔奇产区位于意大利中部的东侧，该产区北至艾米利亚—罗马涅(Emilia—Romagana)，南至阿布鲁佐(Abruzzo)，西南方是卡帕尼亚(Campania)，西部边界是翁布利亚(Umbria)和托斯卡纳(Tuscany)。

马尔奇产区的葡萄酒酿造已经延续了数千年，曾深受伊比利亚人、罗马人和伦巴第人的影响，具有丰富多样的文化。马尔奇有许多地方天生就是为葡萄种植而存在的，表现最为出众的地方是靠海的山区。在亚平宁(Apennines)山脉及亚得里亚海(Adriatic)和境内众多河流的影响下，该产区拥有多种气候类型，这里既有温暖的区域，也有凉爽的区域。

从数量来说，该产区种植面积最广的白葡萄品种是特雷比亚诺（Trebbiano）和维蒂奇诺（Verdicchio）。由这些葡萄酿制而成的白葡萄酒最为闻名的是维蒂奇诺（Verdicchio dei Castelli di Jesi）。此款DOC级别的葡萄酒口感为干型，香气细腻，酒瓶为仿造古代葡萄酒壶造型的鱼形酒瓶。其他的白葡萄品种还包括玛尔维萨（Malvasia）和白品诺（Pinot Bianco）。在马尔奇，表现较出众的红葡萄品种有桑娇维塞（Sangiovese）和蒙特布查诺（Montepuliciano）。这里出产的红葡萄酒大都比较平实，其中比较有名的有皮萨诺（Rosso Piceno）和贡雷诺（Conero）。

马尔奇产区一向以出品白葡萄酒而著称，不过这里也是一些高品质红葡萄酒的出产之地。该产区的葡萄酒年产量为18150万升，62%为白葡萄酒，38%为红葡萄酒；其中大部分属于IGT级别，只有20%的葡萄酒归于该区内的5个DOCG和12个DOC之列中。

阿布鲁佐（Abruzzo）

阿布鲁佐是意大利中部的一个产酒区，北至马尔奇（Marches）和特伦多（Tronto）河，南至莫利塞（Molise），被亚平宁山脉分成东西两块，拉齐奥（Lazio）和翁布利亚（Umbria）为西部边界，亚得里亚海则为东部边界。该产区的葡萄酒产量位于意大利第五位。

该区素来享有“欧洲绿化带”的美誉，这里拥有葡萄生长的绝佳风土条件，临山毗海，阳光充裕，雨量丰沛，气候多变，日夜温差大，通风良好，此外，土壤也像是特地为该地的葡萄而存在的。总之，阿布鲁佐天生就是一个完美的葡萄园。不过与其他产区不同的是，该地主要种植当地特有的葡萄品种，如阿布鲁佐特雷比亚诺（Trebbiano d'Abruzzo）和蒙特布查诺。

以前阿布鲁佐在人们的印象中只是一个生产勾兑酒的地区。直到20世纪90年代，该产区的酒质才渐渐为世人所了解。该区所种植的蒙特布查诺葡萄表现出色，种植面积十分广泛，既可以酿制红葡萄酒，也可以酿制出卡洛萨（Cerasuolo）桃红葡萄酒。此外，蒙特布查诺葡萄还可以用来酿造帕西拖（Passito）甜酒。该产区酿制的阿布鲁佐蒙特布查诺（Montepulciano d'Abruzzo）当数该产区DOC级别中最重要的红葡萄酒。此酒呈红宝石与红紫色，单宁柔和，特有的果香不带糖分，非常适合搭配各款意大利美食，也深受年轻消费者的喜爱。另外，该区所产的阿布鲁佐蒙特布查诺·泰拉莫山坡（Montepulciano d'Abruzzo Colline Teramane）更位居DOCG级别葡萄酒之列，而且还是唯一一款DOCG级别的葡萄酒。这种葡萄酒由至少90%的蒙特布查诺葡萄酿制而成，还可加入少量的桑娇维塞（Sangiovese）。通常呈深紫红色，口感浓郁丰厚，但也不乏和谐圆润之感，若陈年三年以上，则可加上珍藏字样（Riserva）。该产区的白葡萄酒则大多数口感清淡。

莫利塞产区（Molise）

莫利塞位于意大利中部的南部地区，是意大利面积最小的葡萄酒产区之一。北侧为阿布鲁佐（Abruzzo）和拉齐奥（Lazio），南侧为普利亚（Apulia）。尽管莫利塞产区的面积较小，但其葡萄园的面积仍有7650公顷。产区葡萄酒的年产量大约在3600万升左右，其中有3.9%为DOC级葡萄酒。

莫利塞的葡萄酒历史可追溯至公元前500年，但在20世纪60年代以前，该产区一直附庸在阿布鲁佐产区内。直到1963年，莫利塞才成为一个独立的产区。20世纪80年代时，莫利塞又增加了两个DOC产区：比费诺（Biferno）和本多帝依塞尼（Pentro di Isernia）。

比费诺出产的葡萄酒包括红葡萄酒、白葡萄酒和桃红葡萄酒。其中，白葡萄酒由特雷比亚诺（Trebbiano）和少量博比诺（Bombino）调配而成，而红葡萄酒则是用蒙特布查诺（Montepulciano）与少量的阿里安尼科（Aglianico）及特雷比亚诺调配而成。本多帝依塞尼也出产这三种类型的葡萄酒，不同的是，其红葡萄酒是由蒙特布查诺与桑娇维塞（Sangiovese）混合而成。

莫利塞产区的地形较为多变。南部山区和山谷之中聚集了产区多数的葡萄园，山腰的一些葡萄园能够享受充足的空气和阳光。此外，产区因处于亚平宁山脉和亚得里亚海之间，还拥有各种不同的气候类型，这又为各种葡萄树的顺利栽培提供了十分有利的条件。

上图 马尔奇广场的花卉市场
下图 马尔奇市场上售卖的南瓜

普利亚（Apulia）

普利亚位于意大利最东部，其南部经海水冲刷，形成一个细长的半岛，也就是最知名的萨伦托半岛（Salento），位于意大利“皮靴”的“鞋跟”部分。意大利半岛多山，普利亚却相当平坦。葡萄种植和酿酒是该地区的经济支柱之一，葡萄园的覆盖面积和输出质量起着重要作用。希腊人当年来到这里，称其为“葡萄之乡”。普利亚是意大利南部最重要的产区，而且方兴未艾。

普利亚产区属地中海气候，充足的光照和适宜的海风使得它成为理想的葡萄种植之地。该产区主要为多石的山丘和平原，土壤多为富含铁元素的第四纪沉积层的白垩土。这些自然条件为它成为意大利最大的葡萄酒产区之一奠定了优越的环境基础。这里最重要的葡萄品种是当地的黑曼罗（Negroamaro）和普里米蒂沃（Primitivo），用这两种葡萄酿出来的酒具有酒体丰厚、果香十足的特点。此外，普利亚为了酿制更多高品质的葡萄酒，还种植了一些著名的国际性葡萄品种。

普利亚主要生产日常餐酒，最好的酒款是黑曼罗红葡萄酒。此外，普利亚也生产蒙特堡（Castel del Monte）这样兼具浓厚酒体和柔和味道的葡萄酒。普利亚有25个法定产区（DOC），包括布林迪西（Brindisi）、斯昆扎诺（Squinzano）、库比提诺（Copertino）等。此外，它还拥有4个优秀法定产区（DOCG）。

圣塔酒庄

Torre Dei Beati

庄主佛斯托·埃米利奥·奥尔巴尼西
和他的妻子艾德里安娜·加拉西

圣塔酒庄的名称来自一幅在圣玛利亚皮亚诺的教堂里的14世纪壁画。酒庄名称的表面意思是审判日，“圣塔”是灵魂的最终目标倾向于通过艰苦的努力和证明。

这个家族经营酿酒生意始于1999年，但自从1972年，父亲罗科就已经开始培养自家葡萄园种植。他们坚决相信高品质的葡萄酒必须自然，不能将自然和高品质这两个问题分开。因此他们决心将葡萄园向有机化的方向发展，并在2000年酿造出他们的第一瓶酒。

酒庄自第一个位于一楼的老农舍安顿下来葡萄园的生产核心开始，继而添加了一个新的葡萄酒窖和一个新的葡萄酒厂之后，他们决定将最一开始的老酒窖作为品尝中心。在2004年后，他们又买了一个8公顷的土地用于建立新的葡萄园。

近年来，他们开始种植佩科里诺（Pecorino）和特雷比亚诺（Trebbiano）这两种当地最有趣和传统的白色品种，同时，为了平衡投资组合，他们提高了对于蒙特普齐亚诺红葡萄酒的研究精力。

酒庄拥有21公顷的葡萄园，海拔250—300米，距离亚得里亚海约25公里。酒庄处在格兰萨索山(亚平宁山脉最高山的范围)上3000米处。酒庄特定的位置给了葡萄园特殊的自然条件：白天可以感受到来自海洋的暖风，晚上可以感受到来自山上吹下来的冷空气。尤其是在葡萄成熟的最后一个月，格兰萨索地区通常是被大雪所覆盖，这更加提升了葡萄酒的品质。

只有通过在同一片土地上重复劳作，每次只采摘完美、健康和成熟的葡萄果实，将不完美的葡萄埋在土壤中，让土地更加肥沃，让来年的葡萄更加完美的方式才能获得丰收的喜悦。

精心挑选过的葡萄每20公斤装箱，装箱后立即运往位于酒庄中部老农舍的葡萄园酒厂，在分拣台上再次挑选。无论不同类别和每个葡萄酒品种的潜力，这个过程适用于他们所有的葡萄酒和制酒工艺。

在酒厂，他们将最先进的技术致力于用有机葡萄，使用传统酿酒的方法制作佳酿。在葡萄园和酿酒厂中，通过严苛的筛选，只使用完美、丰满的葡萄，才能在保障有机绿色和高品质的前提下获得最低防腐剂含量的最优质葡萄酒。

疯狂的脑袋

Cocciapazza

“cocciapazza”这个名字来源于酒庄所处的这个古老的、令人向往的地方阿布鲁佐产区（在阿布鲁佐的方言里，“cocciapazza”是指“疯狂的脑袋”）。当地最传统的最好的蒙特布查诺红葡萄酒的称呼就是“cocciapazza”。由于当地良好的土壤和气候条件，酒庄可以每年收获三批充分成熟和最饱满的葡萄。

“疯狂的脑袋”红葡萄酒

产区：阿布鲁佐DOC（Abruzzo）
葡萄品种：100%蒙特布查诺（Montepulciano）
酿制法：在不锈钢桶中预先冷却浸皮，然后充分浸皮30天
陈酿时间：在70%的新法国橡木桶中陈酿18–20个月
品鉴：年轻时，深重、浓厚的红宝石色和紫罗兰色。含有典型的蒙特布查诺所带有的浓郁、成熟的红色水果味和从复杂的黑胡椒、甘草到意大利黑醋、巧克力和烟熏的味道完美平衡。酒体丰厚，单宁成熟，入口如丝般润滑、圆润，回味悠长。

阿布鲁佐产区

地中海产区
VINI MEDITERRANEI

西西里岛（Sicily）

西西里岛是地中海最大的岛屿，也是意大利的一个自治区，更是意大利葡萄酒产量最大的产区之一，年产量高达80730万升。

该产区属典型的地中海气候，常年阳光普照，雨量适中，十分适合葡萄的生长。境内大部分为山地，火山活动十分频繁。东北部有欧洲最高的活火山——埃特纳火山（Mount Etna），这座火山带来了富含矿物质的深色土壤，赋予埃特纳DOC级别葡萄酒鲜明的个性。该区葡萄园大多坐落于山坡高处，那里有着更凉爽的气候和更富饶的土壤。产区西部的火山活动并非那么地频繁和激烈，但同样影响着该区的土壤类型。在这些风土条件的综合作用下，该产区不仅是谷类、橄榄和柑橘类水果的生长地，更是葡萄种植的绝佳之地。

西西里岛产区最具潜力的红葡萄品种是黑珍珠（Nero d'Avola）和内雷罗·马斯卡雷瑟（Nerello Mascalese），前者能酿造出丰润而结实，且带成熟红色水果风味的酒款，后者是酿造艾特纳红葡萄酒和一些细致起泡酒的原料。白葡萄品种则有尹卓莉亚（Inzolia）、卡塔拉托（Catarratto）等，其中卡塔拉托用于酿制西部产量最大的白葡萄酒。这种葡萄大多被运送至意大利较凉爽的产酒区，用来增加葡萄酒的酒体，剩下的大部分用于酿制马沙拉（Marsala）甜酒。

该产区的葡萄酒主要产自西西里岛西部，产区内有瑟拉索罗—维多利亚（Cerasuolo di Vittoria）1个DOCG产区和21个DOC产区。在很早之前，该产区以产白葡萄酒为主，且大多数仅用于勾兑其他地区的酒，以提高酒的酒精度和果味，但最近20年以来，该区的葡萄酒酿制发生了重大的变化。首先，瓶装酒将散装酒取而代之。其次，该产区正努力地去酿制品质更高的红葡萄酒。该区出产了号称世界上独一无二的两款葡萄酒：玛尔维萨·戴尔利帕里（Malvasia dell Lipari）甜酒和马沙拉（Marsala）加烈甜酒。其中马沙拉甜酒更是西西里岛曾经的骄傲，它的酿造方法与众不同，除了添加烈酒，还添加新鲜或加热浓缩的葡萄汁。

撒丁岛（Sardinia）

撒丁岛是地中海上一个面积较大的岛屿，在意大利本土所有产区中，与托

斯卡纳（Tuscany）和拉齐奥（Lazio）的距离最近，约为200公里，与东南侧的另外一个意大利岛屿西西里岛（Sicily）相距300公里。产区目前有一个DOCG产区（Vermentino di Gallura DOCG）和19个DOC产区。

撒丁岛的风土条件为许多葡萄园主所喜爱。这里有沿海地区，也有内陆地区，有山丘，也有平原，葡萄园主能够充分利用地形和气候的多样性酿造出自己所喜欢的葡萄酒类型。撒丁岛位于北纬38°—41°之间，是欧洲距离赤道最近的产区之一，原本气候应该非常炎热，然而因受地中海冷却效应的影响，该产区比其他同纬度地区更适合栽培葡萄树。

撒丁岛与北侧的法国科西嘉岛（Corsica）一样，在几百年的历史中曾为不同的国家所占有，所以该地区的葡萄酒文化与意大利本土的也不尽相同。撒丁岛上很少种有意大利本土常见的桑娇维塞（Sangiovese）、蒙特布查诺（Montepulciano）、巴比拉（Barbera）和特雷比亚诺（Trebbiano）等品种，反而种植很多法国和西班牙品种及其近亲，如卡诺乌（Cannonau），歌海娜（Grenache）的克隆品种）和佳丽酿（Carignan，当地称作Carignano）。岛上种植的赤霞珠（Cabernet Sauvignon）和博巴尔（Bobal），常用来酿制品种酒。撒丁岛上还种植有玛尔维萨（Malvasia）、侯尔（Rolle，当地称作Vermentino）和适宜在温暖气候下生长的麝香（Moscato）品种。

目前，撒丁岛仅有一小部分的土地用来栽种葡萄树，其葡萄酒产业的发展动力更多地源自商业，而非文化。所以，撒丁岛葡萄酒日后能否进一步发展还要取决于以下因素：整个葡萄酒市场的行情好坏，意大利葡萄酒的相关机构和市场是否具有积极作用，以及葡萄酒消费者口味和兴趣是否会转向该岛葡萄酒的类型。

西班牙 SPAIN

西班牙葡萄酒在中国

销量

2012年上半年，整个西班牙酒对中国的出口额为5000万欧元，与2011年同比增长了40%。估计2012年能够突破1亿欧元。其中里奥哈产区估计增长60%。

卡斯蒂利亚—拉曼查产区仍是最大的葡萄酒出口产区，约占海外葡萄酒销量的50%。西班牙17个产区中除3个产区外，都出现了一定的增长。里奥哈产区葡萄酒下降了2.5%，而出口值增加了4.9%。这一现象表明，越来越多的顶级里奥哈葡萄酒被销售，而该产区绝大部分的“VdM”级别葡萄酒则销量减少。

埃斯特雷马杜拉产区较往年有了较大增长，出口量和出口值分别上涨48.8%和69.9%。马德里增长36.9%，阿拉贡17.9%。巴斯克，卡斯蒂利亚—莱昂，纳瓦拉产区均出现了约10%的增长率。巴伦西亚产区略有下滑，出口量下降0.5%，出口值增长21.9%。其他次要产区中，埃塔布里亚出口量增加了8.49%，出口值下降20%。加那利群岛出口量增长72.9%，出口值增长5.4%。另外，巴利阿里群岛出口量和出口值分别增长

俯瞰西班牙名城巴塞罗那

西班牙葡萄酒产区
Wine Regions of Spain

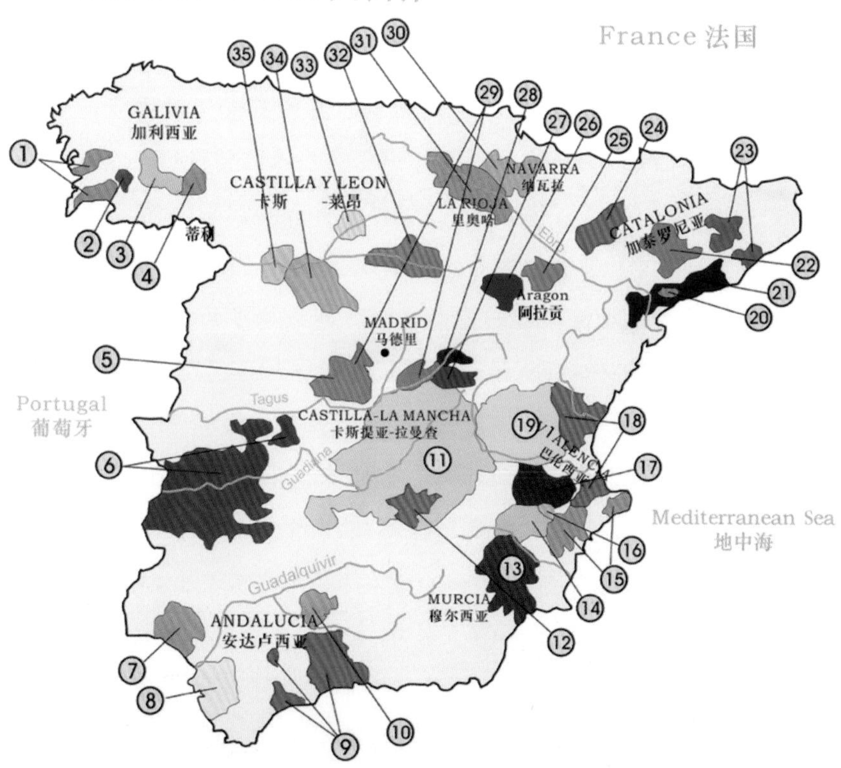

1. Rias Baixas 下海湾
2. Ribeiro 河岸区
3. Ribeira Sacra 萨克拉河岸地区
4. Valdeorras 瓦尔德奥拉斯
5. Mentrida 门特里拉
6. Ribera - Del Guadiana 瓜迪亚纳河岸
7. Condado de Huelva 韦尔瓦伯爵领地
8. Jerez 赫雷斯（雪利）
9. Malaga 马拉加
10. Montilla 蒙提亚
11. La Mancha 拉曼查
12. Valdepenas 瓦尔德佩纳斯
13. Bullas 布亚斯
14. Jumilla 胡米利亚
15. Alicante 阿利坎特
16. Yecla 耶克拉
17. Almansa 阿尔曼萨
18. Valencia 瓦伦西亚
19. Manchuela 曼楚埃拉
20. Priorat 普里奥拉
21. Tarragona 塔拉戈纳
22. Costers Del Segre 塞格雷河岸
23. Alella 阿雷亚
24. Somontano 索蒙塔诺
25. Carinena 卡利涅纳
26. Calatayud 卡拉塔尤德
27. Uvles 乌克雷斯
28. Mondejar 蒙德哈尔
29. Vinos de Madrid 马德里
30. Navarra 纳瓦拉
31. Rioja 里奥哈
32. Ribera Del Duero 杜罗河谷
33. Cigales 希加雷斯
34. Rueda 卢埃达
35. Toro 托罗

了20.9%和5.1%。这些岛屿产区都会出现额外的成本负担：酒瓶，橡木桶以及发酵罐都必须从内陆运送，成品酒又要运往内陆。

成长性

西班牙阿勒卡特酒庄的技术经理赫苏斯透露，以前西班牙的酒庄在国外的市场以散装出口再由对方贴牌的形式比较多。而现在中国的进口商已经意识到了西班牙红酒有较高的性价比，所以开始直接从西班牙进口红酒。这是一种双赢，中国的消费者能够以更低的价格购买到西班牙的红酒，而西班牙的酒庄也能够获得更大的利润。就阿勒卡特酒庄来说，他们出口到中国的红酒在过去3—4年里的增幅几乎都是翻倍的。目前他们已经在中国开设了专卖店，2011年出口到中国的红酒有100万升。

另外，西班牙独有的起泡酒卡瓦（CAVA）也成为其获得全球市场青睐的一个酒种，曾经在2011年就创下了在中国市场115%的销量增长。对于追求差异化的酒商来说，性价比高，采用独特工艺酿制的卡瓦酒可以作为一个补充品种选择，增强产品线上的竞争力。

未来趋势

2012年，整个西班牙葡萄酒行业在中国的市场预算非常少，只有里奥哈做得最出色，在中国的市场投入比往年增加了50%的预算。里奥哈产区在西班牙的葡萄酒节享有不可替代的领头羊地位，拥有“西班牙葡萄酒首都”的美誉，相当于法国的波尔多。在西班牙的餐饮行业，里奥哈葡萄酒的市场份额占到75%。主要原因在于里奥哈有非常严格的法律规定，尤其是葡萄酒陈年时间方面的规定几近苛刻，在市场上拥有极高的口碑。西班牙人一般要找陈年的葡萄酒，首选就是里奥哈，这在当地似乎成了不成文的定律了。2012年在中国举办的第二届顶级西班牙葡萄酒品鉴会上，里奥哈的酒厂一共有24家，占到36%。从未来的成长趋势来看，里奥哈产区的葡萄酒将成为西班牙葡萄酒在中国率先拔得头筹的一员，特别是在瓶装葡萄酒方面。

在市场方面，为了能更好地推广自己的葡萄酒，西班牙的酒厂在中国也作出了很多实际的行动，包括在中国市场建立直营专卖店，入驻电子商务平台等。除了市场上的表现，如果西班牙政府相关机构能够进一步加强西班牙葡萄酒在中国各个主要的葡萄酒消费城市的推广和交流，其市场份额还将有可能进一步上升，否则，由于连续的减产导致的葡萄酒价格提高，西班牙葡萄酒将会受到智利等国葡萄酒的冲击，丧失其较领先的位置。

里奥哈产区葡萄园

西班牙是世界上葡萄种植面积最大、产量位居世界第三的国家。葡萄酒更是西班牙国之瑰宝，莎士比亚曾经赞美西班牙葡萄酒犹如“装在瓶子里的西班牙阳光”，令人神往。

西班牙的葡萄种植历史大约可以追溯到公元前4000年，在公元前1100年，腓尼基人开始用葡萄酿酒。但是西班牙葡萄酒的历史并没有任何值得炫耀的光辉，直到1868年，法国葡萄园遭受根瘤蚜虫病的灾难，很多法国、特别是波尔多的酿酒师，来到了西班牙的里奥哈，带来了他们的技术与经验，这才让西班牙的葡萄酒进入腾飞期。这段时间，法国的葡萄园大面积被铲除，由于葡萄酒紧缺，就从西班牙进口了相当数量的葡萄酒。这也是法国为西班牙提高酿酒水平作出贡献的佐证。1972年，西班牙农业部借鉴法国和意大利的成功经验，成立了西班牙葡萄酒原产地命名管理局INDO（Instito de Denominaciones de Origen），这个部门相当于法国的INAO，同时建立了西班牙的原产地名号监控制度DO（Denominaciones de Origen）。截至目前，西班牙有69个DO，其中1994年后批准的有34个。到了1986年DO制度内加入了DOC（Denominaciones de Origen Calificada），这个略高于DO的等级，虽然目前DOC等级内只有里奥哈（Rioja）和普里奥拉（Priorat）两个原产地名号，但是以后赫雷斯（Jerez），下海湾（Rias Baixas），佩内德斯（Penedes），杜罗河谷（Ribera del Duero）有可能被授予DOC等级。

葡萄酒酒标

对于DO或者DOC级的葡萄酒，我们还经常能够在酒标上看到下列词语：

"Vino de Cosecha"：年份酒，要求用85%以上该年份的葡萄酿造。

"Joven"：新酒，葡萄收获来年春天上市的酒。

"Vino de Crianza" 或者"Crianza"：这表明在葡萄收获年份后的第三年才能够上市的酒，需要最少6个月在小橡木桶内和2个整年在瓶中陈酿。在里奥哈和杜罗河谷地区则要求最少1年在橡木桶内和1年在瓶内的陈酿时间。

"Reserva"：最少陈酿3年的时间，其中最少要在小橡木桶内陈酿1年。对于白酒来说要求最少陈酿2年的时间，其中最少要在小橡木桶内陈酿6个月。

"Gran Reserva"：这是只有少数极好的年份才会酿造的等级，而且要酿造"Gran Reserva"等级的葡萄酒需要得到当地政府的许可。要求最少陈酿5年的时间，其中最少要在小橡木桶内陈酿2年。对于白葡萄酒"Gran Reserva"是极为罕见的，要求最少陈酿4年的时间，其中在小橡木桶内最少要陈酿6个月。

西班牙由于地形的多样化，气候也有很多种，以下列举主要的几种气候类型：

西北部海岸线：受大西洋影响，为海洋性气候，年平均降雨1500毫米，夏天白天平均气温24℃，冬季温和；

东部：地中海式气候，夏天温暖，冬天温和；

中部：大陆性气候，冬天寒冷气温降至零下，夏天气温超过30℃，年平均降雨仅300毫米。

分级制度

为了与"欧盟特定产区优质葡萄酒"（简称QWPSR）的分级标准保持一致，西班牙葡萄酒的分级也已进行了修改。主要分为两种类别：餐酒和优质酒。

指定产区优质葡萄酒（Vino de Calidad Producido en Region Deteminada，简称VCPRD）：2003年开始推行的级别。相较于DO，这个级别的酒没有较严格的规范。名列VCPRD的葡萄酒产区在五年后申请DO认证。VCPRD是一种分类标准，其中有四个子类，包括入门级的"特定产区葡萄酒"（Vino con Indicacion Geografica），"DO葡萄酒""DOCa级葡萄酒"与"特殊顶级葡萄酒（Vino de Pago）"。

原产地名称保护（Denominacion de Origen，简称DO）：DO葡萄酒严格规范了地理产区、品种及生产方法，总体来说，是品质和有保证的传统酿制葡萄酒方式的标志。与法国的AOC类似。

优质原产地名称保护（Denminacion de Origen Calificada，简称DOC）：西班牙的

顶级葡萄酒头衔，目前仅授予了里奥哈和普里奥拉特。

非原产地名称保护特殊顶级葡萄酒（Vinos de Pago）：从2003年开始推行的一个特殊的级别，为一些非DO成员或葡萄园却拥有非常高的标准与名望且只采用自产葡萄的单一酒庄而制定。

除了VCPRD以外，规定较少，属于一般葡萄酒的还分成三个等级：

Vino de Mesa (Vdm)：相当于法国的Vin de Table。分级制度中最低的等级，所有不隶属于其他等级的葡萄酒，或品质不符合规定而被降级的葡萄酒，都用此名称出售，由来自不同产区的葡萄混酿而成。

Quality Wine优质酒：这个级别的葡萄酒受欧盟及当地政府的仔细监管，种植、采收及酿造的过程均能符合相关要求。

Vino de la Tierra (VDLT)：约等同于法国的Vin de Pay，产区范围比DO大且笼统，规定少而且简单。

葡萄品种

西班牙拥有600种以上的葡萄品种，但比较常见的其实大约只有20种左右，几乎都是西班牙本地原产的品种，占了全国种植面积的80%。出人意料的是，在这个应该属于红葡萄酒的炎热国度，竟然以白葡萄酒品种占多数。

当然西班牙主要用于葡萄酒酿造的葡萄品种有六十多款，除了传统本土品种外，也种植许多外来国际知名品种如赤霞珠、梅洛、莎当妮及长相思等。近年来也有相当不错的表现。下面列举在国际市场上较具知名度也较具代表性的七款西班牙传统品种，分别有四款红葡萄品种及三款白葡萄品种。

主要红葡萄品种

坦普尼罗（Tempranillo）：该品种是西班牙最重要、最受瞩目的红葡萄品种，分布很广，几乎每个产区都有种植。该品种所酿之酒有着清新的草莓味，且带些许辛香的特色，另外该葡萄品种更可用于酿制各式不同风格的红酒，从一般富果香的酒款到浓郁强劲的严肃酒款，都有相当可圈可点的表现，总体而言，坦普尼罗对西班牙葡萄酒业而言，是一个值得信赖也是最重要的代表性品种。

歌海娜（Garnacha）：西班牙第二大红葡萄品种，在法国南部被称作“Grenache”，可酿制各种不同风格的葡萄酒。除了可酿制富含果味易上口的红葡萄酒外，也可酿制其他酒体厚实具不同特色的红葡萄酒。该品种也很适合酿造清爽富果味的粉红酒。

博巴尔（Bobal）：富水果味且具良好颜色特性的红葡萄品种，酿制的红葡萄酒色泽深红，带黑莓水果味，是西班牙优质粉红酒的主要酿造品种。

慕为怀特（Monastrell）：也被称作

巴萨桃乐丝酒庄

“Mourvedre”，一种含糖量非常高的高产量红葡萄品种，酿出酒的颜色鲜艳且酒精含量高。近来酿酒业发现运用新酿酒技术及设备，可酿制出质量优异的红酒，这个葡萄品种在西班牙的使用比例有升高趋势。

主要白葡萄品种

维尤拉（Viura）：西班牙白葡萄酒的主力品种，西班牙普称维乌拉，但在加泰罗尼亚则称为马卡贝奥（Macabeo）。由该品种所酿的白酒轻淡不甜，单独品饮或搭配食物皆可。里奥哈的Viura白酒经橡木桶熟成，别具不同风味，极负盛名的Cava起泡酒，也多以本葡萄品种酿制而成。

阿尔巴利诺（Albarino）：被称做是西班牙最顶级的白葡萄品种，果实小、甜度高，且甘油含量高，与德国的白葡萄皇后威士莲（Riesling）有着几乎完全相同的特色。所酿出之酒不甜，但富含桃、香瓜及青草的鲜味，带给人爽口及喜悦的感觉。

青葡萄（Verdejo）：卢埃达产区境内的传统白葡萄品种，所酿之白葡萄酒口感平滑，甜度不高但香味浓郁，适合搭配食物。在西班牙被视为是堪与阿尔巴力诺葡萄媲美的优异白葡萄品种。

里奥哈产区（Rioja）

里奥哈葡萄酒产于里奥哈自治区以及相邻的巴斯克地区和纳瓦拉自治区，里奥哈葡萄酒原产地分为三个主要区域，即位于里奥哈地区西北部的上里奥哈（Rioja Alta)、阿拉瓦省境内更靠北的阿拉瓦里奥哈（Rioja Alavesa)以及位于里奥哈和纳瓦拉自治区南部的下里奥哈（Rioia Baja)。里奥哈葡萄酒产地以北面的坎塔布里亚山脉(Sierra de Cantabria)为屏障，并处在埃布罗河的浸润之下，后者以坎塔布里亚山脉为源头，向东南方向流去，直至注入地中海，流量很小的里奥哈河（Rio Oja)在西部一个名为阿洛（Haro）的地点附近流入埃布罗河，而里奥哈自治区即是因里奥哈河而得名的。里奥哈的气候介于北方凉爽湿润的大西洋气候与南方炎热干燥的气候之间，最好的葡萄酒一般产自朝北和朝西的地势更高的葡萄种植区。这部分地区的土壤中含有白垩土（石灰质)、黏土以及富含铁质的黏土；埃布罗河附近的土地为冲积土，而地势低的地区土地多沙，葡萄种植区的海拔介于下里奥哈的300米高度与阿拉瓦里奥哈的大约600米高度之间。

里奥哈地区最主要的葡萄品种是早熟葡萄坦普尼罗（Tempranillo)，这种葡萄是西班牙最重要的品种，不论在哪里种植都可被用来酿造上等葡萄酒。里奥哈北部气候最寒冷的葡萄园在酿酒时，除早熟葡萄外，通常还在原料中加入格拉西亚诺葡萄(Graciano)、马苏埃拉葡萄（Mazuela)以及歌海娜葡萄（Garnacha)。其中，格拉西亚诺葡萄在陈酿过程中表现出鲜明的特点；马苏埃拉葡萄颜色深，味道足；歌海娜葡萄可加重酒精的味道和陈酒的口感。里奥哈的混合型葡萄酒可以含有70%的早熟葡萄、20%的歌海娜葡萄和5%的马苏埃拉葡萄或格拉西亚诺葡萄。

加泰罗尼亚产区（Catalunya）

加泰罗尼亚(Catalunya)法定产区建立于1999年。随着这一自治区范围的法定产区出现，在以不失葡萄酒之品质的前提下，酿酒商可以用产自加泰罗尼亚境内不同法定产区的葡萄酒进行混合，而且混合后的仍然可以加泰罗尼亚法定产区葡萄酒冠名，这一点与波尔多地区一样。加泰罗尼亚的酿酒厂既可以生产使用“加泰罗尼亚法定产区”的葡萄酒，也可以生产使用所在产区命名的法定产区标签的葡萄酒。

由于这是一个自治区范围的法定产区，这意味着自治区境内所有现有的法定产区和原先有利于原产地制度以外的酿酒商均被包括在内。

葡萄品种

总括而言，加泰罗尼亚法定产区获批准27个葡萄品种来酿制葡萄酒，主要葡萄品种包括：琼瑶浆、莎当妮、雷司令。

土壤与气候环境

加泰罗尼亚法定产区拥有地中海式气候，白天日照持续，冬季干燥，夏季凉爽，春季和秋季降雨多且天气不稳定，年平均气温为14℃—15℃。在海岸，气候较温和清爽，气温由北至南递增。在内陆，远离大海，表现出地中海大陆性气候，冬季寒冷，夏季炎热。加泰罗尼亚法定产区土壤主要是石灰土，缺乏有机物。

佩内德斯产区（Penedes）

相距很近的巴塞罗那市曾在许多个世纪里对佩内德斯地区的葡萄酒生产起着决定性的作用。在过去大部分的时间里，佩内德斯生产的葡萄酒以经过氧化的陈年葡萄酒为主，当时这些酒被盛放在玻璃瓮中，半埋入地下，直到酒的颜色变黑后方才取出。

尽管佩内德斯的部分酒厂在试验新的葡

佩内德斯地区的葡萄收获季节

萄品种和提高产品质量等方面作出了积极的努力，但在卡瓦葡萄汽酒出现之前，佩内德斯葡萄酒的品质一直处于较低的水平。随着卡瓦酒酿造业的蓬勃发展，种植成本更高的优质葡萄和收获期较早的葡萄成为了一种需要，嗅觉灵敏的酿酒商意识到利用这一时机改善加工技术以及提高产品质量的重要性，并由此拉开了变革的序幕。

佩内德斯的主打产品是高品质的果味干白，这种酒主要是用帕雷亚达(Parrelada)、沙雷洛（Xarel—lo）和马卡贝奥（又称维尤拉）葡萄制成的，而且往往在加工过程中还要加入少量的莎当妮(Chardonnay）或长相思（Sauvignon）以增加酒的味道和香气。这些酒通常是为满足即时饮用的需要而加工制作的。此外，具有特殊小气候的局部地区还出产用单一品种的葡萄酿制的优质葡萄酒，其中的部分产品由于品质卓越，价格比较昂贵。

佩内德斯红酒包括用坦普尼罗葡萄和歌海娜葡萄酿制的西班牙传统葡萄酒以及用卡贝内特—萨乌维格农、梅洛（Merlot）乃至黑品诺（Pinot Noir）与坦普尼罗葡萄共同酿制的当地所特有的葡萄酒品种。后者中最好的葡萄酒通常产自中佩内德斯和上佩内德斯小气候区的小型葡萄园，其中有些葡萄酒价格较高，但物有所值。

某些最好的白葡萄酒和红酒在加工过程中在橡木桶中进行发酵或贮存，具体的贮存期由具体的制造商自行制定，诸如佳酿酒（crianza)和陈酒（Reserva)等等级术语并不常见。

普里奥拉产区（Priorat）

普里奥拉产区位于西班牙北部，是一个既传统又兼具创新风格的产区。也是全西班牙除了里奥哈之外于2001年升格为DOCa级的唯一产区（类似法国产区制度中的顶级产区)。

如同世界知名的葡萄酒产区，造就一瓶名酒的秘密来自于该产区特殊的风土。陡峭的斜坡，贫脊的如石头般的土壤和低产量的老藤这三个因素便是让普里奥拉如灰姑娘般一夕之间成为西班牙明星产区的秘密。

产区主要的葡萄品种为歌海娜(Garnaxa，法国称为Grenache）和马苏埃拉(Mazuela，又称Cariñena，Carignan)。1990年之前，普里奥拉产区所酿的歌海娜品种葡萄酒喝起来粗慥，酒精味重，尽出一些廉价的餐酒。但只要葡萄藤生长超过50年以上，所酿出来的歌海娜如毛毛虫蜕变成蝴蝶脱胎换骨般呈现出完全不同的风味。并且，能忠实的表达普里奥拉产区特殊的风土。有时也会混搭一些比较常见的葡萄品种，如赤霞珠和西拉（Syrah），其风格有别于其他西班牙产区，既浓郁又丰富，另人难忘。

杜罗河谷产区葡萄酒厂

1990年之後，普里奥拉产区老藤酿出来的葡萄酒频频在国际大赛中得奖，欧洲许多的投资客纷纷在普里奥拉买地种葡萄，请明星酿酒师来操刀酿酒。近年来，普里奥拉在所有西班牙的产区中以产量低、生产单价高、限量的明星级葡萄酒款而闻名国际。但受到地形的限制普里奥拉产区已无法再扩展种植葡萄，市场酒价也日益增高。

杜罗河谷产区
（Ribera Del Duero）

杜罗河谷法定产区位于西班牙北部高原，以及卡斯蒂利亚与莱昂自治大区（Comunidad Autónoma de Castilla y León）的四个省：布尔戈斯省（Burgos），塞哥维亚省（Segovia），索里亚省（Soria）和巴利亚多利德省（Valladolid）的交界区。杜罗河流域分布着100个城镇，以及延绵长达115公里、宽35公里的葡萄种植区。

杜罗河谷产区位于伊比利亚半岛的北部大高原，土地被第三纪沉积物所覆盖，大部分的沉积物由粉质砂或黏土组成，此地区的地形为山陵，最高峰1000米，其他山峰海拔在700—800米之间。

杜罗河谷的气候特征为：降雨量中等偏低（年降雨量450毫升），夏季干燥（40ºC），冬季较长、非常寒冷（−18ºC），且各季节温度波动较大，属地中海气候，年日照时间达到2400多小时，但其气候特征主要为大陆性气候。

杜罗河谷出产红葡萄酒及粉红葡萄酒，红葡萄酒必须含有至少75%的坦普尼罗，且品种多样，从口感清新、果味十足的新酒到口味复杂醇厚的特级珍藏陈酿。经过两年的陈酿，佳酿酒就带有含蓄优雅及幽逸的香气，然而这些葡萄酒在这一时期过后还可以继续陈酿而变得更加优质。其中最好的一些经过十年的陈酿还可以继续在以后的几十年中继续陈酿以完美其品质。该产区也出产丰富的经过非常短暂或几个月的酿造后便到达适饮期的葡萄酒。其他品质突出的种类有赤霞珠、梅洛、马尔贝克、红歌海娜及阿比约（Albillo）。其中红歌海娜和阿比约可用于混酿，但比例不得超过5%。

平古斯酒庄

Dominio de Pingus

平古斯酒庄距离著名的贝加西西里亚酒庄不足2公里。这栋处于金塔尼利亚德奥内西莫镇（Quintanilla de Onésimo）西北角临街面的三层小楼，是2007年才新建使用的，一楼是小库房，二楼临街面是庄主皮特·西谢克（Peter Sisseck）的办公桌，靠里面的一边俨然像个酿酒实验室，通过二楼落地窗可以俯看后院和酿酒车间。

皮特·西谢克，丹麦人，1962年出生在哥本哈根，大学期间学习的是农机与酿酒学，曾跟随其叔叔皮特·文丁·戴若思（Peter Vinding Diers）在波尔多格拉芙产区学习酿造白葡萄酒，而后又独自一人远赴美国加州，在酿酒师泽尔玛·宗（Zelma Zong）的门下进修酿酒技术。随后，西谢克于1990年到了西班牙的杜罗河岸，在那里，他从酿酒顾问做起，为了实现拥有自己的葡萄酒庄园的梦想，他不惜加入西班牙国籍，买入了一块大约4.5公顷大的老藤丹魄葡萄园，并在金塔尼利亚德奥内西莫镇（Quintanilla de Onésimo小镇）路边的车库里，开始了他的车库酒的发展历程。他给自己的酒庄起名为平古斯酒庄。

平谷斯酒庄干红葡萄酒

平古斯酒庄拥有4.5公顷葡萄园，种植着藤龄均达到80—90年的老藤坦普尼罗，每公顷植株3000—4000株，每公顷产量控制在800—1200升。这里的葡萄在绝对成熟后完全采取人工采摘，而且保证必须是没有破皮，采摘后迅速运到酿酒车间，避免造成葡萄自然发酵。正牌酒采用大橡木桶发酵，进行冷浸渍处理14天，整个酒精发酵和苹果乳酸发酵过程大约30—35天。橡木桶发酵罐仅使用十年就全部更换。副牌酒是采用正牌酒筛选下来的葡萄在不锈钢桶内进行发酵30—45天。酒精发酵过程均采用天然酵母，不添加任何添加剂也不进行过滤处理。发酵完毕后在100%法国橡木桶内醇化20—24个月，在这个过程中，酒庄每15天对酒进行一次监测。正牌酒使用新桶，副牌酒使用正牌酒用过的旧桶。

贝加西西里亚酒庄

Vega Sicilia

贝加西西里亚酒庄位于西班牙坦普尼罗葡萄名产区杜罗河谷，在1982年升级为DO法规之前，杜罗河谷只是个默默无闻、甚至无人问津的产区，贝加西西里亚当时是这个产区的唯一一个庄园。庄园的第一任主人伊诺尔先生(Eloy)在1859年从其父辈继承了两座葡萄园，其中有一座就是现在贝加西西里亚的前身，伊诺尔在1864年建立了杜罗河谷第一个酒庄贝加西西里亚，在此前的5年时间里，伊诺尔亲赴波尔多学习了当地的酿酒技术和理念，然后从波尔多带回来所有当时能够在波尔多找到的红葡萄品种：赤霞珠、马尔贝克、梅洛和佳美娜，这些在杜罗河谷绝无仅有的品种给西班牙带来了不少的轰动，同时令贝加西西里亚在本身为数不多的杜罗河谷葡萄园之中显得相当另类怪异，但因为风土条件的不同，在随后的半个世纪内伊诺尔这种大胆冒进的尝试并没有如他所期待的那样取得和波尔多同样的成功，所以有一段时间贝加西西里亚曾将部分梅洛和马尔贝克换成其他西班牙品种。

贝加西西里亚酒庄干红葡萄酒

进入20世纪以后贝加西西里亚开始不断易主，这段时间虽然曾在一些庄主的努力管理下令庄园赢得了不少声誉，但在此后的大部分时间内，贝加西西里亚的发展历程和当时西班牙葡萄酒一样，举步维艰，当时所酿造的葡萄酒还无法和里奥哈平起平坐。这种状况在整个20世纪易主多次之后都没有太大改善，直至迎来现在的主人阿法雷斯家族(Alvarez)。阿法雷斯接手贝加西西里亚之后开始更改葡萄种植比例，增加坦普尼罗的种植面积，按照当时的DO法规限制，杜罗河谷的酒庄原本只允许以坦普尼罗酿造红葡萄酒，但贝加西西里亚作为当时杜罗河谷唯一一家能够和里奥哈匹敌的酒庄，如果只以坦普尼罗酿造不免有失自己的传统和风格，所以当局在随后加定一条法例，允许贝加西西里亚种植赤霞珠、梅洛和马尔贝克。

酿酒风格方面贝加西西里亚以旧式西班牙酒风格为主，最顶尖的两个系列均是混合旧年份酿造的酒，“Crianza”这些近年来备受好评的主流级别一直没有被酒庄采用过，这里的三款葡萄酒当中最低一级从“Reserva”开始，即法规至少在木桶中陈酿一年、瓶中陈酿二年的珍藏级别，继而是酒庄自设的“Reserva Especial”和西班牙法规最顶级的“Gran Reserva”级别。

塔布拉酒庄5号干红葡萄酒

Damana 5 Tábula

葡萄品种：100%坦普尼罗（Tempranillo）
陈酿时间：80%法国橡木桶、20%美国橡木桶陈酿5个月
品鉴：寒冷的冬季及春季使得葡萄的发芽期延迟，成熟的速度也放缓，这种情况导致有些葡萄园的产量降低了30%。晚收的葡萄带有优雅的气息，较高的酸度，酒精度数也稍低。

塔布拉酒庄珍藏干红葡萄酒

Clave de Tábula

类型：干红葡萄酒
葡萄品种：100%坦普尼罗（Tempranillo）
陈酿时间：法国橡木桶中陈酿16个月
品鉴：2009年是一个很好的年份，不论从葡萄园的产量还是葡萄的品质来看都是这样。干燥温暖的气候，使葡萄得以健康生长，持续稳定的熟成阶段，则使葡萄饱含糖份。同样，在采摘季的气候也很完美，都是在葡萄成熟的最理想状态下，得以采摘。酒体呈墨色，单宁稳定，酒体架构完整。入口具有成熟的水果和黑咖啡的香气。

塔布拉酒庄干红葡萄酒

Clave de Tábula

葡萄品种：100%坦普尼罗（Tempranillo）
陈酿时间：法国橡木桶中陈酿16个月
品鉴：2009年的塔布拉珍藏，手工采摘及挑选葡萄，其葡萄藤均为1960年栽种。酒体颜色呈浓厚的暗黑色，单宁香甜。其稳定的架构，既适合陈年珍藏也适宜在年轻时饮用。酒体呈墨色，单宁稳定，酒体架构完整。入口具有成熟的水果加黑咖啡的香气。

纳瓦拉产区（Navarra）

纳瓦拉葡萄酒全都是产自纳瓦拉自治区境内。该产地分为以下5个区域：位于北部的瓦尔迪萨尔贝，纳瓦拉法定产区的中心；位于西北部的埃斯特亚地区；位于中部的上河岸地区；位于东北部的下山脉地区以及位于南部的下河岸地区。这一地区南部地处埃布罗河平原，位于里奥哈自治区和阿拉贡自治区之间，北部地区的地势沿比利牛斯山脉的方向逐渐上升。

纳瓦拉拥有西班牙最古老的葡萄榨汁槽的遗迹，这间位于弗内斯的榨汁槽是古罗马人于公元2世纪修建的。当时地处西法边境的地理位置以及后来由此经过的圣地亚哥朝圣之路为纳瓦拉地区带来了极大的繁荣，数百年来，葡萄酒在当地的经济发展占重要的地位。

出口在纳瓦拉葡萄酒业中享有重要地位。19世纪欧洲北部地区遭受葡萄蚜虫灾害，导致葡萄绝收，酿酒业也因此难以为继，这就使纳瓦拉葡萄酒得以异军突起，一度与邻近的里奥哈成为欧洲北部地区优质葡萄酒的最大供货来源。研究与实验是纳瓦拉取得成功的主要因素，自治区政府至今保留一个名为“EVENA”的中心。此机构位于奥里特，是西班牙在葡萄和葡萄酒领域最重要的研究中心之一。

土壤

纳瓦拉北方四个葡萄种植区的土壤分相似，表层土壤肥沃且含有泥灰，底层分布着石块和白垩土。而南部的另一个葡萄种植区土壤更干燥多沙。

气候

北部的三个地区受到比利牛斯山脉的影响，气候炎热，大陆性气候特征较为明显。从上河岸地区向南，气候变得干燥，下河岸地区的某些地点甚至出现半干燥的状态。

歌海娜葡萄是纳瓦拉地区种植面积最大的葡萄品种，主要用于制作著名的纳瓦拉玫瑰红。20世纪80年代末，当地制定了新的葡萄种植战略，预计21世纪纳瓦拉葡萄种植区将按照以下比例重新安排，即总面积的35%用于种植歌海娜葡萄，31%用于种植早熟葡萄坦普尼罗，16%用于种植赤霞珠葡萄，11%用于种植维尤拉葡萄，7%种植其他品种。

纳瓦拉产区葡萄树

卢埃达产区（Rueda）

卢埃达法定产区是欧洲为数不多的专门致力于白葡萄酒及当地原生葡萄品种青葡萄的保护与发展的法定产区之一。

优质的葡萄品种必须经过严酷自然环境的锤炼，青葡萄鲜明的特性以及在同一葡萄园中和其他品种的混合种植，使得青葡萄足以呈现出最真实、贴近自然的个性。也铸造出卢埃达法定产区葡萄酒的特质。

卢埃达法定产区位于卡斯蒂亚—莱昂大区，其海拔高度在700—800米之间；该区域降水量较少，大约每年为300—500毫升。昼夜温差大是这里的葡萄酸甜度平衡的重要原因，充分日照使葡萄成熟、获得充足的糖分，而凉爽的夜晚则使得葡萄保持应有的酸度。从纬度上看，卢埃达地区属于地中海气候范围，然而其海拔高度又使得当地受大陆性气候影响。

卢埃达位于“杜罗河之心”，是一个坡度平缓且受大西洋海风影响的高地。土壤PH值约介于7—8之间，为砾石类土地。

卢埃达产区葡萄种植面积约为12000公顷，种植的葡萄品种有：青葡萄、长相思、维尤拉以及巴罗密诺。

托罗产区（Toro）

托罗是卡斯蒂利亚——莱昂自治区杜罗河沿岸的法定葡萄酒原产地中最靠西的一个。该葡萄酒产地以托罗市为中心，大部分葡萄园位于萨莫拉省境内，还有一些葡萄园位于瓦亚多利德省境内。瓜雷尼亚河（Rio Guarena)在托罗市汇入杜罗河，河流北岸是粮食种植区，被称作“面包之乡”，河流以南和以西的地区是葡萄种植区，被称作“葡萄酒之乡”。

托罗地区的气候完全属于大陆性气候，夏季漫长而又炎热，冬季虽然短暂，但时常出现严寒天气。当地葡萄园的海拔高度使葡萄成熟期的夜晚较为凉爽，随杜罗河而来的西风偶尔也会带来降雨，一般说来，当地的气候对葡萄丰收较为有利。

当地主要的葡萄品种是托罗红葡萄，占葡萄种植面积的58%。与杜罗河岸地区的“国之红”葡萄（Tinto del Pais)以及瓦尔德佩纳斯的森希贝尔葡萄（Cencibe）一样，托罗红葡萄最初曾是西班牙北方地区传统的早熟葡萄，但经过几个世纪的独立发展，这种葡萄的果皮变得更厚，葡萄成熟的特征出现的也比原始品种更早，除托罗红葡萄以外，这一地区还种植了歌海娜红葡萄，香葡萄（Malvasfa)和青葡萄。

托罗出产红葡萄酒、白葡萄酒和玫瑰红。白葡萄酒通常是用香葡萄酿制的，玫瑰红则用歌海娜葡萄酿造，白葡萄酒与玫瑰红都属于口味清淡、新鲜爽口、适于即时饮用的低糖型果味葡萄酒。

然而，托罗葡萄酒之所以能够取得今天的声望首先要归功于红葡萄酒。托罗红葡萄酒的原料中应至少含有75%的托罗红葡萄，经过自然发酵后，酒精含量可达到15°。托罗红酒都要经过非常精心的陈酿处

采摘葡萄

俯瞰下海湾区

理，而且大约三分之一的红酒都要在橡木桶中贮存。

西北产区（North West）

下海湾（Rias Baixas）

加利西亚自治区的下海湾地区由一个个深入内陆的海湾组成，这些类似于峡湾的舌状海湾使位于西葡边界的米尼奥河以北的西班牙西北海岸线变得十分蜿蜒曲折。这一地区的河流在坎巴多斯附近流入大西洋，而河流两岸的峡谷是西班牙最潮湿同时也是最寒冷的葡萄种植区之一，这里所种植的葡萄和出产的葡萄酒在整个西班牙都是独一无二的。组成下海湾地区的三个区域均位于蓬特韦德拉省（Provincia de Pontevedra）境内：其中，萨尔内斯峡谷位于坎巴多斯周围的海岸地区；罗萨尔位于西葡海岸边界的一角，而特亚伯爵领地（Condado do Tea，音译为“孔达多—德特亚”）则位于米尼奥河沿岸的内陆地区。

阿尔巴利诺白葡萄（某些专家认为这种葡萄即是德国的雷司令葡萄）是当地主要的葡萄品种，占葡萄种植面积的90%，在罗萨尔和特亚伯爵领地通常还种植特雷萨杜拉（Treixadura）和罗雷拉白葡萄（Loureira）。此外，这一地区还种植了一些非常罕见的红葡萄品种，其中包括布兰塞亚奥葡萄（Brancellao）和凯尼奥红葡萄（Caino Tinto）。

下海湾地区以新鲜爽口的阿尔巴利诺白葡萄酒而享誉国际，而这种酒大部分产于萨尔内斯峡谷地区。罗萨尔和特亚伯爵领地生产口感略为柔和的葡萄酒（在所使用的原料中，阿尔巴利诺葡萄应至少占70%）。这一地区的红酒产量非常小。

比埃尔索（Bierzo）

比埃尔索是一座位于卡斯蒂利亚—莱昂自治区莱昂省（Provincia de León）西部省界的避风山谷，北面的坎塔布里亚山脉和南面的莱昂山脉宛如两道天然屏障，使这一地区免受恶劣气候的影响。比埃尔索在西面与加利西亚自治区境内的瓦尔德奥拉斯法定葡萄酒原产地（Valdeorras）相邻。比埃尔索出产的葡萄酒在口味上介于加利西亚的淡型酒和杜罗河谷（Valledel Duero）的传统葡萄酒之间，品质优异。

连绵的群山使比埃尔索地区气候温和，较加利西亚的气候更为干燥，大陆性特征也更为明显，但比同属卡斯蒂利亚—莱昂自治区的更靠近南部的其他地区更为凉爽。

当地的红葡萄品种为门西亚葡萄（Mencia，占整个葡萄种植面积的62%），据说这种葡萄与法国的品丽珠葡萄（Cabernet Franc）源于同一品种；此外，这里还种植歌海娜葡萄（Garnacha）。与红葡萄相比，白葡萄的品种更为丰富，但在葡萄园重新垦植时，通常推荐种植“白夫人”（Dona Blanca，占10%）和格德约葡萄（Godello，占2%）。

比埃尔索地区出产的白葡萄酒通常都是新酒（Joven），而红酒和玫瑰红种类较多，其中包括至少在橡木桶中贮存1年、总贮藏期为3年的陈酒。从商业的角度看，用格德约葡萄和“白夫人”酿制而成的清淡爽口的干白，用歌海娜葡萄制成的醇厚香浓的玫瑰红以及以门西亚葡萄为主要原料酿制而成的红酒正逐渐成为市场上的焦点。在橡木桶中至少贮存2年、在瓶中贮存3年的特陈（Gran Reserva）是最好的红酒，享有广阔的市场前景。

黎凡特产区（The Levante）

巴伦西亚（Valencia）

“巴伦西亚”既是位于西班牙东部沿海地区的巴伦西亚法定葡萄酒原产地的名称，也是巴伦西亚省、市及自治区的名称。它位于同一自治区境内的另外两个法定葡萄酒原产地——乌迭尔—雷格纳和阿利坎特生产的葡萄酒已形成了自己独特的风格，但巴伦西亚才是葡萄酒市场的动力源泉，巴伦西亚不仅销售本地葡萄酒，还是相邻的另外两个地区的葡萄酒的仓储、装瓶和销售地。巴伦西亚地区的葡萄种植区分为四个部分，其中的克拉利亚诺分区（Clariano)位于巴伦西亚省最南端，与阿利坎特相邻；莫卡斯特雷尔—德巴伦西亚分区（Moscatel de Valencia）位于巴伦西亚市西南；上图里亚分区（Alto Turia）位于巴伦西亚市西北，而瓦伦蒂诺分区（Valentino）位于西北部与卡斯蒂利亚—曼查自治区的昆卡省（Provincia de Cuenca）相邻的地区。

沿海地区的葡萄园受地中海式气候的影响，而其他地区越是深入内陆，大陆性气候的特征就越为明显，夏季更加炎热，冬季更加寒冷，湿度也更小。某些地区的葡萄园拥有自己的“小气候”，土地保存阳光热量的时间会更长一些。和同一自治区的另外两个法定葡萄酒原产地一样，巴伦西亚夏季的日夜温差有时也很大。

葡萄种植面积的大约三分之二种植的是用以酿造白葡萄酒和陈年好酒的葡萄。从数量上看，主要的白葡萄品种依次是梅尔塞格拉（Merseguera)、香葡萄（Malvasfa)、普兰塔菲纳（Planta Fina)、佩德罗—希梅内斯（Pedro Ximenez)和罗马麝香葡萄（Moscatel Romano)。主要的红葡萄品种为莫纳斯特雷尔葡萄（Monastrell)，此外，还有歌海娜葡萄和早熟葡萄坦普尼罗以及某些试验性品种。

巴伦西亚葡萄酒的品种最为丰富，既生产新鲜爽口、口味清淡的无糖、低糖和甜味白葡萄酒，也生产即饮型红酒和口味清淡爽口的玫瑰红。此外，还生产味道极佳的陈年甜酒。

耶克拉产区（Yecla）

耶克拉是西班牙下黎凡特（Baio Levante，指西班牙东南沿海地区)的两个法定葡萄酒原产地之一，位于穆尔西亚自治区，几乎被另一个法定葡萄酒原产地胡米亚所包围。耶克拉葡萄种植区分布在耶克拉市周围，位于群山和丘陵环抱下的高原之上，北与卡斯蒂利亚—曼查自治区的阿尔曼萨法定葡萄酒原产地为邻，东与巴伦西亚自治区的阿利坎特法定葡萄酒原产地接壤。耶克拉地区的土地条件十分优越，适于葡萄生长，表层土壤土质好，厚度大，底层为石灰岩和黏土，葡萄种植区的海拔高度在400和700米之间。

在种类繁多的耶克拉葡萄酒中，最具市场潜力的有以下几种：

用维尔迪尔葡萄和梅尔塞格拉葡萄酿制的新鲜爽口的淡味干白；用莫纳斯特雷尔葡萄酿造的清淡型果味玫瑰红以及用歌

海娜葡萄制作的淡型红酒。这些酒都适于即时饮用，而且价格比较便宜。

需要在橡木桶中贮存6个月，总贮存期为2年的佳酿级红酒原料中含有歌海娜葡萄和坦普尼罗葡萄，有时还包括卡贝内特—萨乌维格农葡萄。耶克拉的酿酒商们还计划生产品质可达到特陈级须在橡木桶中贮存2年，并在瓶中贮存3年的葡萄酒。

卡斯蒂利亚—拉曼查产区（Castilla—La Mancha）

卡斯蒂利亚—拉曼查产区位于西班牙的中部，是出产普通葡萄酒的一个产区，无论从经济还是社会的重要性来看，葡萄种植和酿酒业无疑是卡斯蒂利亚—拉曼查最大的财富之一。对于该地区来说这是个具有战略性的行业，卡斯蒂利亚—拉曼查产区的葡萄酒产量占西班牙葡萄酒总产量的50%，欧洲的17.6%，世界的7.6%，被游人称之为是葡萄藤的海洋，拥有世界上最大的葡萄种植园，约60万公顷土地。

曼查地区远离大海，出口途经相对闭塞，而且周围缺少重要城市，封闭隔绝的地理位置对当地酿酒业的发展产生了决定性的影响。基于上述原因，曼查地区的葡萄酒属于面向农村城镇的乡村风格。1561年马德里建城后，为曼查地区提供了一个相距骑马只需一天路程的重要市场。但随着时间的推移，马德里附近出现了另外一些相距更近的葡萄园。对曼查而言，市场竞争更加激烈。

1970年代，曼查人的进取精神终于得到了回报，低廉的地价和葡萄种植成本为这一地区吸引了新的投资。1980年后一些欧洲最现代化的酒厂开始用品质更好的品种代替原有的乡野葡萄，而且更为重要的是，当地的葡萄酒已具备了相当的出口能力，如今已有70%的曼查葡萄酒销往海外市场。

卡斯蒂利亚—拉曼查产区的气候类型为大陆性气候，冬季寒冷，夏季炎热、干燥，昼夜温差可达20摄氏度。严峻气候带来值得一提的好处是让葡萄可自然生长。

在这里蓬勃生长的葡萄品种有，包括白葡萄爱人和西班牙最普遍的红葡萄坦普尼罗，在当地称为圣西贝尔。然而，其他许多葡萄品种，包括酿制白葡萄酒的维乌拉、莎当妮和长相思，以及酿制红葡萄酒的歌海娜、梅洛和赤霞珠等。

曼努埃尔・曼萨内克酒庄

Manuel Manzaneque

埃雷斯庄园为曼努埃尔·曼萨内克酒庄唯一采用的葡萄生产基地，也是首家荣获西班牙最高荣誉称号的法定认证优等独立葡萄庄园，它位于海拔1080米的埃尔博尼略，是欧洲地理位置最高的葡萄庄园之一，它享有早晚温差极大之微气候，使虫害病菌无法生存。故此在这片贫瘠带砂石和天然去水力强的石灰黏土福地上，无任何化学添加栽种葡萄，由酿酒师根据专家口尝经验及分析数据决定采摘时间，从埃雷斯庄园采摘葡萄后，随即新鲜运送至设于园侧的曼努埃尔·曼萨内克酿酒厂内，以崭新的农业技术纯天然酿造独具风采的高雅、平衡及鲜美的庄园美酒。

曼努埃尔・曼萨内克舞台风采干红葡萄酒

Manuel Manzaneque Escena

葡萄品种：90% 坦普尼罗（Tempranillo）、5% 西拉（Syrah）、5% 赤霞珠（Cabernet Sauvignon）

适饮温度：16℃ -18℃

品鉴：高贵的深红樱桃色泽带一层蓝彩的挂边，晶莹剔透耀目辉煌。浓郁及载有矿泉的芬芳香气记取着它显赫出身的独特风采，强烈地散发着樱桃、草莓、黑莓、红加仑子及紫罗兰的馥郁花果香味，陈藏于全新法国橡木桶给予的烟熏、可可、咖啡和烟草特色，巧妙地融合出凤仙花特性香气清新扑鼻。入喉感觉浓厚果肉味与甜悦圆浑单宁和谐揉合，饮后齿颊留香余韵悠长，因此极具珍藏价值，建议享用前先倒入盛酒瓶醒酒两小时以上为佳。

曼努埃尔・曼萨内克特酿莎当妮干白葡萄酒

Manuel Manzaneque Chardonnay

葡萄品种：100% 莎当妮（Chardonnay）

适饮温度：12℃ -13℃

品鉴：2007年9月是曼努埃尔·曼萨内克全欧洲最高地酒庄最好的年份，拥有奇妙微气候的西班牙法定认证优等独立葡萄园埃雷斯庄园内，在严寒雪夜里人手采摘顶级葡萄，限量生产仅2140瓶，青苹果及花香浓郁芬芳扑鼻，西柚、柠檬和柑橘特色接踵着热带鲜果香气争锋。陈藏于全新法国橡木桶给予的烟熏、香草及凤仙花特色幽香奇妙地平衡了迷迭香和百里香的辛辣特性，入口感觉黄油般特色圆润、饮后回味无穷，是极少数可珍藏的上佳白葡萄酒。

曼努埃尔・曼萨内克庄园西拉干红葡萄酒

Manuel Manzaneque Nuestro Syrah

葡萄品种：100% 西拉（Syrah）
适饮温度：16℃ -18℃
品鉴：埃雷斯庄园内独特的微气候成功培育出在西班牙的高贵品种，充满着黑莓及加仑子的花果芬芳夹杂矿泉与胡椒、迷迭香的辛辣特色，陈藏于法国橡木桶，带出甘草、可可、香草底香气，圆润单宁紧凑集中，持续丰富红色鲜果口感悠久回味，是西拉葡萄酒中首屈一指的极品。

曼努埃尔・曼萨内克庄园精选干红葡萄酒

Manuel Manzaneque Nuestra Selección

葡萄品种：50% 赤霞珠（Cabernet Sauvignon）、40% 坦普尼罗（Tempranillo）、10% 梅洛（Merlot）
适饮温度：16℃ -18℃
品鉴：严格精挑人工采摘树龄最老的葡萄，巧妙地混合了赤霞珠、坦普尼罗和梅洛的优点，具成熟李子果酱的馥郁芳香，载有细致吐司元素，浓厚新鲜果味与木性单宁带出轻微的矿泉及香草与黑胡椒的辛辣背景，入口感觉到有深度复杂的独特个性，是庄园精制的瑰宝佳酿。

曼努埃尔・曼萨内克庄园陈酿干红葡萄酒

Manuel Manzaneque Crianza

葡萄品种：80% 赤霞珠（Cabernet Sauvignon）、10% 坦普尼罗（Tempranillo）、10% 梅洛（Merlot）
适饮温度：16℃ -18℃
品鉴：质优价廉的伟大陈酿，混合了赤霞珠、坦普尼罗和梅洛，含李子、樱桃和覆盆子果香诱发出麝香草及迷迭香的芬芳气息，带有烟草及拖肥木香略带辛辣，庄园特色果味和甜润单宁各领风骚。

圣多瓦酒庄干红葡萄酒

Finca Sandoval

葡萄品种：西拉（Syrah）、歌海娜（Grenache）、博巴尔（Bobal）
品鉴：曼楚埃拉产区的圣多瓦酒庄，在石灰岩高原上成功酿造出混合西拉与慕为怀特两种葡萄的新式红酒。口感浓厚的博巴尔是本地最具代表的品种，用来酿造易饮的桃红餐酒。圣多瓦这款酒主要由西拉葡萄酿造，于2000年正式面世就被公认为经典代表。酒体完整，入口即可以感受到其香气的魅力。在橡木桶中的成熟使其更好地体现出了土壤带给葡萄酒的香气和特色。

卢士涛酒庄

Emilio Lustau

葡萄品种：巴罗密诺（Palomino）、莫斯卡托（Moscatel）、佩德罗·希梅内斯（Pedro Ximenez）
卢世涛酒庄（Lustau）位于加泰罗尼亚的赫雷斯（Jerez）产区，创建于1896年，是西班牙最负盛名的雪利酒生产商之一。100多年来，酒庄依然坚持原本的经营宗旨：追求最高的品质，提供种类最多的雪利酒。
酒庄最特别的是一款名为曼赞尼拉（Manzanilla）的雪利酒。它由淡色干型优质菲诺雪利酒陈酿培养而成，是西班牙最陈的雪利酒之一。曼赞尼拉酒体呈琥珀色，带有烤苹果的香气，非常适合搭配热菜饮用。
最古老的葡萄品种之一的麝香在卢士涛酒庄也得到了很好的发挥，其酿制的拉斯克鲁斯（Las Cruces）无论是搭配餐食还是在享用哈瓦那雪茄的时候，都有完美体现。

朱丽安·史威特酒庄

Julian Chivite

葡萄品种：莎当妮、莫斯卡托、坦普尼罗、赤霞珠、梅洛、歌海娜
朱丽安·史威特酒庄于19世纪建立，至今仍然由其家族的后裔传承与管理。最近这家酒庄正着手把Arinzano原有的藏酒阁进行扩大增建。一大批藏酒阁由于拥有优质酒而渐渐知名，其中有款名为125珍藏干红葡萄酒（Coleccion125）就是为了纪念藏酒阁125周年而生产的。
品鉴：白葡萄酒选用的是最佳园场出产的珍品莎当妮葡萄，与无硫果衣同浸一段时间后，在用过一次和两次的阿里耶(Allier)橡木桶中进行发酵而制。这样促使苹果乳酸彻底发酵，然后连渣藏酿10个月才装瓶。结果是有彻底的现代款式，极具优雅感的白葡萄酒。这系列还有陈酿和特酿红葡萄酒以及甚佳的晚收甜酒。

米高桃乐丝酒庄

Miguel Torres

白葡萄品种：莎当妮、长相思、莫斯卡托、琼瑶浆、雷司令、帕雷亚达、马卡贝奥等
红葡萄品种：赤霞珠、长相思、梅洛、坦普尼罗、黑品诺等
自第二次世界大战后，桃乐丝在葡萄培植上一直是西班牙最具创新力、最有敬业精神的家族。桃乐丝酒厂曾于1979年在法国美食杂志举办的葡萄酒奥林匹克比赛中打败了法国五大酒庄而震惊葡萄酒界。
目前桃乐丝是西班牙最大的葡萄酒生产商，葡萄园除西班牙外，还包括美国加州与智利。背负着家族传统使命的米高桃乐丝酒庄，在不断的尝试与努力中，打破西班牙本土葡萄酒的酿酒方式，在传统与创新中，走出一条自己的路。

甘露莎酒庄

Remírez de Ganuza

葡萄品种：90%坦普尼罗（Tempranillo），10%赤霞珠（Cabernet Sauvignon）及其他品种
甘露莎酒庄为家族式酒庄，位于西班牙里奥哈阿拉维萨的中心地区Samaniego村镇上一座始建于14世纪的古老教堂城堡旁边。酒庄始建于1989年，拥有67公顷的平均藤龄超过60年的葡萄园，其中超过90%葡萄为坦普尼罗。酒庄主费尔南多先生对待整个葡萄酿酒环节不懈地追求“精益求精”，从细节上创新和完善。
甘露莎酒庄的橡木桶只用一次，而且只采用新桶，其中20%的美国桶和80%的法国桶共有900个，经过两年桶陈和2年瓶储，从采摘到上市需要四年时间。在1998年，鉴酒专家罗伯特·帕克曾经对甘露莎珍藏1994给了92的高分，使甘露莎酒庄的酒在美国名声鹊起，顺利进入美国高端酒市场。而之后的甘露莎珍藏2004更是被罗伯特·帕克给了100的满分，使得甘露莎酒庄在国际上名声大震。

萨·幕里厄塔侯爵庄园

Marqués de Murrieta

葡萄品种：超过90%的坦普尼罗（Tempranillo）
萨·幕里厄塔侯爵庄园创立于1852年，拥有悠久的酿酒历史，在西班牙葡萄酒的现代化上颇有贡献，是一家受尊崇的酒厂。
萨·幕里厄塔侯爵庄园的创始者卢西亚落·幕里厄塔本身拥有贵族血统，当年在落格罗尼奥一带拥有庞大的领地。现在，从酒厂内豪华典雅的迎宾大厅里，还能够依稀感受到昔时的辉煌。
萨·幕里厄塔侯爵庄园的葡萄酒散发出浓郁袭人的橡木桶气息，极具西班牙传统风格。“透过木桶的陈放，让酒里的各种结构元素，在时间里慢慢达致平衡”，酒厂的酿酒师如是说。

圣玛利亚酒庄角斗士干红葡萄酒

Viña Santa Marina—Gladiator

葡萄品种：60%西拉（Syrah）、30%赤霞珠（Cabernet Sauvignon）、10%味儿多（Petit Verdot）
年份：2008年
品鉴：2008年份的圣玛利亚酒庄角斗士干红葡萄酒是由60%的西拉、30%赤霞珠及10%的小味儿多混酿而成。陈酿12个月于法国及美国橡木桶中。
品鉴：酒体为晶莹的暗紫色，并呈现出诱人的烟熏、腊味、紫罗兰、胡椒粉、蓝莓及黑莓的香气。入口具有水果的香甜，充实饱满和绵长的口感，即使10年后饮用，同样会有令人愉悦而悠长的回味。

圣玛利亚酒庄猎奇干红葡萄酒

Viña Santa Marina—Miraculus

葡萄品种：40%梅洛（Merlot）、40%赤霞珠（Cabernet Sauvignon）、10%西拉（Syrah）、10%品丽珠(Cabernet Franc)
年份：2007年
品鉴：2007年份的圣玛利亚酒庄猎奇干红葡萄酒是由40%的梅洛、40%的赤霞珠及同等配比的西拉和品丽珠葡萄酿制而成。陈酿16个月于法国及美国的新橡木桶中。深红宝石色酒体，并表现出树脂、香料盒、皮革、黑醋栗和黑莓的迷人香气。相对波尔多风格，这款酒入口时更加具备了优雅的个性。即使放置8—10年后再饮用，其平衡感及口感也非常优秀、可口。

圣玛利亚酒庄晚收维欧尼甜白葡萄酒

Viognier Vendimia Tardía De Viña Santa Marina

葡萄品种：100%维欧尼（Viognier）
年份：2011年
品鉴：这款为西班牙最独特的一款晚收型维欧尼甜白葡萄酒。完全采用手工采摘葡萄、人工挑选，并在小罐中浸皮。此款酒被酿酒师描述为“淡金色的酒体，明亮并带有强烈香气，可以明显感觉到晚收葡萄酒的特色。入口绵长、柔滑，清新加苦橙酱及葡萄酒本身的甜度完美结合。此款酒适合配搭海鲜、鹅肝酱以及像奶酪蛋糕、草莓脆饼这样的甜点。最佳饮用温度为8℃—10℃。

香榭里舍红酒

Campo Eliseo

葡萄品种：100%托罗红葡萄（Toro）
Campo Eliseo 为西班牙语“香榭里舍”的意思，这款优雅的佳酿令国际葡萄酒界侧目，堪称是现在流行之跨国合作的另一典范。结构结实圆润，口感清爽，富成熟水果、黑莓和特浓咖啡的香味，整体单宁适中，尾韵略呈现橡木桶熏烤香味，2001年为首次推出的年份。
此款酒于2005年《葡萄酒观察家》杂志全球百大排行中获第13名。

欧卓酒庄莫斯卡托半甜白葡萄酒

OCHOA Moscato de Ochoa Mdo

葡萄品种：100%莫斯卡托（Moscatel）
年份：2011年
原产地：西班牙奥利特（Olite）
酒精度：5.5%
品鉴：这款欧卓酒庄的莫斯卡托半甜白葡萄酒，清新活泼入口会感觉到酒中带有的天然小气泡，适用于任何场合饮用。此款葡萄酒出处的葡萄园，春季湿润，紧接着便是清爽的七月和炎热的八月。这些气候特点的结合，使得这个葡萄园中的白葡萄（包括维奥纳、莎当妮和莫斯卡托）需要提前10天采摘，也就是在八月份的最后一个星期进行。酒体为明亮的金黄色，并带有酿制过程中自然产生的小气泡。入鼻具有莫斯卡托麝香葡萄所特有的白色玫瑰、成熟水果和柑橘的混合香气。入口则体验到其清新优雅、令人愉悦的气泡，口中环绕着成熟水果及柠檬香气。

欧卓酒庄莫斯卡托甜白葡萄酒

Vino Dulce De Moscato Ochoa—Sweet Wine

葡萄品种：100%莫斯卡托（Moscatel）
年份：2011年
品鉴：这款甜白葡萄酒经过在不锈钢罐中轻微的破皮、压榨，之后进行低温发酵。经过严格的时间控制，通过冷却不锈钢桶使得发酵停止。因此而达到酒精与葡萄本身的糖分和香气完美平衡。具有亮金色的酒体。入鼻有复杂香气，带有浓郁而清新的橡皮糖和花香，并暗含微弱土司面包与葡萄干的香味。入口如天鹅绒般柔软顺滑，水果香气突出。余味悠长，鼻腔中依旧可以感受到多种水果成熟的混合香气。

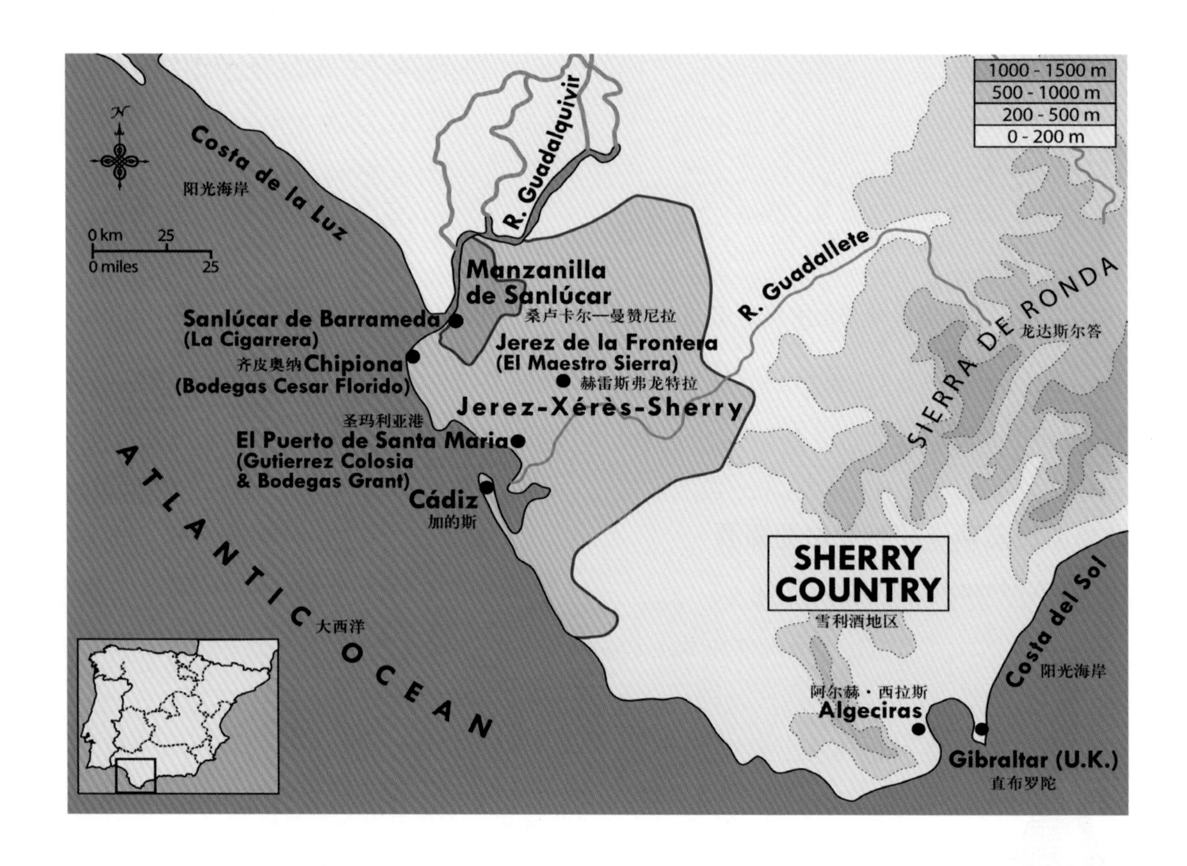

雪利酒（Sherry）

雪利酒原产于西班牙的安达卢西亚自治区，是世界独产雪利酒的地方。雪利酒的风味轻快香甜，是由西班牙的特有酿酒葡萄品种巴罗密诺（Palomino）所酿制。除此之外，雪利酒的酿制更有别于一般的葡萄酒。雪利的酿造，是要将它装载于橡木桶中，曝晒在艳阳之下。三个月后，就收起来冷冻贮存。由于处理方法的不同，致使葡萄糖的变化也相异于其他葡萄酒，因此雪利就有一种特殊的风味。

在欧洲，Sherry是一个专用于原产地的受保护名称。在西班牙法律中，所有标识为Sherry的葡萄酒都必须产自雪利三角洲地区，这是加的斯（Cádiz）省赫雷斯—德拉弗龙特拉，桑卢卡尔—德巴拉梅达，和圣玛丽亚港之间的一块区域。1933年，赫雷斯的原产地名称认证系统（Denominación de Origen）首次认可了这种命名方法，正式命名为D.O. Jerez-Xeres-Sherry，并成立了管理委员会D.O. 曼赞尼拉桑卢卡尔—德巴拉梅达。

制作过程中当发酵完成后，使用白兰地对雪利酒进行强化。因为强化过程是在发酵结束之后进行的，多数雪利酒最初都是干的，而其甜味都是后期添加的。相对于波特酒，强化是在发酵进行到一半时进行的，发酵过程会被中止，而部分糖分没有转化为酒精。

雪利酒涵盖了众多不同的种类，从干爽、清淡型，比如菲诺，到深色、厚重型，比如Oloroso。无论哪种，都是酿自巴罗密诺葡萄。一些餐后甜酒也使用了佩德罗·希梅内斯或莫斯卡托葡萄进行酿制。

气候

赫雷斯地区有一个规律的气候系统，大约每年70天的雨天和几乎300天的大晴天。雨水集中在每年的10月至次年的5月。夏季炎热，气温高达40℃。然而每天早晨海风为种植园带来水分，土壤中的黏土将水分保留在地表下。全年的平均温度约为18℃。

土壤

在赫雷斯地区，种植酿造雪利酒用葡萄的土壤分为有3种类型：

Albariza为最轻的土壤，几乎是白色的，最适合种植巴罗密诺葡萄。含大约40%—50%白垩土，其余为石灰石，黏土和沙子的混合物。在炎热的夏季这种土壤可以锁住水分。

Barros为深褐色土壤，10%白垩，黏土成分高。

Arenas为土黄色，还有10%白垩，但含砂量高。

Albariza土壤最适合种植巴罗密诺葡萄，法律规定制作雪利酒的葡萄，40%必须来自Albariza土壤。该土壤的好处是，它可以反射太阳光到藤蔓上，促进它光合作用。土壤的特点是非常吸水和密实，所以它可以锁住并最大限度地利用赫雷斯地区稀少的雨水。Barros和Arenas土壤大多用于种植佩德罗·希梅内斯和莫斯卡托葡萄。

葡萄品种

在1894年的葡萄根瘤蚜虫害之前，在西班牙估计有超过100种葡萄用于生产雪利酒，但现在只有三个白葡萄品种用于生产雪利酒：

巴罗密诺（Palomino）：巴罗密诺是生产干雪利酒的主要葡萄。约90%是为雪利酒种植的。巴罗密诺葡萄生产的酒具有非常清单和中性的特点。这一特征也使得巴罗密诺成为酿造雪利酒的一个理想葡萄品种，因为它轻而易举就可以增强雪利酒的酿酒风格。

佩德罗·希梅内斯（Pedro Ximénez）：佩德罗·希梅内斯用于生产甜的葡萄酒。收获时，这些葡萄通常在阳光下干燥两天，以集中糖分。

莫斯卡托（Moscatel）：莫斯卡托同佩德罗·希梅内斯一样，但不常用。

雪利酒风格的葡萄酒在其他国家经常使用其他葡萄品种。

三个用于生产雪利酒的白葡萄品种，从左至右依次为巴罗密诺、佩德罗·希梅内斯、莫斯卡托

发酵

巴罗密诺葡萄在九月初收获，轻轻挤压榨取葡萄汁。第一轮榨取的葡萄汁（the primera yema）用于生产菲诺（Fino）和曼赞尼拉（Manzanilla）；第二轮榨取的葡萄汁（segunda yema）将用于生产奥罗索（Oloroso）；剩余的压榨物用以生产小部分葡萄酒，蒸馏和醋。接着葡萄汁在一个不锈钢桶发酵，直到11月底，生产浓度为11°—12°的干白葡萄酒。

强化

发酵结束后，立即对酒进行取样，并进行第一次分类。根据葡萄酒的潜力在木桶上标有下列符号：/ 单斜杠表示酒拥有最好的味道和香气，适合制作菲诺或阿蒙提拉多（Amontillado）。这些酒被强化到15°以适合"开花"的生长。/. 单斜杠加一点表示更重，更浓郁的葡萄酒。这些酒都强化为约17.5°防止"开花"的生长，这些葡萄酒氧化陈酿以生产奥罗索（Oloroso）。// 双斜杠表示将进一步发酵，然后再确定是否用于生产阿蒙提拉多（Amontillado）或奥罗索（Oloroso）。这些酒都强化到约15度。/// 三斜杠表示已不适合酿酒，将蒸馏。

雪利酒强化过程中使用的酒，都是通过葡萄酒蒸馏得到的，通常来自拉曼查。烈酒首先混合成熟的雪利酒，得到50：50的混合物，称为"一半一半"（mitad y mitad），然后"一半一半"以适当比例混合新酿制的雪利酒。分两个阶段的程序进行强化，目的是使高度数的酒精不会影响新酿制的雪利酒并破坏其风味。

陈酿

加强葡萄酒存放在500升的木桶中。木桶是由北美橡木制作，比起法国或西班牙橡木没那么多孔隙。酒填入木桶六分之五满，在顶部留下"两个拳头的空间"，给"开花"在酒表面生长。

然后雪利酒在索莱拉（solera）系统

中陈酿。新酒被装入一系列堆叠的酒桶中，酒桶有3至9层。定期使用称为独木舟（canoa）和洒水（rociador）的工具轻轻将某一层葡萄酒移动到下一层酒桶中，避免损坏桶中的“开花”。最后，只有在最下一层酒桶中的酒被装瓶和销售。根据酒的不同类型，每次转移的酒大约在5%—30%。这个过程被称为“跑标尺（running the scales）”，因为每层桶被称为一个标尺。

所以装瓶的最年轻的葡萄酒由系统中桶的层数决定，而每一瓶也包含了一些成熟的酒。雪利酒需在索莱拉系统中陈酿至少3年以上。

储存

一旦瓶装，雪利酒将不会进一步陈酿，并且应该尽快饮用，然而长年陈酿氧化的雪利酒可以存放数年而不失风味。酒瓶应直立存放，以减少酒的暴露表面积。与其他葡萄酒一样，雪利酒应存放在阴凉的地方。

菲诺和曼赞尼拉是雪利酒中最脆弱的类型，通常开瓶后应立即喝掉。在西班牙，菲诺往往按半瓶装出售，以防开瓶后来不及喝完造成浪费。阿蒙提拉多和奥罗索存放时间较长，而更甜的品种，如佩德罗·希梅内斯（PX）的和混合奶油雪利酒，开瓶后能够存放几个星期甚至几个月的时间，因为其中含有的糖分可以起到防腐剂的作用。

分类

菲诺是西班牙语中“好”的意思，在所有的雪利酒传统品种中，它是最干最白的。在橡木桶中，酒被覆盖在一层薄薄的酵母膜下进行陈酿，称作开花（flor），避免与空气接触。

曼赞尼拉是菲诺的一种特殊的清淡的品种，产自桑卢卡尔—德巴拉梅达港口附近。

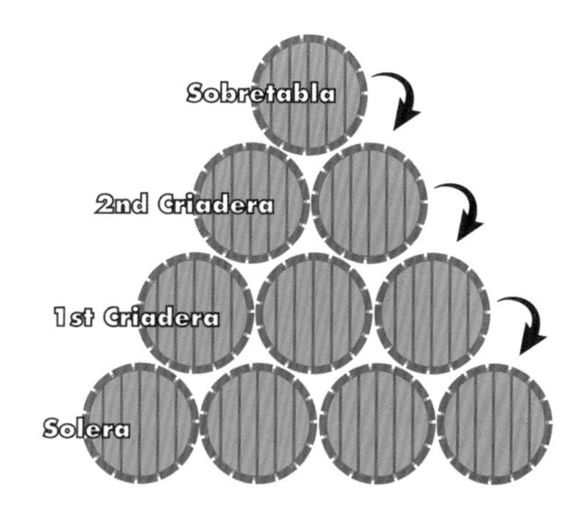

加强葡萄酒的存放

西班牙雪利酒

阿蒙提拉多是一种于“开花”覆盖下陈酿一段时间后暴露于空气中进一步氧化的雪利酒。这种酒比菲诺色泽更深，但是又不及奥罗索深。酒味略干，有时带有轻微的或中度的甜味，而这些带有甜味的酒也可以不被划分为阿蒙提拉多。

奥罗索是一种比菲诺或阿蒙提拉多氧化时间更长的雪利酒，拥有深沉丰富的色泽。酒精浓度通常在18%—20%，也是度数最高的瓶装雪利酒。和阿蒙提拉多一样，味略干，通常制作成甜味进行出售，称作奶油雪利（Cream Sherry）。

帕洛科塔多（Palo Cortado）最初像阿蒙提拉多一样进行陈酿，通常陈酿3—4年，然后却产生了类似奥罗索一样的特性。这是因为在酿造过程中，由于“开花”被意外杀死了，或者是强化或过滤流程导致了“开花”的死亡。

赫雷斯杜塞尔被称作甜雪利酒，使用干了的佩德罗·希梅内斯（PX）或莫斯卡托葡萄进行发酵酿制，生产出一种非常甜的暗褐色或黑色的葡萄酒。也可通过混合甜葡萄酒和葡萄汁，并干燥后生产。

奶油雪利酒（Cream Sherry）是一种甜化的奥罗索，色泽从深琥珀色到金黄色，味道非常甜。通常通过混合不同的甜葡萄酒来制作，比如混合奥罗索和佩德罗·希梅内斯。

宝帝珍藏干红葡萄酒（诺贝尔和平奖颁奖用酒）

Portia Prima

产地：西班牙杜罗河谷（Ribera del Duero）
品种：坦普尼罗（Tempranillo）
酒精度：14.5%
品鉴：采用西班牙里奥哈产区的100%坦普尼罗葡萄精心酿制，先进的工艺设备及酿酒师丰富的经验，保证了这款酒的出色质地。樱桃红色与紫色光泽，干净明亮，透出典型坦普尼罗葡萄酒的尊贵品质。干胡椒、香草、烤面包夹杂着非常浓郁的浆果香气和橡木香变化万千。特别是成熟的黑色水果与优质橡木桶陈年的香气融合在一起会让人感觉酒体强劲，口感丰腴，丹宁甜美。烤面包，椰子，糖果的味道会在口腔中回荡，令人惬意。最佳饮用温度17℃。
搭配：平衡的酒体使这款酒几乎可以与任何肉类和炒菜和谐搭配，特别是牛羊肉、烤鸭等油腻并略带野味的食物。炒蛋、松露、奶酪和甜点也是宝帝干红葡萄酒的绝配。典型的黑色浆果、烤面包香气不仅使人精神倍增，结构最强的单宁缓和食物的油腻感，保持口气清新。

菲斯特一世特级珍藏（西班牙皇室婚礼指定用酒）

Faustino I

产地：西班牙里奥哈（Rioja）
品种：坦普尼罗（Tempranillo）、格拉西亚诺（Graciano）、马苏埃拉（Mazuela）
酒精度：13.5%
品鉴：此酒品色泽明亮，酒杯中呈现性感的樱桃红，口感圆润，如丝绒般柔软典雅，酒香醇厚浓郁，柔软的口感中蕴含全新的橡木香兼淡淡的红果味和香草味。单宁强烈，回味绵长。酒度与酸和单宁的平衡良好和谐。为西班牙皇室所钟爱，是西班牙红酒巅峰之作。最佳饮用温度17℃。
搭配：适合搭配所有肉类食物和中餐炒菜，特别是牛羊肉、烤鸭等油腻并略带野味的食物。炒蛋、松露、奶酪和甜点也是菲斯特干红葡萄酒的绝配。典型的水果的香气不仅使人精神倍增，结构最强的单宁还有助于缓和食物的油腻感，保持口气清新。

葡萄牙
PORTUGAL

葡萄牙葡萄酒在中国

2012年，葡萄牙在中国所有进口葡萄酒国家中的贸易总量排名第七。

销量

葡萄牙国家统计局公布的数据表明，2012年前11个月，葡萄牙葡萄酒出口较上一年同期增长7.6%，达6.48亿欧元。需求主要来自中国、安哥拉和一些南美国家，而中国已成为葡萄牙酿酒商的最重要市场之一。2011年，葡萄牙葡萄酒对中国销量就曾实现惊人的123%增长，向大中华区的出口额已攀升至第五位（欧洲以外地区），达820万欧元，紧随在安哥拉、巴西、美国和加拿大之后。

成长性

“很多国家的葡萄酒同质化和标准化的趋势很明显，但葡萄牙葡萄酒保持着许多本土的特点。这是因为葡萄牙的葡萄种类丰富，共有500种，每种均保持独特的特性”。葡萄牙葡萄酒协会总监Nuno Vale在接受媒体采访时表示，“葡萄牙可以提供从‘入门’，‘中间’到‘高端’各种层次的葡萄酒，而且能够保持每种酒层次最优的价格。”此外，他表示，现阶段葡萄牙葡萄酒还很少进入大型超市，消费者需要到酒类专营店去购买。

最有代表性的国酒“波特”，因葡萄牙著名港口城市波尔图而得名，因为所有的波特酒要在波尔图市的酒窖中进行陈酿。波特酒是在葡萄酒发酵一半后，再加入烈酒来停止发酵，因为酒精度比较高，所以可在橡木桶里停留更长的时间，以更多地吸收橡木的醇香。波特酒较高的酒精度以及醇厚的口感，很容易赢得喝惯白酒的消费者的喜爱。

未来趋势

葡萄牙虽然酿酒历史深远，酿酒工艺超前，拥有世界最古老的法定葡萄酒产区——杜罗河产区，却还没有被大多数中国消费者所认知，如果加以推广，市场潜力非常广阔。葡萄牙葡萄酒协会已经意识到了推广的重要性。2012年10月30日，葡萄牙葡萄酒协会与国内最大的专业培训机构逸香葡萄酒教育合作的葡萄牙葡萄酒年度品鉴会在北京举办，有39家葡萄牙酒庄携百款佳酿参加，共邀请近300名葡萄酒专业人士、进口商、葡萄酒爱好者以及专业媒体亲临现场品鉴，规模较往年猛增近3倍。

葡萄牙葡萄酒产区
Wine Regions of Portugal

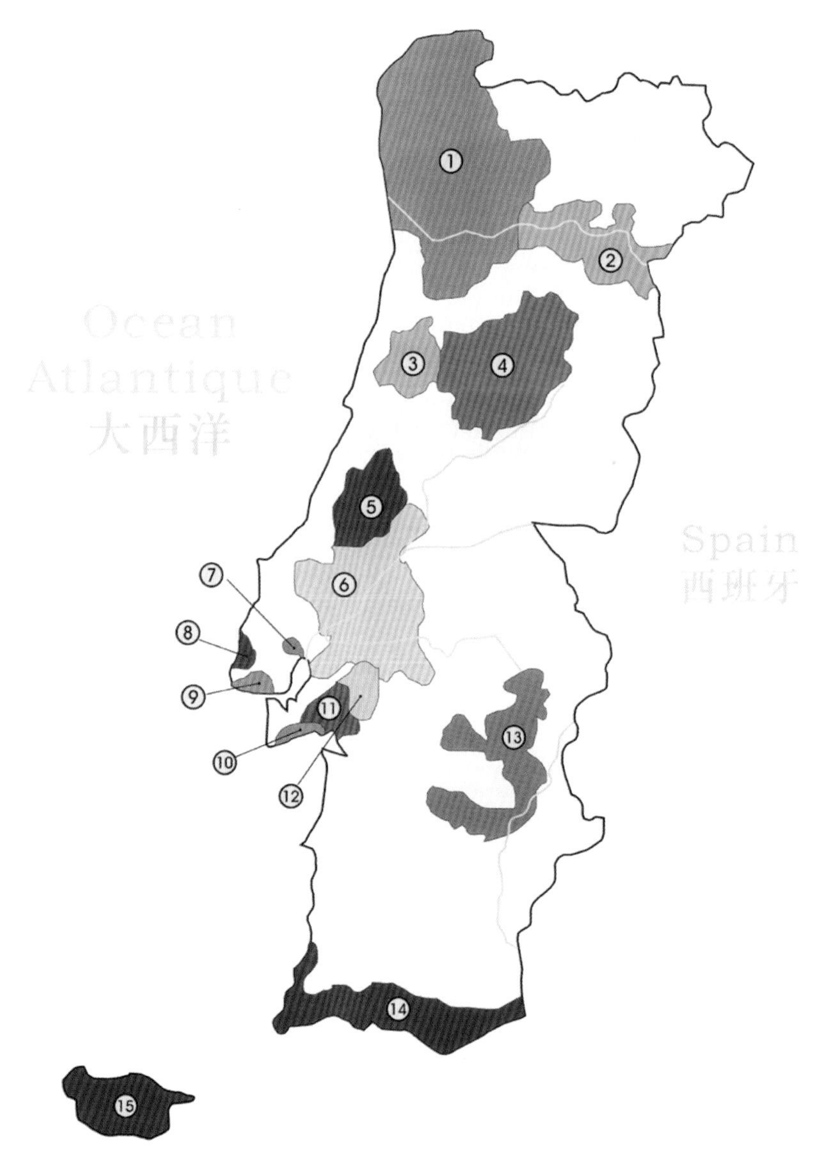

1. Vihno Verde 绿酒
2. Porto / Douro 波特 / 杜罗河
3. Bairrada 巴哈达
4. Dao 杜奥
5. Oeste 奥斯特
6. Ribatejo 里巴特茹
7. Bucelas 布切拉斯
8. Colares 克拉雷思
9. Carcavelos 卡卡维卢斯
10. Setubal 史托波
11. Arrabida 阿拉比达
12. Palmela 帕麦拉
13. Alentejo 阿伦特茹
14. Algarve 阿尔加夫
15. Madeira 玛德拉岛

最南部的产酒区阿伦特茹

葡萄牙有“软木之国”、“葡萄王国”的美称。葡萄牙软木及橡树制品居世界第一，自古以来盛产葡萄和葡萄酒。全国有葡萄园36万公顷，平均每5个农业劳动力就有一人从事葡萄种植。全国有18万人从事葡萄酒生产，年产葡萄酒10亿—15亿升，远销世界120多个国家和地区，以波尔图出口的葡萄酒最负盛名。

早在公元前600年葡萄牙已有葡萄酒，一些对酿酒有兴趣的人士，开始栽种葡萄园，自行酿制高级葡萄酒。因此，小规模酒农酿酒历史已有2500多年，真正普及却在公元前219年，罗马帝国的军队进入北部杜罗河谷，就是今天的波儿图酒区。今天，葡萄牙博物馆还保存不少罗马时代的工艺品，石制的葡萄压榨工具，陶制的双耳瓶做的葡萄酒发酵和储存器皿。

罗马大军在占领葡萄牙时，在杜罗河谷大面积种植葡萄，酿成葡萄酒作为军需品，鼓舞军队士气，向其他国家进侵。葡萄酒的酿造技术得到极快的发展，所酿造的葡萄酒大部分供给军队，当地人士同样接受了葡萄酒的文化，葡萄酒成为杜罗河谷人日常生活的必需品。由于葡萄酒的酿造技术已经成熟，杜罗河谷到处都是葡萄园，到了公元1950年葡萄牙中部也同样遍地葡萄园。

到1143年，葡萄牙独立之后，葡萄酒酿造事业更加发达，葡萄酒开始出口，根据历史文献记载，有大量的葡萄酒出口关税和税务凭证及出口资料。

葡萄牙有250多个国产葡萄品种，酿制的葡萄酒种类丰富，口味独特。全国葡萄栽培面积占8%，20世纪80年代马特乌斯（Mateus）镇的葡萄酒风靡欧洲，产量占全国葡萄酒出口总量的40%。葡萄牙栽培的主要酿酒品种包括卡斯特劳（Castelao）、红巴罗卡（Tinta Barroca）、卡奥（Tinta Cao）、法兰西丝卡（Tinta Fransisca）、国产多瑞加（Touriga Nacional）、罗丽红（Tinta Rorig）、赤霞珠（Cabernet Sauvignon）、西拉（Syrah）、梅洛（Merlot）等。

葡萄牙这个国家从南到北，都是葡萄的种植区，主要集中在中部以北的地方，是名副其实的葡萄之国。以生产波特酒闻名的葡萄牙是世界第九大葡萄酒生产国，从北部的MONHO，到中部贯穿东西的杜罗河流域，从首都里斯本，到最南部的产酒区阿伦特茹，各地出产的葡萄酒都很不俗。南部是葡萄牙最佳的葡萄产区，出产高级红酒。

葡萄牙是葡萄酒分级制度的发源地。他们在200年前开始使用名称体系，比法国还早。理由是名称体系会为消费者提供葡萄酒原产地的保证。这些名称包括葡萄品种、微气候、土壤和所用的酿酒技术。因此饮用一款标注有名称的葡萄酒就意味着在喝一款优质的葡萄酒。

分级制度

1．法定产区酒DOC（Denomination de Origem Controlada）。其实就像法国的AOC或者意大利的DOC，这个级别的著名产区有杜罗（Douro）、邓肯（Dao）、波特（Porto）、比拉达（Bairrada）、布斯拉斯（Bucelas）、漫华德（Vinho Verde）。

2．推荐产区酒IPR（Indication of Regulated Provenance）。

3．准法定产区酒VQPRD（Vinhos de Qualidade Produzidos em Regioses Determinadas），相当于法国的VDQS。

4．优质加强葡萄酒VLQPRD（Vinhos

Licorosos de Qualidade Produzidos em Regiao Determinadas）。

5．优质起泡酒VEQPRD（Vinhos Espumantes de Qualidade Produzidos em Regiao Determinadas）。

6．优质半干起泡酒VFQPRD（Vinhos Frisante de Qualidade Produzidos em Regiao Determinadas）。

7．地区餐酒（Vinho Regional），跟意大利的IGT有些类似，没有按照法定酿酒要求酿造的葡萄酒，但这个并不是低质的象征。由于葡萄牙的土壤和葡萄种类复杂繁多，你可以在这里找到很多富有地区特色的葡萄酒。

8．日常餐酒（Vinho de Masa）。

9．Selo de Garantia指有葡萄牙葡萄酒协会的封条的葡萄酒，具有政府认定的品质。

葡萄品种

罗丽红（Tinta Roriz）（Tempranillo）：高产量，酒体较轻的葡萄，为酒质增加细腻感。

国产多瑞加（Touriga Nacional）：是杜罗河谷地最优质的葡萄品种，葡萄粒较小并且产量低，早熟品种。有着丰满的酒体，口感集中。

多瑞加弗兰克（Touriga Franca）：需要温暖的环境种植以达到良好的成熟度。酒色较深，有着良好的结构和香气。

卡奥（Tinta Cao）：晚熟品种，产出颗粒较小的葡萄，为葡萄酒增加单宁。

红巴罗卡（Tinta Barroca）：果实颗粒较大，果串也很大，皮薄。

产区

首都里斯本产区（Lisben）

里斯本附近有不少著名的产区，但因为市区发展的关系，让这些产地的面积逐渐缩小。西面为以产甜酒出名的克拉雷斯，和以产Ramisco红酒著名的卡卡维卢斯；东面则有著名的干白酒产区步切拉斯，以亚阑多种为主；南面则是蜜思嘉甜白酒产区史托波。

埃斯特雷马杜拉产区（Estremadura）

埃斯特雷马杜拉位于葡萄牙东部，出产高级葡萄酒。

帕麦拉产区（Palmela）

帕麦拉产区位于葡萄牙的海滨地带。出产的葡萄酒品质不俗。

阿伦特茹产区（Alentejo）

阿伦特茹产区位于葡萄牙东南部靠近西班牙边境，气候火热干燥，除了葡萄酒外也产橄榄、小麦以及做软木塞的软木，是一个美丽的农业地区，出产的葡萄酒品质不俗。目前区内已经有Portalegre、Borba、Redondo、Reguengos以及Vidigueira等DOC产区。

杜罗河是全世界最古老的葡萄酒产区

波尔图产区（Porto）

波尔图是葡萄牙第二大城，也是著名的葡萄酒产地。酒以其味甘浓香醇著称于世。波尔图的葡萄久负盛名，全市有十几家酒厂，酿造的葡萄酒味美醇厚，远销欧洲和世界各地，使波尔图有“酒市”之称。

名浩产区（Monho）

名浩产区产区在葡萄牙与西班牙的边境地带，邻接大西洋。名浩出产的“青酒”(Vinho Verde)，是世界公认的佳酿，这是一种略带气泡的白葡萄酒，酒精度比较低，有它独特的风格，夏天一杯在手，可以消暑解渴。

巴哈达产区（Bairrada）

巴哈达产区以出产单宁特强的巴加(Baga）红酒出名。圣罗兰斯山是巴哈达产区出产的特级红酒。

里巴特茹产区（Ribatejo）

里巴特茹地区，是葡萄牙中部名酒区。是葡萄牙临大西洋岸最著名的观光小镇之一。

杜奥产区（Dao）

杜奥产区是该国重要产区，在杜罗河谷产区以南，是相当具有潜力的红酒产区，早期的生产以制酒合作社为主，现在已经成立不少独立酒厂。国产土里加在这里被公认为最佳的品种，除了红酒，也产一点白酒。

杜罗河谷产区（Douro）

杜罗河上游河谷是波特酒的产地，在这狭迫擎险的页岩梯田上，同样也出产品质卓越的干型红酒。酒精浓、颜色深黑、单宁强，属于强健耐久存型的红酒。杜罗河谷是葡萄牙最重要的产酒区，所出产的红酒，也颇有水准，口感极佳，是极为畅销的红酒。除了出产该国国宝波特酒外，也能生产一些水平不错的红酒，如售价最昂贵的Barca Velha葡萄酒。本区采用的葡萄 有Tinta Roriz，Touriga Nacional，Tinta Barroca和法系品种。葡萄酒产区上杜罗（Alto Douro）里传统的土地所有人已经生产大约2000年酒。从18世纪它的主要产品起，港口酒就因它的品质而闻名世界。

阿尔加夫产区（Algarve）

阿尔加夫产区位于葡萄牙最南端，以生产酒精强劲的红酒为主，另外也生产一种类似Fino雪利酒的酒精强化白葡萄酒。这里葡萄酒的生产依旧以产量大的制酒合作社为主。目前全区已经有Lagos、Portimao、Lagoa以及Tavira四个DOC产区。

绿酒产区（Vinhos-Verdes）

Vinhos-Verdes在葡萄牙语的意思是“绿酒”，因为这种酒清淡而酸度高，且常略带一点绿色的反光，所以称为绿酒，属于起泡葡萄酒。这里的酒保留了强劲的酸度以及相当低的酒精浓度，通常还会带一点点甜味。绿酒产区也产红酒。绿酒产地有米尼奥省，位于葡萄牙西北角，酿制绿葡萄酒的葡萄树都种植在杜罗河北部的河谷。

葡萄牙的酒最有代表性的是波尔图红酒。全国有11个DOC产区，总产量的约15%符合标准，其中不少是烈酒和加烈葡萄酒。DOC以下有32个IPR(Indicacao de Proveniencia Regulamentada)产区。再往下便是餐酒Vinho de Mesa Regional。葡萄牙的Reserva酒必须产自同一年份葡萄，并要经过委员会鉴定。最高级的酒称Garrafeira，除了有Reserva的条件，红酒需在大桶保存二年和瓶中一年才能出厂，白酒则需在桶子及瓶中各保存半年。

波特酒（Port wine）

波特酒（Port wine，也叫做Vinho do Porto，Porto一般简称Port），源于葡萄牙北部杜罗河谷，是一种增强葡萄酒。所谓的增强，意思是用在葡萄酒发酵过程中或发酵结束后经过添加酒精，使得葡萄酒的

上图 杜罗河
右图 普斯—克瑞赛亚红葡萄酒

酒精度高于普通葡萄酒。一般波特酒是甜的红酒，然而也有干型、半干和白波特酒。

历史上曾由于英法两国周期性的战争，英国人没法从法国那里购买葡萄酒。英国与葡萄牙两国之间有数个世纪的皇室联姻，英国与葡萄牙两国之间的渊源很深。1703年，《梅休因条约》催生了对葡萄牙极为有利的贸易局面，因此葡萄牙酒在英国的征税并不那么高，但法国酒却依然赋税沉重。

17世纪末，葡萄牙酒虽然品质不错，但好像经不起从葡萄牙到英格兰的长途跋涉，因此葡萄酒商找到了一个方法：酒精加烈葡萄酒。加烈的意思是指他们会在葡萄酒中加一些中性的葡萄烈酒（基本上是一个类型的白兰地）。这样会在葡萄酒全部变成干性前杀死酵母并停止发酵，而又允许葡萄酒保留了一些特定的芳香、水果风味和甜度。细致谨慎的陈酿不仅会使波特酒维持一整个海洋航行而酒质不变，而且还能保存好几年，有一些甚至还能保存数十年。

波特酒酿造

酿造：

传统的酿造法是，葡萄采下来后放入一个很大的矮矮的水泥大槽里，几个人一组去踩葡萄，而且都是赤足去踩，据说这样能使酒获得非常好的色泽和充足的单宁。每到收获季节，这里的人们又是喜又是怕，因为这是非常辛苦的日子，白天要爬到山坡上去采葡萄，并一篮篮背下来，晚上还要踩葡萄，这是没日没夜干活的日子，不过如今已经很少有酒厂使用这种酿造法了，就是有也是为了秀给别人看的表演。不过采收仍多为手工，这主要是由于地理位置不允许机械化。而踩皮的步骤如今已被机械化所代替。

酒精加强：

当发酵中的葡萄酒的糖分转化到6%到9%之间，将77%葡萄类基酒按照1∶4的比例添加到酒汁中，这样将杀死酵母，停止发酵。

熟成：

Vila Nova da Gaia地区的温和、潮湿气候适合陈年波特。

波特酒类型

1. **白波特**

白的波特，是用灰白色的葡萄酿造的，一般是作为开胃酒饮用，主要产自葡萄牙北部崎岖的杜罗河山谷。酒的颜色通常是金黄色的，随着陈酿时间增长，颜色越深，酒口感圆润，容易饮用，通常还带着香料或者蜜的香气。

2. Ruby(**红宝石**)**波特**

这是最年轻的波特，它在木桶中成熟，它是活泼的，容易明了的年轻的酒。一般来说酒色比较深，带有黑色浆果的香气，当地人喜欢当成餐后甜酒来喝的一类酒。

3. Tawny（**茶色**）**波特，也称为“陈年波特”**

是比较温和精细的木桶陈酿酒，比宝石波特存放在木桶里的时间要长，一直在木桶里要等到出现茶色（一般指的是红茶色）为止，贴上的标签有10年，或者20年、30年，甚至是40年的。也有很便宜的商业化的酒，一般都是混合一些白波特和年轻的宝石波特。茶色波特一般有着好闻的干果香，适合做餐后甜点酒。

4. Vintage（**年份**）**波特**

这是相当美妙的波特酒，只在最好的年份才做，一般是每三年会有那么一次，而且也是挑选最好的葡萄酿造而成的。年份波特需要经过两年的木桶培养，好的酒需要数十年的瓶陈才能成熟，由于这类酒是瓶陈所以酒碴很多，喝的时候需要换瓶。酒的口味也非常浓郁芬芳。

5. Quinta Vintage Ports（**迟装瓶年份波特酒**）

又称为LBV，完全定位为晚装瓶的年份酒显然是误区，这些波特酒品质比年份波特低一点，他们混合装瓶是在4—6年收成后，大部分是商业化的而且便宜的酒，口味比较重，好一点的酒喝时是需要换瓶的。

6. Single Quinta Vintage Ports

（单一酒庄年份波特）

指的是葡萄来自一个酒园，并不一定

就比年份酒好到哪里去，不过的确是有着特殊风格的葡萄酒，并不一定比年份酒瓶陈时间长，喝时需要换瓶。

波特酒是世界上古老的酒种类，随着今天干酒的大行其道，波特酒有点像没落贵族一般，成了人们餐后偶然想起的酒。但是也很难讲从此波特酒就会走向衰败，说不定它会像复古服装一般又会成为新的时尚，特别是它陈年的价值也吸引了一些投资者的青睐，就它的口味和香气而言，应该会深得中国传统老酒客的喜爱。

泰勒酒厂干红葡萄酒

泰勒酒厂
Taylor's

泰勒酒厂创办于1692年，可以说是历史最久的英国酒商之一，风格充满古典精神。因为它的年份波特酒大多有着严谨密实的架构，很像法国波尔多的拉图堡那般雄伟壮阔，故有波特酒中的拉图堡之称。这个称呼不但代表了酒界对于泰勒酒厂波特酒的看法与肯定，也是对这间酒厂的敬意。

已为专业红酒品评人士罗伯特·帕克列入全世界最伟大酒庄的泰勒酒厂，正是晚装瓶年份波特LBV的创始者。

赛明顿家族
Symintion Family

赛明顿是家族经营的集团公司，拥有极大历史悠久的波特品牌。赛明顿家族对这个产区怀有很大的热情，在杜罗产区拥有1000公顷的葡萄园。虽然他们也生产一系列非加强型葡萄酒，但是波特是他们最耀眼的明星产品。著名品牌如Graham，Dow，Warre和Quinta do Vesúvioshi是年份波特中的顶级产品。

诺瓦酒厂

Quinta do Noval

诺瓦酒庄于1715年创建，由赫贝勒·瓦朗特(Rebello Valente)家族拥有并经营超过百年，19世纪初由于联姻而传给威斯空·威拉·达朗(Viscount Vilar D'Allen)，一个热衷于狂野舞会的人。

19世纪80年代由于根瘤蚜危害，如同当地的其他酒庄一样，飞鸟堂也是沽价待售，1894年出售给当地著名商人安东尼奥·约瑟·德西瓦(António José da Silva)，安东尼奥重新定植葡萄园，使酒庄获得新生，其后，其女婿路易斯·瓦斯孔凯络·波特(Luiz Vasconcelos Porto)继承管理，一直经营管理酒庄将近30年。路易斯大力进行改革，加宽梯田宽度，增加光照以及田间操作的便捷性，即使用今天的技术标准来看，也是了不起的改革，并借助剑桥、牛津等俱乐部进行推广，提升酒庄的知名度。

诺瓦酒厂波特酒

飞鸟堂酒庄的声誉不断获得提升，其中1931年份是标志性的，由于当时世界经济不景气，波特酒的定单严重下降，在这一年仅有3个酒商还在继续进行业务，飞鸟堂是当时唯一的在英美市场连续不断出口的葡萄牙生产商。

在20世纪，当地生产商都在纷纷仿效飞鸟堂的做法，如：1920年开创的封口方式，成为今天的普遍封口；1958年开始出产的迟装瓶年份波特酒(1954年份)，是当地首创迟装瓶年份酒；陈年波特酒的年龄标注方法(10年，20年，40年)。

杜罗—博特雅红葡萄酒

Niepoort Putaoya Douro

颜色：呈深红宝石色
嗅觉：强烈的红色水果味和辣味
品鉴：口感清新浓郁，感受新鲜，多汁的单宁和酸度的结合
奖章/等级：此酒被德国专业红酒杂志Wein wirtschaft选为2009年度德国市场上最佳红酒。其同类产品Twisted 2007被专业红酒杂志Wine Spectator和Robert Parker分别评出88分和85分。

道斯酒厂

Dow's

道斯酒厂在上杜罗河谷酿造最优秀的波特酒已经有超过两个世纪的历史了。从20世纪到21世纪，赛明顿家族（Symington Family)的几代人一直在Quinta do Bomfim和Quinta da Senhora da Ribeira葡萄园中辛劳，延续着家族的传统，酿造的波特酒的风格年轻时有着集中、强壮的单宁，但是随着时间的熟成，展现出优雅，有着紫罗兰的芳香。

道斯酒厂的年份波特酒只生产优质卓越的葡萄酒。在道斯酒厂的所有产品中，年份波特只占有很小一部分。一般平均每10年只会出现两至三个适合酿造这种波特的好年份。在19世纪末至20世纪，道斯酒厂的年份波特酒有1896、1927、1945、1955、1963、1970、1980和1994年。这些都是波特酒的传奇年份。这些老酒经过了50—100年的时间，时至今日依然是相当伟大的。道斯酒厂的年份波特酒只采收自酒厂最好的两片葡萄田——Quinta do Bomfim和Quinta de Senhora da Ribeira。年轻时的道斯酒厂波特酒呈现深紫色，干涩，复杂，集中度好，酒体浓郁，有相当辛辣的单宁。

道斯酒厂波特酒

康赛托酒厂

Conceito

康赛托酒厂干红葡萄酒

康塞托酒厂是上杜罗河谷地区一颗冉冉升起的“新星”，葡萄园海拔450米—600米，片岩和花岗岩土壤，成熟时间较长，酸度自然，也更为融合，红葡萄酒和白葡萄酒都是如此。年轻的酿酒师Rita Marques曾在波尔多深造，并在波尔多、加州、南非和新西兰工作过。她在酿酒过程中保持最低限度的干预，尽可能展示出葡萄本来面貌，非常尊重风土。83公顷的葡萄园没有除草剂或杀虫剂，葡萄在采收时会经过仔细的挑选。康塞托酒厂白葡萄酒非常成功，来自花岗岩土壤，自2006年第一个年份起，就被认为是葡萄牙顶级白酒之一。康塞托酒厂红葡萄酒也会让人眼前一亮，优雅、纯净、诚实，开瓶状态就很好，同时也能在瓶中很好地演化。

费礼哈酒堡

Sogrape / Casa Ferreira

费礼哈酒堡是葡萄牙最大的葡萄酒集团。在杜罗产区费礼哈酒堡拥有非常传统的19世纪的酒堡Casa Ferreira。除此之外，Sogrape还拥有顶级名酒Sandeman和Offley。Braca Velha就来自Casa Ferreira酒庄，这款被认为是葡萄牙最著名、最杰出的红葡萄酒。陈酿8年后出厂，只在最佳年份酿造。一上市即可饮用，也可以很好的陈年25年甚至更长。Ferreira拥有的另一个非凡的品牌Quinta da Leda，上市略早，也更注重果香。这两款酒都在法国橡木桶中陈酿，有着很好的平衡和深度及和谐的回味。Sogrape旗下所有品牌都出产波特。Ferreira，Sandeman和Offley都以年份波特出名，可以在瓶中陈年50年，带有强烈的野生浆果和香料的味道。老茶色波特如Sandeman20年，或Ferreira Duque de Braganca 20年，在购买后即饮，具有非常复杂的香气，坚果，焦糖，果干，蜂蜜，异国木料和雪茄盒的气息，非常平衡，回味悠长。

克雷斯托酒庄

Quinta Da Touriga—Chã

这家小酒庄现在的主人是Jorge Rosas，他的父亲José Antònio Rosas是酒庄的开拓者，现在已经离世了。José Antònio生前是葡萄牙最好的酿酒师之一，也是杜罗葡萄酒改革的关键人物，他曾参与了葡萄种植、葡萄品种挑选等等的科学研究。José Antònio退休后在这片海拔350米的葡萄园里酿酒，他认为这样的海拔可以完美平衡葡萄的成熟度和新鲜度。种植80%的Touriga Nacional和20%的Tinta Roriz，这块占地面积只有20公顷的葡萄园如今成为了一个典范。Quinta Da Touriga—Chã 2001年首次推出，产量极少，不过也是从那时起，这款酒就进入了葡萄牙顶级红葡萄酒的行列，年年如此。

克雷斯托酒庄干红葡萄酒

格兰姆酒厂

Graham

格兰姆酒厂于1820年在葡萄牙西北部之奥波多（Oporto）创立，Granhan's家族原籍苏格兰格拉斯哥，曾对纺织及纸制业深感兴趣，成立这家波特酒公司的主要目的是想尽可能生产品质最佳之波特酒，并以每一分钱都用于这愿望的实现，终于，一座宏伟的建筑物在加亚（Gaia）兴建而成并俯视着杜罗河。

在1890年，格兰姆酒厂收购了马威杜斯庄园（Quinta dos Malvedos），被称为是首批投资购买葡萄园的波特酒公司之一，这座朝南的庄园靠近杜亚村（Tua），是杜罗河谷内位置最佳的园地之一，拥有非常特别的微型产区气候，生产口感强劲且丰富的酒，现已成为所有格兰姆酒厂波特酒最重要的产地代表，庄园的房子迄今仍屹立于山脊上，俯视山底下的杜罗河之迤逦风光，时至今日，因连续收购临近庄园而日益扩大，英国首相曾于1993和1994年在马威杜斯避暑。

格兰姆酒厂波特酒

以酒质来说，格兰姆酒厂早已在1900年代初期便晋身全球最顶尖的酒庄之一，至于传奇性的1948年，更让酒庄成为葡萄牙最著名的波特酒品牌。1970年，格兰姆酒厂被赛明顿家族所收购。

克拉斯托酒庄

Quinta do Crasto

位于古文哈斯（Gouvinhas）的克拉斯托酒庄，坐拥绝佳的地理位置，俯瞰杜罗河。这一历史悠久的酒庄从1994年开始在酒庄装瓶并贴上自己的标识，迅速攀升至在杜罗河产区备受赞誉的高品质葡萄酒之列，特别是它那口感深厚、强劲、矿物感，而又不失清新活泼的红葡萄酒。Quinta do Crasto Reserva Vinhas Velhas的老藤葡萄是酒庄的主力。克拉斯托酒庄是葡萄牙第一批以葡萄园为单位单独装瓶的生产商之一，虽然此举在欧洲很平常，但它的确带来了世界范围对本地最佳风土的认可。例如拥有100年历史的酒园Vinha Maria Teresa和Vinha da Ponte，它们是克拉斯托星系中两颗耀眼的明星。这些精美稀有的葡萄酒只在最好的年份生产，显示出力量、成熟、深厚、集中和超乎其上的非凡的优雅，天鹅绒般的质感以及完美的回味。

美国 AMERICA

美国葡萄酒在中国

2012年，美国出口中国大陆市场的销售额上涨18%，达到7400万美元。对中国香港出口额却仅有1.15亿美元，下滑30%。

销售

2012年美国葡萄酒全球出口额上涨2.6%，达到14.3亿美元，出口量突破42.46万千升。美国葡萄酒协会主席Robert Koch称，尽管2012年美国葡萄酒在中国香港处于不利地位，但从出口额来说，该地区仍然是第三大出口市场。

成长性

加州葡萄酒协会新兴市场地区总监Eric Pope表示，美国葡萄酒现正被越来越多的亚洲消费者所接受，消费量日渐增多，并显现了明显的增长趋势。虽然与前一年免除80%进口税时相比，2012年这一数字有所降低，但中国香港仍是加州第三大出口市场。中国大陆地区对于酒商来说是最重要的市场，加州葡萄酒协会将在今后加强美国葡萄酒在中国市场的推广。

由于人力成本、土地价格等因素，美国葡萄酒的价格相对来说偏高，但是美国葡萄酒普遍拥有的馥郁的果味以及顺滑的口感，中国消费者接受起来比较容易。而且美国几个膜拜级的葡萄酒在几次世界上比较著名的盲品比赛中（如巴黎审判）曾经战胜过波尔多的五大名庄，声望很高，这也为其塑造良好的形象奠定了基础。

未来趋势

加州是美国的葡萄酒核心产区，其在全世界的声望与美国加州葡萄酒协会在全球的推广密不可分。建立于1934年的加州葡萄酒协会，是一个拥有超过1000个加州酒商的非盈利的贸易组织，其目标是提高加州葡萄酒的出口量，增加其知名度，并在全球引起人们对加州葡萄酒的兴趣。虽然加州葡萄酒协会这几年在中国市场的推广成绩与法国食品协会相比无法同日而语，但是随着加州酒商需求的增加，加州葡萄酒协会的推广压力也与日俱增，对于中国市场，他们也即将有新的规划。只要假以时日，耐心推广，美国葡萄酒还将在中国赢得更多的消费者。

加州葡萄酒产区
Wine Regions of California

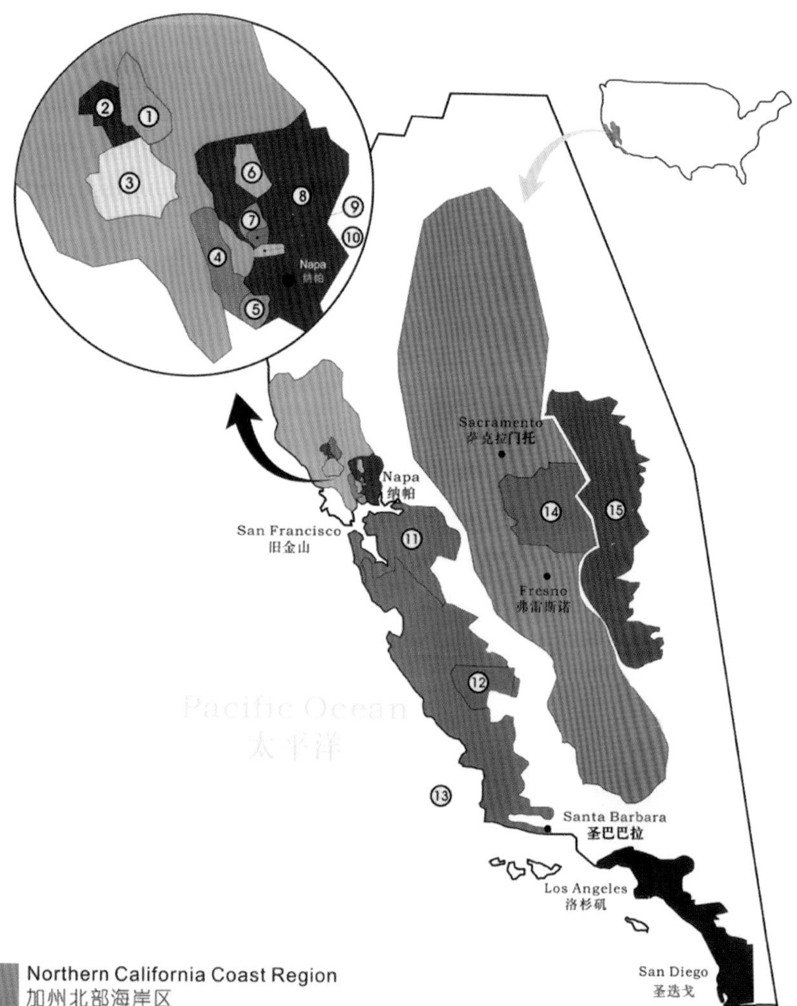

Northern California Coast Region
加州北部海岸区

1. Alexander Valley 亚历山大谷
2. Dry Creek Valley 干溪谷
3. Russian River Valley 俄罗斯河谷
4. Sonoma Valley 索诺玛谷
5. Los Carneros 卡内罗斯
6. Howell Mountain 豪厄尔谷
7. Saint Helena 圣海伦娜
8. Napa Valley 纳帕谷
9. Rutherford 拉瑟福谷
10. Oakville 橡树镇

Central California Coast Region
加州中部海岸区

11. San Francisco Bay 旧金山湾
12. Paso Robles 帕索罗布尔斯
13. Santa Maria Valley 圣玛丽亚谷

Sacramento And San Joaguin Valley Region
萨克拉门托和圣华金谷区

14. Lodi 洛蒂

Sierra Nevada Region
谢拉内华达区

15. Sierra Foothills 谢拉山麓

Southern California Region
加州南部区

美国是世界葡萄酒大国。最早酿酒始自16世纪中叶，近30年来急起直追，成为优良葡萄酒的生产国。 美国葡萄酒非常多样化，从日常饮用的餐酒，到足以和欧洲各国媲美的高级葡萄酒都有。因此有人说，在不久的将来，美国葡萄酒将和法国葡萄酒并驾齐驱。

美国政府除了在葡萄种植和酿酒方面协助葡萄酒生产商外，还在法律层面及时吸取法国等老牌葡萄酒大国的经验。美国政府没有效仿法国、德国、意大利、西班牙等欧洲国家采取葡萄酒分级制度，而只是实行了美国葡萄酒产地（American Viticultural Areas）制度，简称AVA。AVA是1983年起由美国酒类、烟草和武器管理局（BAFT）开始实施的。作为规范葡萄酒产地的法律，AVA制度与法国的“原产地名称管制”制度相似，但它主要对被命名地域的地理位置和范围进行定义，不像法国的AOC制度，在定义地域范围外，还涉及葡萄品种、种植、酿造等具体要求。AVA制度对葡萄品种、种植、产量和酿造方式没有限制，这是它与法国AOC制度最根本的区别。但它与法国的AOC制度一样，都起到了保护产地葡萄酒销售的作用。

AVA制度主要根据地理和气候来划分全国的葡萄酒产区，与原来政治定义的地理区域有所区别，在这点上不同于法国原

品尝纳帕谷葡萄酒

产地的概念。目前BAFT在全美共确定了145个葡萄酒产地。葡萄酒产地范围可以很小，也可以很大，从数百公顷到上百万公顷不等。一些葡萄酒产地包容在一个大范围的葡萄酒产地之中，例如，著名的纳帕谷葡萄酒产地，包括了奥克维尔葡萄酒产地、豪厄尔山葡萄酒产地、鹿跃区葡萄酒产地和拉瑟福德—本奇葡萄酒产地等等，还包括其中一部分在索诺马县的加利洛葡萄酒产地。

在实行AVA制度之前，美国的葡萄酒业没有严格的规范标准，葡萄酒的标签有关产地等内容标示混乱。负责管理酿酒业的BATF经过两年多的努力，在1978年制定出了这套制度。经过几年的过渡期，于1983年生效。

AVA在规定美国葡萄产地上限制的参量不多，仅严格限定地理范围，比法国的AOC简单。BAFT规定，在酒标上标明命名的产区需达到两个要求：(1) 85%的葡萄必须来自标明的产地；(2) 品种葡萄酒必须是75%标明的品种葡萄酿成，即品种纯度必须超过75%。此外，没有其他严格的限制。一个AVA可以种植任何葡萄品种，使用任何种植技术，而且没有葡萄产量的限制。如果葡萄酒业者在酒标上增加信息，必须遵守基本规则的精确性。标单一葡萄园的酒必须是95%的酒酿自标明葡萄园的葡萄。若使用“Estatee Bottled”这个词，酒园和葡萄园必须在标明的AVA产区内，业者“必须拥有或控制”所有的葡萄园。凡在酒标中标有收获年限的，则所用葡萄的95%应是这一年收获的。此外，各州法律会增加一些要求，如加州规定标明加州的葡萄酒必须是100%的加州葡萄酿成。俄勒冈州法律规定标明俄勒冈任何产地的酒必须是100%标明产区的葡萄所酿。

在美国，某一地区要获得AVA资格，种植者或葡萄酒的制造者要向BAFT提交申请，得到认证和批准方可成为AVA。申请中要解释：申请命名的地区为什么和怎样作为一个单独的葡萄种植区，怎样与周围的土地加以区分。通常申请要通过历史和现实的气候、土壤、水量等因素来进行例证，如要提供整个地区的同类种植条件，以及历史上使用形容产地名称的证据等，并不一定与葡萄种植和酿酒相关，因为AVA并不对葡萄品种、种植方式等进行限定。BAFT不希望通过AVA制度由政府行为来评判某个产区的葡萄酒质量。BAFT命名一个AVA只是为了将其区别于周围地区。因此，AVA制度也不像法国AOC一样，代表葡萄酒分级中最高的一级。

法国的AOC对葡萄园的位置、葡萄品种、种植方法、产量、酒精含量、葡萄成熟度乃至葡萄酒酿制过程，有繁杂严格的规定，那是因为这些老牌葡萄酒国家有着葡萄种植和葡萄酒酿造的悠久历史。而美

国等新兴葡萄酒大国，没有法国等国家那样丰厚成形的传承，不可能照搬法国的一套。美国在借鉴原产地概念的基础上，根据本国葡萄酒发展的实际情况，制定了符合自身需求的AVA产地制度，成功保护和规范了葡萄酒生产。

此外，以法国为代表的一些欧洲国家，从法律上有一套对葡萄酒的等级进行划分的制度。在美国，这一工作通常是由权威的评酒师或评酒杂志等来完成的。但这种非正式的评级，对消费者评判葡萄酒的质量同样起到很大作用。许多葡萄酒的标签上会附上酒评师给这种酒评定的等级或打出的分数，供消费者选择时参考。美国有许多有国际声望的专业评酒师，他们对美国葡萄酒的等级评定和大力推荐，也使美国葡萄酒得到了国际的认可，提升了美国葡萄酒的声誉。由此看出，借鉴而非一味模仿，是美国在短短数十年成为优秀葡萄酒生产国的制胜之道。

加利福尼亚（California）

加利福尼亚州是美国葡萄酒生产最集中最著名的地区，位于加州北部的纳帕谷是美国所有的地区中第一个跻身于葡萄酒世界的庄园并至今为止仍然保持领先的地位。此地区酿制的莎当妮白葡萄酒味道丰富，润滑而又口味多样，所生产的一些黑品诺葡萄酒是除了法国勃艮第地区之外最好的同类葡萄酒。此地区酿制的赤霞珠以及梅洛红葡萄酒可以陈酿长达10年仍然保持圆润而又果香浓郁的口感。至于金粉黛葡萄酒，其本身便是一个奇迹。在加州，它不仅仅是一种时尚，更是促使该地区在葡萄酒业中成功的主要原因。利用金粉黛葡萄品种可以酿制出味道稍甜的白葡萄酒以及红葡萄酒。

加州位于美国西南部、太平洋东海岸的狭长地带，四周为山脉，中央为谷地，具有夏干、冬湿的独特气候类型，为优质葡萄的理想产区。根据品种区域化和土壤气候条件，将加州划分为5个各具特色的葡萄产区，从南往北为：(1）考施拉（Coachella）产区，以鲜食葡萄为主，占加州葡萄总面积的2%；(2）蒙特瑞(Monterey)产区，以鲜食葡萄为主，占加州葡萄总面积的9%；(3）弗雷斯诺产区，是加州最大的葡萄产区，加州葡萄70%集中在该地区，鲜食、酿酒和制干葡萄都有；(4）洛蒂产区，占6%；(5）纳帕产区，以酿酒葡萄为主，占13%。有十多个大、中型葡萄酒厂和数以百计的葡萄酒庄。

纳帕谷（Napa Valley）

加州无疑是美国的葡萄酒重镇，虽然美国不只加州产葡萄酒，但是葡萄酒爱好者只要一提到美国酒，第一个联想到的就是加州。加州葡萄酒是在1970年才开始受到世界重视，很少人知道，其实美国加州酿酒葡萄的种植历史，已经有200多年。但是对于熟悉了旧世界葡萄酒历史的人，有时候难以想象为什么加州葡萄酒的历史虽然不长，却酿出了令国际品酒家赞不绝口的优质葡萄酒。加州最早的商业化葡萄酒出现在1824年。1849年的淘金热，人们在谢拉山脚下种植了许多葡萄，就是为了靠近这些潜在的消费者。

加州的酿酒传统要追溯到17世纪末，西班牙传教士把墨西哥的酿酒工艺带到了加州。1851年匈牙利人Agoston Haraszthy从欧洲带来300个不同品种的葡萄。20世纪六七十年代，加州葡萄酒又开始快速发展，葡萄种植者发现索诺玛和纳帕谷是全加州最适合葡萄生长的宝地，新酒厂纷纷在这两个地方成立。加州葡萄酒产业蓬勃发展。250年传统酿酒工艺和经验，现代不断创新和改进，辅以理想的种植酿酒葡萄的气候，这一切造就了加州地区的独特葡萄酒产区。

拉瑟福谷（Rutherford）

拉瑟福栽培区成立于1993年，这区域全被小城镇所围绕。讨论这产区就得谈到它独特的土壤。本地区的特点是其带有“尘土”特质的葡萄酒。主要土壤包括砂石、土壤和沙的火山沉积物等混合土质，这在很大程度上是来自巴卡山的大山风吹送过来的，东侧的丘陵中土壤是谷内一些最令人垂涎的沃土。

这个产区位于纳帕谷的最宽处，因此每年日照辐射比其他产区更广，产区虽然有不少山坡，但海拔也不会超过500英尺。

产区知名的酿酒商包括：海文斯酒庄（Havens）、自由马克修道院（Freemark Abbey 1886）、比尔露葡萄园（Beaulieu Vineyard）、开木斯（Caymus）和昆塔莎（Quintessa）等。

橡树镇（Oakville）

橡树镇产区位于美国加州纳帕谷境内的橡树镇城旁边。此产区遍布着渗水性极强的大片平坦广阔的砂砾土壤，被瓦卡（Vaca）和梅亚卡玛斯（Mayacamas）山所环绕，境内有超过30家酒厂，许多都是产量很少的精品小酒厂。橡树镇产区由于盛产“波尔多品种”而被人熟知，葡萄酒风格偏向于饱满的结构，结实的单宁以及一些薄荷和草药风味。纳帕谷是赤霞珠葡萄的菁华产地，纳帕谷的赤霞珠就是从橡树镇产区开始变得厚实有肉。橡树镇产区在风土条件上值得一提的并不多，但加州的葡萄酒革命，便是始于 1966 年 罗伯特蒙大维（Robert Mondavi）于此建造酒厂。

韦德山（Mount Veeder AVA）

韦德山是美国加州纳帕谷的葡萄酒产区。

气候适度凉爽，大部分的葡萄园在雾的上方，意味着要比谷底的葡萄园拥有更温暖的夜晚和更寒冷的白天。夏天典型的温度在30℃。葡萄园海拔155—806米。

主要葡萄品种：赤霞珠（Cabernet Sauvignon）、梅洛（Merlot）、金粉黛（Zinfandel）、莎当妮（Chardonnay）。

卡内罗斯（Los Carneros）

卡内罗斯是美国加州纳帕谷的葡萄酒产区。

气候凉爽，从圣巴勃罗湾（San Pablo Bay）吹来的凉爽海风沿着佩塔卢马峡谷（Petaluma Gap）一直向西。这里的最高温度很少超过27℃。海拔217米。

主要葡萄品种：黑品诺（Pinot Noir）、梅洛（Merlot）、莎当妮（Chardonnay）。

作品一号

Opus One

作品一号是美国加州纳帕谷最顶级的庄园之一，创下无数个加州葡萄酒的第一，成为第一个出口到法国、英国、德国等欧洲国家的美国葡萄酒。

作品一号之所以如此令人瞩目，主要是来自于她的酒王血统。她是法国酒王Baron Philippe De Rothschild 和美国酒王Robert Mondavi 联手打造的一个加州葡萄酒品牌。Opus来源于拉丁文，因为无论是美国人和法国人都可以看得懂。还有一个含义是罗富齐男爵认为这是一个由两家共同努力制造出的一个杰出的作品，所以他决定选用Opus。

作品一号的特点是优雅，香气中含有烟熏、青草、黑胡椒、蓝莓、香草、铅笔芯、马鞍革和檀香等。入口柔和优雅，单宁细致，结构均衡，口感上酸度不高，充满黑色浆果，轻微的薄荷辛辣和巧克力的后韵。

作品一号干红葡萄酒

鹿跃酒庄

Stag's Leap

鹿跃酒庄建立于1970年，酒庄主人瓦伦·维纳斯基(Warren Winiarski)是一个经验丰富的酿酒师，曾在著名的罗伯特·蒙大维酒庄担任了首席酿酒师一段时间，他在1969年的时候来到了纳帕谷的好友处，品尝了一款当地赤霞珠，认为这里的极具潜能的风土能够酿造出足以匹敌法国的葡萄酒，瓦伦于是在1970年在其好友的庄园附近购下了一块葡萄园并命名为鹿跃，凭借其出色的酿酒经验和管理方式，酒庄很快在当地受到欢迎，而在1976年巴黎品酒会获胜之后，鹿跃酒庄更一跃成为美国最受欢迎的酒庄之一。在此之后，庄园走上了快速发展的道路，通过不断收购周边葡萄园扩充自身酿酒能力，酒庄现在主要种植赤霞珠、仙粉黛、长相思和莎当妮，他们的酿酒理念为通过纳帕谷的特有风土酿造出具备波尔多或勃艮第风格的葡萄酒，但又不失纳帕谷风格。

鹿跃酒庄干红葡萄酒

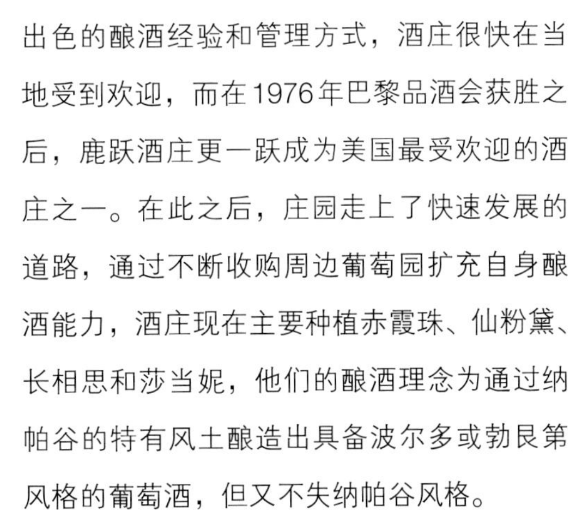

纳帕谷亦有另一个鹿跃（Stag's Leap Winery），但1976年鹿跃酒厂（Stag's Leap Wine Cellar)的成功令所有人的注意力都放到这个身上。鹿跃最著名的是Cask 23系列，这个系列继承了鹿跃早期的酿酒理念，摒弃其他商业化元素，只酿造最出色的纳帕谷红葡萄酒。

罗伯特·蒙大维酒庄

Robert Mondavi

罗伯特·蒙大维酒庄位于美国加州的纳帕谷产区，该酒庄的主人蒙大维可谓美国葡萄酒之父，在蒙大维酒庄出现之前，美国葡萄酒根本没有受到欧洲人的注意，多数人认为其出产的葡萄酒不过是糖分高、果香浓、酒体轻而已。但蒙大维坚信加州得天独厚的优势能够酿造出影响全世界的葡萄酒，在其1966年建立蒙大维酒庄不久之后便一直为美国引进各种酿酒技术及理念。

罗伯特·蒙大维干白葡萄酒

最受人瞩目的是在1976年巴黎品酒会上，美国葡萄酒在蒙大维的带领下在盲品测试中脱颖而出，一举超过众多旧世界名酒，而在后来评选出的世界十大红酒和白酒中，美国葡萄酒各占6席，并名列第一，这场品酒会彻底改变了全世界葡萄酒界对美国葡萄酒的看法，世人的眼光开始转向了纳帕谷。

蒙大维为自身立下成为美国葡萄酒之父的使命，目的在于提高美国葡萄酒的知名度和认可程度，以匹敌欧洲葡萄酒。除了不断引进新酿酒技术和理念之外，他还在80年代开始巡游全国，传播旧世界酿酒理念和技术。时至今日，蒙大维以令人瞩目的成绩作为美国葡萄酒先驱不断出产蜚声国际的佳酿。

现在蒙大维在纳帕谷拥有两个葡萄园，总面积达到380公顷，每个葡萄园均拥有自己的风土特色以对应生长不同的葡萄，长相思和赤霞珠占庄园的大部分。酒庄酿造方法以传统为主，采用人手采摘和橡木桶。

在1967—1970年，蒙大维把一种在橡木桶中发酵的长相思命名为“富美白(fume blanc)”，当时的美国白葡萄酒普遍只有明显的甜味，没有丰富的果香和太多的变化，所以甚少受到关注，直至富美白的出现才打破了这种僵局。

在1979年，蒙大维和法国一级酒庄木桐庄园（Mouton Rothschild）联姻，合作推出了作品一号，在随后的1981年纳帕谷葡萄酒拍卖会上更是卖出了24000美元一箱的天价，是有史以来成交价最高的美国葡萄酒。

啸鹰酒庄

Screaming Eagle

啸鹰酒庄位于加州纳帕谷的橡树镇，由简·菲利普斯女士（Jean Phillips）创立。简·菲利普斯原本是一名房地产经纪人，也许是职业赋予的敏感，抑或受流行风尚的感染，1986年她购买了纳帕河谷南端的一块葡萄园。这块葡萄园位于著名的鹿跃区（Stags Leap）偏北不远处的橡树镇东边山坡，面积共计57英亩。从此，菲利普斯开始转到葡萄酒行业。

这片葡萄园原本仅仅种植80株赤霞珠和一些白葡萄品种，葡萄成熟以后，菲利普斯女士会将收获的葡萄卖给就近的酒厂供他们酿酒。三年之后，菲利普斯突然萌生自己酿造葡萄酒的想法。得益于她接手葡萄园时，对葡萄植株的精心照料，这些葡萄植株尤其是80株赤霞珠植株，为她展开全新的酿酒事业奠定了最初的基础。

葡萄园起初的酿酒条件简陋，资源有限，酿酒活动只能在一个与车库差不多大小的房子中进行，采用纯人工的方式榨汁酿酒，葡萄汁就放在塑料桶内，然后放进新橡木桶中陈酿，这是标准的乡村传统酿酒方式。一年以后，菲利普斯怀着忐忑不安的心情，将酒拿给罗伯特·蒙大维酒厂的朋友试饮，结果朋友们纷纷给出了不错的评价，这不仅使她坚定了自行酿酒的决心，而且还为所酿的酒取名为“啸鹰”。

菲利普斯通过自己的好朋友罗伯特·蒙大维认识了海迪·巴莱特（Heidi Barrett），巴莱特是纳帕谷最受尊敬的酒类咨询专家之一，也一直是啸鹰庄园唯一的酿酒师。巴莱特是啸鹰庄园崛起的功臣。

啸鹰酒庄的酒是纳帕谷最昂贵的酒款。菲利普斯女士曾为自己的卓越成就做过美妙的总结：“我只是追随我自己的真心，我一直觉得自己正做着自己真正热爱的事情。如果我做成功了，那就太好了；如果没有，至少我享受自己的生活。这是我一直以来推崇的哲学”。

啸鹰酒庄干红葡萄酒

拉瑟福酒庄纳帕谷金粉黛

2006 Rutherford Ranch Zinfandel Napa Valley

拉瑟福葡萄酒公司创立于70年代早期，当时名为缘山葡萄酒公司。2000年，酒庄易主，被今天的马可家族收购。酒庄的名称于2004年改为拉瑟福酒庄以更好的体现其纳帕谷的所在。今天的拉瑟福酒庄已经成为一个知名的品牌，崇尚产品质量的稳定性和性价比，多次被评为“最物有所值”的葡萄酒。

2006年的金粉黛散发着成熟的莓果、黑胡椒和法国香草的芬芳，雅致而富于层次感。口味丰腴，成熟黑莓、李子以及香草的味道调动起你所有的味蕾。这是一款非常均衡柔顺的仙粉黛，单宁饱满，果味流连于齿间久久不去。

配餐建议：浓郁的果香和浑厚的单宁让这支仙粉黛与烤牛排，炖羊蹄，意式千层面和比萨饼都相得益彰。另外，用这款酒搭配黑巧克力也会为您的一餐画上一个完美的句点。

拉瑟福酒庄纳帕谷莎当妮

Rutherford Ranch Chardonnay Napa Valley

呈金黄色，散发着柠檬酱、菠萝和牛轧糖的香气，口感丝滑，果味浓郁却干爽，酒体适中。浓重的野柠檬冰沙和牛油糖果的味道在口中绽放。酸甜的猕猴桃果酱的喜人味道在余味中徜徉不去。

在一个夏日的午后，您将这款莎当妮适当冰镇后饮用，带给您的是无限的清凉和爽快。她也是新鲜的三文鱼或银鳕鱼的最佳搭档。

经过一个温和而又漫长的夏季，果实日渐饱满，这种凉爽的夏日气候最适宜莎当妮葡萄的生长，有人说这是自80年代末酒园重新种植后产出的味道最好的葡萄。

拉瑟福酒庄纳帕谷赤霞珠

2004 Rutherford Ranch Cabernet Sauvignon Napa Valley

纳帕谷长相思酒体饱满，黑莓和黑加仑的果味儿浓郁，巧克力的味道和些许的香料味以及丰富的单宁使得这款酒的回味更加绵长。

与烤猪排和牛排的传统搭配为这支长相思赢得诸多美誉。她也可以与野味儿的禽类，意大利面或小羊肉搭配，即便简单的奶酪或意式萨拉米，也能使您的客人从中体会到这款葡萄酒的简约魅力。

这个年份的果实小而饱满，色泽偏深，口味的层次复杂。纳帕谷温暖的早春和和煦的夏日为葡萄的生长创造了近乎完美的气候条件。九月的暖风加速了葡萄的成熟和收获，不愧为一个绝佳的年份。

拉瑟福酒庄纳帕谷梅洛

2003 Rutherford Ranch Merlot Napa Valley

这款酒的莓果味非常浓郁，明显的摩卡咖啡和黑巧克力的味道与莓果的香气相得益彰，为这款酒更添雅致，酒体饱满且圆润，适宜在它年轻时饮用。

配餐建议：无论是在炎热的夏季还是在寒冷的冬季，这款酒都是奶油意面、烧烤牛羊肉或烤猪腰的绝好搭配。

酿酒师评语：2003年份良好的气候环境为葡萄的生长创造了优越的条件，凉爽的春季使得葡萄在初期生长缓慢，但温暖的夏季继而为葡萄的生长提供了有利条件。

索诺玛门多奇诺产区
(Sonoma Mendocino Counties)

在加利福尼亚州以外，很少有人知道葡萄酒产地门多奇诺县，但是，现在已受到了人们的普遍爱戴，因为它是高档黑品诺葡萄和阿尔萨斯葡萄品种的产地。小小的亚产地安德森谷(Anderson Valley)，在黑品诺葡萄酒爱好者们当中，已经成为人们谈论的热门话题，已经可以与俄勒冈州的威廉梅特谷(Willamette Valley)和法国的勃艮第相提并论。门多奇诺县还以其集中精力从事有机葡萄酿造葡萄酒而著称——门多奇诺县所种植的葡萄25%以上都通过了有机论证，是美国葡萄通过有机论证最高的地区。

与其南部相邻的产地索诺玛县一样，门多奇诺县有两个主要的气候区域：即较炎热的内陆区域和较凉爽的沿海区域。尽管没有在太平洋上种植葡萄，但是，位于安德森谷、约克维莱高地(Yorkville Highlands)和门多奇诺山脊的葡萄园都受到了来自于海洋雾浪的大幅降温。该县具有十个各具特色的亚产地，其中包括美国国内最小的“美国葡萄栽培区”(AVA)：即科尔牧场(Cole Ranch)，只有不到四分之一平方英里的面积。该县还有一个美国唯一的非邻近的“美国葡萄栽培区”：即门多奇诺山脊，那里葡萄园里的葡萄至少要种植在海拔1200英尺以上，才符合有关规定。

门多奇诺最著名的产地有许多小规模，世界知名的黑品诺葡萄酒酿造者。尽管该县自19世纪60年代就一直种植葡萄，但是直到20世纪70年代，才开始酿造葡萄酒并大规模地出口——这主要是因为其远离旧金山市，而不象邻近的索诺玛县和纳帕县那样的方便。门多奇诺县葡萄酒真正首次获得成功，是来自于高档香槟酒庄之一的路易斯·罗德尔(Louis Roederer)在安德森谷种植了黑品诺葡萄，用来酿造法国风格的美式发泡葡萄酒。20世纪80年代，人们开始使用黑品诺葡萄酿造无气泡葡萄酒。从2000年开始，该产地出现了大规模的葡萄酒生产情况，许多索诺玛县和纳帕县的葡萄酒酿造者，都来此地开设自己的葡萄酒庄或者在当地葡萄园采购葡萄。

人们在门多奇诺县品鉴葡萄酒，与在附近的索诺玛县和纳帕县品鉴葡萄酒具有完全不同的经历。这里没有来自旧金山市的大量游客，没有众多酒庄加入其中，葡萄酒品鉴室因此具有亲切感。酿酒师还经常亲自酌酒，几乎很少有收取葡萄酒品鉴费的情况出现，环境布置具有田园风光，前往葡萄酒庄品鉴葡萄酒，就可能会经历驾驶在泥路上，路过破旧不堪的围栏，跨过陈旧的木桥，通过古老的红杉树林的独特体验。

除了黑品诺葡萄以外，安德森谷还以

索诺玛门多奇诺产区

阿尔萨斯葡萄品种而著称，如琼瑶浆葡萄，雷司令葡萄和灰品诺葡萄。内陆产地则主要以金粉黛葡萄，莎当妮葡萄，梅洛葡萄和赤霞珠葡萄而知名。在内陆产地还可以见到历史悠久的意大利葡萄品种，如桑乔维塞葡萄，内比奥罗葡萄和坦普尼罗葡萄，这些都是该产地早期意大利人移居此地而留下的痕迹。

俄勒冈州产区 (Oregon)

俄勒冈州早在15000年前已有人类居住的纪录，人口主要集中在西面近海的河口平原。16世纪时有大量印第安人居住在此。18世纪后期欧洲人开始前来俄勒冈州探险，从此俄勒冈州就涌现了不少公司前来开发。1850年以后，俄勒冈州人口不断上升，并有铁路兴建把俄勒冈州的粮食运到东岸。到20世纪，随着水利工程的完成，伐木业的兴起，工商业开始在这个州兴起。

气候的地区差异显著，沿海气候温和湿润，内地干燥，夏季酷热，冬季严寒。沿海地区7月均温为13℃—16℃，1月均温约为4℃，年降水量1500—3000毫米。哥伦比亚盆地7月均温21℃—4℃，1月均温–1℃—1℃，年降水量250–500毫米。

美国有很多著名葡萄酒产区，其中就有俄勒冈，可以说俄勒冈是美国最优秀的葡萄酒产区之一。

俄勒冈是一个具有浓郁地方风味和特别酿造技术的葡萄酒产区。俄勒冈适宜的土地、气候和阳光充裕的山坡，使酿酒葡萄在夏秋两季之间逐渐成熟，口味极佳。俄勒冈的酒庄规模普遍不大，即使最大的一家酒庄同欧洲的普通酒庄相比都属小型，因此出产的葡萄酒均为纯手工小批量酿制。

俄勒冈接近半数的酿酒品种都是黑皮诺。由于当地独特的气候使所产的葡萄酒口感和酒香与外地产品风格迥异。一般情况下，除新酿的黑皮诺外，酒中会有红莓、黑莓等水果味，经过陈酿后便成为富含泥土、皮革、烟草、菌类和香辛料风味的复合型葡萄酒。除了黑品诺，俄勒冈著名的葡萄品种还包括梅洛、赤霞珠、西拉和金粉黛等。而在白葡萄酒方面，灰品诺是俄勒冈白葡萄酒的主要品种，它是许多食物，特别是海鲜类食物的最佳搭配。此外，莎当妮和雷司令也在这块土地上有着过人的表现力。

维拉麦山谷（Willamette Valley）

维拉麦山谷（Willamette Valley AVA）于1984年建立，自建立后山谷北边共分为6个sub AVA，分别是Chehalem Mountains AVA（2006），Dundee Hills AVA（2005），Eola Amity Hills AVA（2006），McMinnville AVA（2005），Ribbon Ridge AVA（2005），Yamhill-Carlton District AVA（2005）。

维拉麦山谷截至目前大概有250家生产商左右，主要分布在山谷的北端，虽然在1984年才建立AVA，但是早在20世纪70年代，维拉麦山谷的Eyrie酒庄的1975年份Pinot Noir就有打败法国知名 négociant Joseph Drouhin的1961年份Clos de Bèze特级葡萄的记录。Drouhin也因此在这片山谷中建立了自己的酒庄Domaine Drouhin，这被传为一段佳话。

维拉麦山谷主要的葡萄种类为黑品诺、灰品诺、莎当妮、白品诺及雷司令。辅以少量的赤霞珠、品丽珠、梅洛、金粉黛、西拉、琼瑶浆、白诗南、内比奥罗、坦普尼罗等等。以出产静态葡萄酒为主，出色的起泡葡萄酒，人工冻结的冰酒，晚收酒，加强型葡萄酒也均有出产，甚至还有两个酒庄出产较为少见的味美思酒（Vermouth）。

维拉麦山谷大体上来讲属于偏湿偏冷的地中海型气候，由阴湿的冬季和暖干的夏季气候组成，降水量从谷地的年均1000毫米到坡地、山顶的2000毫米不等。年积温与法国勃艮第地区相近（有人把Dundee Hill AVA的坡地地形比作美国的Côte d'Or）。夏季最高气温约在28℃左右，极少天会超过32℃，最低气温则在13℃左右，冬季最低气温通常在0℃左右。气候总体来说比较凉爽温和，极少极端气候，冬季及早春在山顶地区会有少量降雪。

鉴于凉爽的气候，葡萄的种植期也略长一些，谷地约需150—180天，坡地及高海拔地区约需110—130天左右。

土壤方面主要以红褐色火山土壤，沉积石质土壤及黄土—古土壤三种为主，矿物质及营养成分丰富，适合酿酒葡萄的生长。

俄勒冈州产区葡萄园

纽约州产区（New York）

美国第三大葡萄产区，葡萄产量仅次于加州和华盛顿州。

纽约州的葡萄酒种植历史可以追溯到17世纪，荷兰移民和法国胡格诺派教徒在哈德逊河谷种植了葡萄。19世纪，这个产区开始商业化酿酒。位于哈蒙兹波特（Hammondsport）的快乐谷酒庄（Pleasant Valley Wine Company）是美国第一个保税葡萄酒厂。位于哈德逊山谷（Hudson Valley）的兄弟酒庄（Brotherhood Winery）也是至今仍在运作的美国最老的酒庄，拥有350年的历史。

1951年Dr. Konstantin Frank 来到了纽约州，拉开了这个产区酿酒历史新的一页。今天芬格湖（Finger Lakes）产区已经成为纽约州葡萄酒的中心。

纽约州酿造包括雷司令（Riesling）、白塞瓦（Seyval Blanc）、莎当妮（Chardonnay）、黑品诺（Pinot Noir）、起泡酒（Sparkling wines）和赤霞珠（Cabernet Sauvignon）的葡萄酒。

纽约州境内有四个主要的AVA产区，包括西部边境的伊利湖（Lake Erie），中西部的芬格湖（Finger Lakes），纽约东部的哈德逊河产区（Hudson River Region），以及最东边的长岛（Long Island）。

芬格湖产区（Finger Lakes）

纽约州葡萄酒指的必须是采用美国纽约州境内种植的葡萄所酿造的葡萄酒，纽约州的葡萄产量紧随加州和华盛顿州，排在第三位，其中有83%是美洲种酿酒葡萄Vitis Labrusca（大部分是康科德Concord），余下的基本被欧亚属Vitis Vinifera葡萄和法国杂交品种平均瓜分。整个州内共有962家葡萄园，212家酒厂。

纽约州的葡萄酒酿造可以追溯到17世纪，当时由荷兰人及胡格诺派教徒种植在哈德逊河谷，但是真正的商业化生产直到19世纪才开始。

1976年在芬格湖和长岛区有19家酒厂，1985年有63家酒厂，今天在这两个产区有大约212家酒厂。

芬格湖产区内的土壤结构是次冰期遗留下来的砾石、页岩以及一些黏土，而长岛产区则以砂土为主，产区内的气候受墨西哥湾暖流及多山的地形所影响。伊利湖及芬格湖的年平均降水量在760毫米至1270毫米之间。

华盛顿州产区（Washington）

华盛顿临近大西洋，位于马里兰州和弗吉尼亚州之间的波托马克河与阿纳卡斯蒂亚河汇流处，小型海轮可达。正式名称为“华盛顿·哥伦比亚特区”。

华盛顿·哥伦比亚特区位于美国中大

西洋岸地区，北纬38.91°，西经77.01°，总面积177平方千米，其中有10.16%是地表水。特区西南同弗吉尼亚州相连，边界为波多马克河，其他三面同马里兰州相连。有三条河流经华盛顿，分别为波多马克河，及其支流安那考斯迪亚河（Anacostia River）和石溪（Rock Creek）。

华盛顿属亚热带湿润气候，气候温和，四季分明，代表美国中大西洋岸地区内地气候。7月与8月份平均气温为25℃–26℃，湿度高，常见雷雨，另外每年有37天达到32℃。春秋相对干燥，较长;冬季凉，1月平均气温为1.4℃，但高温会降到冰点以下。年平均降雪为37厘米，但中位数为19厘米。每4–6年华盛顿会受到暴风雪的影响。降水是平等地分散在一年中，全年降水约1000毫米。

太平洋西北部的葡萄生长区域，位于加州北海岸的正上方，包括了华盛顿州以及俄勒冈地区。此地区与波尔多地区处于同一纬度，相比俄勒冈地区，华盛顿州更为多产，酿制更多系列的高质量的葡萄酒。芳香的水果口感是它的特点，其中最为人所称道的有赤霞珠（Cabernet Sauvignon）、梅洛（Merlot）、莎当妮（Chardonnay）、品丽珠（Cabernet Blanc）以及雷司令（Riesling）葡萄酒。层峦叠嶂的山峰使哥伦比亚山谷与太平洋相隔，因此当地的夏季气候温和，温度适中，白昼较长，夜晚凉风习习，如此温和的天气中诞生了一些最杰出的华盛顿葡萄酒品种。

瓦拉瓦拉谷（Walla Walla Valley）

瓦拉瓦拉谷是美国华盛顿州和俄勒冈州重要的葡萄种植区，从属于较大的哥伦比亚大区。该产区名字由居住在瓦拉瓦拉河附近的土著居民而定，意思是“湍急而丰沛的水流”。除葡萄外，该产区还出产大量洋葱、浆果以及小麦。

瓦拉瓦拉产区的土壤主要以风积土为主，这种土质能够提供极好的排水性。该产区葡萄品种以赤霞珠种植量最大，其后分别为梅洛、西拉、品丽珠、莎当妮以及维欧尼。

该产区大部分地区降雨量极低，一般依靠人工来灌溉葡萄园。长达200天的生长期内尽是炎热的白天和微凉的夜晚，但偶尔也会出现气温急降的情况。在冬季这里的气温更是可以降至-29℃。而延伸至南部俄勒冈州的河谷部分天气却很温和，并无过多的低温期。

加拿大 CANADA

加拿大葡萄酒酿造业者在1988年制定了[VQA(Vintners Quality Alliance)]优质葡萄酒酿造联盟，将加拿大产区分成以下四区：安大略省、英属哥伦比亚、魁北克省与新苏格兰，用来保障葡萄原产地葡萄酒地名的使用方式，明确地规范出以上四区的地理范围 。

冬天的加拿大葡萄园

以纬度来说，加拿大葡萄酒产区与意大利托斯卡纳，或法国普罗旺斯接近，但由于受北极气候影响，使得加拿大属于严寒的葡萄酒产区，虽然是这样酷寒的气候，却也为加拿大的酿酒业带来一项新的契机。在德国、奥地利等地，要生产冰酒必须等到秋末寒冬，因此无法每年都生产冰酒。而在加拿大得天独厚的低温下，冰酒反而可以年年生产，品质也较其他地区为佳。在各种酒类当中，加拿大的冰酒已被公认为世界上最主要且品质最佳的生产国。传统种植以原生耐寒冷的欧美杂交品种为主，例如红葡萄品种黑巴可(Black Baco)与马雷夏尔 · 弗什(Marechal—Foch)；白葡萄白赛瓦(Seyval Blanc)与维达尔(Vidal)，近年来加国当地酒农逐渐开始种植欧洲种葡萄。

西岸的欧肯那根（Okanagan Valley）和东部的尼亚加拉瀑布（Niagara Falls）是加拿大的两个主要葡萄酒产地，除了驰名世界的冰酒外，各种红葡萄酒、白葡萄酒也深受世界各地人们的喜爱。

安大略产区（Ontario）

安大略冰酒之所以身价高贵，还跟它

屡次在各种国际大赛中赢得最高奖项有绝大关系。从因内斯基林酒厂1989年生产的维达尔冰酒在1991年波尔多国际葡萄酒博览会赢得最高大奖起，安大略冰酒就成就了她酒中极品的美名，各国的收藏家也对她竞相追逐。

加拿大安大略省的尼亚加拉半岛是冰酒的最佳产地之一。尼亚加拉湖边小镇的葡萄美酒更是甜美香醇。不过，现在仅安大略就有超过45家的葡萄酒厂生产冰酒，1999年的冰酒产量就超过30万升，现在当然更多了。安大略省的葡萄酒产量占了全加拿大葡萄酒的80%。

魁北克省产区 (Quebec，简称魁省)

魁北克省占加拿大国土总面积的五分之一。加拿大的魁北克地区具有气候寒冷，且持续时间长的特点，具备了生产冰酒的自然条件。魁北克有一个专门从事冰酒工艺研究的单位，对冰酒的生产和饮用不断地提出新的实验依据和探讨。

魁北克省内陆的奥肯那根（Okanagan）是冰酒的主要产区。

新斯科舍省 (Nova Scotia)

新斯科舍省是加拿大大西洋四省之一，是加拿大著名的苹果产区之一。沿海盛产大龙虾、鳕鱼和扇贝类海鲜，是加拿大最大的渔业基地之一。新斯科舍省内拜尔河边(Bear River)与比弗河边(Beaver River)以及温莎(Windsor)是葡萄种植与生产的地点，Sissiboo河边也开始种植一些年幼的葡萄树。

英属哥伦比亚 (British Columbia，简称BC省)

该省位于加国西岸，是加拿大第三大省。卑诗省的奥肯那根是加拿大葡萄酒的主要产区之一。

加拿大除了生产普通冰酒外，还生产少量起泡冰酒、红冰酒等特殊冰酒品种。

> 在葡萄酒流行的地方，酒精度的问题从来没有成为一个话题。其流行归因于品牌认知。在某种程度上，大多数人认为葡萄酒都是一样的，他们只看重口味。
>
> ——亚伦·福斯特　美国丹佛Adega餐馆葡萄酒吧，2008年7月
>
> 葡萄酒的酒精度主要由葡萄果实中的含糖量决定。通常，葡萄酒的酒精度介于7度～16.2度之间，因为酒精度一旦超过了16.2度，酵母就停止活动了。虽然葡萄酒的发酵是很复杂的化学反应的过程，但是其中最主要的化学变化是糖在酵母菌的作用下转化为酒精和二氧化碳。因此葡萄的含糖量高，转化的酒精度就相应的高，而葡萄本身含糖量低，则转化出的酒精度就低。

加拿大崎墨冰红葡萄酒

Chimo Icewine

加拿大最知名的冰酒厂大都位于半岛东北角的尼亚加拉湖畔市（Niagara—on—the—Lake）的城郊与邻近乡间。其中的思樽（Strewn）酒庄不仅酿制优质的冰酒，还有自己的厨艺学校。

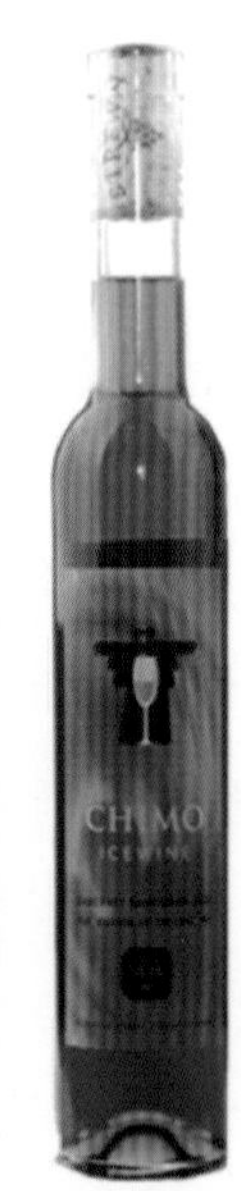

产地：加拿大尼亚加拉半岛
葡萄品种：赤霞珠（Cabernet Sauvignon）
品鉴：每年加拿大的酿酒师们都要等着寒冷冬季的到来，并期盼这一年的气候条件可以让他们继续酿制出享誉国际的冰酒。2009年天气的特点是冷气流于12月29日到达了思樽（Strewn）葡萄园，当时的气温达到了-12℃。所以这个年份的赤霞珠冰酒具有干爽的李子和樱桃的混合香气，并带有淡淡的烟草和香草的味道。入口后，你的味蕾会感受到酒体充实，较高的甜度与酸度完好的结合与平衡。余味悠长而带有干爽水果的香气。此款酒适合作为餐前酒、餐后酒或者是单独饮用，饮用前需要稍微冰镇一下。

加拿大崎墨冰白葡萄酒

Chimo Icewine

产地：加拿大尼亚加拉半岛
葡萄品种：100%威黛尔（Vidal）
品鉴：思樽（Strewn）庄园根据2010年的天气情况，分两次进行采摘冰酒葡萄。由于尼亚加拉半岛冷空气的过早到来，第一次的葡萄采摘选在12月中旬。但这一轮的冷空气持续时间较短，所以采摘工人们就在来年的一月份，新的冷空气到来时完成了全部的采摘工作。这样的气候，造就了2010年这个年份的冰酒，入鼻有橘子皮与茶叶的清香；入口有复杂而美味的干杏仁和太妃糖的混合香味。恰到好处的酸度与浓厚顺滑的口感，使口腔中的香味持久绵长。

智利 CHILE

智利葡萄酒在中国

2012年智利向中国出口达6096万千升，同比增幅达40%。其中散装酒较2011年的25962千升猛增至40130千升，增幅高达54.6%，瓶装酒20830千升，较2011年的17479千升增长19%。

销量

除中国之外，智利葡萄酒主要的出口目的国还有英国、美国、日本、巴西和加拿大等。根据智利葡萄酒行业协会（Vinos de Chile）公布的数据，2012年1—10月，日本从智利进口葡萄酒的进口额增长了37%，达到8000万美元，超过巴西成为智利葡萄酒第三大进口国。智利农业和葡萄酒业人士认为，其原因一是因欧洲经济危机，智利葡萄酒商对销售区域做了调整，二是智利葡萄酒品质在日本已得到消费者青睐，在日本看到的亚洲市场的潜力，预示未来智利葡萄酒商会花更多的精力在中国推广。

成长性

智利葡萄酒能受到中国消费者的欢迎，很大的一个原因是性价比高。有调查显示大部分经销商认为价格是智利酒最大的竞争优势，其次是优秀的品质。200元以下的葡萄酒是经销商们更喜欢采购的，也是最受普通消费者欢迎的。智利葡萄酒的高性价比得益于其比较低的生产成本（土地成本、耕作成本等），此外智利葡萄酒有着丰富的果香和柔和的口感，也很好地适应了中国消费者的口味。

“中国是一个刚刚开始启动葡萄酒的市场，潜力非常巨大。”智利葡萄酒协会主席Claudio Cilveti说。为了充分利用这一良机，智利葡萄酒协会投入150万美元，在中国发起了一场最大规模的在线推广，采用创新策略为在中国的会员进行推广，目标对准中国不同的消费阶层。“实际上，我们更希望赢得25岁—35岁的年轻消费者。”Cilveti说。在他看来，这一年龄阶段的消费者对葡萄酒更容易接受，且他们多拥有较高收入，具备相当高的葡萄酒消费能力。

智利的大型葡萄酒生产商也正努力抢占一席之地，他们纷纷着手设立地区办事处和建立经销网络。最为活跃的当属拉美地区最大的葡萄酒生产商干露酒厂（Concha y

智利葡萄酒产区
Wine Regions of Chile

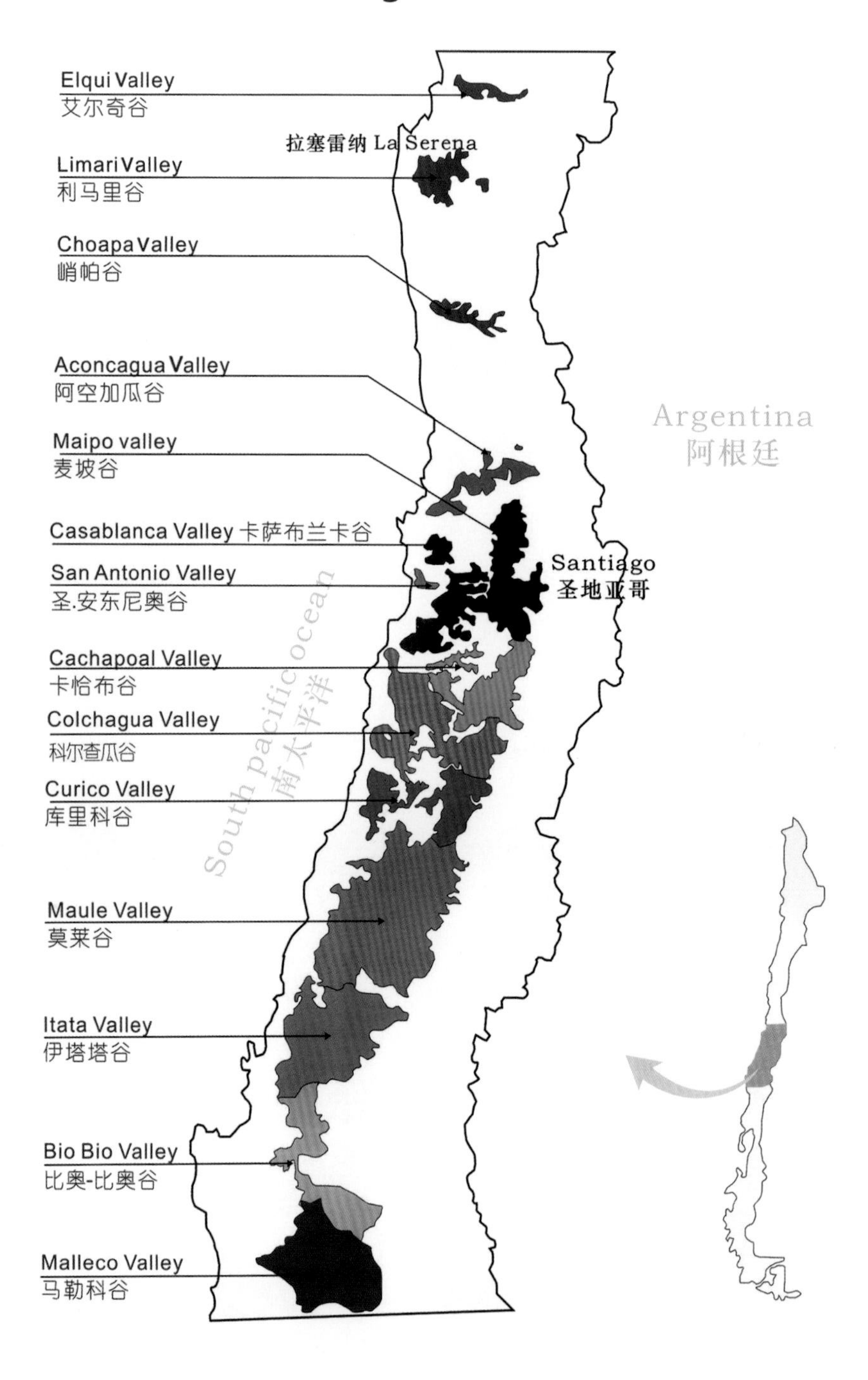

智利葡萄酒庄

Toro），该公司占智利葡萄酒出口总额的33%左右。从2010年开始，干露与英国曼联足球俱乐部联手在中国推广双方品牌。尽管仍是干露在亚洲最大的市场，但该公司2011年对中国的出口量增长至164274箱，出口额460万美元，较2010年增长86%。而在2000年，干露对中国的出口量仅为780箱。

未来趋势

根据2005年中智双方签订的自由贸易协定，中国对智利的关税到2015年将降低为零。这无疑进一步提高了智利葡萄酒的性价比，使得中国消费者有了更多接触和了解的机会。

不过，Claudio Cilveti表示，在中国市场取得突破并非易事。首先，“对中国消费者而言，只有法国和意大利产的葡萄酒才算高档”。其次，许多喝葡萄酒的中国人已经习惯了澳大利亚品牌。但最大的挑战或许是建立经销网络。中国的地域辽阔成为一个明显的障碍。另一个挑战是理解消费模式。“与其他市场相比，中国大型企业和政府部门购买葡萄酒的数量要大得多。因此，葡萄酒生产商必须采用不同的推广和分销策略。”Cilveti说。

智利葡萄酒协会计划到2020年将葡萄酒出口总额增至30亿美元。要达到这一目标，智利需要在目前12.4万公顷葡萄园面积的基础上再增加4万公顷，同时需要增加40万千升的存储能力。未来8年，预计智利葡萄酒生产上的投资将达到约18亿美元。Cilveti表示，如果生产上能够足够迅速地抓住机会，中国有望成为智利五大葡萄酒出口国之一。

智利葡萄酒产区

智利葡萄栽培起始于1518年，当时的西班牙传教士在圣地亚哥周边种植葡萄，以提供教会做弥撒用葡萄酒。1830年在法国人Claude Gay倡议下，智利政府设立了国家农业研究站，之后引种了大量的法国、意大利葡萄品种，至1850年已有70多个葡萄品种。1851年，Silvestre Ochagavia 引入优良的欧洲酿酒品种，如：赤霞珠、黑品诺、佳美娜、梅洛、莎当妮、长相思、赛美蓉、以及雷司令等，开创了智利葡萄酿酒的新篇章。1877年，由于欧洲受根瘤蚜危害而缺乏葡萄酒供应，智利开始出口葡萄酒到欧洲。

在“二战”期间一直到20世纪80年代，由于繁重的苛税，葡萄酒产业的发展受到极大限制，尤其20世纪七八十年代，由于葡萄酒的国内需求下降（以及政治的不稳定），导致大面积的葡萄园被砍。1980年，葡萄种植面积仅有106000公顷，相当于1938年水平，而同期智利的人口却增长了一倍。

20世纪90年代后，伴随着政治的稳定、经济的复苏，葡萄酒产业稳步发展。1990年至1993年期间，新增葡萄种植面积10000公顷，大量的现代酿酒技术与设备得以采用，许多欧洲、北美投资者进入智利葡萄酒产业。智利葡萄酒产业进入现代化阶段。

智利是个狭长形的国家，有点象蚕的形状，这也使看起来不大的国家却有着寒、温、热等多种气候带。根据气候来分，主要分三个区域：北部是世界上最干燥的地区，多为高山和沙漠，出产矿产；中部为地中海气候，而葡萄酒产区多在这个区域；南部雨水丰富，但人少，岛屿多。

智利的气候对葡萄树的光合作用帮助很大，晚上的低温又给予了葡萄树充分的休息，是葡萄成熟的最理想的条件。色泽和香气都很完美。智利的葡萄酒由于夏天干燥，葡萄很少得病，加上天然的环境，很少受到葡萄病毒的入侵。这样好的种植环境，在全球都很少见。

智利作为南美洲的第二大产酒国，产量仅次于阿根廷，但出口量遥遥领先。

智利的葡萄酒产区分三个区域，13个产区：分别是最北部的葡萄种植区艾尔奇谷和利马里谷；第二块为中央山谷，也是酿酒葡萄最为主要的产区，细分为8个产区；第三块为南部的伊塔塔谷、比奥比奥谷和马勒科谷。酿酒葡萄种植面积约有107001公顷。著名产区：阿空加瓜谷天气暖和，以产长相思葡萄为主，伊拉苏酒厂是这里的大厂。区内的卡萨布兰卡山谷近年来名气也不小。

分级制度

智利葡萄酒有国家生产标准，但酒标上标明的分级并不像法国那样是硬性的国家法规。智利葡萄酒在这方面的自由度比较大，到底是单一品种酒，还是混合多个品种，都是由酒厂自己来决定的。当然，国家没有制定分级标准并不意味着酒厂可以任意而为。在智利葡萄酒行业里有潜移默化的分级标准。因为智利酒大部分用于出口，不仅对品质要求严格，而且价格也要有竞争力。不过，对于不同酒庄但同一级别的酒不能直接比较，而要根据酒厂对品质的要求而论。

家族珍藏级（Reserva De Familia）：基本上表示是某酒庄最好的酒，也可能用类似的方式来代表特殊的出品。

特级珍藏级（Gran Reserva）：使用更多、更新的桶，储藏的时间较长，质量也更上一层楼，很多酒厂都有这类酒。

珍藏级（Reserva）：酒是由橡木桶储存过的，比品种级的酒好。

品种级（Varietal）：只列葡萄名称，这是最基本的酒。

科金博产区（Coquimbo）

充足的阳光，由海洋以及山脉中吹来的凉爽的空气，较干旱，年降水量仅为80毫米。

艾尔奇出产长相思，利马里出产智利最好的莎当妮。

阿空加瓜产区（Aconcagua）

阿空加瓜有着最温暖的生长环境，经典的出产赤霞珠的产区，近年来出产优质的西拉以及佳美娜，有着成熟的水果香气，高酒精度，高单宁。

凉爽的海边葡萄酒产区卡萨布兰卡和圣·安东尼奥产区，清晨的雾气以及下午的风给此产区带来凉爽的空气。西拉有着良好的骨架和辛香。

中央山谷产区（Central Valley）

麦坡谷产区被山脉环绕，安第斯山下有高品质的葡萄园，赤霞珠有着薄荷叶的香气。

瑞帕河谷产区：卡恰布谷北部小产区，佳美娜表现突出。

科尔查瓜(Colchagua Valley)南部小产区

库里科谷和莫莱谷产区以出产中档葡萄酒为主。

南部产区（Southern）

伊塔塔谷和比奥—比奥谷产区：潮湿凉爽气候，夏季超过30℃，年降雨量超过1000毫米，出产派斯（Pais）和亚历山大麝香（Muscat of Alexandria）葡萄。

蒙娜卡葡萄酒系列

Monarca

产区：瑞帕河谷
葡萄品种：100%赤霞珠（Cabernet Sauvignon）、100%梅洛（Merlot）、100%莎当妮（Chardonnay）
陈酿时间：橡木桶中陈酿

蒙娜卡珍藏系列葡萄酒

Monarca Reserve

产区：瑞帕河谷
葡萄品种：100%赤霞珠（Cabernet Sauvignon）、100%梅洛（Merlot）
陈酿时间：橡木桶中陈酿
品鉴：智利由于得天独厚的地理环境（几乎就是波尔多的翻版），在这里酿造的葡萄酒品质都还是不错的。由于智利葡萄酒在中国的推广时间不是很长，知名度还未形成，因此酒的价格会低廉很多。蒙娜卡酒厂资金雄厚，这款珍藏级别的赤霞珠经过陈酿，已经达到适饮期，单宁柔和，骨架完美，有明显的黑醋栗味。

活灵魂

Almaviva

产区：阿尔托港
葡萄品种：73%赤霞珠（Cabernet Sauvignon）、22%–23%佳美娜(Carmenere)、4%–5%品丽珠(Cabernet Franc)
陈酿时间：新法国橡木桶中陈酿18个月
品鉴：活灵魂是智利第一大酒厂Concha Toro与波尔多一级酒庄木桐酒庄精心合作下的佳酿。它的2001年份更是名列当时世界百大葡萄酒第16位，罗伯特.帕克给出的95分可见这支酒的名副其实。刚开启酒塞，不用凑近闻，就能明显的感觉到非常厚重的矿物味，有点类似于木质铅笔的铅芯。倒入杯中，色泽深沉，像是偏黑的红宝石色。这时，你的鼻子会迅速被许多味道充斥着，像未经烘焙的咖啡豆，黑醋栗，甚至有点烟熏味。

蒙特斯酒庄

Vina Montes

蒙特斯酒庄位于智利中部，1988年由四位在智利葡萄酒界相当有影响力的酿酒师所创建，秉承生产高质量智利葡萄酒的宗旨，他们只经过十几年时间就成功出品了一系列享誉世界的葡萄酒，95%的总生产量销售至几乎全世界每一个角落，出口量在智利排前五名。蒙特斯在智利科尔查瓜山谷和库里科山谷拥有五个庄园，其中两处在科尔查瓜，三处在库里科，科尔查瓜专产蒙特斯大名鼎鼎的阿尔法系列。

主产葡萄品种：赤霞珠（Cabernet Sauvignon）、梅洛（Merlot）、西拉（Syrah）、黑品诺（Pinot Noir）、佳美娜(Carmenere)、马尔贝克(Malbec)、莎当妮（Chardonnay）和长相思（Sauvignon Blanc）。

在美国著名杂志《酒类观察家》中，蒙特斯的阿尔法系列是"Best Buy”评鉴的常客，其中阿尔法M（Alpha M）在1996年、1997年、1998年连续三年获得《酒类观察家》91分的评价。

蒙特斯富乐

Montes Folly

蒙特斯富乐用的葡萄种植在阿伯特谷的“La Finca de Apalta”葡萄园陡峭的山坡上，葡萄园的坡度都在45度以上。原产地是科尔查瓜谷的圣克鲁兹，这里是智利第一个高档西拉葡萄酒蒙特斯富乐的产地。葡萄产量非常低，每公顷少于4吨，果粒和果穗都非常小，浓度更大。果实的颜色更深，单宁更强，所酿的葡萄酒颜色迷人，香气复杂浓郁，酒精度超过14度。蒙特斯富乐强烈的风格和绵延的回味足以证明此酒的纯正。

产区：科尔查瓜谷
葡萄品种：100%西拉（Syrah）
陈酿时间：法国新橡木桶中陈酿18个月
品鉴：浓郁的结构、深宝石红色。带有明显的成熟深色水果（黑莓酱）和优雅的香草气息(源自精选的新法国橡木桶)。此酒富有口感、柔顺强健，浓郁。入口层次感强，像成熟的深色水果、黑莓和熟透的李子，带有西拉典型的烟熏味道。富口感，回味长。

蒙特斯阿尔法M

Montes Alpha M

科尔查瓜谷阿伯特葡萄园的地势陡峭得像月牙一样，紧邻安第斯山，附近就是智利最宽的河——Tinguiririca河，有非常适合葡萄生长的小气候。这个谷的坡度最好，平均坡度是15%，最大坡度是45%，蒙特斯在这样的条件下种植的葡萄用来酿造著名的阿尔法M。这个葡萄园西南坡向，使得葡萄可以得到恰当的光照，并能吹到适量的海风（葡萄园离海岸线仅有30公里）。白天非常温暖，夜晚因为凉爽的冷风造就了特别的适合红葡萄生长的小气候。再加上贫瘠的土壤和高密度的植株栽培（每公顷超过4800株葡萄），所有的一切都是刚刚好。

蒙特斯阿尔法M干红葡萄酒

产区：圣克鲁兹谷—阿尔法庄园
葡萄品种：80%赤霞珠（Cabernet Sauvignon）、5%梅洛（Merlot）、10%品丽珠（Cabernet Franc）、5%味儿多 (Petit Verdot)
陈酿时间：法国新橡木桶中陈酿18个月
品鉴：味儿多让所有品种浑然一体，朴素的品丽珠让赤霞珠更加优雅，加上梅洛的柔软，蒙特斯得到了异常和谐的葡萄酒。此酒色深味浓，完全表现出阿尔法庄园葡萄的高雅品质。酒中单宁坚实圆润，可以藏很多年。此酒结构平衡，和法国橡木配合得天衣无缝，回味优雅绵长。

蒙特斯晚收精选黑品诺

Montes"Limited Selection"Pinot Noir

产区：卡萨布兰卡谷和丽达谷
葡萄品种：100%黑品诺（Pinot Noir）
陈酿时间：法国橡木桶中陈酿5个月
品鉴：此酒颜色深于普通的黑品诺。香气浓郁优雅，草莓味占主导，有紫罗兰花的气息，此酒异常优雅，有吸引力。口感平衡，单宁柔软，酸度适当，新鲜但不清淡。

蒙特斯晚收精选黑品诺干红葡萄酒

蒙特斯桃红葡萄酒

Montes Cherub

产区：阿空加瓜谷
葡萄品种：100% 西拉（Syrah）
蒙特斯桃红葡萄酒是用西拉葡萄酿造。葡萄园坡向西，土质为黏土，可以吹到太平洋凉爽的海风。因此葡萄可以缓慢的成熟，得到的葡萄酒果香浓郁，口感平衡。葡萄成熟后，立刻手工采摘，并且在屋顶精心挑选。然后经过细微的破碎，所得到的果浆完全依靠重力转移到下面的厂房，在那里经过一夜的低温浸渍（法国传统方法）。经过低温浸渍使得酒中留有特别多的香气和颜色。之后进行的就是酒精发酵，发酵时间18—20天。
品鉴：一款优雅的桃红葡萄酒。非常新鲜爽口、结构平衡。呈樱桃红色。口感和香气都体现典型的西拉的特点，带有一点香料气息和草莓的味道。像玫瑰花的香气和桔子皮的清香。果味浓郁、口感极佳且回味长。两年内饮用最佳。饮前醒一下更佳。

帕拉世家

Tres Palacios

帕拉世家是一个家族式的葡萄酒庄，1996年由Patricio Palacios和他的妻子Maria Ines Covarrubias一起建立。他们接受挑战，并且带着祖先遗留下来的传统的Palacios—Covarrubias家族酿酒精髓，将家族事业流传下去。

帕拉世家所选择种植葡萄的产区——麦坡山谷中的Cholqui山谷，这个地区被Catolica大学农业研究院的气候学家们证明为全世界种植条件与所种植农产品最好的搭配。

帕拉世家黑品诺珍藏干红葡萄酒

Tres Palacios Pinot Noir Reserve

葡萄品种：100% 黑品诺（Pinot Noir）
品鉴：酒体为深红宝石色，闻起来有着强烈而明快的新鲜草莓和紫罗兰气息。入口感觉饱满清新而平衡。

帕拉世家梅洛世家珍藏干红葡萄酒

Tres Palacios Merlot Family

品鉴：酒体呈深红色并带有一些紫罗兰色调。闻起来有黑胡椒和丁香的香气，平衡中伴随着丝丝的咖啡、浆果及葡萄干味道。入口有平衡的黑李和充分的香料味，整体感觉优雅、柔和而丝滑。除了水果香气外，还掺杂着大量香草、咖啡、木质的香味。

帕拉世家梅洛特级珍藏干红葡萄酒

Tres Palacios Merlot Cholqui

葡萄为人工采摘，并以小盒包装运至指定酿造厂后再进行二次筛选。在橡木桶中进行10—12个月的陈酿之后装瓶，并在瓶中再进行6个月的陈酿。

帕拉世家梅洛珍藏干红葡萄酒

Tres Palacios Merlot Reserve

品鉴：单宁柔和、平衡。充满甘草、李子、黑胡椒及黑莓的香气。整体口感浓厚、饱满而充满水果香气。

帕拉世家赤霞珠珍藏干红葡萄酒

Tres Palacios Cabernet Sauvignon Reserve

葡萄品种：100%赤霞珠（Cabernet Sauvignon）
品鉴：延绵如天鹅绒般轻柔的红浆果和香料的香味充满鼻腔。入口有浓厚的成熟木桶香与多种水果完美混合后的综合香气。回味感受其结构完整而平衡，柔和的单宁，留香持久。

帕拉世家赤霞珠世家珍藏干红葡萄酒

Tres Palacios Cabernet Sauvignon Family

品鉴：酒体为热烈的红色，具有红色果实如山莓和草莓般的清新简单的香味，并巧妙地融入了法国橡木桶香气。此款酒的独特之处在于，它不仅味道丰富而复杂，口感还非常清新。入口持久留香。

帕拉世家佳美娜世家珍藏干红葡萄酒

Tres Palacios Carmenere Family

品鉴：酒体为深紫罗兰色，具有黑莓和李子的香气，还伴有些许石墨与碳的味道。口味有成熟稳重的水果香，黑莓和巧克力的味道。表现了智利有代表性的酿酒葡萄特点，柔和的单宁和丰富而复杂的口感。此款易上口，充满活力。

帕拉世家佳美娜珍藏干红葡萄酒

Tres Palacios Carmenere Reserve

品鉴：带有紫罗兰色调的深红色酒体，散发着浓厚而丰富的土壤及香料的芬芳，适中的木桶、李子及浆果香气。入口即有新鲜而多汁，充满活力的口感，充满活力而鲜明的单宁。

帕拉世家佳美娜特级珍藏干红葡萄酒

Tres Palacios Carmenere Cholqui

品鉴：葡萄为人工采摘，并以小盒包装运至指定酿造厂后再进行二次筛选。在橡木桶中进行10—12个月的陈酿之后装瓶，并在瓶中再进行6个月的陈酿。此款酒品质极佳，口感丰腴，优雅，口中留香持久。

帕拉世家莎当妮珍藏干白葡萄酒

Tres Palacios Chardonnay Reserve

品鉴：酒体呈金黄色，闻起来有醉人的热带水果香气，如菠萝、芒果、香蕉。口感清新而充满水果香气，柔和的酸度和矿物质感，口味持久。

帕拉世家长相思珍藏干白葡萄酒

Tres Palacios Sauvignon Blanc Reserve

品鉴：酒体为浅黄色中带有淡淡的绿色调，闻起来有热带水果的香气，如菠萝、酸橙、葡萄柚。口感清新带有梨子的草本香气。

圣艾玛酒庄卡特琳娜

Catalina

产地：卡恰铺谷、佩乌莫
葡萄品种：75%赤霞珠（Cabernet Sauvignon）、18%佳美娜(Carmenere)、7%品丽珠(Cabernet Franc)
陈酿时间：法国橡木桶中陈酿4个月（100%新桶）
品鉴：深亮红色，经典而优雅。红果、香草混合着烟草的香味。口感强烈，层次分明的单宁。充实、浓郁而长久的果味。
搭配：和熟奶酪、牛肉、炖菜及辛辣食物一起饮用。也适用于酱猪肉。

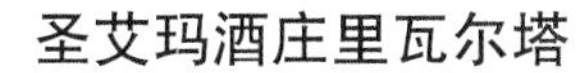

圣艾玛酒庄里瓦尔塔

Rivalta

产地：卡恰铺谷、佩乌莫
葡萄品种：47%佳美娜；20%佳丽酿、18%赤霞珠、15%西拉
陈酿时间：法国橡木桶（100%新桶）中陈酿20个月
品鉴：深宝石红色，优雅浓郁的黑果香味，蓝莓和黑莓搀杂着黑胡椒和巧克力薄荷的痕迹。口感圆润，单宁醇厚，如天鹅绒般的丝质润滑，强大的表现力，回味持久。
搭配：食用鹿肉、野猪羊肉等野味时饮用。与酸辣酱鸭脯和胡椒牛排一起饮用也很美味。

伊拉苏酒厂

Don Maximiano Founder's Reserve Vina Errazuriz

伊拉苏酒厂创立于1870年，其优异的酿酒传统早已成为智利葡萄酒最具代表性家族。伊拉苏家族成员也曾担任智利两任总统，在智利极具声望。

为纪念创始人而命名之葡萄园Don Maximiano Estate，生产整个家族最重要的红酒，包括酒厂旗舰级“Don Maximiano”。智利从原本生产内销葡萄酒，而今已经跃升为国际性葡萄酒生产国，也建立了属于自己的顶级酒风范，而其中伊拉苏酒厂更被誉为“智利之最”。

伊拉苏酒厂干红葡萄酒

安杜拉加酒庄

Bodega de Familia Vina Undurraga

产区的San Lorenzo地区为沉积土，排水性优异，可以使葡萄根部保持良好的透气性，带有碎石，天然肥力较低。

安杜拉加酒庄

安杜拉加酒庄是一家拥有超过百年酿造历史的酒庄。该酒庄由弗朗西斯科·安杜拉加（Don Francisco Undurrage）创立，他是19世纪智利葡萄种植和酿造技术的先驱之一。后来，他从德国带回了雷司令葡萄的插枝，从法国带回了黑品诺、赤霞珠和长相思葡萄的插枝，种到自己的新葡萄园里。1885年，安杜拉加的葡萄园第一次种植赤霞珠、长相思、梅洛、黑品诺和雷司令葡萄。1903年，该酒庄第一次向美国出口销售葡萄酒。据称，该酒庄是智利第一家出口瓶装酒的酒庄。

19世纪80年代，安杜拉加酒庄已经成为智利最大的葡萄酒生产酒庄，也是最受美国欢迎的葡萄酒出口酒庄。2005年，该酒庄的葡萄酒生产已经达到每年150万箱。该酒庄注重实践三大价值观：酿造开瓶即可愉快享用的葡萄酒，适合风土的葡萄酒和适合每个人的美酒。

该酒庄第一个葡萄园圣安娜（Santa Ana）是以弗朗西斯科·安杜拉加先生的妻子安娜·费尔南德斯（Ana Fernandez）来命名的。目前该酒庄共拥有2000英亩（约809公顷）的葡萄园。这些葡萄园大多位于麦坡谷的中心地带，属于地中海气候，冬季温和，夏季温暖，夜间温度较低，有利于保护葡萄的新鲜度。虽然大部分葡萄园地势平坦，但葡萄的采摘还是使用人工方式。

目前，酒庄葡萄的种植管理由法国酿酒学家普雷萨克(Pressac)负责；橡木桶制作由佩拉诺（Perranau)负责，所用的橡木来自美国肯塔基和欧洲波斯尼亚。

疯马

Caballo Loco Vina Valdivieso

Caballo Loco是Valdivieso最高等级的酒款，Caballo Loco的意思就是“疯狂的马”，而这款酒的确也非常特殊，不同于其他高级葡萄酒的酿造方式，因为疯马特殊地采用雪利酒常用的Solera方式调和而成。

该酒酿造非常复杂，可能是世界上唯一这样酿制的酒。即这个酒庄的酿酒师，世界十大酿酒师之一的Jorge Coderch，从来不用单一年份，而是混合前面几年的酒调制而成，因此这支酒上面不标年份，只有12345的数字，迄今为止，你能见到的最多就是8，只有在酿酒师认为有了最好年份的葡萄才会调制这酒，因此目前为止只出过8款。

疯马干红葡萄酒

这款酒带有深浓紧密的酒色，边缘泛一些紫色光泽，颇为艳丽。入口既有黑色浆果的味道，同时又有纯正的咖啡香气。丝般柔滑的感受，单宁细致。颇甜，但回味里有美妙的酸度。可以感觉这是陈酿多年的酒。

桑塔丽塔酒庄

Casa Real Vina Santa Rita

桑塔丽塔酒庄干红葡萄酒

桑塔丽塔酒庄是智利第三大酒庄，该酒庄以生产物美价廉的葡萄酒而闻名，曾8次获得美国《葡萄酒及烈酒》杂志“年度最佳葡萄酒酒庄”的殊荣。

该酒庄由当时的著名企业家多明戈·费尔南德斯·康查（Domingo Fernandez Concha）创立于1880年。19世纪末，酒庄由维森特·加西亚·多罗（Vicente Garcia Huidobro）接管。1980年，瑞卡度·卡罗（Ricardo Claro）购买了桑塔丽塔酒庄50%的股份，8年后，他又将剩下的50%股份也全部买了下来。1986年以后，该酒庄的种植和酿造开始全面现代化。20世纪80年代末，因出口刺激和葡萄酒产品所获得的良好声誉，该酒庄开始持续大规模地扩张，也因此获得了不少重要的奖项和世界范围内的认知度。

拉博丝特酒庄

Clos Apalta Vina Casa Lapostolle

拉博丝特酒庄于1994年由来自法国的曼勒—拉博丝特（Marnier Lapostolle）家族和智利的拉巴特（Rabat）家族共同创建。现在，该酒庄由亚历山德拉·曼勒—拉博丝特（Alexandra Marnier Lapostolle）和她的丈夫西里尔·德伯纳（Cyril de Bournet）所有。曼勒—拉博丝特家族奉行对质量绝不妥协的理念。

该酒庄的葡萄园位于阿伯特谷（Apalta）。阿伯特谷位于科尔查瓜山谷，是一个呈马蹄形的山谷，三面环山。科尔查瓜山脚下流淌的廷格里里卡河影响着葡萄的质量，调节葡萄园的温度，避免极端的温度变化，并确保葡萄有长期而缓慢的成熟期。在日出和日落时分，该地的山麓小丘阻挡了太阳光，避免葡萄暴露在强烈的阳光下。如今，拉博丝特酒庄拥有3个不同的葡萄园，每年生产20万箱葡萄酒，种植的葡萄品种有长相思、莎当妮（Chardonnay）、赤霞珠、梅洛、佳美娜和西拉。所产的酒出口到70多个国家。

拉博丝特酒庄干红葡萄酒

卡门酒庄

Gold Reserve Vina Carmen

卡门酒庄干红葡萄酒

卡门酒庄建于1850年，可谓智利历史最悠久的酒庄之一，酒庄一直以来提倡基本不施肥的天然种植法，所以卡门酒庄在南美第一个获得环保酒庄的荣誉。1985年，南美著名酒商里卡度·卡罗(Ricardo Claro)集团把卡门酒庄并入旗下，并且大力改革，把卡门酒庄旗下的多个系列推入世界市场，其中最受欢迎的是美国市场，当地著名葡萄酒杂志《葡萄酒观察家》曾将其评为美国葡萄酒市场上最受欢迎酒庄。

卡门在智利的4个主要产区总共拥有250公顷的葡萄园，其中精选了一幅20公顷的土地，专门生产酒庄的旗舰级葡萄酒卡门金装精选系列(Carmen Gold Reserve)，虽然该系列在中国国内售价达到1000元以上，但作为智利最古老的酒庄，品质或许超乎你的想象。

甘露侯爵酒厂

Don Melchor Vina Concha Y Toro

1883年，Don Melchor先生及其夫人Doa Emiliana Subercasaux从波尔多地区引进了极尊贵的酿酒用葡萄树并创办了智利最重要且最负盛名的甘露酒厂。在安第斯山脉及太平洋的保护下，麦坡山谷拥有葡萄生长所需的得天独厚的条件，也正是在这里，Don Melchor先生种下了他的第一株葡萄并建造了他的私人宅邸，也就是今日被称为“La Casona de Pirque”的地方。

甘露侯爵酒厂干红葡萄酒

1991年，Don Eduardo Guilisasti Tagle扩建葡萄园、提高经营能力以及采用酿酒工艺的最新技术，使得葡萄园时至今日仍长盛不衰。1997年，Don Eduardo与波尔多最著名的酒商罗斯柴尔德集团签署了战略联盟协议。两家企业联合生产智利首支“顶级”葡萄酒，相当于波尔多的“特级酒庄”葡萄酒。今天，Don Eduardo的精神仍在企业留传，为了继续坚持他的发展与现代化的承诺，甘露酒厂坚持采用最新的技术及酿酒工艺以生产更好的葡萄酒。

库奇诺酒庄

Finis Terrae Vina Cousino Macul

库奇诺酒庄干红葡萄酒

库奇诺酒庄的招牌酒Finis Terrae（地球尽头），用60年树龄的赤霞珠酿造，还混合了15年树龄的梅洛。这是库奇诺酒庄自1989年锐意制作高品质的波尔多形式酒得出的结果，而Finis Terrae第一次面世的日期是1992年。Robert Parker对库奇诺酒庄的Finis Terrae及Antiguas Reservas高度赞许，给予两者同样4星的评价。

阿根廷
ARGENTINA

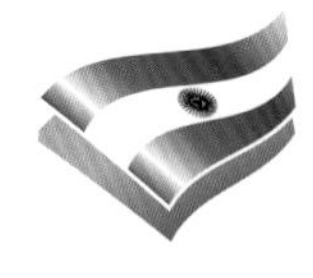

阿根廷葡萄酒在中国

阿根廷葡萄酒对中国市场销售量的增加使其上升为中国第九大葡萄酒进口国。

销量

阿根廷全国葡萄栽培研究所（INV）发布消息称，2012年上半年度阿根廷葡萄酒出口上涨了9.48%，销售总额高达6.38亿升，与去年同期相比上升了35.34%。国际销售量高达68876吨，比去年同期增加了26.34%。

有关统计数据显示，2007—2011年间阿根廷葡萄酒出口累计增幅达到403%。2012年，阿根廷从2011年中国葡萄酒的第十大进口来源国上升了一位，成为第九大来源国，但在中国市场中所占份额仍相对较小，仅为1.01%。同时，阿根廷葡萄酒对华出口也仅占其出口总额的2.19%。

据阿根廷葡萄酒研究所的资料，阿根廷经济下滑对葡萄酒内需市场产生影响。2012年4月份各品种葡萄酒销售量大幅度下滑，起泡酒尤甚。4月份葡萄酒内销同比下降8.15%；1—4月销售量同比下降20%，其中起泡酒所占比例增加了近15%，而此前，起泡酒消费增长率近50%。内需的下降导致其对外出口力度加大，中国市场也成为其重点发力的市场。

成长性

马尔贝克(Malbec)是阿根廷最具代表性的红葡萄品种，在炎热的阿根廷表现得近乎完美，尤其在门多萨产区最为有名。随着中国葡萄酒专业人士数量的激增以及对阿根廷马尔贝克葡萄酒的探索更加深入，马尔贝克将成为更多消费者的选择。

未来趋势

阿根廷葡萄酒已经跻身世界五大葡萄酒生产国，但是它在中国市场的开拓才刚刚起步，国内消费者对它的了解并不多。分析认为，要让中国消费者对阿根廷葡萄酒产生一定的认知，应该不存在太大的难度，但是如何与旧世界老牌葡萄酒生产国以及已经入市的新世界葡萄酒生产国在中国市场展开竞争，则需要有更为周密的准备和独特的推广方式。

阿根廷葡萄酒产区
Wine Regions of Argentina

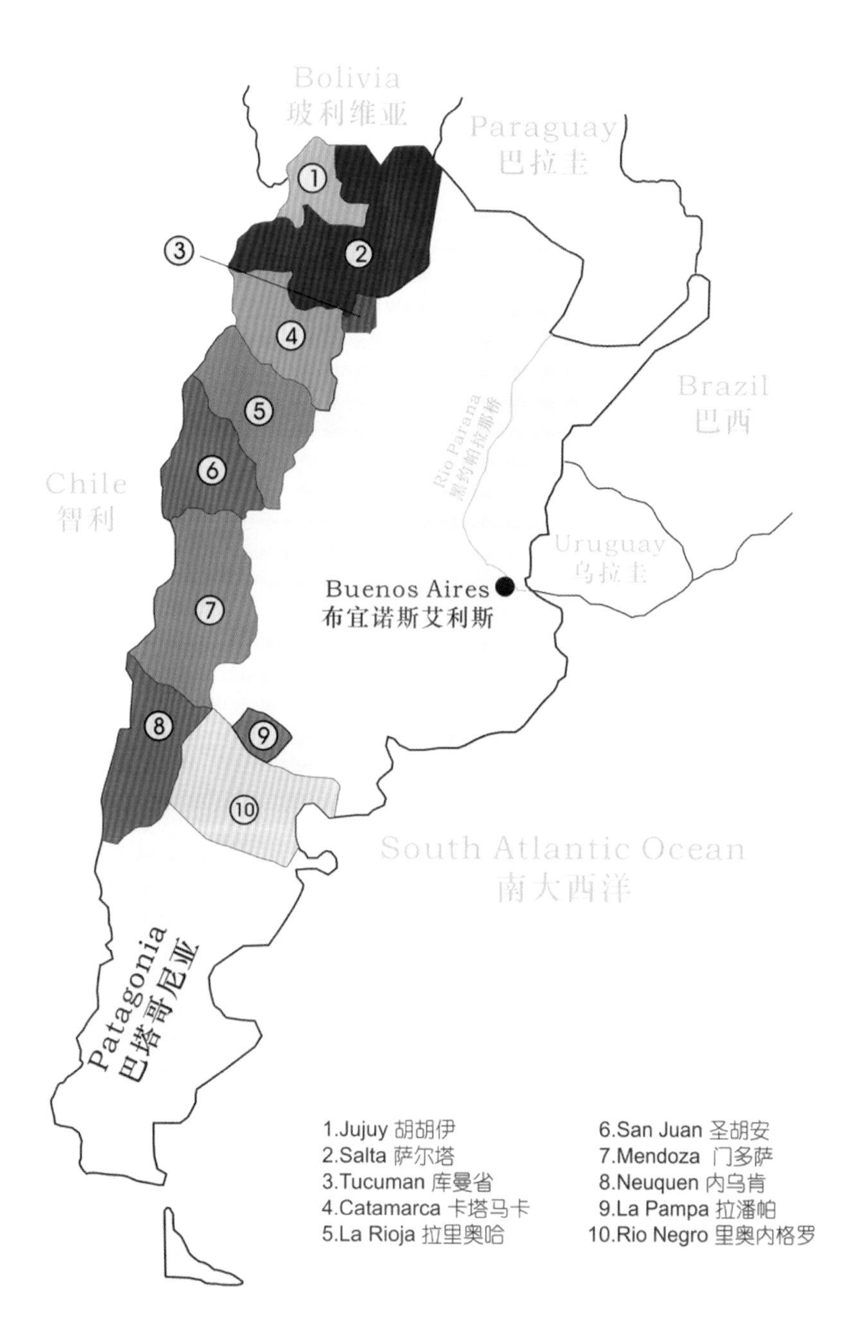

"Argentum"在拉丁语里有"白银"的意思，阿根廷这个在遥远的新大陆上熠熠闪耀的"白银"之国，是文学大师博尔赫斯和胡利奥·科塔萨尔、F1赛车手方吉奥、球王马拉多纳以及探戈之王卡洛斯·加德尔的故乡。这是一个与朋友欢聚的国度，一个烤肉的国度，一个自然与激情相融合的国度。阿根廷充满了多样性和差异性，陆地面积达2791810平方公里，人口超过3800万。阿根廷的民族和文化主要受欧洲移民，尤其是19世纪末、20世纪初来到这个国家的意大利人和西班牙人的影响。另外，土、气、水、火四元素的土著人文化也是阿根廷文化的重要组成部分。

阿根廷是联邦制国家，由23个省和联邦首都布宜诺斯艾利斯组成。由于疆域辽阔、地理位置独特，阿根廷拥有丰富的地貌特征，东部广袤的平原与西部绵延起伏的安第斯山脉形成鲜明对比。安第斯山脉形成了阿根廷与智利的自然分界线。安第斯山脉从北到南贯穿阿根廷全境，构成了丰富多彩的地形地貌特征，如西北部的高原或湖泊、巴塔哥尼亚高原的森林和冰川地貌等。阿根廷和南美地区最主要的葡萄酒产区集中在阿根廷的西部地区。

葡萄酒酿造是阿根廷中西部和西北部省份主要的生产活动之一，在地区经济的发展中占据重要地位。随着葡萄种植和优质葡萄酒酿造业的发展，与之相关的重要行业如旅游业也呈现发展潜力。实际上，从20世纪90年代以来，在葡萄酒酿造艺术领域的新理念推动下，这一行业已进行了意义深远的改革。这一改革过程涵盖所有的生产领域。葡萄园通过采用新技术来优化生产线，已取得了实质的进步。同时人力资源的专业化也大大提高了葡萄酒酿造业的信息交流、销售和贸易。所有这些展示了葡萄酒酿造业所进行的革新。这些改革过程之间的紧密联系使阿根廷的葡萄酒拥有优良的品质，同时也加强了它们在国际市场上的地位。

阿根廷的葡萄种植面积超过22.3万公顷，全国共有26133个葡萄园。虽然24个省份中有13个省份种植葡萄，但是只有7个省份的葡萄种植具有经济意义，它们分别为：萨尔塔、卡塔马卡、拉里奥哈、圣胡安、门多萨、内乌肯和里奥内格罗省。约94%的葡萄种植区域（约20.8万公顷）的葡萄主要用于酿酒和浓缩葡萄汁的生产。

投资者的视角

从20世纪90年代以来，阿根廷葡萄酒酿造行业所进行的巨大变化已吸引了大量的外国投资。

外国投资主要来自美国、智利、法国、西班牙和英国，另外荷兰和葡萄牙也是重要的投资国。

这些新的投资主要集中在门多萨省土

壤肥沃、在阿根廷葡萄酒酿造史上占据重要地位的路冉得库约、迈普、图篷加托、图努扬、圣拉斐尔和圣马丁等地区。近来，圣胡安、内乌肯和萨尔塔省也吸引了众多投资者兴趣，一批特别适合葡萄酿酒业的地区被“重新挖掘”出来。

走向世界

近年来，阿根廷集中力量将葡萄酒产品出口到国外市场，在开发新市场的同时巩固原有市场。

阿根廷葡萄酒的十大出口国分别为英国、美国、德国、荷兰、加拿大、巴西、丹麦、法国、日本和瑞士。高端和中端价位的葡萄酒主要销往上述国家，因此这些市场是有利可图的。另外，斯堪的纳维亚地区、比利时和卢森堡也是阿根廷重要的葡萄酒出口地，这些市场的葡萄酒消费近年来呈现显著增长，阿根廷葡萄酒所占份额不大但具有发展前景。

拉丁美洲也是阿根廷葡萄酒尤其是佐餐酒的一个重要临近市场。在南锥体共同市场中，巴西是一个令人非常感兴趣的市场，毫无疑问它也是阿根廷最重要的出口竞争国之一。

起泡葡萄酒的销售也在不断增长，该产品主要出口到美国。俄罗斯、中国和韩国也是阿根廷葡萄酒潜在的出口市场，这些地区的消费者对阿根廷葡萄酒，尤其是红葡萄酒和白葡萄酒有着越来越浓厚的兴趣。专家认为这些市场将拥有巨大的出口潜力。

阿根廷酿酒葡萄酒园的面积大约占全世界的3%，南半球葡萄田总面积的三分之

阿根廷产区风光

一。拉丁移民的心血注入，使阿根廷酿酒业传承无不深受欧洲经验与传统的熏陶。西班牙人在1516年登陆阿根廷，1536年建立首都布宜诺斯艾利斯（Buenos Aires）。移民带来属于欧洲的葡萄品种，由于气候不同，寻找合宜的地理位置试种并不是十分顺利。直到1577年来自秘鲁的传教士在圣地亚哥爱沙泰罗（Santiago del Estero），也就是安第斯山脉间成功种下葡萄。16—18世纪之间由于西班牙人实行葡萄酒公卖制度，葡萄耕植并不十分兴盛。一直到圣马丁将军1820年战胜西班牙人、阿根廷独立建国后，一般居民才得以任意耕种葡萄。20世纪初，一群群来自欧洲飘洋过海的西班牙、意大利与法国等新移民又带来先进的葡萄耕植、酿造技术，阿国葡萄酒正式迈入新的纪元。

阿根廷每年平均有300个晴天，降雨量小、湿气低，使病菌无从生长，化学药剂的使用量相对也大量减少，葡萄得以充分地成熟。阿根廷亦是全世界重要的浓缩葡萄汁（Concentrated Must / Mout Concentre）生产国之一。这种浓缩葡萄汁透明无色，可用以增加葡萄酒的酒精浓度。受到欧洲移民的影响，绝大多数通俗的欧洲葡萄品种在阿根廷都不难发现。

阿根廷葡萄酒产量排行世界第五，全国酿酒葡萄的种植面积达到 21 万公顷(2005年)，整个产区主要分布在南纬 22°—42°的安地斯山脉东麓，至今，已核定四个法定产区，分别是 Lujan de Cuyo、San Rafael、Maipu 和 Valle de Famatina。以圣胡安省 (San Juan) 和门多萨省 (Mendoza) 两大产区最为知名，著名产区有圣胡安(San Juan)、拉里奥哈（La Rioja)、里奥内格罗（Rio Negro）和萨尔塔（Salta)，最重要的是门多萨省，占全国总产量60%。此外还有里奥内格罗省和拉里奥哈省。

阿根廷葡萄酒的历史并不长，但其质量一点也不逊色。如今，阿根廷葡萄酒越来越被世界所了解，世界知名的葡萄酒评论家Robert Parker把阿根廷称为“世界上最令人兴奋的新兴葡萄酒地区之一”。我们有理由相信，在以后的日子里，阿根廷葡萄酒一定会有不俗的表现。

阿根廷的优势之一在于这里不仅有白葡萄酒，而且有几乎各个品种的葡萄酿造出的红葡萄酒。然而，一个葡萄酒产出国一定拥有其独特的品种，说到红葡萄酒，马尔贝克绝对是使阿根廷名声鹊起的葡萄品种。没有人会说马尔贝克在阿根廷的表现拙劣，即便用马尔贝克酿造出的葡萄酒质量参差不齐。没有人会质疑马尔贝克卓越的品质。阿根廷也种植其他品种，诸如梅洛、坦普尼罗、赤霞珠和西拉等，但是马尔贝克却始终是阿根廷的优势。也许有一天阿根廷的酒商们会得出结论，高海拔地区更适宜种植黑品诺，温暖地区更适宜西拉。然而这一切都需要时间。我们将为每一葡萄品种寻找到最适宜的种植环境。混合型酿造比单一型酿造更易于保证每个年份葡萄酒的优秀品质。马尔贝克的产品虽好，却很难保证此品种年年质量如一。与任一优良品种混合酿造都能提高葡萄酒品质。如果当年马尔贝克的产出贫瘠，这时混合一小部分果实更丰满的赤霞珠、梅洛、坦普尼罗，将巧妙地弥补这个缺陷，保证佳酿的产出。

红酒分级

1959年，阿根廷农业、畜牧业、渔业和食品国务秘书处通过了葡萄酒法，并于1989年2月28日对该法律做了修订。

该法律根据阿根廷国内葡萄酒产地的不同气候条件，将葡萄酒划分为A级、B级和C级。

法律规定：A级葡萄酒的酒精度数不得低于12.5度。

B级不得低于15度。这两种级别的葡萄酒在酿制过程中不能添加任何含有酒精的物质。

C级葡萄酒的酒精度数同样不得低于巧度，但允许在加工过程中加入含酒精和糖分的物质。

在阿根廷，葡萄酒的等级还可以按照酿造的时间来划分。

品种

阿根廷之所以成为世界上最引人瞩目的顶级葡萄酒产区之一，取决于其葡萄砧木品种的多样性和新颖性、绝佳的农业生态条件等因素。阿根廷最显著优势在于三个最基本要素的完美结合：气候、土壤和葡萄砧木。

阿根廷的葡萄园面积超过21万公顷，种植的葡萄树品种繁多。经过长期的培育，品种已完全发挥出最佳特性。另外，一些其他的葡萄砧木品种也正被重新培育和改良。这些品种即将在阿根廷的土壤上结出未来“珍珠”。

葡萄树一般生长在荒漠土壤和山谷中。阿根廷拥有一些世界上海拔最高的葡萄园，如海拔2000米以上的萨尔塔地区以及世界最南端巴塔哥尼亚高原上的葡萄园。这些比较优势正是阿根廷的葡萄酒品质赢得举世公认的支柱。

红葡萄品种

马尔贝克（Malbec）

阿根廷是世界上种植马尔贝克最多的地区，它几乎成了阿根廷的标志。门多萨地区由于具有土壤和差异性的气候条件，马尔贝克种类繁多。当品尝分别产自图蓬加托、圣马丁或孔苏塔的马尔贝克时，你可以发现不同土壤环境下产生的差异性和独特性。通过控制产量和适宜的气候环境，能够酿造出高品质的葡萄酒。马尔贝克需要极其明显的日夜温差来达到其成长最大空间。在高海拔的维斯塔巴（Vistalba）产出的葡萄酒拥有最佳的酸度，色泽鲜艳，糖分和单宁含量丰富，适宜长期桶装储藏。在低海拔地区产出的葡萄酒浓度降低，且成熟期变短。马尔贝克应该成为阿根廷享誉国外的旗舰，因为无论是原生的马尔贝克葡萄品种，还是其酿造出的葡萄酒都是一笔美妙的财富。每一个国家都拥有一些被誉为“本土神话”的葡萄酒，在阿根廷，这就是马尔贝克。

赤霞珠（Cabernet Sauvignon）

这一品种的葡萄砧木已遍及整个阿根廷葡萄种植区。赤霞珠只有达到完全成熟期才能体现其最优特性，否则就会被草皮的气味和苦涩的味道所影响。它成熟得很晚，长时间浸渍和桶装贮藏才能使葡萄酒成熟。优质的赤霞珠葡萄酒需要大量的工作。赤霞珠的成熟难度很大，且因为其对气候变化的敏感性导致不同年份产出的质量悬殊。最初种下的赤霞珠产量低，单宁含量稀少且带有侵袭性。而现在这种情况已经改善许多，门多萨省和其他地区产出的赤霞珠质量更加上乘。酒商们意识到他们在酿造赤霞珠葡萄酒时还需付出更多的努力。而一切表明成熟度是最便捷的改进方式。这就是为什么优质的赤霞珠散发出黑色浆果、香料的香气而不再是青胡椒，且单宁含量丰富。这些就是全世界消费者们喜欢的赤霞珠，也是阿根廷果农们竭尽全力要培育出的赤霞珠。

梅洛（Merlot）

梅洛是一种最近在阿根廷得到更多推广的品种，具有很大发展潜力。通过合理控制葡萄园的条件，一些地区的酒庄可以生产出浓度更高，且适宜长年贮藏的佳酿。当我第一次来到这个国家的时候，这里种植的梅洛并不多，或者未被种植在合适的土壤中。凭借阿根廷拥有多样化的风

酿酒葡萄

土环境，这里可以生产出优质的梅洛葡萄酒，关键是这个品种需要在低温地区种植。葡萄酒生产控制是保证葡萄完全成熟，进而酿造出单宁含量细腻且圆润的浓郁葡萄酒的关键。有一个失败的经验教训，20年前美国市场需求激增，兴起一股“梅洛狂热”。果农们开始种植梅洛，但是培育方式不对。今天的美国不乏品质优良的葡萄酒，但也存在一部分世界上最糟糕的梅洛葡萄酒，使得人们对这一品种的需求大量减少。这一品种的红酒市场潜力巨大，与马尔贝克混合酿造的葡萄酒也广受好评。

现在阿根廷流行的梅洛并不十分完美，但近三四年优质梅洛葡萄酒的产量还是有所上升。

西拉（Syrah）

这一品种的成熟期比马尔贝克晚，并且如果过分成熟，葡萄酒酿造过程就会变得艰难，酒味芳香也会大打折扣。门多萨省内较寒冷的地区如Uco山谷，产出的葡萄酒成分优良，适宜陈酿。较温暖地区产出的葡萄酒果味浓郁，色泽更佳。

土壤气候是影响产出优质西拉的关键。在阿根廷遇到的问题是果农们没有太多种植西拉的经验，这一品种的葡萄园分布稀少。当前我们了解了一些，但是随着时间积累我们需要分析其生长土壤的质地，找出最适合酿造出的葡萄酒品种，以及为了提高葡萄酒的等级我们需要改进的地方。我们已经发现圣胡安省一个较温暖的地区是一片适宜种植西拉的地区。看起来这是一个很有潜质的地区，但还需要更深入的研究。西拉的种植耗费大量的工作，因为它是一个高产品种，却不易达到完全成熟。而完全成熟正是酿造出具有丰富单宁含量和西拉果味香气的高浓度葡萄酒所必需的。

黑品诺（Pinot Noir）

这个品种是通过精选遗传物质的方法引进的，且阿根廷拥有一些非常古老的黑品诺种植园。虽然在过去几年里黑品诺品种的种植面积有所增加，市场上的无泡葡萄酒供应却没有相应提高。这一品种的大部分用于生产香槟。阿根廷巴塔哥尼亚地区生产的葡萄酒可以窖藏好几年。黑品诺葡萄酒的颜色鲜艳，倾向于红宝石色，泛着些许暗红色调；散发出红色浆果和黑色浆果完美无瑕相结合的香气，特别是黑醋栗和樱桃，其次是覆盆子、黑莓和酸梅果酱的香味，有时还会使人联想起肉桂、椰子甚至熏肉的气味。味觉上，单宁含量柔和，口感优雅；稍高浓度的黑品诺酒入口后持续留香。原产法国，且出自著名的波尔多地区，黑品诺已经发展成一个享誉全球的品种。但是生产出高品质的黑品诺葡萄酒难度很大。黑品诺更适宜种植在温带气候环境，在石灰质黏性土壤条件下产出更优。优秀黑品诺果实的典型特点是果穗小、果粒小。酿造出的葡萄酒气味芬芳，结构复杂而富有活力；虽然颜色较浅，却适宜长期贮存。依靠完美无瑕的葡萄栽培实践，这一品种存在很大的发展空间。

勃纳达（Bonarda）

勃纳达是阿根廷第二大广泛种植的红葡萄品种，也是这里最传统的葡萄品种之一。典型特征之一就是其浓郁的颜色。它常常用于酿造混合葡萄酒，增添颜色浓度和果味香气。阿根廷拥有足够的勃纳达种植园，但我却不确定这些能酿造出优质的葡萄酒。这种酒口感令人愉悦，果味香

葡萄采摘季

浓，单宁柔和。传统上来讲勃纳达葡萄酒从未达到过高质量，我认为原因出自酿造过程。因为一般来说没有人在意这个品种是否能酿造出最佳的葡萄酒。我认为阿根廷也不会由此品种而赢得声誉，这是一个传统的意大利品种，然而在它的家乡也从未获得成就。美酒总能找到有需求的市场，而产出优质勃纳达葡萄酒的机会却很渺茫。从商业角度来看，我认为它不是一个理想的决策。

坦普尼罗（Tempranillo）

跟随第一批西班牙定居者迁徙而来的坦普尼罗，几十年来并未受到果农和酒商们的重视。然而在过去几年里，有一些酒庄决定投入精力来开发这一品种的潜能。坦普尼罗是成熟期最早的品种之一，果实中单宁含量很高。这是一个优秀的红葡萄品种，在世界其他地区其潜在资源并未得到充分利用。一个相对质朴的葡萄品种，产出的葡萄酒却结构优良，颜色上乘，单宁含量丰富。成熟期早，有时酸度偏离要求水平。如果生产过剩，它的一些优势可能会消失。

味儿多（Petit Verdot）

这一品种并未得到广泛种植，但有限面积上产出的葡萄酒却收获了异乎寻常的效果，赋予混合酒一种特别的品质。仔细观察这一品种是如何作用于混合葡萄酒以及如何产出那美妙的皮特 · 味儿多葡萄酒都是有趣的经历。扩大种植面积还需要积累经验。对于新品种信息的了解关键在于实验，目前这一品种的信息非常稀少，因为没有传统的葡萄园可供研究。

桑娇维塞（Sangiovese）

这是一个阿根廷传统种植的葡萄品种，但是用其酿造葡萄酒的酒庄却不多。因为种植条件很困难，所以阿根廷的酒商对其不甚了解。

如果种植桑娇维塞仅仅为了证明它在阿根廷存在，这并不能为阿根廷赢得任何荣誉，因为酿造优质的桑娇维塞葡萄酒极具挑战。这一品种需要细心照料，且规模不能很大。这一品种绝对不适宜推荐给阿根廷。

白葡萄酒品种

托龙特斯（Torrontes Riojano）

这一品种几乎只在阿根廷地区种植，因此它是阿根廷典型的白葡萄品种。在其原产地西班牙现在仅剩一小部分地区种植托龙特斯，另一个拥有少量这一品种的国家是智利。托龙特斯分布在阿根廷的多个省区：门多萨省、卡塔马卡省、拉里奥哈省和萨尔塔省。据我所知，卡法亚特地区是最具潜力培育出最佳托龙特斯的地区。这一品种的特性非常有趣。我确信它可以酿造出不同于当今世界上存在的品质一流的葡萄酒。阿根廷必须集中精力开发这个品种，将其定位为这个国家的标志性葡萄酒品牌。然而阿根廷在探索这条路上形单影只。托龙特斯凭借其独特的品性定会成为国际市场的焦点。这一品种葡萄酒口味并不复杂，果味浓郁令人愉悦，口感新鲜，酸度和果味均衡，广受好评。托龙特斯在国际市场上的形象还需加以开发，这是一项重任，前途未明。

莎当妮（Chardonnay）

这是世界上最知名的白葡萄品种，适宜种植在任何地区。阿根廷产出的莎当妮葡萄酒品质非常优秀，唯一的难题在于面临着激烈的竞争。在较寒冷的地区种植莎当妮使得其成熟期变长，酸度更浓。阿根廷的莎当妮品种发展空间巨大，应该把重心放在消费者品味的发展上。10年前产出的莎当妮葡萄酒口感强烈丰满，而今人们开始偏好浓郁的水果香气、新鲜和少些木头气息。可以通过改良莎当妮来满足市场上细微的需求变化。

长相思（Sauvignon Blanc）

长相思可能成为阿根廷炙手可热的一个品种。优良的长相思不是很多，但的确存在。当消费者的品味转变开始追求更新鲜、水果香气更浓郁的白葡萄酒时，长相思和维欧尼（Viognier）便引发了一阵狂潮。改良过的长相思适应高海拔、凉爽地区，这样有益于培育浓郁的香气。国际市场对果味浓郁的长相思的需求不断上升，同时要求该品种保持典型的轻微蔬菜气味，入口均衡的酸度和新鲜感。我在阿根廷发现了一些这一风格的长相思葡萄酒。比较智利和阿根廷的长相思品种，前者无疑更满足流行的观点，酒质更加优良，智利对这一品种的开发绝对需要进一步的讨论。

赛美蓉（Semillón）

赛美蓉是种植于门多萨地区的一个传统品种，为乌科山谷和门多萨上游山谷的酒庄供应白葡萄。不幸的是，它的易腐性和易氧化令果农们信心大减，如今只有少量的种植园存留下来。虽然如此，门多萨乌科谷和巴塔哥尼亚高原上产出的葡萄酒还是拥有出色的品质。在较温暖地区，酒质的酸度缺乏，呈现淡淡的黄绿色或有时闪耀金色光芒。它的气味让人联想起蜂蜜、杏、蜜桃、野草和一些柑橘的香气。口感独特，有时稍显清淡，但大多均衡，令人愉悦。赛美蓉也用于香槟混合酒的酿造，也有一些酒庄用它单独酿造香槟。为保证最优质量，酿造过程中有必要调整设备，避免产生草本气味，形成更多水果香气，如梨和柑橘，以及烘烤面包的味道。这个葡萄品种原产于法国波尔多地区，种植面积正在持续减少，不过法国仍然分布着15000公顷的赛美蓉种植园。一般来说，赛美蓉的果粒很大，因此需要通过修剪后疏梢来控制产出。它不是一个果实饱满的品种，但产量丰富，使得质量上升。葡萄

托龙特斯葡萄

酒口感醇厚浓郁，酸度低，适宜桶装贮存。采用合适的酿造方法会有益于其陈酿的产出。

维欧尼（Viognier）

与长相思和托龙特斯一样，维欧尼也被认为具备产出新鲜、清爽且果味浓郁的葡萄酒的巨大潜力。最近刚被引进阿根廷，虽然这里的种植面积还很少，但是一些酒庄已经开始使用维欧尼来酿造葡萄酒，且开始桶装贮存。该品种的葡萄酒果味香浓，芬芳，口感清爽。维欧尼在法国罗纳河（Rhône）南岸具有悠久的种植历史，果实散发出优质杏仁和蜜桃的芬芳，点缀柑橘的香气。充足的日光条件有益于维欧尼的成熟。通常产出的葡萄酒酒精含量偏高，有时酸度也不够，特别是在产出和灌溉条件未得到良好控制的条件下。

萨尔塔（Salta）和卡塔马卡省（Catamarca）境内 卡尔查基山谷（Calchaqui）

这一地区位于阿根廷北部，南纬25度。葡萄园种植面积分布在从海拔1500米绵延至2000米以上的地段。卡拉塔斯塔（Calatasta）和阿空加瓜（Aconquija）山脉在这里形成了天然的边界，山谷中种植着葡萄、橄榄和烟草。年平均温度18℃。良好的粗砂质土壤和便利的水系是这个地区的优势。主要的葡萄种植“风土”是卡法亚特（Cafayate）、圣玛丽亚（Santa Maria）和科洛梅（Colomé）。

这个地区分布着4120公顷的葡萄园。主要品种是托龙特斯（Terrotes）白葡萄，其次是赤霞珠（Cabernet Sauvignon）和马尔贝克（Malbec）。

蒂诺加斯塔（Tinogasta）集中了卡塔马卡省70%的葡萄种植园，同时大多数酒庄也坐落在此地。所产葡萄的一部分作为水果消费。不过在接下来几年，在刚刚恢复的葡萄园附近将成立新的酒庄并投产。尽管卡塔马卡的山谷地区一直是一个适宜葡萄种植的地方，但最近才被葡萄酒商们重新发现。

值得注意的是，卡塔马卡省之所以引起葡萄酒商们的重视，关键在于这里的风土为葡萄酒带来卓越的品质。随着一些有价值的项目在这里启动，这个地区很快就会开始产出顶级佳酿。

拉里奥哈省（La Rioja）法玛缇娜山谷（Famatina）

这个地区位于南纬20° 10′位置，海拔935—1170米。降雨量极其稀少（年平均130毫米），风速温和。平均气温在18℃。山谷中分布着7000公顷的葡萄园，大多种植托龙特斯（Torrontes Riojano）品种。充足的阳光赋予这里的果实浓郁的芳香。近年来，人们也引进了其他品种的红葡萄，

左图 圣胡安省月亮峡谷 右图 巴塔哥尼亚的冰川

特别是西拉。最重要的几个葡萄栽培风土是Chilecito，Nonogasta和Anguinan。土壤成分多以沙砾为主。

拉里奥哈省的葡萄种植主要集中在西部一些小规模灌溉山谷中，位于韦拉斯科（Velasco）和法玛缇娜山谷之间。Chilecito区的葡萄园面积占地最大（超过70%）。

圣胡安省（San Juan）

圣胡安省是阿根廷境内第二大葡萄种植和葡萄酒酿造地区。省会圣胡安城距离布宜诺斯艾利斯1255公里，这里的葡萄园都在海拔650米以上，分布在图卢姆（Tulum）、Zonda、Ullum、哈查尔（Jachal）和弗特尔（Fertil）山谷里，通过哈查尔和圣胡安河水来灌溉。

图卢姆山谷位于安第斯山脉和Pie De Palo山之间，圣胡安河的左岸。平均海拔在630米以上，降雨量稀少，平均气温为17℃。土壤多石质。

这个地区盛产高质量的香醇葡萄酒，葡萄品种包括蜜斯吉（Moscatel de Alejandria）、托龙特斯（Torrontes）、白诗南（Chenin Blanc）和佩德罗—希梅内斯（Pedro Ximenez）。Angaco Moscateles，加上芳香醇厚的葡萄美酒都是作为当地闻名的手工艺专长受到高度评价。这些种植园的成功还要归功于最先进的灌溉技术和不断改进的农业实践活动。

圣胡安省的主要葡萄栽培风土包括Rivadavia、Albardon、Angaco、圣马丁（San Martin）、9 de Julio、Caucete、Santa Rosa、Pocitos，这些都位于圣胡安河的右岸。名闻遐迩的Pedernal山谷位于海拔大约1350

拉里奥哈省法玛缇娜山谷

米以上，连接着安第斯和Cerro Tontal山脉的山脊丘陵地带。这里的作物通过泉水灌溉。这片地区产出的葡萄适宜酿造高质量的葡萄酒，因此最近被列入阿根廷葡萄栽培地图中。最适宜种植的葡萄品种包括赤霞珠、梅洛和莎当妮。

白诗南和莎当妮是两种最适宜种植在Ullum山谷的传统葡萄园里的品种。这里的作物通过圣胡安河灌溉。在海拔稍高的位置，最适宜种植长相思和一些其他红葡萄品种如坦普尼罗。

这个地区海拔最高的位置是卡林加斯塔（Calingasta）区，位于中心安第斯山脉和山脊丘陵之间，海拔超过1800米。

门多萨（Mendoza）

门多萨河上游区

这个地区位于门多萨山脊丘陵地区，南纬30°。年平均温度为15℃，海拔650–1060米。作物通过门多萨河来灌溉。海拔稍高的地区如Vistalba、拉斯孔普埃塔斯（Las Compuertas）或者Perdriel，气温最低，特别适合种植马尔贝克（Malbec）。在拉斯埃斯拉（Las Heras）区的卢汉—德库约（Lujan de Cuyo）、迈普（Maipu）和Panquehua市等地，拥有一些最古老种植马尔贝克的葡萄园。往海拔低的地方走，温度逐渐升高，葡萄种植风土很快变得截然不同（距离不超过20公里）。

气候条件影响着果实色泽和单宁的形

成，以及葡萄酒陈酿的必需因素。这一地区拥有门多萨地区17%的葡萄园种植面积，和大约360个酒庄。

乌科（Uco）山谷

这一地区位于门多萨城的西南部，南纬33.5°—34°之间。年平均温度为14℃，海拔在900—1200米。葡萄园面积大约覆盖13000公顷。

乌科山谷以其盛产优质的葡萄著称，因而酿出的葡萄酒也适宜长期窖藏。这里凭借其高海拔和葡萄酒酿造技术，已经吸引了丰厚的投资。

传统种植的葡萄品种主要是赛美蓉（Semillon）和马尔贝克，其次是勃纳达（Bonarda）和巴比拉（Barbera）。在最近种植的葡萄园中，果农们更偏爱成熟期中等的品种，比如梅洛、黑品诺，它们都能在短时间内达到最佳成熟期。

较低的地区多种植赤霞珠和莎当妮。莎当妮的收获期较早，用以保障起泡葡萄酒中绝佳的酸度水平。这个地区产的西拉也很受欢迎。

门多萨东部区域

这个区域是门多萨省最大的葡萄酒酿造地。葡萄种植面积占门多萨全省的一半，是南美洲最重要的葡萄栽培绿洲。这片广阔平坦的土地位于南纬33°，区域面积覆盖胡宁（Junin）、里瓦达维亚（Rivadavia）、圣马丁（San Martin）、圣罗莎（Santa Rosa）、拉巴斯（La Paz）市和迈普部分地区。海拔高度在640–750米。作物灌溉来自图努扬（Tunuyan）河和门多萨河。

这个地区的土层深，土质粗糙，排水条件良好。近几十年里，随着葡萄园管理的改进和酿酒技术的现代化，逐渐酿造出香浓醇厚且呈现品种独特的葡萄酒。

门多萨南部区域

位于南纬34.5°—35°之间的这片区域，覆盖安第斯山脊丘陵地带的圣拉斐尔（San Rafael）地区和阿尔韦亚尔将军（General Alvear）地区。阿图埃尔河（Atuel）和迪曼特河（Diamante）灌溉着这个地区。一个名为“圣拉斐尔”控制命名生产基地（DOC）已经成立，酿造优质香槟和普通葡萄酒。

葡萄园的种植区域分布从海拔450米的卡门萨区（Carmensa）和阿尔韦亚尔将军（General Alvear）区，遍布到海拔800米以上的Las Paredes、Cuadro Nacional区。

圣拉斐尔（San Rafael）

葡萄树依靠迪阿曼特（Diamante）河水灌溉。年平均温度为15℃。葡萄树种植面积大约有22000公顷，占门多萨省总葡萄种植面积的15%。这里还拥有200个酒庄，大多是由100年前来到这里的欧洲移民建立。

这一区域盛产白诗南（Chenin blanc），保证了该地区产出新鲜饱满的白葡萄酒。

莎当妮也是这一地区具有标志性的葡萄种植品种。同时这一地区也盛产许多闻名的红葡萄酒，原料采用马尔贝克和赤霞珠的尤其优秀。

门多萨北部地区

这一地区拥有全省海拔最低的一些区域，主要依靠门多萨河来灌溉作物。这里分布着Lavalle（门多萨城的东北边）、迈普、Guaymallen、Las Heras和圣马丁（San Martin）区。

这里主要是典型的门多萨荒漠土壤带，以小规模葡萄种植园为主。葡萄园的分布介于海拔550—700米之间。总体来说，地势纵深，坡度不明显。年平均温度为16℃。土壤质地优良。

这一地区盛产白葡萄酒，如白诗南、佩德罗—希梅内斯（Pedro Ximenez）、白玉霓（Ugni Blanc）和托龙特斯（Torrontes Riojano）。

这些品种的酸度稍低，因此收获期很早。不管怎样，这些品种酿造出的葡萄酒果味浓郁，气味芬芳，品质卓越，是生产顶级葡萄酒的理想选择。

淡红色的葡萄酒很好发挥了品种的优良特性。这个地区的马尔贝克色泽饱满。西拉、勃纳达（Bonarda）和巴比拉（Barbera）品种的葡萄酒也以鲜艳的色泽和独特的水果香气著称。总体来说，这些酒果味香浓，不宜长期窖藏。

里奥内格罗（Rio Negro）省和内乌肯（Neuquen）省上游山谷

这一地区穿过巴塔哥尼亚高原，位于南纬30度，利迈（Limay）河和内乌肯河沿岸。葡萄园种植面积超过32700公顷。

内乌肯省San Patricio del Chanar地区以生产优质的葡萄酒而闻名。这里是一片真正的葡萄酒绿洲，产出了一些卓越的葡萄酒。

这里是位于阿根廷最南端的葡萄种植区域，也是海拔最低的区域（约海拔400米）。该地区呈大陆性气候环境，干燥，温差明显，多风。这一地区的生态环境适宜白葡萄的种植，如莎当妮和长相思。

这里产出的长相思除了其典型的特性外，果实还散发出独特的烟熏气味，这在阿根廷其他地区很难发现。这里也盛产一些优质的红葡萄酒，特别是成熟期居中的那些品种。这里的梅洛和黑品诺达到了其品种的最佳状态，因为它们属于成熟期较短的品种。

嘎贡酒厂

Bodegas Excorihuela

1880年，年仅19岁的嘎贡（Miguel Escorihuela Gascon）从西班牙的阿拉贡来到阿根廷。

1884年，嘎贡终于成功购得17公顷的土地用来种植葡萄，并开始建立嘎贡酒厂（Bodegas Excorihuela）。

嘎贡酒厂收获季节

1933年嘎贡先生去世，酒厂由其侄子和其他创建人共同掌管。到1942年，数个Escorihuela商标已取得广泛的知名度。他们可能生产着世界上最早的100%马尔贝克葡萄酒，而“Carcassone”红葡萄酒则成为庇隆总统的最爱之一。1993年卡特勒（Nicolas Catena）先生收购酒厂，并进行投资，使嘎贡酒厂再次成为阿根廷最著名的酒厂之一。

嘎贡酒厂坚信好的葡萄酒源自好的葡萄，因此选择那些位于门多萨最主要葡萄种植区的葡萄园和长期葡萄种植户作为原料来源。

嘎贡酒厂的葡萄酒产品5年前才开始出口，但目前其产品已在超过22个国家销售。嘎贡酒厂在2008年的出口达到300万瓶。在拉美地区，巴西、秘鲁、哥伦比亚和乌拉圭是嘎贡酒厂重要的出口市场。在欧洲，英国、丹麦、比利时、瑞士和荷兰是主要的出口市场。

马尔贝克这个阿根廷种植最多的品种，本来在法国只是不起眼的配角，来到阿根廷门多萨省，酿出来的酒竟然表现得浑厚饱满复杂丰郁，成为独当一面的品种。

在高海拔的门多萨荒原上，马尔贝克茁壮成长着。充足的阳光，葡萄成熟得更加饱满，给此品种的葡萄带来浓郁的颜色及口感。

马尔贝克酒颜色黯红高贵，新酒有紫罗兰的芳香，陈年的则有松露的迷人香气，普遍受到阿根廷当地人的肯定与喜爱，也多次在英国、法国、美国、加拿大和加勒比海等国际酒展中获奖，从此成为阿根廷红酒的骄傲。

1884马尔贝克陈酿干红葡萄酒

1884 Malbec Reserve

此款酒由种在海拔950米的阿格列罗葡萄园和1250米的Altamira葡萄园的葡萄酿成。每年3月最后一周和4月第一周手工采摘葡萄，在100%的不锈钢桶中进行发酵，30天浸皮，温度控制在25℃。然后在50%的法国橡木桶和50%美国橡木桶中陈酿8个月。

品鉴：1884马尔贝克，呈现出高贵的深紫红色，果香醇厚，配有红李子的芳香，酒体平衡，柔滑且集中的单宁味道，回味颇为隽永。推荐配菜：烤鸭、黑椒牛柳及口味偏重的菜式。

希库斯·马尔贝克干红葡萄酒

Circus Malbec

朱利奥·恺撒在公元前50年开始带领自己的第十三军团进行罗马帝国的征服，他给人民带来面包和戏剧，而当时的戏剧就称为希库斯，恺撒大帝因此获得了人民的拥戴。使用相同的名称的希库斯系列葡萄酒，醇厚和富有表现力的口感，让人备感愉悦。

品鉴：S.A.E.V. 门多萨爱斯科里埃拉酒庄生产装瓶。它是一款青年风格的葡萄酒，热烈紫红色酒体，有着深色浆果的香气，令人愉悦的淡淡的单宁气息，口感优雅。

限量版马尔贝克干红葡萄酒

Limited Production Malbec

此款酒采用海拔950米的阿格列罗葡萄园的葡萄。每年4月的第一周进行人工采摘，在100%的不锈钢桶中发酵，28天浸皮，发酵温度控制在25℃—28℃。最后在50%的法国橡木桶和50%的美国橡木桶中陈酿12个月，出厂之前再进行2年的瓶中陈酿。

品鉴：此款酒有着如紫罗兰般的红色酒体，带有黑醋栗和成熟深色果实的香气。由橡木桶贮藏而生成香草、巧克力和咖啡的味道。富含果味而平滑的酒体伴着淡淡的单宁香气，优雅而回味悠长。

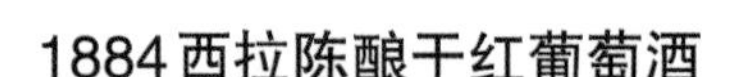

1884西拉陈酿干红葡萄酒

1884 Syrah Reserve

此款葡萄酒是由每年3月最后一周和4月第一周手工采摘的马尔贝克葡萄酿造，在100%不锈钢桶发酵，28天浸皮。在60%的法国橡木桶和40%的美国橡木桶中陈酿8个月。

品鉴：带有紫罗兰般红色的酒体，醇厚的成熟深色水果香气，伴随着香草和巧克力的味道，入口饱满深厚。

限量版西拉干红葡萄酒

Limited Production Syrah

此款酒采用950米海拔的阿格列罗葡萄园的葡萄。每年4月的第一周进行人工采摘，在100%的不锈钢桶中发酵，21天浸皮，发酵温度控制在25℃—28℃。最后在60%的法国橡木桶和40%的美国橡木桶中陈酿12个月，出厂之前再进行2年的瓶中陈酿。

品鉴：门多萨爱斯科里埃拉酒庄生产装瓶，伴有成熟红色果实的香气，酒体呈现出热烈的红色。橡木桶赋予香草和咖啡的气息，酒体醇厚、浓郁而回味悠长。

1884赤霞珠陈酿干红葡萄酒

1884 Cabernet Sauvignon Reserve

此款酒由每年4月最后一周手工采摘的葡萄酿制而成，在100%的不锈钢桶中发酵，21天浸皮，发酵温度控制在28℃。100%法国橡木桶陈酿10个月。

品鉴：具有红宝石色酒体，橡木桶赋予的醋栗及深红色水果和咖啡的混合香气。醇厚且回味持久，滑润的单宁令人愉悦。

限量版赤霞珠干红葡萄酒

Limited Production Cabernet Sauvignon

此款酒采用海拔950米的阿格列罗葡萄园的葡萄酿成。每年4月的第三周进行人工采摘，在100%的不锈钢桶中发酵，30天浸皮，发酵温度控制在30℃。最后在100%的法国橡木桶陈酿12个月，出厂之前再进行2年的瓶中陈酿。

品鉴：具有强烈紫红色和辛辣的口感，橡木桶赋予香草、巧克力和咖啡的感觉，入口复杂、热烈而平滑。

希库斯赤霞珠干红葡萄酒

Circus Cabernet Sauvignon

朱利奥·恺撒在公元前50年开始带领自己的第十三军团进行罗马帝国的征服，他给人民带来面包和戏剧，而当时的戏剧就称为希库斯，恺撒大帝因此获得了人民的拥戴。

品鉴：使用相同的名称的希库斯系列葡萄酒，醇厚和富有表现力的口感，让人备感愉悦。它是一款青年风格的葡萄酒。充满活力的红色酒体，伴随红色果实和淡淡黑醋栗的香气，带有橡木烘烤的气息，入口热烈而清新。S.A.E.V. 门多萨爱斯科里埃拉酒庄生产装瓶。

1884桑娇维塞陈酿干红葡萄酒

1884 Sangiovese Reserve

此款葡萄酒是于3月最后一周和4月第一周经过手工采摘的葡萄酿制而成。酿造时长6个月。80%的时间在法国橡木桶内，20%在美国橡木桶内。
品鉴：此款酒具有深红色的酒体，醋栗和酸莓的味道，橡木桶赋予的香草、咖啡和巧克力的感觉。入口优雅，回味悠长。

1884维欧尼陈酿干白葡萄酒

1884 Viognier Reserve

此款酒由每年3月第三周手工采摘的葡萄酿制而成，在90%不锈钢桶和10%法国橡木桶发酵，温度控制在15℃。
品鉴：此款酒拥有淡金黄色的颜色，浓郁蜂蜜和柑橘、水蜜桃等果香，以及一些花香。入口酸度还好，很柔和，余味也很悠长，有些油脂的感觉，很圆润却不腻，平衡性很好。

1884干白起泡葡萄酒

1884 Extra Brut Sparking Wine

葡萄品种：70%莎当妮，30%黑品诺。
品鉴：这款酒柔和细腻，充满泡沫，是通过将莎当妮的清爽与黑品诺的细腻芬芳和酒体加以正确调和而成。散发着桃子和菠萝的清新香味，兼有新鲜面包的柔和气味。口感清冽、圆润、柔和、饱满、丰富、回味持久。

希库斯长相思干白葡萄酒

Circus Sauvignon Blanc

朱利奥·恺撒在公元前50年开始带领自己的第十三军团进行罗马帝国的征服，他给人民带来面包和戏剧，而当时的戏剧就称为希库斯，恺撒大帝因此获得了人民的拥戴。使用相同的名称的希库斯系列葡萄酒，醇厚和富有表现力的口感，让人备感愉悦。
S.A.E.V.门多萨爱斯科里埃拉酒庄生产装瓶。

总统之选干红葡萄酒

The President's Blend

将近1个世纪前，嘎贡酒厂生产了使用在门多萨地区生长得最好的葡萄酿造的第一款以马尔贝克为主的红葡萄酒。阿根廷连任两届总统胡安·庇隆及夫人艾薇塔对嘎贡酒庄1940年份的这款酒格外钟爱。此款以胡安·庇隆总统命名的“总统之选干红葡萄酒”的诞生则是对这位阿根廷人最喜爱的总统的敬意。

葡萄品种：85%马尔贝克（Malbec）、5%西拉（Syrah）、10%赤霞珠（Cabernet Sauvignon）

品鉴：此款酒的葡萄生长在安第斯山脉高海拔地区，在葡萄成熟时，采用清晨人工采摘的方式。在全新的橡木桶中发酵13个月，其中60%的时间在法国橡木桶，40%的时间在美国橡木桶。此款酒透露出宽广浑厚的特征——深红带有紫罗兰色的酒体，黑莓、洋李和红色水果的香气，伴随着咖啡和香草的味道，天鹅绒般爽滑的口感，带有甘甜的单宁的口味，口感醇美饱满。

钻石酒庄

Diamandes

安第斯钻石酒庄属于邦尼（Bonnie）家族，这个家族拥有法国波尔多地区的格拉芙列级酒庄马拉蒂克（Chateau Malartic-Lagraviere）。2005年Bonnie家族决定走向新世界寻找新视野，经过对风土及产区的认真分析，最终在阿根廷安第斯山脉脚下的门多萨山谷中心位置购入了130公顷的葡萄园。在传统的波尔多酿酒团队与前卫的阿根廷团队的共同努力下，安第斯钻石酒庄的第一款作品“安第斯钻石珍藏干红葡萄酒2007”问世，立即获得许多专业杂志好评。毫无疑问，安第斯钻石酒庄是阿根廷葡萄酒史上的一颗新星，并将冉冉上升，最终发出钻石般的巨大潜力。

由马尔贝克品种带来的红樱桃和紫罗兰花的经典香气与西拉品种的辛香相互编织融合。入口后，首先呈现出马尔贝克的经典果香，之后由西拉带来更多肉质香味。尽管结构紧实，但是成熟的果味为酒体带来柔和口感。这款酒需要充足的醒酒时间来展现其出色的品质。

卡迪那·萨帕塔

Catena Zapata

上图 卡迪那·萨帕塔酒庄
下图 酒庄庄主和女儿

世界最具权威的葡萄酒专家罗伯特·帕克在其出版的《全球最出色酒》一书中将卡迪那·萨帕塔列入唯一入选的阿根廷酒庄。最新一期的《Decanter品醇客》杂志更将卡迪那·萨帕塔置于封面，并列为新世界偶像酒的今日巨星酒款。卡迪那·萨帕塔同时也是法国顶级酒庄拉菲酒庄（Chateau Lafite Rothschild）的正式合作伙伴，酒庄的国际地位早已获同行专业人士的肯定。

“这款酒正点，单宁明明很强劲，喝起来却很优雅，就像一趟豪华的夜车之旅，车窗外安静流动的黄昏景色，温柔地迎接踏上归途的旅人，不是为了抵达目的地，而是为了享受旅行。而为这款酒增添优雅与华丽感的最大要素，是来自大自然的恩惠，如同列车之旅的聚光点不在列车本身，而在车窗外的风景”。

“这款酒我喝起来拥有嚼花瓣的香气”！

卡迪娜珍藏款

Catena Zapata

葡萄园：阿格列罗县金字塔葡萄园
葡萄品种：77%赤霞珠（Cabernet Sauvignon）、20%马尔贝克(Malbec)、3%味儿多（Petit Verdot）
陈酿时间：24个月，100%全新法国橡木桶
酒精度：13.5%
品鉴：此款葡萄酒是从卡迪娜葡萄园里选择最好的赤霞珠和马尔贝克制成。第一批卡迪娜珍藏款酿造于1900年，是门多萨赤霞珠丰收的一年。于1995年进入市场，在一系列大型的红酒品评比赛中屡次打败世界级名酒，获得第一或第二名。此酒只在特殊年份酿造。
此款葡萄酒色泽饱满，深紫色并带有宝石红色，入鼻香味浓烈复杂，香气使人联想到黑胡椒、成熟的黑醋栗和黑樱桃的香味，雪松、烟草及香料挡不住黑色果香的奔放。入口浓郁，带有红色水果和桉树叶的芬芳。柔和、细致的单宁给了它顶尖的酒体。尾韵优雅、绵长。一款毫无疑问锁定顶级市场的南美洲奢华葡萄酒。

卡迪维・卡迪那・马尔贝克

D.V. Catena Malbec

葡萄园：图彭卡朵地区"阿迪阿娜"葡萄园
葡萄品种：100%马尔贝克(Malbec)
陈酿时间：100%法国橡木桶陈酿24个月
酒精度：14%
品鉴：深红色，略带紫罗兰色，气味浓郁、复杂，味觉被黑醋栗、覆盆子和紫罗兰花香气味覆盖，这也是此款葡萄园产品的特色所在。橡木陈酿的过程增加了微妙的香草、烟草和利口酒的香味。上颚感觉到充分的甜味，复合酒香，带柔滑单宁，酒香持久，回味悠长。
搭配：可搭配肉类和野味菜肴。

卡迪维・卡迪那・马尔贝克—马尔贝克

D.V. Catena Malbec Malbec

葡萄园：伦伦塔地区安吉里卡葡萄园，阿哥列罗地区金字塔葡萄园
葡萄品种：100%马尔贝克(Malbec)
陈酿时间：法国橡木桶中陈酿18个月（50%为新桶）
酒精度：14%
品鉴：卡迪维.卡迪那.马尔贝克—马尔贝克由来自不同葡萄园的马尔贝克葡萄混合制成。安吉里卡葡萄园生产的梅子口味的成熟葡萄，丝质柔滑，口感良好。金字塔葡萄园又加入了黑莓浆果及黑胡椒丁香的辛辣口感。产品呈现出浓郁的混合口味，酒香绵长，入口如天鹅绒般柔滑。

卡迪维・卡迪那・赤霞珠—马尔贝克

D.V. Catena Cabernet Malbec

葡萄园：库约阿格列罗地区的金字塔葡萄园，迈普伦伦塔地区的安吉里卡葡萄园
葡萄品种：50%赤霞珠（Cabernet Sauvignon）、50%马尔贝克(Malbec)
陈酿时间：16个月，90%法国橡木桶（30%为新桶）和10%美国橡木桶
酒精度：14%
品鉴：深红色，略带紫罗兰色调。打开，嗅觉立即被产自金字塔葡萄园的赤霞珠香味以及产自伦伦塔地区安吉里卡的成熟黑莓马尔贝克香气所吸引。木桶陈酿过程增加了浓郁的香草、烟草和利口酒的香气。使得酒品呈现出复杂的优雅口感。入口有轻微的甜味和果味，之后被浓郁的香料味和橡木味替代，酒香挥之不去，具有单宁的柔滑感。
搭配：可搭配牛排、精致菜品。

卡迪维·卡迪那·莎当妮—莎当妮

D.V. Catena Chardonnay Chardonnay

葡萄园：图鹏卡朵巴斯蒂亚河谷产区“多明戈”葡萄园，库约阿哥列罗地区的“金字塔”葡萄园
葡萄品种：100% 莎当妮（Chardonnay）
陈酿时间：法国橡木桶和不锈钢桶6个月
品鉴：葡萄园区白天气候温暖，阳光充足，晚上寒冷，使得葡萄的成熟度和成分平衡趋于完美。酒品为强烈的金黄色，略带浅绿色。呈现出金字塔葡萄园成熟热带水果的香味，如菠萝和桃子，辅以“多明戈”葡萄园区所产新鲜柑橘和矿物气味。口感甜而不腻，味蕾为成熟果味所包围，酒味清新持久且酸度适中。

圣菲利西恩·马尔贝克

Saint Felicien Malbec

葡萄园：伦伦塔县安杰丽卡葡萄园
葡萄品种：100% 马尔贝克(Malbec)
陈酿时间：12个月，90%法国橡木桶（30%全新），10%美国橡木桶。
品鉴：此款酒口味优雅而复杂，呈深紫色，颜色深而浓，是典型的马尔贝克颜色。入鼻香味浓烈集中，有成熟桑葚的芬芳和些许烟草，香草以及烈酒的香味。入口甜美，口味复杂，柔和细致的单宁是此款葡萄酒的特征。持久浓郁的尾韵显示了阿根廷马尔贝克的巨大潜力。

艾拉莫·梅洛

Alamos Merlot

葡萄园：图彭卡朵，阿格列罗
葡萄品种：100% 梅洛（Merlot）
陈酿时间：在法国橡木桶和美国橡木桶中陈酿9个月
品鉴：此款酒的颜色是深紫罗兰色，鼻子可以深深嗅到红色水果和成熟李子的香气以及巧克力和烧烤的细致味道。口感柔和，质地细腻如丝，其味道来自红色的果酱，柔和的单宁和均衡的酸度及高雅的特质使其余味绵延悠长，脱颖而出。

艾拉莫·西拉

Alamos Syrah

葡萄园：图彭卡朵，阿格列罗
葡萄品种：100% 西拉（Syrah）
陈酿时间：在法国橡木桶和美国橡木桶中陈酿9个月。
品鉴：呈现出带紫罗兰色调的鲜艳紫色。香气浓郁，充满黑色水果和细致的泥土气息还有咖啡的味道。品在口中，该葡萄酒分层，有黑色水果甜甜的味道和来自橡木桶的淡淡的巧克力和甜香料的气息。单宁成熟柔软，余味绵延悠长。

艾拉莫·赤霞珠

Alamos Cabernet Sauvignon

葡萄园：文森特葡萄园，金字塔葡萄园
葡萄品种：100% 赤霞珠（Cabernet Sauvignon）
陈酿时间：在法国橡木桶和美国橡木桶里陈酿8个月
品鉴：艾拉莫葡萄园精选长相思葡萄酒凸显了产自门多萨高海拔地区的该经典品种的巨大潜力。有着深红宝石的颜色，散发出带有桉树和薄荷气息的浓郁的红色水果的香气。口感是带有淡淡的雪松、香料和黑胡椒气息的像黑醋栗和李子这些成熟的果实的味道。单宁圆滑成熟，结构如丝般柔滑。

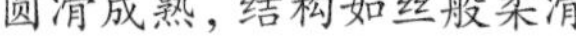

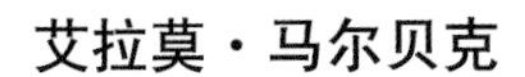

艾拉莫·马尔贝克

Alamos Malbec

葡萄园：文森特葡萄园，艾拉莫葡萄园，拉塔塔葡萄园
葡萄品种：100% 马尔贝克（Malbec）
陈酿时间：在法国橡木桶和美国橡木桶中陈酿8个月
品鉴：艾拉莫葡萄园特选马尔贝克葡萄酒，呈现迷人的透出黑色的紫罗兰色。鼻子嗅到的香味可以让人联想到黑樱桃和成熟的黑莓及带有香草和橡木烧烤般的味道。其口感集中了成熟的黑醋栗和覆盆子的味道以及巧克力和甜香料的风味。单宁柔滑如丝使得余味悠长持久。该葡萄酒是烤肉、通心粉和奶酪的佐餐佳品。

菲丽酒庄

Achaval—Ferrer

菲丽酒庄（Achaval—Ferrer）位于阿根廷门多萨产区（Mendoza），成立于1998年，由来自阿根廷的曼努埃尔·费雷尔（Manuel Ferrer）、圣地亚哥·阿卡阀（Santiago Achaval）、马赛洛·维多利亚（Marcelo Victoria）、迪亚哥·罗所（Diego Rosso）以及来自意大利的提香·维多利亚（Tiziano Victoria)、罗伯托·奇普里索（Roberto Cipresso)共同建造而成。这是一支由酿造出色葡萄酒的梦想家们组成的团队。他们怀着对大自然土地的崇高敬意，致力于酿制出国际顶级的葡萄酒。奇普里索是意大利著名的酿造专家，被意大利侍酒协会指定为“意大利最出色的葡萄酒专家”。圣地亚哥和迪亚哥主要负责门多萨地区的运营，而马赛洛和曼努埃尔负责销售和市场营销。

菲丽酒庄拥有多个葡萄园，都位于海拔700—1100米的位置。这里拥有最合适的土壤、日夜温差较大的沙漠气候和安第斯山融化的雪水灌溉，是栽培红葡萄品种的最佳气候环境。葡萄园主要种植马尔贝克（Malbec）葡萄树，其中包含一些树龄超过30年的低产量的优质葡萄树。

酒庄年产葡萄酒12000箱（750ml×12瓶）。葡萄酒的低产量保证了酒庄在每一个生产环节的高品质，也允许葡萄园更加具有个性化。剪枝、人工采摘、滴灌技术等，和当地自然条件的配合，都是为了控制产量，让葡萄树集中精力生长出小颗粒的、浓缩的、含水量低的果粒。由此生产的葡萄酒浓郁复杂，单宁坚实，结构感强，也体现了门多萨的风土特点。

菲丽酒庄经过十多年的发展，已经获得了葡萄酒评论界的广泛好评。著名酒评家罗伯特·帕克（Robert Parker）表示，“菲丽酒庄已经成为阿根廷的顶级酒庄”。值得一提的是，菲丽芬卡阿尔塔米拉马尔贝克干红葡萄酒（Malbec Finca Altamira）已经连续多年入围葡萄酒世界权威杂志《葡萄酒观察家》百大葡萄酒名单。

菲丽酒庄系列干红葡萄酒

菲丽·马尔贝克干红葡萄酒

Achaval Ferrer Malbec

品鉴：浓烈的紫罗兰香和矿物质感贯穿其中，使丰富、可口的树莓和醋栗的味道突出而活跃。余味持久深沉，浓烈。

菲丽至臻马尔贝克干红葡萄酒

Achaval Ferrer Quimera

品鉴：由马尔贝克、梅洛、赤霞珠、品丽珠、味儿多五个品种的葡萄混酿而成，果香浓郁，单宁柔和。

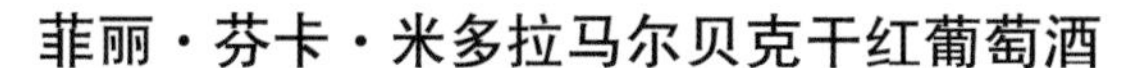

菲丽·芬卡·米多拉马尔贝克干红葡萄酒

Achaval Ferrer Finca Mirador

品鉴：表现为黑色水果色泽，整体口感纯粹集中，结构非常平衡，品质高雅。深邃的紫罗兰香和矿物质味道及酸度，表现出压榨过的越橘、李子及黑莓之香的长久回味。

斯帕多内的神猎者酒庄

Bodegas San Huberto

斯帕多内的神猎者酒庄（Bodegas San Huberto）在阿根廷有着上百年的葡萄酒酿造经验，是阿根廷最知名的酒窖之一。这个酒庄酿制的葡萄酒已经出口到世界35个国家和地区。

在马尔贝克的故乡——门多萨，它在卢又德库约（Lujan de Cuyo ）的Vistalba，拥有历史悠久的酒庄，在此产区，干燥的气候、寒冷的冬天、温和的春天、凉爽的夏天以及当地石灰石黏土，都为生产独特口感且声望高的葡萄酒提供了有利的条件。

位于阿根廷拉里奥哈省贝拉峰山脚下的阿珉迦谷产地，有着不同寻常的气候条件：沙质土地，气候干燥而终年降雨量极少，气温高，全年平均300天的强烈日照，为葡萄的生长提供了极好的条件。此外，葡萄庄园位于海拔1450米的安第斯山脉，这里的微型气候对生产葡萄酒是极其完美的。它利用雨雪融化水和地下水进行葡萄灌溉，为葡萄的生长、成熟提供了无比优越的环境。

神猎者酒庄随后选择中国来继续发展他们的葡萄酒生意，并且希望借此打开亚洲市场。

妮娜·皮特·味儿多干红葡萄酒

Nina Petit Verdot

这是San Huberto的一款由100%味儿多葡萄酿造的葡萄酒，在波尔多红酒中成为无名英雄。此款酒葡萄全部采用人工采摘，并在橡木桶中陈酿12个月，随后在出厂前又在酒瓶中进行12个月陈酿。带有墨水的深色酒体和集中的果香。

品鉴：此款酒拥有复杂的口感以及香气。首先出现在口中的是强烈的水果味，紧接着是淡淡的香料味道，最后是柔和的胡椒和香草味道。这款酒口感极其圆润，中等酒体给口中留下丝滑的感觉。成熟的单宁、酸度以及酒精带来了均衡的口感。

娜丽亚拉珍藏马尔贝克干红葡萄酒

Naiara Malbec Reserva 2006

品鉴：娜丽亚拉珍藏马尔贝克干红葡萄酒佳酿流露出它优雅的格调和优秀的品质。美妙的丰厚果肉的感觉和黑色浆果的香气显于其中，具有非凡的酿造工艺的马尔贝克拥有诱人的红宝石色、美丽的酒体和橡木桶的触觉。

帝卡尔—爱国者干红葡萄酒

Tikal Patriota

葡萄品种：60%勃纳达（Bonarda）、40%马尔贝克（Malbec）

陈酿时间：70%在法国橡木桶（其中的40%为新桶），30%在旧的美国橡木桶中陈酿

酒精度：14.5%

净含量：750ml，3000ml

品鉴：具有绚丽紫色的酒体充满樱桃及浆果的芳香。入口感觉酒体饱满、充实而平衡，仿佛一下子喝进了一大碗的混合浆果汁一样，味道充沛。可以品味出其层次多样的香味，具有黑莓、樱桃和可可的味道，最后会以隐约的熏烤香料的尾韵收尾。

搭配：此款红酒配搭烤制的牛肉或猪排、烟熏火腿肉，甚至是带有肉的比萨都很完美。

南非
SOUTH AFRICA

南非葡萄酒在中国

销量

2012年南非葡萄酒出口量打破了2008年4.07亿升的纪录，达4.17亿升，较2011年增长17%。南非葡萄酒协会首席执行官Su Birch分析，这跟有力的汇率密切相关。另外，来自竞争对手——欧洲、拉美国家、澳大利亚和新西兰的葡萄产量均有所下降也为南非葡萄酒带来利好。

南非目前是世界第八大葡萄酒生产国，每年产酒8亿升，一般用于出口，主要出口英国、德国、瑞典、荷兰。中国2012年首次进入南非前十大出口国，但只占1%，是出口的很小一部分。虽然现在南非葡萄酒在中国市场的比例不到3%，但在过去三年中每年增长率都超过了50%。

成长性

南非葡萄酒的性价比非常高，而且比较能够适应中国消费者的口感。就南非目前的环保、可持续性的酿酒实践来说，南非甚至还有机会成为全球酿酒产区的“楷模”。不过由于装瓶业的垄断，2012年散装酒占总出口量的59%。

未来趋势

2012年南非葡萄酒产量的逆势增长，让南非葡萄酒更加重视在中国市场的推广。南非葡萄酒联合会（South African United Wine，简称SAUW），聚集了中国最专业的南非葡萄酒进口经销商，拥有近百个南非名庄在中国大陆的总代理权或运营权，是中国最大的南非葡萄酒组织，是南非驻华大使馆、南非葡萄酒协会(WOSA)及西开普政府等在中国推广南非葡萄酒的执行机构。在2012年，该机构相继组织了3月成都糖酒会、6月烟台国际葡萄酒节、北京金茂威斯汀大酒店和10月在福州秋季糖酒会上的官方推广活动。

在中国市场的未来推广方面，Michaela Stander表示，目前首要的是将南非作为一个国家推广。“消费者的教育很重要，我们将很多材料翻译成了中文，南非酒业协会的官网会出中文版，方便中国消费者了解葡萄酒知识。第二是和葡萄酒进口商保持密切联系。第三是加强旅游的推广。”

南非葡萄酒产区
Wine Regions of South Afirca

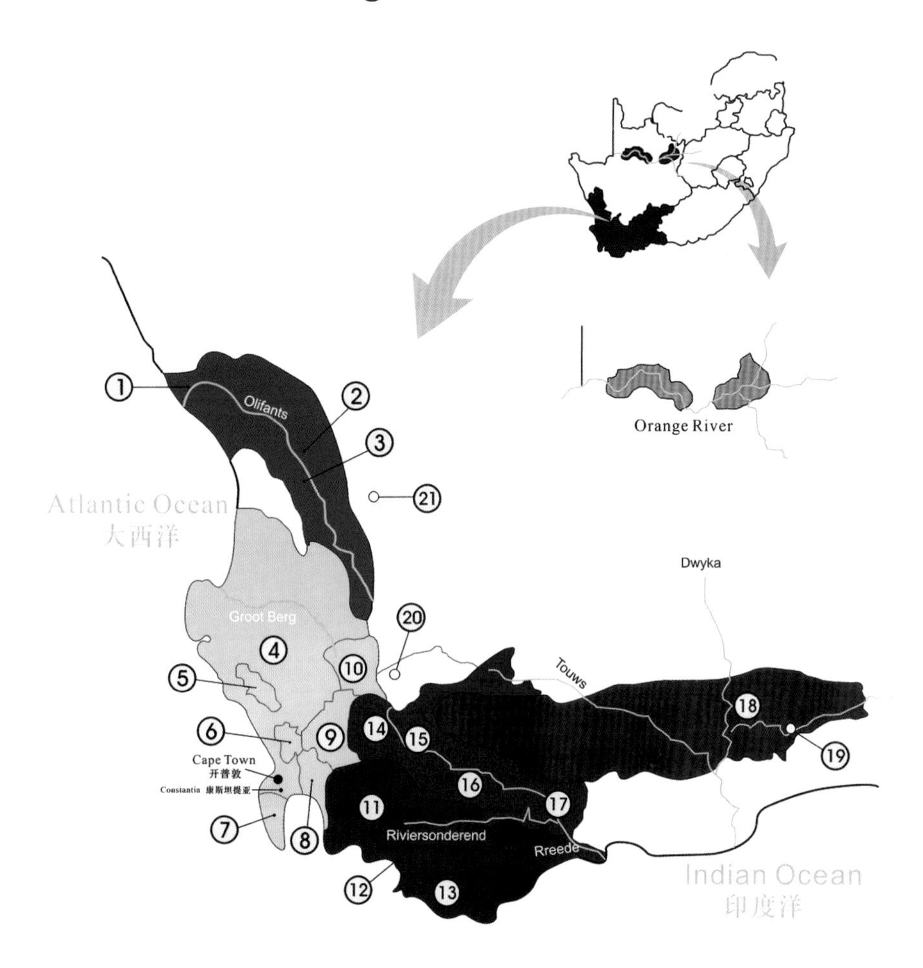

Olifants river region 奥勒芬兹河产区

1. Lutzville Valley 路慈威尔谷
2. Citrusdal Valley 西绪达尔谷
3. Citrusdal Mountain 西绪达尔山

Coastal region 海岸地区

4. Swartland 斯瓦特兰
5. Darling 达令
6. Tygerberg 泰格伯格
7. Cape Point 开普泼引
8. Stellenbosch 斯泰伦博斯
9. Paarl 帕尔
10. Tulbagh 图尔巴

Districts not part of a region 次产区

11. Overberg 奥弗贝格
12. Walker Bay 沃克湾
13. Cape Agulhas 开普厄加勒斯

Breede river valley region 布瑞德河谷产区

14. Breedekloof 布瑞德克鲁夫
15. Worcester 伍斯特
16. Robertson 罗伯特森
17. Swellendam 史威兰登

Klein karoo 克雷卡茹

18. Calitzdorp 卡利兹多普

○ Wards Region 沃兹产区

19. Ceres 色瑞斯
20. Cederbers 赛德贝
21. Langkloof 朗克鲁夫

南非目前是世界上6大有名的葡萄产区之一，它所产的葡萄酒占世界总产量的3%。它的主要葡萄酒生产区位于开普敦地区。开普敦地区处于非洲顶端地带，具有典型的地中海式气候。

南非有300多年的葡萄酒酿酒历史，1652年，荷兰人率先登陆这片土地，他们认为这里的气候和土壤十分适合葡萄种植，因此创建了第一个葡萄园，开创了南非的葡萄酒酿造历史。

1688年，法国的胡戈诺派新教徒为逃避法国天主教的迫害来到南非，他们推动了南非葡萄酒酿造业的发展。

拿破仑战争切断了法国葡萄酒向英国的供应，使得开普敦的酿酒业在18世纪得到了蓬勃的发展。然而战争后南非向英国出口的葡萄酒量大幅萎缩，加上1886年的病灾毁灭了南非大片的葡萄园，从此南非葡萄酒业几近陷入混乱。

随着1918年南非葡萄种植者合作协会(KWV)的成立，南非的葡萄酒酿造业恢复了稳定，至今，南非葡萄酒业已经发展到拥有葡萄园面积10万公顷，产量达到6亿多升的规模，全国拥有560多个酒窖或葡萄酒厂，成为世界第九大葡萄酒出产国。

在南非，葡萄栽培主要集中在南纬34度的地中海式气候区域，该区域内西部气候凉爽，有着理想的大规模种植优良葡萄品种的条件，形成了从海边向内陆不超过50公里的葡萄种植和酿酒区域。

开普敦山脉从天幕一直绵延到这一世界上最美丽的葡萄酒产区。葡萄园主要集中在山谷两侧和山麓的丘陵地区，这使得葡萄种植能够获益于多山地形和不同地质所带来的多样的区域性气候。

这里拥有高低不平的地势以及山谷坡地的多样性，再加上两大洋交汇，尤其是大西洋上来自南极洲水域寒冷的班格拉洋流向北流经西海岸，减缓了夏季的暑热。白天，有习习吹来的海风，晚间则有富含湿气的微风和雾气。适度的光照也发挥了很大作用。这样，地形差异和区域性气候条件创造了葡萄品种和品质的多样性。

南非被认为是人类的摇篮。开普敦葡萄酒产区这片古老的土地，地形及土壤各不相同。在沿海地区，多是砂质岩和被侵蚀的花岗岩，地势较低处则被页岩层层包围。而靠内陆的区域则以页岩母质土和河流沉积土为主。

葡萄品种

品诺塔吉（Pinotage）：黑品诺与神索葡萄的杂交，具有特殊的辛香，高酒精度。

白诗南（Chenin Blanc）：高酸度，可抗病毒、酿造干型或甜型葡萄酒。

鸽笼白（Colombard）：酿造白兰地。

亚历山大麝香（Muscat of Alexandria）：酿造餐后甜酒。

上图 南非开普敦沿海区的黑地产区葡萄园
下图 收获季节的庆祝活动

葡萄酒产区

康斯坦提亚 (Constantia Ward)

历史上著名的康斯坦提亚山谷是康斯坦提亚甜葡萄酒的发源地，这种酒在18和19世纪闻名于世。在这条葡萄酒之路上，分布着为数不多的酒窖，他们保留着酿造卓越品质葡萄酒的传统。葡萄园毗邻塔尔布山的延伸部分康斯坦提亚堡，山下便是开普敦城及其郊区。这里种植的葡萄也得益于5—10公里以外的佛斯湾吹来的凉爽海风。

达岭 (Darling)

达岭遍布优质葡萄庄园，另外由于它距开普敦只有一小时路程而对旅游者的吸引力越来越大。该地区的Groenekloof小区靠近凉爽的大西洋，以出产高品质的长相思干白而闻名遐迩。

德班山谷 (Durbonville)

像康斯坦提亚一样，德班山谷的干地葡萄园非常靠近开普敦。这里有4个酒庄和3个葡萄酒酿造厂，主要位于靠海的起伏坡地上。不同的地貌和海拔，孕育了以红葡萄为重点的多种葡萄酒。该地区生产的长相思干白和梅洛被世人熟知。

克林卡鲁 (Klein Karoo)

这个狭长的区域从蒙地桂一直到奥茨霍恩，气候稍嫌极端，夏日较暖而降水较少。葡萄种植往往是在灌溉水充沛的河谷区。克林卡鲁生产南非最负盛名的几种加强型葡萄酒，如卡利兹卓布区出产高品质的波特酒。

北开普 (Northern Cape)

开普最北部的种植区，也是第四大产区。它一直沿奥兰治河延伸，是最温暖的地区，面积超过15000公顷。是最重要的白葡萄酒产区，红葡萄——尤其是梅洛、皮诺塔吉以及西拉种植越来越多。

奥勒芬兹河 (Olifants River)

这是沿奥勒芬兹河宽阔山谷的一片带状区域。与其他的开普产酒区相比，这里也较为温暖，降水稀少。而细致的叶幕管理技术，保障了葡萄能借叶片遮挡阳光。同时，结合现代化的酿酒技术，奥勒芬兹河地区成为了一个重要的优质、高价值葡萄酒的基地。该区内包含较凉爽、高海拔的塞德堡和皮克涅库夫区。

奥弗贝格 (Overberg)

新兴的葡萄栽培区如波特河、爱坚和沃克湾分布在较凉爽的南部地区。沃克湾区靠近海滨城市赫尔曼纽斯，是目前南非最好的莎当妮、黑品诺和白索味浓的产地。这些葡萄园中有一部分靠海，能受益于凉爽的海风，土壤是风化的页岩土，非常适合喜欢凉爽气候的品种。

帕尔 (Paarl)

帕尔是离开普敦50公里的一个风景优美的小镇。坐落在由三块巨大的形如圆屋顶的花岗岩形成的岩层下部，岩石中最大的一块被称为帕尔峰。很多品种的葡萄都有在这里种植，如赤霞珠、西拉、皮诺塔吉、白诗南、莎当妮、白索味浓等。

帕尔区内的佛兰夏克被誉为开普地区“烹饪之都”，这里还保持着法国胡格诺教派特征。这个区还包括惠灵顿，一个发展中的葡萄酒产区，生产一些有潜力的葡萄酒，以及最新的西蒙堡—帕尔。

罗贝尔森 (Robertson)

靠布利德河灌溉的罗贝尔森地区被誉为“美酒玫瑰谷”。这里的炭岩土使它很适于放养赛马，当然，也一样适于优质葡萄酒的生产。虽然夏季的气温比较高，但是，有凉爽的带着湿气的东南风吹拂山谷。这里是传统的白葡萄酒产区，以莎当妮最有名。罗贝尔森也是开普地区最令人瞩目的几种西拉产区。另外，还出产加强型甜葡萄酒。

斯泰伦布什 (Stellenbosch)

有着大学城和研究机构的美丽城镇斯泰伦布什，以自己的传统酿酒历史可追溯到17世纪后叶而倍感自豪。在其迅速增长的酒庄和酿造商数量（超过130个）中，也包括一些在开普很出名的名字。这个地区，有历史悠远的酒庄，也有当代的酿造厂，拥有几乎所有尊贵的葡萄品种，以出产多品种调配红葡萄酒而闻名。这里的集中种植区被分为几个小的品种栽培区，包括Simonsberg—Stellenbosch，Jonkershoek，Bottelary，Devon Valley，Helderberg，Papegaaiberg，Koelenhof和Vlottenburg。

黑地 (Swartland)

黑地产区位于开普敦西北，属沿海区。它向北与皮克特堡接壤。翻滚的金色麦浪与碧绿的葡萄园彼此掩映的黑地产区，是浓郁醇厚的红葡萄及高品质加强型葡萄酒的传统产区。近年来，多种红、白葡萄酒令人振奋地获了大奖。这个产区还生产顶级的波特酒。

图尔巴 (Tulbagh)

被Winterhoek山三面环绕的图尔巴产区同时种植着果园和麦田。虽然山地的复杂性造就了多种多样区域性小气候，但夏季气候仍然比较暖和。凭借现今高技术含

工人采摘葡萄

量的葡萄园灌溉管理和先进的栽培实践，这一地区的潜力正在逐步显现。目前，在这个隐蔽的产区里，有两个协作组织和一些葡萄酒酿造厂，其中一些属于新移民。

伍斯特 (Worcester)

伍斯特产区葡萄酒生产以大型合作组织为特色。它也是最重要的白兰地产区。在过去的几年，一些大型生产组织开始出产瓶装优质葡萄酒。该产区占据了布利德河谷的大部分区域及其支流区域。在这里，不同的河谷土壤以及微气候都有所不同。伍斯特附近的罗森乡村，分布着茂密的葡萄园。这条葡萄酒之路上，10公里范围内就有18个酒窖。

安维卡酒庄干红葡萄酒

Anwilka
产区：斯泰伦布什（Stellenbosch）
葡萄品种：66%赤霞珠（Canbernet Sauvignon）、29%西拉（Shiraz）、5%梅洛（Merlot）
陈酿时间：55%法国橡木桶中陈酿10个月
品鉴：评酒大师Robert Parker评语："非常精彩……这是我喝过最好的南非红葡萄酒……"浓郁的黑醋栗和黑莓水果香味，伴随着多重西式香料味，增加芳香的复杂性。多层次深色果实和莓果味，完美均衡的柔软单宁，清新的酸度，恰如其分的木桶味成就出完美优雅的余味。

安维卡酒庄副牌干红葡萄酒

Ugaba
葡萄品种：65%赤霞珠（Cabernet Sauvignon）、34%西拉（Shiraz）、1%梅洛（Merlot）
品鉴：酒体为几乎不透明的深邃黑红色。是一款年轻的酒，伴有红色的成熟浆果和法国橡木桶的淡淡甜香气味。入口感觉为中等酒体，伴有圆润而稳固的单宁，酸度适中。余味中有如黑巧克力和红茶般的令人愉快的回味。

玛丽安酒庄品诺塔吉干红葡萄酒

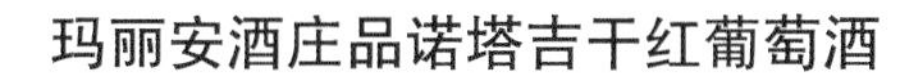

Marianne
葡萄品种：100%品诺塔吉（Pinotage）
年份：2005年
品鉴：酒体散发红浆果，硬叶灌木和香料的味道。整体结构完好，单宁顺滑柔和，回味绵长。无论配合黑巧克力蛋糕或是里脊肉都是最佳搭配。

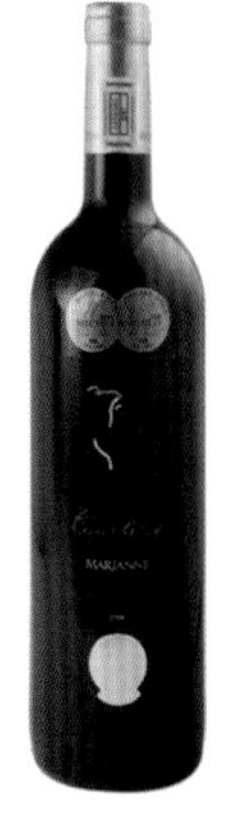

玛丽安酒庄好望角干红葡萄酒

Marianne
葡萄品种：48%品诺塔吉（Pinotage）、43%梅洛（Merlot）、6%赤霞珠（Canbernet Sauvignon）、3%西拉（Shiraz）
陈酿时间：法国橡木桶中陈酿18个月
品鉴：这款南非Marianne酒庄的酒，将南非酒与法国酒完美结合。手工采摘葡萄并分拣，之后陈酿并加以精心的照料。酒体柔和，果味十足，酒的结构完整。是与朋友分享及配搭美食的上佳红酒。

玛丽安酒庄赛琳娜干红葡萄酒

Marianne—Selena

葡萄品种：80%赤霞珠（Canbernet Sauvignon）、15%西拉（Shiraz）、梅洛（Merlot）、及品诺塔吉（Pinotage）

品鉴：在葡萄所含的多酚成熟到适当程度时，由手工采摘下来，并存放在10℃的条件下，以确保其最佳风味及新鲜度。并在这个温度下，进行葡萄压榨，在法国橡木桶中浸皮10天。与使用不锈钢桶浸皮不同，这种方法使葡萄酒香气和颜色更加稳定。

汉密尔顿酒庄

Hamilton Russell

汉密尔顿酒庄
干白葡萄酒

汉密尔顿酒庄是南非最南部也是最靠近海边的酒庄之一，位于风景优美、气候凉爽、沿海的赫麦勒纳德谷，在古老的赫曼努斯渔村后面。该酒庄擅长出产个性突出、带有明显风土特征的黑品诺（Pinot noir）和莎当妮（Chardonnay）葡萄酒。酒庄所产的黑品诺和莎当妮葡萄酒被认为是南非甚至是整个新世界中品质最好的葡萄酒。

该酒庄创始人是蒂姆·汉密尔顿（Tim Hamilton）。1975年，他在拉塞尔（Russell）购买了一块未开发的170公顷土地开始种植葡萄。到1991年，酒庄由其孙子安东尼·汉密尔顿（Anthony Hamilton）接管后，开始大范围缩小葡萄种植范围，只种植黑品诺和莎当妮，并将汉密尔顿拉塞尔葡萄园注册为酒庄，承诺只种植适合当地风土条件的葡萄。自1994年开始，该酒庄开展广泛的土壤研究工作，已确认有52公顷的多石、黏土和页岩土壤是有利于种植优质葡萄品种的土壤，酿造出酒庄个性独特的葡萄酒。

安东尼协同其酿酒师Hannes Storm以及葡萄栽培者约翰·蒙哥马利（Johan Montgomery），致力于将酒庄葡萄园独特的风土特征在所酿成的葡萄佳酿中得到淋漓尽致的展现。为了保证葡萄酒的品质，该酒庄严格控制产量，使该酒庄所产的个性独特、优雅的黑品诺和莎当妮葡萄酒常常处于供不应求的状态。

独特的风土条件使该酒庄出产的黑品诺葡萄酒和莎当妮葡萄酒品质卓越，其中2011年份汉密尔顿拉塞尔黑品诺干红葡萄酒（Hamilton Russell Vineyards Pinot Noir 2011）和2012年份汉密尔顿拉塞尔莎当妮干白葡萄酒（Hamilton Russell Vineyards Chardonnay 2012）是酒庄的明星酒款，受到不少葡萄酒爱好者的欢迎。

澳大利亚
AUSTRALIA

澳大利亚葡萄酒在中国

2012年，澳大利亚出口到中国的葡萄酒达4400万升，增长7%；瓶装葡萄酒总量上涨15%，达3500万升；每升平均单价上涨6%，达到6.38澳元/升。中国成为澳大利亚增长最快的出口市场，出口总量在澳大利亚出口市场中排名第四。

销量

截至2012年12月，澳大利亚葡萄酒全球出口量增长了3%，达到7.21亿升，出口总额为18.5亿澳元（19.5亿美元）。

值得关注的是，单价高于每升10澳元的高端葡萄酒数量上升势头强劲，增长率达40%，达到480万升。在每升单价高于7.5澳元的澳大利亚高端葡萄酒市场中，中国排名第一，其次是加拿大和美国。此外，每升10澳元以上的澳大利亚葡萄酒较2011年总量增长了7.2%，达到了1600万升，价值增长5%，达到了9.14亿澳元。它们主要来自南澳、巴罗萨谷、麦拉伦威尔和库纳瓦拉，主要葡萄品种为西拉、赤霞珠和莎当妮。

成长性

在过去的几年内，中国已经成为澳大利亚葡萄酒增长最快的出口市场。如今，多元化、品牌化、特色化的各类活动正在带领中国消费者探索和发现具有无穷潜力的澳大利亚葡萄酒。

澳大利亚政府方面通过澳大利亚葡萄酒管理局来进行其产区和葡萄酒在中国市场的推广。通过各类活动，包括与媒体、意见领袖、业内人士和消费者互动，来提高澳大利亚葡萄酒的知名度，让更多人了解澳大利亚葡萄酒的品质和特性。在上海、北京、广州、成都、宁波、南宁、厦门、武汉等主要一二线城市，由其研发的“A+澳大利亚葡萄酒”学校初级课程已经吸引了超过2000名学员。

2012年，澳大利亚葡萄酒管理局首次推出了针对消费者的品鉴活动。9月，与专业杂志合作，为中国读者带来20个版面的澳大利亚葡萄酒产区专题介绍，并推荐了22款A+澳大利亚葡萄酒。嗣后，邀请了VIP读者以及葡萄酒爱好者参加在北京举办的线下品鉴会，大大提高了澳大利亚葡萄酒在消费者中的知名度。2012年10月，与也买酒网站合作，在其官网上设立了A+澳大利亚葡萄酒发现之旅的专题页面，旨在与更多葡萄酒爱好者分享澳大利亚葡萄酒品种、特色、产区等相关知识。同月，分别在上海和北京举办了线下品酒会，总计近400位葡萄酒爱好者莅临品鉴。这些线上与线下相结合的活动，让澳大利亚成为继法国之后，在中国市场最为活跃的推广葡萄酒的国家。

未来趋势

澳大利亚加大了在中国的推广力度。2013年春季糖酒会期间，澳大利亚葡萄酒管理局集合了澳大利亚几十家优质酒庄，在2号馆共192平米的展区内进行展示，介绍在中国已经越来越有知名度的巴罗萨谷、麦拉伦维尔、玛格丽特河、雅拉谷、库纳瓦拉和塔斯马尼亚等产区。

此外，在5月份，“澳大利亚葡萄酒发现之旅”品鉴会将在中国的三个二线城市——青岛、杭州和昆明，以及三个一线城市——广州、上海和北京举办。除了品鉴之外，还有主题式的大师班讲座以及A+澳大利亚葡萄酒学校初级课程供与会者选择。而A+的中级课程也将推出。

2013年9月，首届全球澳大利亚葡萄酒论坛隆重举办。该论坛旨在打造高端精品的澳大利亚葡萄酒形象，开发美食和美酒的搭配，并为那些最终决定出游澳大利亚和澳大利亚各大葡萄酒产区的精英决策者们提供更多的选择。

澳大利亚葡萄酒产区
Wine Regions of Australia

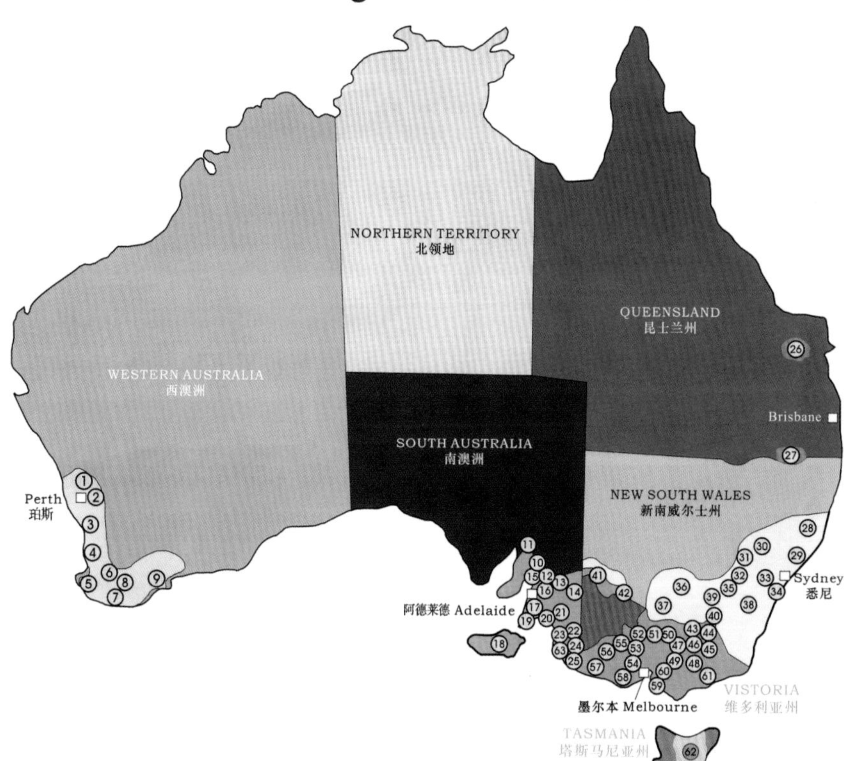

Western Ausrtalia 西澳洲

1. Swan District 天鹅地区
2. Perth Hills 佩斯山区
3. Peel 皮尔
4. Geographe 吉奥格拉非
5. Margaret River 玛格利特河
6. Blackwood Valley 黑林谷
7. Pemberton 彭伯顿
8. Manjimup 曼吉马普
9. Great Southern 大南部地区

South Australia 南澳洲

10. Clare Valley 克莱尔谷
11. Southern Flinders Ranges 南福林德尔士山区
12. Barossa Valley 巴罗萨谷
13. Eden Valley 伊顿谷
14. Riverland 河地
15. Adelaide Plains 阿德莱得平原
16. Adelaide Hills 阿德莱得山区
17. Mclaren Vale迈拉仑维尔
18. Kangaroo Island 袋鼠岛
19. Southern Fleurieu 南福雷里卢
20. Currency Creek 金钱溪
21. Langhorne Creek 兰好乐溪
22. Padthaway 帕史维
23. Mount Benson 本逊山
24. Wrattonbully 拉顿布里
25. Coonawarra 库拉瓦拉
63. Robe 罗布

Queensland 昆士兰州

26. South Burnett 南伯奈特
27. Granite Belt 格兰纳特贝尔

New South Wales 新南威尔士州

28. Hastings River 哈斯廷斯河
29. Hunter 猎人谷
30. mudgee 满吉
31. Orange 奥兰治
32. Cowra 考拉
33. Southern Highlands 南部高地
34. Shoalhaven Coast 肖海尔海岸
35. Hilltops 希托普斯
36. Riverina 滨海沿岸
37. Perricoota 佩里库特
38. Canberra District 堪培拉地区
39. Gundagai 刚达盖
40. Tunbarumba 唐巴兰姆巴

Victoria 维多利亚州

41.Murray Darling 墨累河岸地区
42.Swan Hill 天鹅山
43.RUtherglen 路斯格兰
44.Beechworth 比曲尔斯
45.Alpine Valleys 阿尔派谷
46.King Valley 国王谷
47.Glenrowan 格林罗旺
48.Upper Goulburn 上高宝
49.Strathbogie Ranges 史庄伯吉山区
50.Goulburn Valley 高宝谷
51.Heathcote 西斯寇特
52.Bendigo 班迪戈
53.Macedon Ranges 马斯顿山区
54.Sunbury 山伯利
55.Pyrenees 帕洛利
56.Grampians 格兰皮恩斯
57.Henty 亨提
58.Geelong 吉龙
59.Mornington Peninsula 莫宁顿半岛
60.Yarra Valley 雅拉谷
61.Gippslang 吉普史地

Tasmania 塔斯马尼亚州

62. Tasmania 塔斯马尼亚

澳大利亚与美国并称两大新兴葡萄酒国。不论在气候或土壤条件上，都很适合栽种葡萄。从公元1788年最早一批移民来到澳大利亚，即开始酿造葡萄酒。在英殖民地时期，生产主力是雪利和波特。1950年以后，则以无气泡葡萄酒为主。

澳大利亚葡萄酒产区主要分为四大区，分别是南澳、新南威尔士、维多利亚和西澳。澳大利亚的北部纬度低，是热带雨林区，内陆是沙漠和莽原，气候炎热干燥，都不适合葡萄的生长，所以葡萄酒产区主要集中在东南部，包括维多利亚（Victoria）、新南威尔士（New South Wales）、南澳大利亚（South Australia）和塔斯马尼亚岛（Tasmania）。另外西澳大利亚也有少量的葡萄园。大部分葡萄园种植于有利于机械种植的平坦土地上，土壤有沙石黏土质土壤和砾石沙石冲积土。

葡萄品种

色拉子（Shiraz）： 炎热地区（Hunter Valley，Barossa Valley）酿造柔和、有着土壤辛辣气息的葡萄酒，陈年后会有皮革、焦糖的气味。

凉爽地区（Margaret River，Western Victoria）的葡萄更加清瘦，更多胡椒香气。

赤霞珠（Cabernet Sauvignon）： 比澳大利亚色拉子颜色深，结实的单宁，高酸、成熟的黑色水果，伴随着烧烤的橡木味。古纳华拉（Coonawarra）和玛格丽特河（Margaret River）为著名产区。

莎当妮（Chardonnay）： 有着热带水果的香气，例如桃子、香瓜、无花果、香蕉，并不失橡木桶以及乳酸发酵酒窖陈年的味道。经常与赛美蓉混酿，赛美蓉为酒带来清脆的酸度以及清新的草本味。

雷司令（Riesling）：鲜嫩时有柑橘类水果香气，陈年后有土司、蜂蜜以及汽油味，未经橡木桶陈年，干型或半干型。

赛美蓉（Semillon）：凉爽地区低酒精度，高酸；炎热地区酒体圆润，柔和。

南澳大利亚产区（South Australia）

南澳大利亚省为澳大利亚最大的葡萄酒产区，现今南澳的葡萄酒年产量大概是全澳大利亚的60%左右。在过去10年，南澳的葡萄酒出口销量取得大幅增长，平均每年有21%的升幅，使葡萄种植及酿酒业成为南澳的经济支柱。

南澳有五个酿酒小产区，包括巴罗萨谷（Barossa Valley）、克拉尔谷（Clare Valley）、古纳华拉（Coonawarra）、麦拿仑谷（McLaren Vale）及阿德莱德山（Adelaide Hills）。

巴罗萨谷（Barossa Valley）

位于南澳省会阿德莱德（Adelaide）以北大约一小时车程，由于天然条件优越，巴罗萨谷吸引了超过四十间酿酒厂扎根于此。澳大利亚酒王格兰奇（Grange）也是主要采用这里的葡萄酿制而成。巴罗萨谷出产的色拉子（Shiraz）以饱满甜美闻名，色泽呈深紫红色，果香浓郁，入口丰厚，果味均衡，风格典雅，带烤多士及巧克力味，单宁柔和成熟，回味悠长。

古纳华拉（Coonawarra）

位于南澳最东南部，属凉气候地区，地势平坦，由于土地肥沃，酒商都喜欢在这里大量种植名种葡萄。主要葡萄品种包括：莎当妮（Chardonnay）、长相思（Sauvignon Blanc）、雷司令（Riesling）及赤霞珠（Cabernet Sauvignon）。厚厚的红土层令生长在这儿的赤霞珠一枝独秀，是全澳大利亚最上乘的赤霞珠产区。两款古纳华拉的赤霞珠当中，以Wynns酿酒厂出品的Wynns Cabernet Sauvignon 1998表现最突出。酒色棕红，黑加仑子芳香怡人，微带木桶香气，单宁柔顺，回味长，可算是价廉物美的选择。

克拉尔谷（Clare Valley）

位于巴罗萨谷（Barossa Valley）的西北面，地势窄长陡斜，跟地势平坦的古纳华拉（Coonawarra）形成强烈对比，最适宜种植雷司令（Riesling）。此处的酿酒商规模都不大，大约有25家，除雷司令外，还出产色拉子及赤霞珠。

麦拿仑谷（McLaren Vale）

距省会以南约45分钟车程。此处集合了很多新和旧的小规模酿酒厂，颇具潜力挑战巴罗萨谷的地位。

阿德莱德山（Adelaide Hills）

位于省会东北面不远，这里的长相思（Sauvignon Blanc），微带花香及奇异果香气，酸度足。

澳大利亚虽然没有在法规上强行规定葡萄品种的产地限制，但澳大利亚很多酿酒厂近年已开始重视产区的特殊风格，以南澳大利亚而言，我们明显可体验到巴罗萨谷色拉子的丰厚，古纳华拉赤霞珠的纤巧细致，克拉尔谷雷司令的矿物气息。

西澳大利亚产区（West Australia）

西澳大利亚是澳大利亚面积最大的州，纵横整个大陆西部三分之一的土地。不过，葡萄产区却几乎完全集中在州的西南部。这些地区包括靠近州府珀斯的天鹅地区，以及在更南面的皮尔(Peel)、吉奥格拉非(Geographe)、黑林谷（Blackwood Valley)、潘伯顿（Pemberton)、满吉姆（Manjimup)、大南部地区（Great Southern)和玛格利特河(Margaret River)。

20年前，玛格利特河以经典的河流和海水交接处的冲浪地带而闻名。然而，企业家们克服了这个地区在地理上与外部隔绝的局限，开发了众多的葡萄园和葡萄酿酒厂，使这里不仅在国内为人所知，更扬名世界。这个地区以出产充满活力的长相思（Sauvignon Blanc)、赤霞珠(Cabernet Sauvignon)和相当大胆的金粉黛(Zinfandel)而闻名。

天鹅谷（Swan Valley）

西澳最早在1829年开始就有来自南斯拉夫、意大利和英国的移民在珀斯（西奥首府）附近的天鹅谷种植葡萄，至今该区酒庄的酿酒传统与风格仍受着当时移民的影响。天鹅谷有着典型的年轻冲积土，该区深层且保湿性极佳的红土沙地，很适合种植葡萄。但天鹅谷最大的缺点就是其气温偏高的地中海型气候，该区1月平均气温为24.15℃，然而这样的气候却非常适合生产中重酒体及口感浓郁的高质量白酒，如白诗南、莎当妮。目前西澳最大的霍顿酒庄（Houghton）就在天鹅谷，虽然该区有着30—40间酒庄，但好像没什么能让人眼睛一亮的知名品牌。

玛格利特河（Margaret River）

1965年约翰·格莱斯顿（John Gladstones）博士的一篇研究，发现玛格利特河的土地和气候和法国波尔多区的圣埃米利永和波美侯非常相似，极适合种植酿酒葡萄。一篇研究就造就了1970年代玛格利特河开发葡萄园的风潮，更传奇的是，短短30年的经营，玛格利特河的葡萄酒已经能和南澳知名葡萄酒产区相提并论，玛格利特河甚至被认为是澳大利亚最棒的白葡萄酒产区。

玛格利特河产区三面靠海，有着强烈海洋气候，但该区有着得天独厚的低年平均气温7.6℃，适当雨量且少有霜害。玛格利特河土质多为花岗岩和片麻岩的碎石或砂砾，渗透性佳，适合种植葡萄，但保湿

西澳大利亚产区葡萄园

性差，需要人工灌溉。早年玛格利特河的赤霞珠颇受肯定，但近年来该区的高质量莎当妮和非常受到欢迎的长相思、赛美蓉混合（常被酒庄称为Classic Dry White）让玛格利特河享誉国际。西澳知名酒庄几乎都聚集在这里，大约超过50间酒庄。

潘伯顿（Pemberton）

潘伯顿位于著名的Karri森林，原是木材集散地，近年来成为西澳葡萄酒新兴开发产区。潘伯顿土质为砂砾加上红黏土，保湿性佳。平均气温8.55℃，雨量丰沛，多数葡萄园不需要灌溉。虽然潘伯顿产区还太年轻，很难对其产区特质下评论，但该产区重点种植的莎当妮和黑品诺都有着不错的表现。

大南部地区（Great Southern）

大南部地区为西澳最冷的产地，最早在1960年代末期由澳大利亚农业部在该区试种葡萄。农业部成功的试种吸引了酒厂进驻开发葡萄园。大南部地区土质和玛格利特河类似，1月平均气温为19.25℃，非常适合栽植赤霞珠、色拉子、黑品诺。但大南部地区面临着缺乏灌溉水源及其地处偏僻，造成目前发展瓶颈。由于该产区面积非常广大，大部分区域至今仍未开发，号称是西澳最具潜力的产区。知名酒庄超过20间酒庄。

昆士兰州产区（Queensland）

此产区种植酿酒葡萄已有悠久历史，在当地聚居的意大利人采用葡萄酿酒亦由来已久。产区内第一酿酒葡萄色拉子在1965年种植，其后只有断断续续的发展，但在20世纪90年代末段出现大幅增长，生产集中于莎当妮、赛美蓉、色拉子和赤霞珠。此地的分区有波兰甸(Ballandean)和史

丹霍普(Stanthorpe)。

此地区在大分山脉的内侧或西脊，虽处于极北的纬度，但因为地势高(超过海拔800米)，仍可成为餐酒产区，其气候与别处不同，有春霜，种植季节初期和末段晚上寒冷，湿度比较高，夏日最高气温因亚热带季候风调节而变得温和，种植季末不时出现滂沱大雨，此地有时被认为寒冷，有时却被认为炎热。真菌植物病的发病率相当高，因有春季结霜，葡萄园都格外小心。

就是不久以前，昆士兰作为葡萄酒产区还不为人所知。这是因为人们认为这里气候太热，难以产出上乘佳酿。不过，敏锐的葡萄种植者和酿酒师们注意到内陆那些海拔较高的山区，那里气候凉爽，有肥沃的火山土。正如早期去Granite Belt(格兰纳特贝尔)的葡萄种植者们所猜想的，海拔700—1000米会产生显著凉爽的效应，因此诸如赤霞珠、色拉子、莎当妮和维欧尼这些品种得以在温暖的春夏和相对凉爽的秋天生长，使该地区得以产出一些令人赞叹的美酒佳酿。

新南威尔士产区(New South Wales)

新南威尔士州是欧洲殖民者落户澳大利亚后建立的第一个州，1788年在新南威尔士州的首府悉尼市，栽种下了澳大利亚的第一株葡萄树。时至今日，葡萄酒已经成为新南威尔士最主要的经济支柱产业之一。新南威尔士的葡萄酒产量在澳大利亚各州中位居第二，澳大利亚葡萄酒产业总产值50亿澳元，其中新南威尔士的产值就占了35%。新南威尔士州共有14个葡萄

酒产区，出产的葡萄酒种类丰富，享誉国际，其中就包括澳大利亚的“全球明星品种”：猎人谷产区 (Hunter Valley)的赛美蓉 (Semillon)和滨海沿岸 (Riverina)的贵腐赛美蓉 (Botrytis Semillon)。自1995年来，新南威尔士的葡萄酒产量翻了三倍，至2008年总产量已达4.27亿升。同一时期，葡萄种植面积也从1.5万公顷攀升至4.3万公顷。新南威尔士葡萄酒产业以家族式企业为主，这些家族企业的葡萄压榨量占全州葡萄压榨总量的75%。

新南威尔士州坐落于大陆的东部沿岸，拥有一系列变化多样的气候条件，从悉尼南面肖海尔海岸(Shoalhaven Coast)地区的海洋性气候，到大分水岭顶端的高山气候(那里的种植者常年在海拔500米以上辛勤劳作)。大分水岭的西侧与毛兰毕吉河(Murrumbidgee)和墨累河(Murray River)沿岸的内陆地区是气候温和的滨海沿岸地区(Riverina)、佩拉库特(Perricoota)、天鹅山(Swan Hill)北部地区和墨累河岸地区(Murray Darling)。澳大利亚最广为人知的葡萄产区猎人谷(Hunter Valley)也位于新南威尔士州。

猎人谷（Hunter Valley）

猎人谷地处新南威尔士州，从首府悉尼向北仅需不到两个小时的车程。它是澳大利亚最古老的葡萄酒产区。这个地区包括上猎人谷区与下猎人谷区，猎人河是连接两区的纽带。下猎人谷区的大多数葡萄园都位于山谷的南部，处于断背山（Brokenback）山脉的山脚位置。

夏季高温是猎人谷产区的一大气候特点，柔和的海风是影响该区出产高品质葡萄酒的关键因素。尽管种植条件比较严苛，产区出产的葡萄酒依然享誉澳大利亚。

经橡木桶熟成的赛美蓉（Semillon）是该地区最经典的葡萄酒，其酸度较高且余韵悠长。赛美蓉葡萄的采收期较早，用其酿制的葡萄酒酒精含量相对较低，年轻时活泼清新，且带有一丝柠檬味。熟成一段时间后，该酒会发展出经典的金黄色，散发出烤面包和蜂蜜的复杂香气。赛美蓉所展现的陈年潜力，使它成为澳大利亚白葡萄酒的代表之一。猎人谷现在有130家酒厂，其中也有一些传承多年的家族酿酒商。

维多利亚产区（Victoria）

维多利亚州（Victoria）是澳大利亚最小的大陆州，位于澳大利亚的东南沿海地区，西侧为南澳州（South Australia），北侧为新南威尔士州（New South Wales），南侧是隔水相望的塔斯马尼亚（Tasmania）。

维多利亚州的葡萄栽培历史可追溯至19世纪30年代。1834年，约翰·拜特曼（John Batman）创建了墨尔本。不到4年，牧羊人William Ryrie就在距离墨尔本不远的Yering开辟了第一片葡萄种植区域。1839年，出生在瑞士的Charles La Trobe被任命为墨尔本的新任行政官，随他一同而来的还有其他11个瑞士酿酒人。他们定居在Geelong地区，并开始在房屋附近种植葡萄，这为维多利亚州葡萄酒业的发展奠定了基础。

1854年，该产区最早的商用葡萄园出现，由瑞士移民Hubert de Castella在Yering附近建造。19世纪60年代开始，法国的葡萄酒产业遭到葡萄根瘤蚜菌病毁灭性的打击，以致法国无法正常向英国出口葡萄酒。第一块商用葡萄园的创建者Castella立志要使维多利亚州出产的葡萄酒能满足整个英国市场，为此他做了详细的计划措施。不幸的是，Castella的伟大计划最终未能实现。尽管如此，维多利亚州的葡萄酒产业仍得到了快速地发展，并对整个澳大利亚葡萄酒产业都产生了重要影响。19世纪90年代，该州的葡萄酒产量占到澳大利亚葡萄酒总产量的一半以上。然而令人感慨的是，澳大利亚在不久之后也受到了根瘤蚜菌的侵袭，而最早受到侵害的就是该产区的Geelong地区，这导致许多葡萄酒投资都移向了刚刚兴起的南澳州。而且在那时，禁酒运动愈演愈烈，加之一战期间经济不稳定，人手也较为短缺，这严重阻碍了维多利亚州葡萄酒业的发展。

在维多利亚州葡萄酒业发展的早期，产区多数的葡萄园和酿酒厂都位于墨尔本附近凉爽的南部海岸地区。进入20世纪后，酿酒中心开始转向Rutherglen附近较为温暖的东北部区域，出产远近闻名的加烈酒和甜型酒。这些酒普遍用晚摘葡萄酿制，并在橡木桶中熟成数月甚至几年的时间，酒精浓度较高，在20世纪五六十年代一直是该产区葡萄酒业的支柱。

目前，维多利亚州拥有600多个酿酒厂，比其他各州的酿酒厂都多。由于缺少像南澳州的河地（Riverland）和新南威尔士州的滨海沿岸（Riverina）这样大量出产桶装酒的产区，所以该产区葡萄酒的产量在整个国家仅排第三位。

雅拉谷(Yarra Valley)

雅拉谷位于澳大利亚墨尔本东北方大约50公里，是维多利亚州最古老的产酒区，它被誉为世界上最佳的寒冷气候的葡萄酒生产区域之一。澳大利亚大陆最寒冷的酿酒区、最适宜的气候，赋予雅拉谷最顶级的绝色佳酿。这里出产全澳大利亚最优秀的黑品诺(Pinot Noir)和高水准的莎当妮(Chardonnay)，独特精美的色拉子(Shiraz)和赤霞珠(Cabernet Sauvignon)也受到品酒师的青睐。莎当妮是雅拉谷种植得最广泛的白葡萄品种，其风格多异——从口感复杂的橡木风格到高贵拘谨的风格，莎当妮的酿造一直都是遵循传统的酿酒工艺。其他在雅拉谷种植的白葡萄品种包括长相思(Sauvignon Blanc)，它经常会与赛美蓉(Semillon)、琼瑶浆(Gewurztrzminer)、玛珊(Marsanne)混合酿制葡萄酒。

维多利亚产区葡萄园

雅拉谷从1838年起开始种植葡萄，1889年优伶酒庄(Yering Station)出产的葡萄酒在巴黎餐酒展中赢得大奖，成为唯一勇夺这项殊荣的南半球餐酒，从此雅拉谷的葡萄酒名扬天下，逐渐受到全世界美酒爱好者的追捧。其后雅拉谷涌现了许多大大小小的酒庄，及至20世纪初期，才因扩展太快出现减退的趋势。接下来席卷澳大利亚葡萄种植业的蚜虫患，摧毁了无数的葡萄园，而雅拉谷一带却奇迹般地幸免于难，逃过了这次浩劫。

在雅拉谷既有厂小质精的酒庄，还有优伶酒庄等大型酒庄。这些风格迥异的酒庄不仅提供优秀的品酒服务，还会额外提供其他特色活动，增添品酒的乐趣。

奔富酒庄

Penfolds

奔富集团拥有澳大利亚最著名最大的酒园，不仅历史悠久，而且传奇颇多，现代传奇则以一款高品质红酒“冠爵(Grange)”开始。奔富的“冠爵”红酒享誉澳大利亚和世界，成为澳大利亚第一款顶级红酒。奔富酿酒师马克思·司古伯(Max Schubert)在1951年和1952年试着用色拉子(Shiraz)酿出“冠爵”(Grange Hermitag)红酒。新酒初出酒窖时，不为多数酿加烈酒的同行接受，也不为习惯喝加烈酒的消费者接受。马克思没有放弃，坚持每年酿“冠爵”，终于在澳大利亚饮酒风气改变的60年代获得成功。

奔富酒庄葡萄酒

冠爵初出窖60年来，奔富酒园逐步增加酒的档次和品种。1960年代的Bin系列，1970年代重新推出赤霞珠的Bin707，成为奔富的另一款顶级红酒。1983年开始酿单园酒系列，1995年酿造顶级莎当妮白酒。一路而来，奔富形成以“冠爵”为旗舰统领各档优质酒，不同品种、不同风格的酒争香斗醇的局面。

罗克福德

Rockford

罗克福德位于巴罗萨谷中很小的一片区域内，以高品质的传统酿酒法而闻名。罗克福德酒庄位于一个古旧的石砌的农舍里，有些设备具有百年历史，如一些古董破皮机、篮型榨汁机（Basket Press）和发酵池。巴罗萨的传统是酿酒师不拥有葡萄园，而是向葡萄种植者购买葡萄。罗克福德与葡萄种植者建立了长期的合作关系，后者提供优质的葡萄。

罗克福德葡萄酒

罗克福德葡萄酒沿用巴罗萨的品种如色拉子（Shiraz）、马塔罗（Mataro）、雷司令（Riesling）和赛美蓉（Semillon）等。其葡萄酒与食物很易搭配，其中顶级的Basket Press Shiraz 气味芳香浓郁，拥有李子和车厘子等多层次果味，成熟的单宁和清爽的酸度，是一款可陈年的优雅葡萄酒。

腾朗达堡

Chateau Tanunda

腾朗达堡建成于1890年，也是18世纪40年代巴罗莎种下第一株葡萄的地方。城堡本身就因其宏大的建筑，华丽的庭园和优质的葡萄园成为澳大利亚和巴罗莎的一个历史标志和葡萄酒行业兴起的象征。如今这些都由盖博家族拥有并延续着百年精工酿酒传统。

腾朗达城堡的主塔是城堡的正大门，被称为巴罗莎塔。巴罗莎系列以经典和新兴葡萄品种展现巴罗莎产区丰富多样的选择。

腾朗达堡—巴罗风土干红葡萄酒

腾朗达堡—巴罗风土

Chateau Tanunda— Ferroirs of the Barossa

葡萄园：埃本尼泽区 (Ebenezer District)
陈酿：不锈钢发酵桶发酵，使用法国和美国橡木桶陈酿
葡萄品种：色拉子（Shirza）
品鉴：埃本尼泽区位于巴罗莎的最北边缘，产自这个子产区的葡萄酒典型特征是薰衣草和香辛料的香气。味觉上偏向红色莓类水果的味道，些许的雪松和皮革口味，以及精致而细滑的单宁感觉。

巴罗莎塔—莫斯卡托

Barossa Tower—Moscato

葡萄品种：莫斯卡托（Moscato）
清晨采摘，以保持果实被送到酒庄前较低的温度。无压榨分离（自流汁），发酵前低温静置处理，12℃低温发酵14天，酿造出这款保有葡萄汁天然香甜、充满活力的葡萄酒。
品鉴：这是2011年酿酒季装瓶的第一款酒，清爽，新鲜，美味香甜的麝香是一款完美的餐前开胃酒。浓郁的花香和麝香，夏日水果的自然香甜紧随而至。微微的冒泡感觉让口感清香而干净，还带有青柠和菠萝香。

巴罗莎塔—莫斯卡托干白葡萄酒

翰斯科酒庄

Henschke

翰斯科酒庄是南澳大利亚历史最悠久的酒庄之一，该酒庄由德国移民约翰·汉斯基（John Christian Henschke）创立于19世纪，至今已经发展到第5代。当年，约翰先生在南澳大利亚种植了一小块葡萄园地，并于1868年利用雷司令（Riesling）和色拉子（Shiraz）葡萄酿造了首批葡萄酒。1958年，酒庄的第四代掌门人西里尔·汉斯基（Cyril Alfred Henschke）酿造了翰斯科酒庄首批旗舰酒款——恩宠山（Hill of Grace）。如今，酒庄的庄主是家族第五代传人史蒂芬·汉斯基(Stephen Henschke)。

目前，酒庄共生产红葡萄酒、白葡萄酒10多款，年产量达40000箱，其出品有一半能与法国顶级葡萄酒相媲美。出品的恩宠山红葡萄酒与奔富冠爵(Penfolds Grange)一起被誉为澳大利亚最顶级的两款酒。除了恩宠山红葡萄酒外，该酒庄出色的红葡萄酒还有宝石山（Mount Edelstone）色拉子红葡萄酒和西里尔汉斯基（Cyril Henschke）赤霞珠红葡萄酒。

该酒庄酿制恩宠山红葡萄酒，所用的西拉葡萄全部来自恩宠山葡萄园，这里栽种的西拉都从法国罗纳河谷（Rhône Valley）地区移植过来。当法国罗纳河谷的葡萄树受到根瘤蚜虫的侵害而需要与美国葡萄树进行嫁接时，这里的葡萄老藤仍然保持着纯正的血统。在这些西拉老藤中，树龄最长达140年。此外，这里的葡萄在成熟后，均用手工采摘。除了原料优秀之外，恩宠山红葡萄酒酿造时也十分严谨。此款酒的特点是酒液呈深红色，香气甜美、成熟、复杂而奇特，同时具有洋李干、李子、黑樱桃、雪松以及巧克力的香气，具有丰盛甜美多汁的口感。同时，酒体结构复杂均衡，浓度高，单宁丝滑，余味悠长。

小优伶庄

Yering Station

小优伶庄种植葡萄的历史始于1838年，最初采用德国汉堡的黑葡萄和一种称为“甜水”(Sweet water)的白葡萄，第一批优伶庄的餐酒在1845年出产，自此在餐酒界一炮打响。在1861年，优伶庄赢得Argus金杯，成为维多利亚省的最佳酒庄。1889年，庄主Paul de Castella获颁巴黎餐酒展的格兰披治大奖，是当时全球获得该项殊荣的14款餐酒之一，而优伶庄更是唯一代表南半球的佳酿。

其后维省涌现了许多大大小小的酒庄，至20世纪初期，维省的酿酒业因扩展太迅速，才出现减退的趋势。后来蚜虫为患，摧毁了维省无数的葡萄园，虽然雅拉谷一带幸免于难，但维省的酿酒业却受到沉重的打击，需求逐渐下降。优伶庄庄主离世之后，该酒庄曾数度易手，直至1996年由Rathbone家族收购，再度成为一间家族拥有的酒庄。Rathbone家族的财力，结合首席酿酒师汤姆·卡森(Tom Carson)的努力，优伶庄再次在澳大利亚及国际酒坛扬威。2002年在伦敦国际酒展中，夺得“全球最佳黑品诺”大奖。

小优伶庄干红葡萄酒

黛伦堡酒庄

d'Arenberg

黛伦堡酒庄干红葡萄酒

黛伦堡酒庄地处南澳的迈拉仑维尔谷（McLaren Vale），该酒庄由约瑟夫·奥斯本（Joseph Osborn）创立于1912年，并由奥斯本家族所有。酒庄现任庄主是家族第四代传人切斯特·奥斯本（Chester Osborn）。1984年，他接手酿酒师职位后，便积极重整葡萄园，以严谨的态度革新酿酒技术，同时也不忘继承传统，实施一连串提升品质的措施，黛伦堡酒庄也在国际上正式赢得了知名度。

酒庄每年葡萄酒的产量为27万箱，这些葡萄酒中既有物美价廉的产品，也有昂贵的系列。其中最著名的是Dead Arm系列。“Dead Arm”字面意思是“死亡之臂”，这一名字是酒庄主人用来戏称那些受到真菌感染的老葡萄藤，这些葡萄藤受到感染之后，有一部分不能生长葡萄，就像断了一只手臂那样，而未受感染的另一半却不受影响继续生长，且生长出来的葡萄果香更加浓郁，酿出来的酒酒体更强。

天瑞酒庄

Tyrrell's Wines

始创于1858年的天瑞酒庄（Tyrrell's Wines）是澳大利亚最优秀的家族酒庄之一。通过坚持不懈的努力，酒庄的声望与日俱增。作为家族第四代传人和当今的董事总经理，Bruce Tyrrell带领着家族酒庄更上一层楼，其葡萄酒已出口至30多个国家并得到广泛赞誉。他的孩子——家族第五代也进入酒庄工作，预示着这一猎人谷的旗舰酒庄将继续家族佳话。

酒庄以杰出的猎人谷葡萄酒而自豪，该酒由当地主要葡萄品种（赛美蓉、莎当妮和西拉）酿造而成；而卢福石系列则采用南澳大利亚迈拉仑谷、维多利亚希科特地区葡萄园的西拉。酒庄将当年Edward Tyrrell所说的“伟大源于优质”作为信条，在过去150年的历史中贯彻至今。这份对于品质的执着和永无止境的追求造就了许多获得当地乃至全球荣誉的佳酿。天瑞酒庄历年来屡获殊荣，如被著名酒评家Campbell Mattinson授予“2009年度澳大利亚最佳酒庄”及“最佳红葡萄酒酿酒师”称号。而澳大利亚最杰出的葡萄酒作家James Halliday对天瑞酒庄作为“2010年度澳大利亚最佳酒庄”的赞誉更是将它推向澳大利亚葡萄酒业界的巅峰。自1971年起，Tyrrell共获得300多个大奖、1186个金奖、1267个银奖和2312个铜奖。

天瑞酒庄的旗舰产品为“酿酒师精选系列”。它也是澳大利亚历史最悠久、获奖最多的葡萄酒之一，并且坚持其经典风格。这一系列中的5款佳酿包括了Vat 6 Pinot Noir, Vat 1 Semillon,Vat 8 Shiraz, Vat 9 Shiraz和Vat47 Chardonnay，均产自酒庄最佳品质和最古老的猎人谷Pokolbin葡萄园。

彼德·利蒙

Peter Lehman

彼德·利蒙酒庄地处南澳闻名的巴罗萨谷（Barossa Valley），是澳大利亚最受尊敬、最具立异才能的酒庄之一。

在1980年之前，其创始人彼德·利蒙（Peter Lehman）是索莱酒庄（Saltram）的酿酒师和司理。其时，彼德·利蒙先生与索莱酒庄葡萄栽培者有着极好的关系。1979年，葡萄供给过剩，为了不背离自己对酒农们许下的诺言，维护当地葡萄栽培者们的生计，彼德先生找了一些合作伙伴建立了自己的酒庄。该酒庄第一批葡萄酒酿于1980年，从1982年开始，酒庄被正式命名为彼德·利蒙。尔后，酒庄在彼德先生的带领下，一直稳步向前，获奖很多。如今，酒庄除了向185位酒农收买葡萄酿酒之外，还具有自己的葡萄园，出产石井（Stonewell）、大师（Mentor）、布诺萨西拉（Barossa Shiraz）和布诺萨赤霞珠（Barossa Cabernet Sauvignon）等多款酒。从2003年开始，彼德·利蒙变成赫斯宗族庄园（Hess Family Estates）的一员，持续其开拓的脚步。

在彼德·利蒙酒庄很多款酒中，最出色的无疑是石井红葡萄酒。酒庄每年都会从收买的葡萄中选择最佳的西拉葡萄用于酿造石井红葡萄酒，其中不乏栽培于1885年的老藤葡萄。加上酒农丰厚的经历，确保了此款红葡萄酒的质量。在酿造该款葡萄酒时，酒庄会将西拉葡萄连皮发酵2周，然后通过压榨和澄清，最终在90%的法国橡木桶和10%的美国橡木桶中熟成18个月。

最终还值得一说的是，在彼德·利蒙酒庄所出品的葡萄酒酒标上，能够找到特有的扑克牌象征，这源自酒庄自身的一场世纪豪赌。当年，彼德·利蒙在澳大利亚葡萄过剩、远景欠安的情况下，不管政府的宣扬，冒险买下酒农们的葡萄，创建彼德·利蒙酒庄，这实际上是一场赌局。不过，酒庄如今的辉煌成就证明，彼德·利蒙的赌注的确下对了。

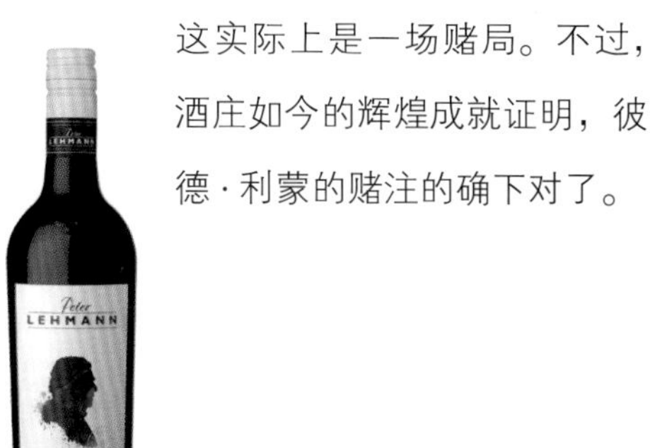

彼得·利蒙酒庄干红葡萄酒

托布雷酒庄

Torbreck

托布雷酒庄虽只有短短的10年历史，却在澳大利亚最神圣的葡萄酒产区——巴罗萨谷（Barossa Valley）拥有一些最古老的葡萄园。

酒庄创始人大卫·鲍威尔（David Powell）在大学学习经济学时接触葡萄酒。在毕业后的25年中，他一直在著名的酒庄及欧洲、美国和地区学习酿酒技术。20世纪90年代，他开始接触当地的土地所有者，了解大多已经死气沉沉、杂草丛生的葡萄园。随着时间的推移，大卫使它们重新焕发出了生机。到2003年底，他已经和当地35位拥有老藤葡萄树葡萄园的种植者签署了长期合同。如今，大卫·鲍威尔已经成为澳大利亚酿制具备罗纳河谷葡萄酒风格的红葡萄酒的天才之一。

托布雷酒庄的葡萄园占地250英亩，种植的葡萄品种有歌海娜、西拉、慕为怀特（Mourvedre）、维欧尼，玛珊（Marsanne）、胡珊（Roussanne）、芳蒂娜（Frontignac）和赤霞珠等。葡萄树的平均年龄为60年，种植密度为1500株/公顷。

在葡萄酒酿制方面，秉承着优质葡萄酒是在葡萄园中酿制出来的理念。所用的葡萄大多采收自老藤葡萄树，这些葡萄树是从巴罗萨谷的不同子产区中挑选出来的。酒庄是根据水果口味的成熟度，而不是糖分水平来判断葡萄的采收期，因此可以从葡萄树上获得单宁、酸和生理成熟性达到最理想状态的葡萄。葡萄采收回来后，酒庄会采用非常传统的酿酒技术进行酿制，一开始先对葡萄进行轻柔去梗，然后慢慢泵打入顶端开口的发酵容器中，每天循环旋转两次，强制性彻底减载一次。发酵过程结束后，用一个篮子对所有的葡萄皮进行压榨，在酒桶中自发进行苹果酸和乳酸发酵，使用每一个单一葡萄园的本土菌种。所有的葡萄酒在装瓶前都不进行澄清和过滤。2002年、2001年和1998年该酒庄所产的葡萄酒较为优秀。

托布雷酒庄干红葡萄酒

新西兰
NEW ZEALAND

新西兰葡萄酒在中国

在2011年7月至2012年6月的12个月间，新西兰葡萄酒出口额增长超过50%，达到2000万美元。

销量

葡萄酒是新西兰出口额增长最快的产业之一。目前拥有700余家葡萄酒厂，比2000年增加近一倍。2000年出口额近1.6亿美元，2006年增长至4.9亿美元。截至2012年8月，新西兰葡萄酒出口额在5年内增长翻倍，达到10亿美元。

新西兰葡萄酒产业以出口为导向，并且计划未来5年内将每年以9.8%的速度增长，实现16亿美元出口额。新西兰目前分别位居世界葡萄酒第十大生产国和第十一大出口国。新西兰葡萄酒销售的平均价格仅次于法国。澳大利亚、英国、美国、加拿大、荷兰、中国、中国香港、爱尔兰、新加坡和日本是新西兰葡萄酒的十大出口市场。

新西兰国家统计局提供的数据显示，中国大陆是亚洲地区新西兰葡萄酒最大的出口市场，占亚洲地区葡萄酒出口总额53%以上。2012年，新西兰成为中国第六大葡萄酒进口国。得益于2008年签订的中国—新西兰自由贸易协定（FTA），两国双边贸易额自FTA签署以来已增长超过50%。

成长性

中国消费者对西方高品质葡萄酒和美食的欣赏水平日益提高，亚洲美食与不同类型葡萄酒的搭配也受到日益广泛的关注。新西兰葡萄酒如雷司令、琼瑶浆和亚洲美食非常搭配，这让其从口感上能够征服中国消费者，便于新西兰葡萄酒的推广。

未来趋势

针对重点市场，新西兰推出了葡萄酒高度影响力计划，该计划由新西兰贸易发展局和新西兰葡萄种植与葡萄酿造协会联合推出，重点推动新西兰葡萄酒在中国、美国和欧洲等具有巨大潜力的市场的发展。

该计划通过具有影响力的中国葡萄酒专业人士的参与，为新西兰在中国葡萄酒市场进行全面的定位，树立新西兰作为高质量的葡萄酒产地的形象。未来将在中国举办

新西兰葡萄酒产区
Wine Regions of New Zealand

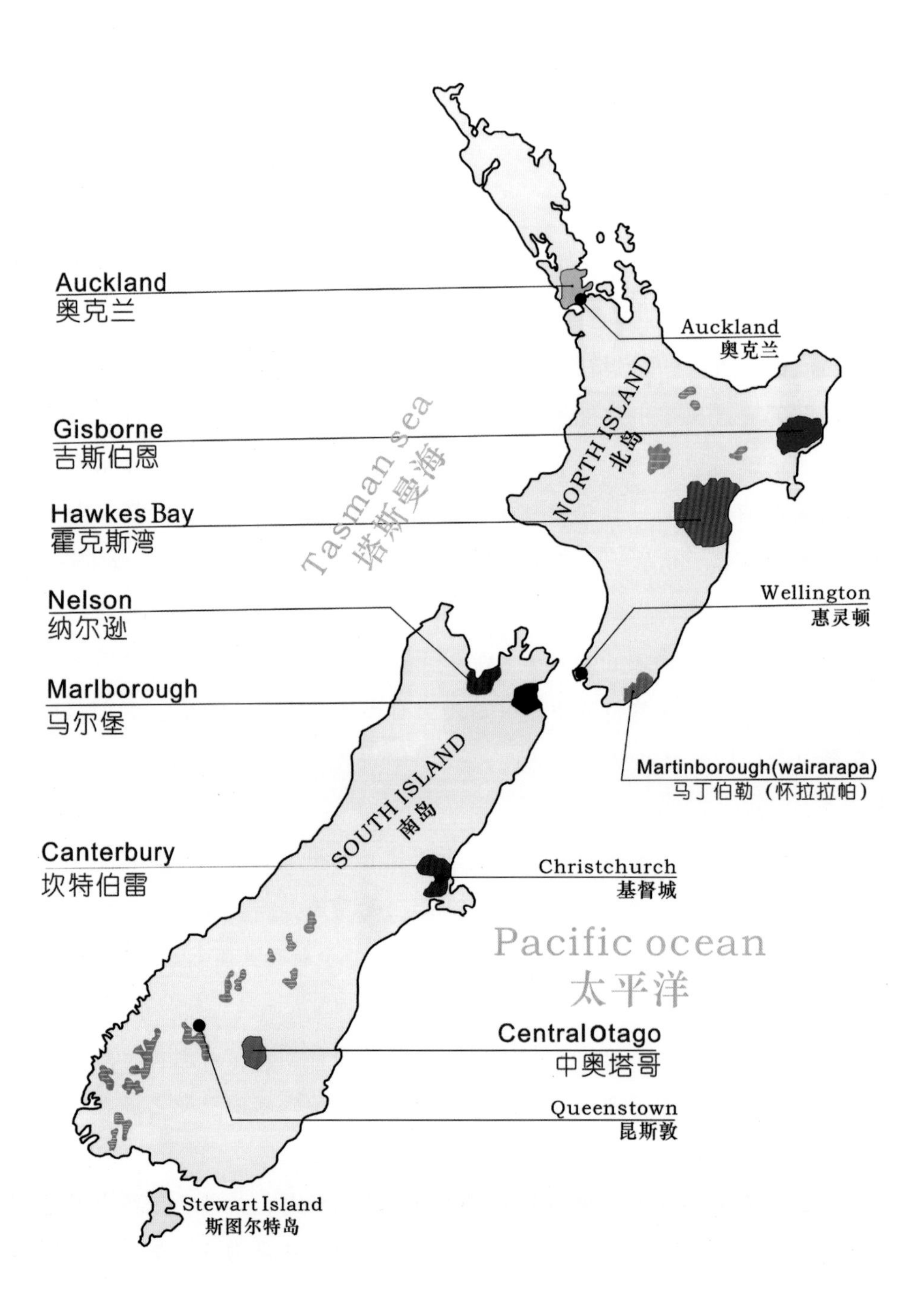

有深度的葡萄酒盛会，开展传统和社交媒体市场推广活动，提供针对业内人士的教育项目，并通过在新西兰本地举办研讨会，让新西兰葡萄酒公司更好地了解中国市场信息，帮助他们制定针对中国市场的有效管理战略和抓住贸易增长机会。

新西兰贸易发展局和新西兰葡萄种植与葡萄酒酿造协会已确认，计划未来3—5年内在中国地区实现1.2亿美元的出口额。

新西兰位于南半球，由南到北纬度相距约有六度，对照北半球相同的位置，大约等于巴黎到非洲北部(涵盖欧洲最富盛名的几处产区：勃艮第、罗纳河、波尔多)，照理说应是南半球最适合种植酿酒葡萄的国家。可是事实上由于海岛型多雨气候，新西兰温度较低，因而与北半球欧洲的大陆型气候有着极大的差异。新西兰距离澳大利亚约有1600多公里，全岛绿草如茵，主要以畜牧业为主，近30年间葡萄耕种逐渐发展成为重要农业之项目一。

新西兰分为南岛与北岛两大岛屿，南岛寒冷，北岛较为炎热，温差在春夏季约有10℃以上，两岛葡萄采收期大约从每年的2月一直延续到6月才能全部完成。过度充沛的雨水，是葡萄生长期最常遇到的主要问题之一，雨水多少影响到葡萄含糖量与成熟度。

重要的产区有霍克斯湾（Hawkes）、奥克兰（Auckland）、吉斯伯恩（Gisborne）、

新西兰首都惠灵顿

马尔堡（Marlborough）四大产区。虽然新西兰出产的红葡萄酒品质不差，但白葡萄酒还是占了全国产量的90%，在南岛马尔堡区出产的长相思葡萄酒（Sauvignon Blanc），更以香味丰富浓郁、雅致清新闻名世界。

葡萄品种

长相思（Sauvignon Blanc）：占新西兰50%的葡萄产量，有着明显集中的青椒以及醋栗的味道，并带有草本、热情果、西红柿以及矿物风味，极少时候带有少许橡木桶奶油味，随着陈年出现芦笋味道。

莎当妮（Chardonnay）：除用于生产干白葡萄酒，也用于起泡酒生产。

黑品诺（Pinot Noir）：有着集中的红色水果香气，由于日照充足，酒精度偏高。

梅洛（Merlot）：与赤霞珠（Cabernet）一起混酿得到波尔多口感。

色拉子（Syrah）：比澳大利亚的色拉子更加接近法国罗纳河产区的口感。

北岛产区（North Island）

奥克兰（Auckland）

奥克兰(Auckland)具有很长的酿酒传统，目前既是世界新兴的酿酒产地，也是精品酒庄的出产地。莎当妮、梅洛和赤霞珠是这里常见葡萄品种，灰品诺和黑品诺也有种植。

怀赫柯岛(Waiheke Island)处于豪拉基湾(Hauraki Gulf)之中，产区在20世纪八十年代开发，目前是以赤霞珠、梅洛和品丽珠为主的优质葡萄酒产区。奥克兰又在这个基础上有发展了色拉子、莎当妮和另外一些葡萄品种的种植，这些葡萄在怀赫柯岛温暖干燥的气候中表现良好。

在东海岸的马塔卡纳(Matakana)距离奥克兰大约一个小时的车程，这里也出产着一些经典的葡萄酒。包括莎当妮、灰品诺和以梅洛、赤霞珠或色拉子为基础调配的红葡萄酒。

奥克兰是一个最新近升起的产区之星，在奥克兰市区向南一个半小时的地区，布满葡萄园。这里培育着很多葡萄品种，包括梅洛、赤霞珠、色拉子和莎当妮，甚至有些令人出乎意料的品种，比如内比奥罗(Nebbiolo)、桑娇维塞(Sangiovese)和蒙特比洽诺(Montepulciano)。

奥克兰拥有温暖的气候，霜害出现较少，降雨量高。奥克兰地区的葡萄园建在黏土、火山岩、硬质砂岩土壤上面。

吉斯本(Gisborne)

吉斯本（Gisborne）产区位于新西兰北岛东海岸波弗蒂湾（Poverty Bay）畔，靠近国际日期变更线，是全世界最早看见太阳的地区，纬度介于南纬35°—45°之间，与澳大利亚的墨尔本有着相同的纬度。这里正是1769年库克船长靠岸登陆的地方。

吉斯本产区的自然条件优越，冬季无霜期长，气候温暖湿润，日照充足，年平均日照达2200小时，年平均降雨量为810毫米，为葡萄的种植和生长提供了有利条件。另外，该地区的土质为泥沙和黏土的混合土壤，排水性良好，适合葡萄生长。这可能也是吉斯本成为新西兰第三大葡萄酒产区的主要原因。

吉斯本产区是新西兰闻名遐迩的“莎当妮之都”，其所种植的葡萄中有一半是莎当妮，另外的40%是其他的白葡萄品种，红葡萄品种仅占10%。虽然莎当妮在该产区具有举足轻重的地位，但产区的琼瑶浆也同样出名。这应该追溯到20世纪70年代，马塔韦罗（Matawhero）酒厂酿造的琼瑶浆葡萄酒为整个新西兰的琼瑶浆葡萄酒树立了典范。

吉斯本产区真正的葡萄种植应该是在1913年到1914年之间，那时候收成的葡萄主要是用于家庭小规模酿酒，而颇具经济头脑的德国人Friedrich Wohnseidler真正开始了该地区葡萄酒的大规模商业化生产。

吉斯本还在市中心专门建立了一个葡萄酒中心，提供当地不同品牌不同风格的葡萄酒供游客饮用，再配以当地美食，在畅饮的同时欣赏海湾美景，惬意至极。

霍克斯湾（Hawkes Bay）

霍克斯湾（Hawkes Bay）产区是新西兰非常古老的葡萄酒产区，早在1851年，该地区就已经开始种植葡萄树和酿造葡萄酒了。在20世纪20年代初，像传教区酒庄（Mission Estate）、德迈酒庄（Te Mata Estate）、维达尔酒庄（Vidal Estate）、麦当劳酒庄（McDonalds Winery）、格伦谷酒庄（Glenvale Winery）现已更名为埃斯克山谷

上图 霍克斯湾教堂之路（Church Road）葡萄园
下图 教堂之路酒庄橡木桶发酵室

酒庄（Esk Valley Winery)等很多著名酒庄就已经开始在该产区建立，并不断壮大。

该产区位于新西兰北岛东海岸，首都惠灵顿以北300公里，奥克兰以南360公里，与法国波尔多梅多克地区的气候条件极其类似，降雨量和湿度相对较低，是新西兰最温暖的地方之一。

霍克斯湾主要有4条河流，经过几千年的变迁，这里形成了大量的河谷和梯田，土壤类型丰富多变，从肥沃的黏土到石灰石土到排水性极佳的粗砾土质，一应俱全。

多样的地形和微气候让该产区具有得天独厚的优势，因而其葡萄品种也丰富多样。赤霞珠、梅洛、色拉子是霍克斯湾产区最主要的红葡萄品种，这里也是整个新西兰产量最大、品质最佳的红葡萄酒产区。新西兰每年的赤霞珠、梅洛、色拉子葡萄酒有80%以上来自霍克斯湾。

霍克斯湾产区的赤霞珠葡萄酒拥有诱人的成熟水果风味，陈年后可获得复杂的结构而又颇具优雅之美，集旧世界葡萄酒的精妙结构和新世界葡萄酒的纯正水果风味于一身。除了霍克斯湾，新西兰没有任何其他产区可以酿造出如此饱满、优雅、成熟的红葡萄酒。

怀拉拉帕（Wairarapa）

怀拉拉帕（Wairarapa）产区位于新西兰北岛的最南端，在新西兰首都惠灵顿（Wellington）东部，由北部的马斯特（Masterton）、中部的格莱斯顿（Gladstone）和南部的马丁伯勒（Martinborough）这三个小产区组成，马斯特和马丁伯勒相距仅35公里。

这三个小产区的气候普遍都是夏季炎热干燥，持续时间长，早晚温差大，冬季凉爽多雾，这样的气候让石头里面的矿物质充分释放到土壤中，让葡萄具有独特的风味。该产区的土壤主要是表层覆盖着富含矿物质的粉砂壤土，排水性良好。马丁伯勒白天干燥，晚上凉爽，四季分明，地处塔拉鲁瓦（Tararua）山和林姆塔卡（Rimutaka）山形成的雨影区背风坡，是新西兰北岛最干燥的地方。这个地区的葡萄生长期非常长，生长期间昼夜温差较大，葡萄园通风性良好，因而葡萄产量较低，但是风味十足。格莱斯顿最为显著的是地形的急剧变化，一边是低矮的梯田，一边是陡峭的悬崖，这是由于该地区内三条自然河流长期冲刷形成的。马斯特是该产区内最早种植葡萄的地方，地形主要以平原为主，地势开阔，家庭式的耕作模式是该产区内的主要经营模式。马斯特在每年的3月份都会在千年树下举行聚会，以庆祝一年的丰收。

怀拉拉帕产区鼎鼎有名的是黑品诺葡萄酒，典雅且极富特色。这里富含矿物质的土壤，滋养着扎根在这里的葡萄，让该产区的葡萄酒风格多样，从极富热带水果风味的长相思，到酒体丰满、优雅迷人的莎当妮，到芬芳迷人的雷司令和灰品诺，再到颇具罗讷河谷葡萄酒风格的色拉子。

怀拉拉帕产区的总面积在新西兰的所有葡萄酒产区中排名第六，但是其所产的葡萄酒品质不容小觑，怀拉拉帕也已经成为新西兰葡萄酒开拓国际市场的新兴力量。

南岛产区(South Island)

马尔伯勒(Marlborough)

据说世界上没有任何一种酒具有和马尔伯勒相同的味道——非同一般的成熟度和紧实的平衡感，配以令人难忘的水果香气，另外酸度平衡的感觉也是超一流的。这些有风格的葡萄酒实在可以给人带来很大的惊喜和喜悦。

是什么让马尔伯勒的葡萄酒如此的与众不同？和世界上任何一个优秀的产区一样，答案在于气候和土壤充满魔力的协同作用，他们坚定地表达着这一地区特殊的风土。马尔伯勒是新西兰最大的葡萄酒产区，位于南部岛屿，将近有一半的葡萄园都位于这里。现今的马尔伯勒更是躲避都市生活的世外桃源——坐落在位于山坡上的葡萄园，温和的阳光，眺望怀鲁河谷的碧水青山，同时享受着马尔伯勒的美酒与

马尔伯勒产区葡萄园

海鲜，丝丝疲惫与烦恼顿时都被抛在脑后。

早期的欧洲殖民者在河谷肥沃的土壤上开始建立了农业种植业。在现今的南河谷地带，大卫·亨德(David Herd)建立了马尔堡第一个葡萄园，并于1873年在庄园内建造了马尔伯勒第一个地下酒窖。之后的100年，马尔伯勒也就被新西兰葡萄酒界遗忘。直到新西兰酒业巨子Montana(现由保乐力加控股)决定在1973年进军马尔伯勒，马尔伯勒这才翻开近代葡萄酒史的新篇章。

如今，马尔伯勒被认为是世界上最重要的葡萄酒产区之一，是新西兰的优质产区，在国际上声名远扬。马尔伯勒的酿酒师们拥有智慧，勇于创新。不仅仅是长相思、雷司令、黑品诺在这里获得成功，而莎当妮、灰品诺、琼瑶浆，甚至连色拉子、梅洛和内比奥罗等葡萄品种都有着惊人的表现。马尔伯勒这个全新西兰最大的葡萄酒区，每年都会给葡萄酒爱好者带来不同的惊喜。

尼尔森（Nelson）

尼尔森（Nelson）产区位于新西兰南岛的最北端，属于海洋性气候，蒙特雷山（Moutere）和威美亚平原（Waimea）是该产区的两大葡萄种植地。蒙特雷山的土壤主要是砂砾和黏土的组合，这样的土质种植出来的葡萄，非常适合酿造那些口感丰润的葡萄酒。威美亚在毛利语中是河之花园的意思，威美亚平原正是河流长期冲积而成的，其土壤中含有很多砂石。这里充足的日照和恰到好处的海洋性气候，让该

中奥塔哥产区葡萄园

地区具有极佳的风土。

尼尔森产区是新西兰最优质白葡萄酒的摇篮。这里的莎当妮葡萄酒和黑品诺葡萄酒精致典雅、闻名遐迩，但是其雷司令、灰品诺、长相思和琼瑶浆也同样赫赫有名。

该产区所产的葡萄酒极富特色，海拔较低的葡萄园所产的葡萄酒芳香馥郁、酒体轻盈，而丘陵地区的葡萄酒酒体厚重，并具有独特的矿物质风味。这里的酿酒师们也在不断的创新，譬如采用野生酵母进行发酵、采用全新葡萄品种进行酿酒等，这都需要很精湛的技巧，才可以将葡萄酒和艺术完美地融合在一起。

尼尔森产区的葡萄酒庄园同样是采取家族经营的模式，这里一共有25个家族管理着的葡萄园。他们关注的不仅仅是酿酒，更是将生活和艺术融入到葡萄酒文化中。美景、美酒、美食加上艺术文化的魅力，尼尔森产区正受到越来越多的人关注。

中奥塔哥（Central Otago）

中奥塔哥（Central Otago）位于南部岛屿的东南角，是新西兰最南端的葡萄酒产区，这里气候极端，属于寒冷的大陆性气候，这里时常发生霜害。古老的群山、风化的岩石构造、高山草本植物和湍急的河流组成了中奥塔哥地区壮丽的景色。这里四季分明，日温差较大，年降水量水平较低;经过风雨销蚀的冰川季黄土土质松软、低肥力的土壤促使葡萄树可以发展强壮的根茎，扎入土壤的深处。大陆性气候加上高海拔，让这里的葡萄品种风格独特。-特别是全球公认最优雅、最难伺候的葡萄品种，“心碎的”的葡萄——黑品诺，因为其脆弱多病，对周围的环境非常挑剔，而在南岛的中奥塔哥，一个冬寒夏热、极端干燥、满布页岩，曾被认为葡萄完全不适合种植的地区，黑品诺却以一种极其奔放的、口感柔和丰满却有鲜明多酸的风格绽放，无疑给全球的黑品诺迷们一个惊喜。这个产区也生产一流的白葡萄酒包括雷司令、灰品诺和莎当妮。这里出产的白葡萄酒，以纯正的地域特色而闻名。

坎特伯雷（Canterbury）

坎特伯雷（Canterbury）产区位于新西兰南岛中部，班克斯半岛（Banks Peninsula）和怀帕拉谷（Waipara Valley）是其两大主要产区。该产区夏季干燥，日照充足，气温相对较低，其土壤类型主要分为两种：一种分布在南部地区，表层为冲积淤泥，下层为砂砾；另外一种是分布在怀帕拉谷的白垩土，石灰石含量丰富。

虽然早在1855年，这里就已经开始种植葡萄树，但是真正的商业化种植还是在20世纪70年代才开始。从那时起，坎特伯雷产区的葡萄酒产业开始迅速发展，到现在已经有40多个葡萄园，成为了新西兰第四大产区。该产区最主要的葡萄品种是莎当妮和黑品诺，这两种葡萄的种植面积大概占总种植面积的60%，其次是雷司令和长相思。

毋庸置疑，新西兰最出名的是长相思葡萄酒，而坎特伯雷产区的葡萄酒却别具一格。这里的葡萄成熟期漫长，糖分和风味的凝聚非常缓慢，酸度颇高，这都是气候寒冷产区葡萄的典型特点。而用这种葡萄所酿制的葡萄酒，香气芬芳，糖分和酸性物质达到自然的平衡，口感丰富，风味持久。非常值得一提的是这里的雷司令（Riesling）葡萄酒，香气浓郁且带有轻微的蜂蜜味，陈酿后通常会有煤油的香气。还有这里的黑品诺（Pinot Noir）葡萄酒品质也很优异，常常带有非常明显的浆果芳香以及少量烟草的气味。

教堂路酒庄

Church Road

霍克斯湾众多酒庄中，内皮尔的教堂路酒庄是现存最古老的酒庄之一，它由卢森堡人于1897年建立，历史已逾百年。

卢森堡人返回家乡后，将酒庄交由一位年仅19岁的酿酒师管理，此人是今天被尊为新西兰精品红酒之父的Tom McDonald，他从十几岁便从事酿酒师工作并尝试制作新西兰优质红葡萄酒，在1949年首次发售赤霞珠葡萄酒，随着品质的提高，逐渐受到鉴赏家青睐。退休后，酒庄曾经一度被关闭，1989年教堂路酒庄作为新西兰优质红酒产地的核心被重建。

教堂路酒庄干红葡萄酒

鲁道夫庄园

Neudorf

19世纪70年代末期，蒂姆和他的妻子朱迪在蒙特雷（Moutere）山脉地区建立了他们自己的鲁道夫葡萄园。种植的莎当妮具有非常出色的复杂度和丰富的结构，整个风格和勃艮第蒙哈榭庄园非常相似。不论是从结构、紧致度，还是从平衡度而言，所有产自鲁道夫酒园的葡萄酒都做得极其出色，魅力无穷。因此，这是一块非常有潜质，非常适合葡萄生长的宝地。

随着近几年来酒庄蓬勃发展的态势，鲁道夫俨然已成为了尼尔森地区一颗闪耀的明珠。在2009年葡萄酒报告中，鲁道夫酒庄被称为新西兰最优秀的葡萄酒生产商。

鲁道夫庄园干红葡萄酒

库米河酒庄

Kumeu River

库米河酒庄（Kumeu River）是1944年由南斯拉夫移民米克(Mick)和凯特·布拉伊科维奇(Kate Brajkovich)建立的。他们两人1938年定居新西兰后，先在新西兰的一些地方割贝壳杉胶，后来到了西奥克兰的亨德森(Henderson)葡萄园和果园工作。他们积累足够的资金，购买了属于自己的葡萄园。1980年代，家族的酒庄转向高品质的葡萄酒，采用的葡萄品种包括莎当妮、长相思、黑品诺和梅洛，新的葡萄园也被不断开垦出来。这时酒庄的名字更改为"Kemeu River Wines"。

库米河酒庄的哲学很直接，即尽力种植出优秀的葡萄，在酿酒过程中善待葡萄。在葡萄园里，产量得以控制，并且采用手工采摘。葡萄园位于新西兰北岛的奥克兰附近。可以看到葡萄园采用Lyre的架势，保证葡萄藤具有良好的光照条件。

库米河酒庄干红葡萄酒

酒庄的白葡萄都采用整串压榨的方式。红葡萄则在除梗之后轻柔地压榨，后导入到发酵罐中。发酵过程由葡萄园的野生酵母主导，使葡萄酒能够充分地体现当地的风土条件。

明圣庄园

Mission Estate

明圣庄园干红葡萄酒

明圣庄园以新西兰最古老的酒庄而著称。俯瞰着整个那皮尔市（Napier）的古老神学院大宅是明圣酒庄的中心，传统的建筑修缮一新。每年有超过13万观光者慕名而来，这里成为新西兰接待游客最多的酒庄。Mission餐厅每天开放，在田园诗般的环境中提供可口美食。翻开菜单，酒庄自身的好酒赫然在列，还有见多识广的伺酒师随时恭候，提供美食与美酒搭配的最佳资讯。酒庄音乐会每年吸引25000位观众和世界级艺术家，鼎鼎大名的明星如斯汀（Sting）、罗德·斯图尔特（Rod Stewart）、约翰·法汉（John Farnham）、克利夫·理查德（Cliff Richards）、汤姆·琼斯（Tom Jones）以及埃里克·克莱普顿（Eric Clapton)都会亲临现场。

飞腾酒庄

Felton Road

飞腾酒庄（Felton Road）是新西兰最优秀的酒庄之一，创立于1991年。该酒庄位于新西兰南岛南部的中部奥塔哥（Central Otago）——全世界最南边的葡萄酒产区。晴朗的白天、凉爽的夜晚以及干燥又长的秋季，让这里能够酿造出高质量的黑品诺（Pinot Noir）、莎当妮（Chardonnay）和雷司令（Riesling）葡萄酒。

该酒庄的第一座葡萄园为艾姆斯园(Elms)，由斯图尔特·艾姆斯（Stewart Elms）先生在1991年选定，并以他的名字命名。此处是面北的缓坡谷地，1992年开始种植葡萄，如今这里有14公顷的葡萄园，一半以上种植黑品诺，其他种的是莎当妮和雷司令葡萄。另一处叫科尼什角（Cornish Point）的葡萄园占地面积为8公顷，全部种植黑品诺。另有两处长期租下的葡萄园——史吕辛斯园（Sluicings）和卡尔弗特园（Calvert）也是全部种植黑品诺。

酒庄葡萄园的耕作照料全部由人工进行，而且是用有机的耕种方式：采用生物防治法来控制病虫害，以自然方式生产的有机堆肥让葡萄树生长得更健康。葡萄的采收工作大约始于每年的4月初（南半球的秋天），每个园区都是独立采收和酿造。

如今，飞腾酒庄生产雷司令、莎当妮和黑品诺等多款葡萄酒，其中最出色的酒款是黑品诺红葡萄酒。这款红葡萄酒在酿造时会整粒发酵，有一部分葡萄是整串发酵，以增加酒液的复杂度和结构，所用的酵母则是天然酵母。该酒庄所用的橡木桶全部都由勃艮第制桶匠制造，需风干3年才能使用（每年有30%是新桶）。经过1年的橡木桶熟成期后，葡萄酒就可以直接装瓶。

飞腾酒庄干红葡萄酒

迪菲特山酒园

Mt Difficulty

迪菲特山酒园（Mt Difficulty）位于新西兰南岛，Center Otago产区的迪菲特山脚下。Difficulty意为困难。这里的气候条件相对较为严苛，气候寒凉而且降水稀少，不利于农作物的生长，因而得名。

Central Otago是新西兰唯一大陆性气候的产区，这里独特的土壤非常适合种植黑品诺、雷司令、长相思、灰品诺等葡萄品种。Central Otago也是世界上最南边的葡萄酒产区，处于南纬45°上，是少有的适合酿造优质葡萄酒的产区。虽然面积不大，Central Otago的黑品诺已经享有世界级的声誉。黑品诺占到该产区种植面积的85%，其他的主要葡萄品种包括莎当妮、雷司令和灰品诺。

20世纪90年代早期，这个区域五家新开辟的酒园的主人一致决定，要在一个统一的品牌下酿造葡萄酒，因而开创了Mt Difficulty酒园。经过二十多年的发展，酒园拥有面积40公顷的六块葡萄园，这些葡萄园里种植着一些新西兰南岛最为古老的葡萄藤，特别是一些黑品诺葡萄藤。这些老藤葡萄赋予酒园葡萄酒独特的复杂性和集中度。

迪菲特山酒园的独特微气候是迪菲特山和附近的湖泊共同造就的。由于迪菲特山阻挡了来自西边的水汽，这里降水稀少，非常干旱，好在有附近的湖泊提供灌溉用水并且调节葡萄园的微气候，使得这片土地非常适合种植喜凉的葡萄品种。

迪菲特山酒园干红葡萄酒

4 其他葡萄酒

Others

香槟
CHAMPAGNE

气候

凉爽大陆性气候，生长期平均气温为16℃，受春天霜冻威胁。年平均降雨量为650毫米。

土壤

主要为白垩土，提供良好的渗水性与保留水分能力。土壤贫瘠需要施肥。

葡萄品种

莎当妮（Chardonnay）（Côtes des Blancs，Côte de Sezanne）：轻盈酒体，高酸度，富含花香以及柑橘类香气。

黑品诺（Pinot Noir）（Montagne de Reims，Côtes des Bar）：丰满酒体，悠长余味，有着良好的结构。

莫尼耶（Meunier）（Vallee de la Marne）：发芽晚，简单的果香，适合早饮。

香槟？起泡酒？

就像红酒其实是葡萄酒的一种一样，香槟其实是起泡酒（sparkling wine）的一种。

把葡萄酒弄出气泡来的方法很多，但是基本原理大同小异：就是当葡萄被发酵成酒汁以后，再在密闭容器里加上酵母进行二次发酵，这个密闭容器可以是单独的酒瓶，也可以是大型的不锈钢发酵罐，前者就是制作香槟的方法，后者就是制作大众价位起泡酒的方法。

但是用香槟制作法做出来的起泡酒，并不能全部成为香槟。香槟Champagne这

个品牌，通过香槟区行业协会的申请，明确受到商标国际注册马德里协定和世界贸易组织保护，不仅法国香槟地区之外产区不能用“香槟”这个名字，就连20世纪90年代，伊夫圣罗兰（Yves Saint Laurent）出了一款名为“香槟”、形为起泡酒瓶塞的香水，香槟区行业协会也将其告上法庭，酿成沸沸扬扬的一桩公案，最终以伊夫圣罗兰败诉改名告终，至今仍流传在品牌版权的法律课堂上，余威不减。虽然现在一些起泡酒产区（比如美国加州）还有一些酒厂因为已经很多年（准确的说是在2006年以前就开始）在酒标上使用香槟Champagne这个名号而被允许继续使用，世界上的绝大部分起泡酒都在香槟产区的不懈努力下不再将香槟作为酒名的一部分。

在法国，香槟区外用香槟酿造法酿出来的起泡酒被称为crémant或mousseux起泡酒。阿尔萨斯（Alsace）、勃艮第、卢瓦尔河的起泡酒皆是出了名的物美价廉，很多起泡酒厂都是用相应产区的葡萄，严格用和香槟产区一样的传统方法进行二次发酵，不乏好的产品，尤其是一些阿尔萨斯和勃艮第的crémant，也是用跟香槟区一样的黑品诺（Pinot noir）和莎当妮（Chardonnay）葡萄酿制的，非常值得一试。

另外在大的不锈钢密封罐里做出来的大众价位起泡酒，因为没有了葡萄产区的限制，所以产量可以无上限。这样的起泡酒不乏大品牌，比如西班牙菲斯奈特（Freixenet）酒厂，作为全球最大的起泡酒生产基地，成为巴塞罗那起泡酒的标志，诸多Cava成为西班牙版的高端品牌。

瓶子的艺术

同样百年不变，香槟瓶却比红酒瓶受宠幸得多。邱吉尔当年鼓励士兵说：“记住我们不是在为法国的国土而战斗，是香槟！”而教人1小时内学会品酒的《美酒复仇者》(The Wine Avenger) 的威力·格卢克斯滕则说：“在一个完美的世界里，每个人晚上都应该来杯香槟。”

充满泡沫的酸甜口感总是让人把香槟与浮华的奢侈生活联系起来，事实也如此。香槟从来不考验人的酒量，它只考验钱包。荷兰怪才维果罗夫2008年为白雪海瑟克玫瑰香槟限量套装设计了包括看起来放倒了的冰桶、酒杯和香槟瓶。这个设计拿下当年包装设计的国际大奖Pentawards钻石奖，皆因“颠倒”就是香槟的魅力：让人换个角度看世界，也对任何的颠倒更宽容。难怪拿破仑说战胜了要喝香槟，战败了也要喝香槟。

由卡尔·拉格菲尔德 (Karl Lagerfeld) 为Dom Perignon 1998年香槟所设计的限量版瓶身，名为“欲望瓶身”(A Bottle Named Desire)，命名灵感来自田纳西威廉斯的剧作《欲望号街车》(A Streetcar Named Desire)。广告虽然在巴黎的18世纪公寓内拍摄，但人物之间暗藏暧昧、关系扑朔迷离的基调，颇能呼应剧作。“欲望瓶身”的酒盒附有出厂编号和设计师的亲笔签名，全球限量1998瓶。

还有一个胜败都要喝香槟的大帝是卡尔·拉格菲尔德。他为唐佩里侬香槟王设计的限量包装饱含了对现代“欲望”的深刻理解：半透明的珠宝盒、金铸的盾牌锁、闪耀的瓶身和散落周围的金色珍珠，就连名字都叫“欲望瓶身”。当然，传说中第一个酿造出香槟并因香槟看到“星星”的唐佩里侬修道士并不只是卡尔一个人的救赎，香槟王层出不穷的安东尼特皇后、沃霍尔纪念装，每每如艺术品般被收藏家购买，目前市面上最贵的香槟——香槟王1995年份大容量白金装则因为3公升的超大容量和外层巨大的白金包装卖到了17000美元。对于最近刚花了5万英镑

左图 名悦香槟　右图 香槟王

(其中还有1万是小费）拍下1996年份粉红香槟王的俄罗斯富商而言，也许他会愿意给由卡尔高级定制的香槟王更高的价钱。

上三图 巴黎之花香槟

香槟（传统工艺起泡酒）酿造法

酿造香槟的方法叫作“传统酿造法”(Methode Champenoise)。基酒在第一次发酵后被装瓶，随后加入糖和酵母使其产生二次酒精发酵。根据酿酒师们的不同风格，酒瓶封口后被放上几个月到几年不等。接下来，瓶中的沉淀物会通过人工转瓶（remuage）这一工艺流向瓶颈处。随后，使瓶颈处结冰后打开瓶口，瓶中的气压会迫使冰冻的沉淀物冲出瓶外，接着瓶口会迅速被封口以保留瓶中二次发酵时的二氧化碳。通过这种方法产生的气泡是最小、最精致、最持久的。此外，沉淀物在瓶中的时间越长，气泡越精致和持久。

收获与压榨：只允许人工采摘，葡萄不需要去梗或破皮粉碎，须尽快压榨，大压榨机可以更柔和压榨。

第一次发酵：在不锈钢控温发酵桶中进行，发酵前进行澄清以减少非果香类味道的生成，得到的基酒完全干型，中性味道，高酸度，中等酒精度。

混合：不同葡萄品种混酿以及不同年份酒汁间混酿。第二次发酵前稳定酒石酸。

香槟转瓶

在凯歌夫人（Veuve Cliquot）的时代，人们很难去除香槟发酵过程中产生的沉淀。工人们笨拙地把酒从一个瓶子倒向另一个瓶子，以清除积存在瓶底的渣滓，但这样做香槟中极其宝贵的气泡也就逃逸掉了，口感便少了许多回味。这仿佛是一个痼疾，影响着香槟品质的飞跃。凯歌夫人发誓要解决这个难题，她几经探索，终于想出了对于酿酒来说几乎是革命性的“转瓶法”。她在桌子上钻出一个个洞，将香槟酒瓶倒置在洞里，这样底部的渣滓就会慢慢地沉到瓶口去——唯一需要做的便是小心地转动酒瓶以免渣滓黏在瓶身上。

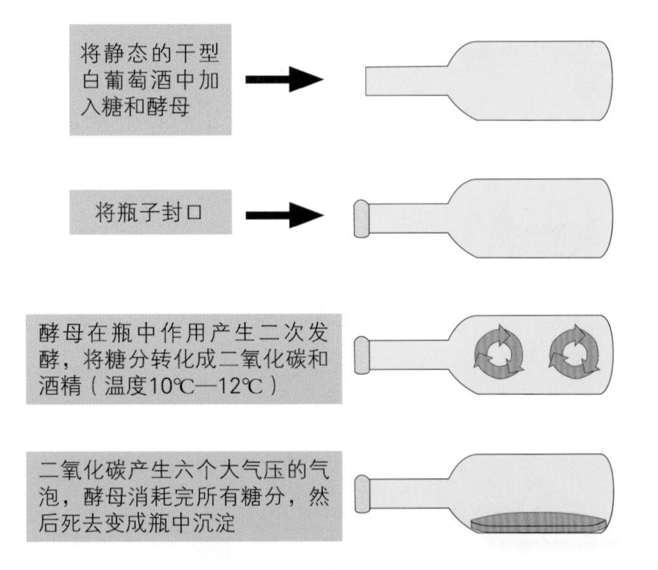

香槟酿造步骤

1.准备原材料：收割葡萄。

2.葡萄的去茎与压碎：除去不需要的葡萄茎，并且把葡萄皮压开，释放出葡萄汁。

3.小心地压榨：香槟（或传统工艺起泡酒）是非常细腻的葡萄酒。过分的压榨会影响葡萄酒的品质。最好的香槟只取用第一次压榨出的葡萄汁。

4.酒精发酵：把葡萄中的糖分转化为酒精成分。一般香槟酒的发酵是在不锈钢桶里进行，只有少数酒园用橡木桶。

5.乳糖发酵（选择性工艺）：部分酒园使用这样的方法发酵，但是不少酒园禁用这样的方法。

6.基酒的调和：通过调和，保证基酒品质的稳定，同时形成酒园与众不同的特点。

7.基酒中加入糖和酵母菌并装瓶：在无气泡的基酒中加入少量的糖和酵母，并且装瓶。这时香槟还没有完成。这次装瓶是为了让发酵过程在酒瓶中进行。

8.瓶中二次发酵过程：酵母在酒瓶中发酵，使少量的糖变成酒精和二氧化碳。从而使基酒充满了气体。

9.瓶中陈年：使气泡完全与葡萄酒融合成一体，同时发酵的酒渣可以丰富香槟酒的香气，充实酒体。香槟法定产区要求非年份香槟至少陈放15个月，年份酒则要3年以上。

10.转瓶：将陈年后的二次发酵瓶倒置于酒架上，转动酒瓶，使发酵后留下的酒渣聚集在瓶口。

11.除渣：用低温的方法使瓶口的酒渣

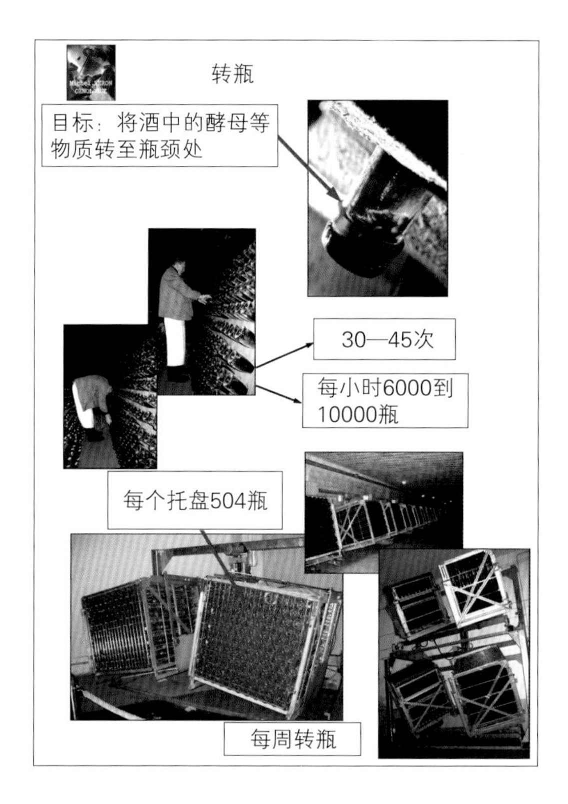

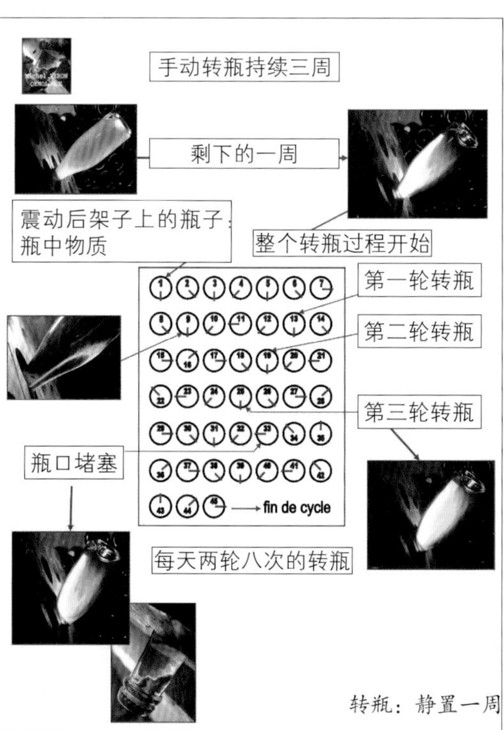

结冰，利用瓶中的气压，冲出结冰的酒渣，达到除渣的目的。

12.增加原酒：补充除渣后缺少的体积。一般是原酒加上少许糖，来平衡成酒的口感。

13.封瓶：用香槟软木塞和铁丝线圈封瓶。保证运输途中葡萄酒的安全。

香槟种类

无年份香槟Non—Vintage（NV）：最少陈年15个月，包括12个月酒窖陈年。

年份香槟（Vintage）：只在好年份酿

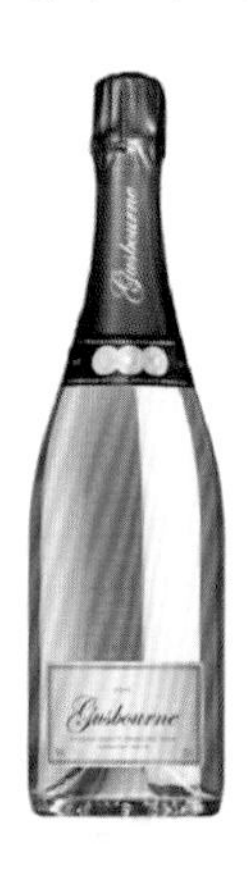

造，最少陈年酒窖陈年3年。

粉红香槟（Rosé）：在欧洲唯一被允许混酿白葡萄酒与红葡萄酒的粉红香槟。

白中白（Blanc de Blancs）：100%莎当妮（Chardonnay），鲜嫩时酒体轻盈，高酸度，青苹果柑橘类香气，陈年后有黄油味。

黑中白（Blanc de Noirs）：用黑品诺（Pinot Noir）与莫尼耶（Meunier）酿造。

特别纪念年份（Prestige Cuvee）。

蒂姿香槟

Deutz

创建于1838年的蒂姿是已经持续了五代的家族事业。19世纪末，蒂姿在法国和遥远的出口市场已经有了很大的知名度。蒂姿在许多香槟中脱颖而出，成为香槟中的一块瑰宝。今天，传统与技术的融合，形成了永恒的蒂姿风格。蒂姿是经典香槟的标志，也是上乘香槟的标准。如今蒂姿香槟深得世界各地红酒爱好者的好评，是最好的6个香槟品牌之一。

蒂姿威廉香槟

Cuvée William Deutz

产区：法国香槟法定产区（Champagne AOC — France）
葡萄品种：黑品诺（Pinot Noir）、莎当妮（Chardonnay）、莫尼耶（Meunier）
品鉴：颜色清亮，带有银色边圈，散发出浓郁的成熟水果香气和干果的芳香，口感饱满，丰富多变，充满宜人的桃子香甜，柔软润滑，令人愉悦，余味绵长。
搭配：可搭配鹅肝、鱼子酱、龙虾、精细烤鱼。

蒂姿天然桃红香槟

Deutz Brut Rose

葡萄品种：黑品诺（Pinot Noir）
品鉴：明亮的粉红色搭配精致的气泡。散发着新鲜的樱桃、黑莓、石榴和黑醋栗的香味。口感饱满，并伴有新鲜草莓和树莓的芬芳。
食物搭配：可以作为开胃酒饮用。

蒂姿佳酿香槟

Deutz Brut Millesime

葡萄品种：黑品诺（Pinot Noir）、莎当妮（Chardonnay）、莫尼耶（Meunier）
品鉴：明亮的颜色，带有微微的金黄色。混合着白色水果和令人喜悦的鲜花的香气。细致的苹果、梨、杏仁的香气，很好的层次感，带有略酸的口感。
搭配：与白肉、鱼类构成完美的搭配，或者与糕点搭配。

库克香槟

Krug Champagne

库克是最顶级的香槟品牌之一，它每年的产量很少，只用头等葡萄汁做原料。始创于1843年，包括了5种超凡的香槟：Krug Grande Cuvee、Krug Collection、Clos du Mesnil、Krug Vintage、Krug Rose。从1977年起库克香槟即是“协和飞机”(Concorde)的专用香槟，也是英航、澳大利亚航空、新加坡航空、国泰航空等航空公司头等舱的香槟。同时，它也是英国皇宫宴会的指定香槟，库克与凯歌同属路易·威登·轩尼斯集团（LVMH），但风格却完全不同。库克的葡萄园和酒窖都非常迷你。

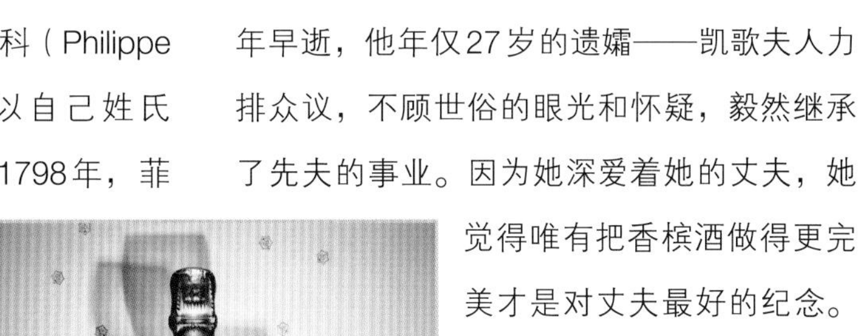

凯歌香槟

Veuve Clicquot Ponsardin

凯歌香槟的历史可以追溯到1772年，银行家出身的菲利普·克里科（Philippe Clicquot）在法国北部创办了以自己姓氏命名的酿酒厂——凯歌酒庄。1798年，菲利普·克里科之子弗朗索瓦（François）与彭撒丁（Ponsardin）家千金结为连理。他们，一个是法国最适宜培植优质葡萄的香槟区大酒庄最能干的儿子，一个是富有的男爵的后代。他们就像是童话里的王子和公主，幸福地走到了一起，尽享香槟般的婚姻，越久越醇美。

然而，天妒英才。1805年，弗朗索瓦英年早逝，他年仅27岁的遗孀——凯歌夫人力排众议，不顾世俗的眼光和怀疑，毅然继承了先夫的事业。因为她深爱着她的丈夫，她觉得唯有把香槟酒做得更完美才是对丈夫最好的纪念。她不能放弃，唯有前行。她以充沛过人的精力，睿智果敢的勇气和活泼智慧的心灵，带领凯歌香槟酒庄走过了最艰辛的时期。

1810年，凯歌夫人独自一人创立了凯歌酒庄（Veuve Clicquot Ponsardin）。这个品牌的名称里融入了寡妇（法语里Veuve是寡妇的意思）、她和丈夫的姓氏，仿佛把凯歌夫人的一切都包含进去了。从此，凯歌香槟酒庄在凯歌夫人手中有了新的传承，追求更为卓越的品质，见证一份深厚的爱情。

凯歌贵妇

凯歌夫人购买了顶级的葡萄园，种植葡萄的土地都是向阳的坡地，日照时间长。采用经过上百年土壤熟化的葡萄园结出的最好的葡萄，与酿酒专家密切地注意调配混合的品质，从而酿制出至尊品质、至醇品位的香槟，它的品质只有一种——最好的！在凯歌香槟酒庄，无年份香槟至少要陈年30个月，而年份香槟的陈年则至少需要5年以上。凯歌香槟主要采用昂贵的黑品诺葡萄，这能够带给香槟丰富的层次感和浓郁口感。黑品诺葡萄的丰富而强劲的酒体结构，与莎当妮葡萄的精致和新鲜结合，最终带来独特的凯歌香槟风格。

在追求完美和勇于创新的信念驱动下，凯歌夫人于1816年发明了有效去除沉淀的转瓶法，酿造出酒质清澈、品质超群的香槟酒，这举世瞩目的技术革新引领了香槟酿造业的潮流。后来，她发明了用灿烂的金黄色作为凯歌香槟的标志。在200年前，大部分酒标都选用黯哑的色调的时候，这是一项非常伟大的创举，从而让凯歌香槟由内而外更加杰出。她的进取精神和睿智果敢也得到了世人的认同，被亲切地誉为“香槟贵妇”（Grand Dame of Champagne）。

凯歌夫人肖像画

1775年，凯歌酒庄创造性地酿制出了世界上第一款粉红香槟，从那时起，她便成为粉红香槟酿制的标准。19世纪初，勇于创新的凯歌夫人创造的全新酿酒方法进一步完善了粉红香槟的酿制工艺，从而大大提升了凯歌粉红香槟的品质和口感。1810年，第一瓶凯歌年份香槟诞生。1972年，为庆祝酒庄成立200周年，凯歌香槟推出第一批“香槟贵妇”，展现了其独特而尊贵的配方。1995年，凯歌香槟酒庄推出了特别为与美食搭配而设计的凯歌银牌年份香槟。1996年，凯歌香槟酒庄最特别的一款香槟——粉红香槟贵妇1988年份面世……凯歌香槟酒庄秉承着凯歌夫人不断创新的精神，不断提升酿酒技术，为全世界的人们在各种不同的人生时刻带来欢愉的生活体验。

沙龙香槟

Salon

沙龙香槟创始人尤金-艾美·沙龙（Eugene—Aime Salon）先生祖上并无香槟产业，但少年时，他常去葡萄园与香槟庄，给身为香槟酿酒师的姐夫打下手，并产生有朝一日自酿香槟的梦想。日后，他经商成功，又涉足政坛。功成名就后，难忘香槟理想，便在香槟区白丘（Le Mesnil）村半坡处买了面积一公顷的葡萄园，命名沙龙园（Le Jardin Salon），自酿单一品种莎当妮的白中白年份香槟，作为业余消遣，并以此招待亲朋、客户。结果，尝过鲜的亲友都强烈建议沙龙将此酒商业性推出。颇感自豪的沙龙于1911年正式开设香槟庄，除自己种植葡萄园，还从白丘村中其他葡萄农那里选购优质莎当妮葡萄。香槟史上第一款商业性推出的白中白香槟(白葡萄白香槟)Champagne Salon Le Mesnil Blanc de Blancs Vintage就此诞生。

从1921年至1998年这77年间，沙龙香槟仅在32个绝佳年份生产。沙龙香槟一直秉持着对质量吹毛求疵的态度，坚持在最佳年份时，才选取质量最佳的葡萄进行酿制。因此，酿造出举世闻名的“香槟帝王”（Champagne SALON），爱酒人士昵称为“香槟中的黄色钻石”。

唐培里侬香槟王

Dom Perignon

唐培里侬香槟王的创始人唐·皮耶尔·培里侬（Dom Pierre Perignon）是位于奥特维尔小镇(Hautvillers)本笃会修道院的一位修士，并担任该修道院的酒窖管理人。他是最早的通过调配不同种类的葡萄来改善葡萄酒品质的人。1670年，他最先引用了软木塞，以保持葡萄酒的新鲜，同时也采用了加厚的玻璃酒瓶，以面对当时酒瓶容易爆炸的问题。

自创立之初，唐培里侬修道士就致力于生产“世界上最好的酒”。在18至19世纪，唐培里侬香槟王所酿造的香槟酒受到了当代王室贵族们的认可，并在法国国王路易十四的宫廷上享用。随后它也成为了自由主义精神的代表，并在英国摄政时期稳固了其地位。

路易水晶香槟

Louis Roederer

路易王妃香槟位于法国兰斯城(Reims),有506英亩葡萄园,只种植莎当妮和黑品诺这两种法定葡萄。园内微型气候相当稳定,因此不管年份如何,其香槟酒都能保持一贯水准。该酒庄的历史可以追溯到1776年,酒庄由杜布瓦(Dubois)父子创建。直到1833年,路易·勒德雷尔(Louis Roederer)从他叔叔那里继承了这份产业,酒庄才更名为路易王妃香槟。正是在他的领导下,路易王妃香槟才逐渐声名远扬。

1868年,酒庄卖出了超过250万瓶的香槟酒,其中绝大多数出口至俄国。

之后,路易王妃香槟酒成为俄国沙皇的最爱,据1873年酒庄的档案文件记载,仅一年的时间,酒庄就向俄国运送了666386瓶香槟酒(占其总产量的27%)。1876年,酒庄应沙皇亚历山大二世的要求,为俄国皇室特别酿造了路易王妃水晶香槟酒(Cuvee Cristal)。1917年,俄国十月革命爆发,路易王妃香槟从此失去了自己的最大客户。

宝伶格

Bollinger

1892年酒庄建成,宝伶格 (Bollinger) 是法国香槟地区最优秀的生产商之一。1829年,宝伶格酒厂建于法国香槟省兰斯市,1835年即出口第一批香槟酒至英国,是早期进入英国港口的为数不多的香槟之一。当时宝伶格

已经以口味特征鲜明著称,它在酿制过程中添加的糖分比其他酒厂要少,在各种甜腻腻的香槟中,Brut型的口味明亮脱俗,英国皇室对其宠爱有加,钦定其为“御用香槟”。

年轻时代的成功奠定了宝伶格的骄傲传统。历经维多利亚女王、威尔士王子、爱德华七世、乔治五世、玛丽王后、乔治六世和王太后7位大不列颠君主,它一直独占英国皇家御用香槟的“封号”。如果谈论大众市场上的“能见度”,它不如Veuve Clicquot Ponsardin、Pommery、Krug等。那“一入豪门深似海”的贵族气使大众阶层难得见其全貌。在今天仅存的几家仍为家族所有的香槟酒厂中,宝伶格独拥3件“镇宅之宝”,或古趣横生,或雅韵恒长,或华贵雍容,皆绝世而独美。

泰廷爵

Tattinger

泰廷爵创建于1734年，同样也是香槟区内历史最悠久的香槟酒庄之一。由于坚持只采用第一次压榨的葡萄汁酿造香槟，遂向来以新鲜芳香的口感与优美持久的气泡深受世人喜爱。英国查理王子与黛安娜王妃的世纪婚礼喜宴，便是使用泰廷爵（Taittinger）的香槟。这款香槟以精选自各年份的莎当妮、黑品诺酿制调配而成，带有浓厚的青苹果与李子香以及淡淡的干果仁和烟熏气息，口感均衡协调。

泰廷爵的历史可追溯至18世纪，在那个还是修道院传教士占主导地位的时代，泰廷爵就已是法国著名的香槟酒品牌。该集团投资兴趣广泛，既生产上好的香槟，还投资经济型连锁酒店，同时拥有百乐水晶、安尼克·古蒂埃香水这样的时尚奢侈品，不过最令他们引以为荣的还是与集团同名的香槟酒。在盛产葡萄美酒的法国，泰廷爵香槟也是数得着的上等货色。值得一提的是，泰廷爵目前也是硕果仅存的、能把公司生意牢牢掌握在自己手中的法国家族。他们的名字与法国的香槟酒酿酒文化紧紧地联系在一起。现年78岁的集团总裁兼首席执行官克劳德·泰廷爵几乎将他毕生的精力都倾注到公司上。由于功劳卓绝，克劳德还曾获法国荣誉勋章的提名。

酩悦香槟

Moet & Chandon

酩悦香槟拥有250多年的家族传统。它源自郊游乐园，现已改名为香槟大道。香槟区独一无二的地质和气候条件，为酩悦香槟提供了最好的原料；精益求精的酿制过程，更使法国酩悦馥郁芳香、口感绵延持久。顾名思义，白兰地酒中的名厂“轩尼诗”干邑亦是其姊妹。

拥有250年酿酒传统的酩悦香槟（Moet Chandon），曾因法皇拿破仑的喜爱而赢得“Imperial（皇室香槟）”的美誉。到目前为止，酩悦香槟已成为法国最具国际知名度的香槟。据说，世界上每卖出四瓶香槟酒，就有一瓶是“酩悦”（Moet & Chandon）。当然，这只限于真正的“香槟”，其他“起泡酒”并不包括在内。

其他起泡酒
OTHER SPARKLING WINES

阿斯蒂（Asti）

提到阿斯蒂的时候，我们总会把这座城市和意大利有名的泛着甜香的起泡酒(Asti Spumante)联系起来。的确，阿斯蒂位于意大利最负盛名的产酒地区，年产量达700万升。葡萄酒节(Douja d'or)是阿斯蒂传统的盛大节日之一。来自Asti及邻近的亚历山大、库奈奥省的几百家酒厂都来参加，会展中心布置得琳琅满目，其中Asti的起泡酒最为耀眼，阿斯蒂的84家起泡酒厂都来参展，其中甘恰(Gancla)规模最大。阿斯蒂的起泡酒(Asti Spumante)被意大利人骄傲地称为香槟阿斯蒂，因为开瓶时，能听到“砰”的一声巨响。像香槟酒一样，饮酒的欢乐气氛顿开，尔后可以欣赏到珍珠般的气泡，在酒杯中升腾时窃窃的“嘶”语和飘逸的舞姿，再慢慢品味，会享受到它的清冽、淡雅、芳香和爽口。

阿斯蒂地区的葡萄酒诞生于18世纪中期，开始是各家公司自己生产，1932年确定了统一的生产方式和产品标准，统一标注有ASTI。20世纪五六十年代，是阿斯蒂地区葡萄酒大发展的时期，目前70%出口国外。到20世纪初，悠久的酿酒传统经酿酒师的改革创新，已成为意大利葡萄酒行业的典范。经过近一个世纪的不懈努力，阿斯蒂的起泡酒已赫赫有名，到1967年获得国家DOC认证，1993年又有几家酒厂的Asti起泡酒被认定为意大利最高级的DOCG葡萄酒。

阿斯蒂起泡酒产于朗格和阿尔多—蒙费拉多高地，这片土地形成于第三纪，至今仍保持着原来的地貌。朗格 (Langhe)地区山坡陡峭，沟壑纵横，山顶或绵长平坦，或有和缓的坡度；而蒙费拉多(Monferrato)

的山势较缓，土壤的红色与山谷的绿色形成了强烈的反差。绵延在阳光普照下的山顶葡萄园，不但色彩斑斓，而且也赋予了阿斯蒂起泡酒独特的风味，使它成为意大利葡萄酒中的一支奇葩。

阿斯蒂起泡酒是用当地盛产的一种带有麝香味的葡萄品种莫斯卡托(Moscato Bianco)酿成，这种在中国被称为小白玫瑰的葡萄在阿斯蒂种植面积很大，约9040公顷(约13.56万亩)，葡萄园由7000多个种植户经营，每年生产阿斯蒂起泡酒约8000万瓶，相当于6万吨。

克雷芒（Cremant）

被称为克雷芒的起泡酒，使用传统制法，且须符合严格的条件。法国有7个产区所产的起泡酒可以使用克雷芒这一称号：

阿尔萨斯克雷芒

波尔多克雷芒

勃艮第克雷芒

迪克雷芒

汝拉克雷芒

利穆克雷芒

卢瓦尔克雷芒

在法国以外有一个产区使用克雷芒这一称号：

卢森堡克雷芒

AOC规定：克雷芒的葡萄采收必须由人手完成，且每棵植株的产果率也有限

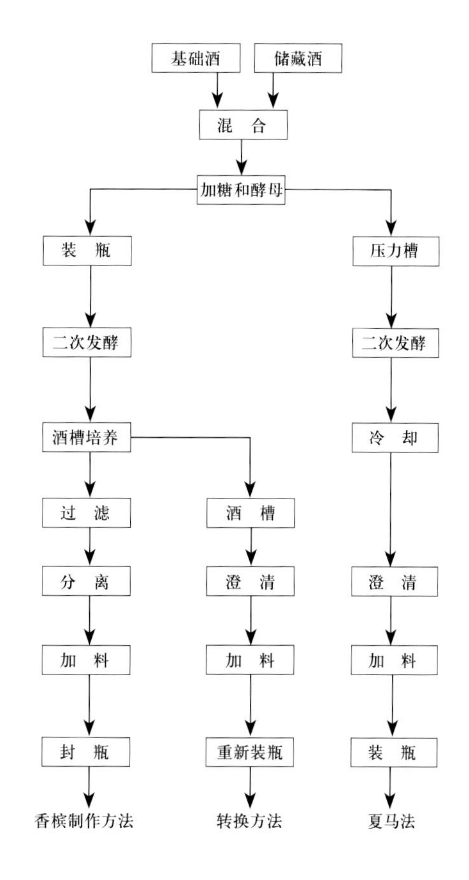

制。克雷芒需陈年1年后方可投入市场。卢瓦尔河流域是法国继香槟后第二大起泡酒产区。该地区大部分的克雷芒产于索米尔附近，多是莎当妮、白诗南和品丽珠的调配酒。AOC也允许用长相思（Sauvignon Blanc）、赤霞珠（Cabernet Sauvignon）、黑品诺（Pinot Noir）、佳美（Gamay）、马尔贝克（Malbec或Côt）、黑诗南（Chenin Blanc或Pineau d'Aunis）和果若葡萄（Grolleau），但酿造比重很低。AOC规定勃艮第克雷芒必须含有超过30%的黑品诺、莎当妮、白品诺或灰品诺基酒，剩下部分

通常会是阿利戈泰（Aligoté）基酒。朗基多克省的利穆克雷芒则通常由本地特有的莫扎克葡萄（Mauzac）酿造，并混有少量白诗南和莎当妮；在二次发酵后需陈年至少1年。利穆白（Blanquette de Limoux）起泡酒则100%由扎克所酿；需陈年9个月。

克雷芒本用于称呼香槟区所产具有较低瓶内压（香槟瓶内压为5—6帕，而克雷芒为2—3帕）的起泡酒，产量相对较少；也用于称呼卢瓦尔所产的起泡酒，如：索米尔克雷芒或武夫赖克雷芒，但不属于AOC规定。卢瓦尔克雷芒于1975年开始才受AOC保护，紧接着是同年的勃艮第克雷芒和1976年的阿尔萨斯克雷芒。由于20世纪80年代香槟地区的游说，欧盟开始禁止其他地区使用“香槟制法”这一特有名称，香槟地区也停止使用“克雷芒”一词。90年代实施克雷芒的原产地法令，波尔多和利穆也被纳入其中。

卢森堡克雷芒是属于摩塞尔—卢森堡范围内的原产地法令，并不针对卢森堡一国，该产地刚好处于摩塞尔河的两岸，而该河又是法国和卢森堡国界。

克雷芒并不是一个法国专用的名词，欧盟内符合严格的条件的产区均可使用，不过这种用法并不常见。

穆瑟（Mousseux）

关于法国的起泡酒还有一些不使用“克雷芒”一词的原产地法令。部分是起泡酒专有的法令，有些则是静态葡萄酒和起泡酒可共用的。“穆瑟（Mousseux）”在法语里就是起泡的意思，可以用于不是“香槟制法”酿造的起泡酒。而克雷芒只可以用于“香槟制法”酿制的起泡酒。

以下是原产的的法令（仅适用于起泡酒）：

安茹穆瑟AOC

利穆白AOC

古传制法白AOC

勃艮第穆瑟AOC

迪克莱勒特AOC

索米尔穆瑟AOC

图赖讷穆瑟AOC

卡瓦（Cava）

卡瓦（Cava）是西班牙加泰罗尼亚、安达卢西亚及埃斯特雷马杜拉出产的白色或粉红起泡酒。主要产区佩内德斯位于加泰罗尼亚，距离巴塞罗那西南40公里。“卡瓦”一词来取自希腊语“高端”餐酒或酒窖一词及拉丁文“洞穴”一词。在酿造卡瓦的早期，酒的保存和陈年都在洞穴中。1872年，霍塞普·拉文托斯最早开始酿造卡瓦。当时佩内德斯葡萄园因葡萄虱侵袭，大量的土地从栽种红葡萄改为栽种白葡萄。看到了香槟地区的成功，拉文托斯决定酿造干型的起泡酒，当时叫做“西班牙香槟”或通俗地称为Champaña或Xampany。

卡瓦也有不同的甜度等级：绝干、干、甜、特甜和甜。在西班牙原产地命名控制（DO）法令下，6个产酒区使用传统方法酿造卡瓦，可使用的葡萄是马卡韦奥（Macabeo）、帕雷利亚达（Parellada）、克萨雷尔·洛（Xarel Lo）、莎当妮、黑品诺和苏维拉特（Subirat）。虽然莎当妮是酿造香槟的传统葡萄品种，但是直到20世纪80年代才用以酿造卡瓦。

普洛赛克（Prosecco）

普洛赛克是意大利的一种白葡萄酒——一般是干或特干起泡葡萄酒，通常使用普洛赛克（Prosecco）葡萄酿造而成。D.O.C.普洛赛克产于意大利威尼托（Veneto）和弗留利—威尼斯朱利亚（Friuli Venezia Giulia）地区，传统上主要集中在Conegliano和Valdobbiadene，在特雷维索（Trevisio）地区北部的丘陵。

普洛赛克通常用于酿造清新舒适的起泡酒。使用“查马”法（Charmat Method罐内二次发酵法）进行第二次自然发酵，它能得到出色的起泡葡萄酒。这个方法比“香槟”法更经济快捷。与香槟不同，它不

需要长时间地瓶内陈酿，更加突出了葡萄的自然水果风味，普洛赛克起泡酒的品质也就更多取决于果汁的纯净程度。

普洛赛克起泡酒主要分为全起泡型（Spumante）和半起泡型（Frizzante）。全起泡型（Prosecco Spumante），要求经历完整的二次发酵，是较昂贵的变种。至于半起泡型（Prosecco Frizzante）可能包含白品诺（Pinot Blanc）或灰品诺葡萄（Pinot Grigio）酒，酿出不同的甜度。根据欧盟对葡萄酒甜度条例的规定，Proseccos 会被标签上“Brut”（残糖不高于12克/升），“Extra Dry”（12—17克/升 ） 或“Dry”（17—32克/升）。

蓝布鲁斯科（Lambrusco）

蓝布鲁斯科原产于意大利中部的艾米利亚—罗马涅（Emilia-Romagna）地区，通常被认为是一种野生的葡萄，后来经过人工栽培才使得其成为现在的品种。

蓝布鲁斯科是一种比较健壮、高产量、抗病性强的葡萄品种。它的叶子像一个圆形的五角星，颜色呈深绿色，但有时叶子会只有三个棱角。中等大小的串珠，结构松散，锥形偏长有着小翼，果实体积中等，薄皮，呈椭圆形，颜色带有朦胧的蓝黑色。低单宁，中低度的酒精成熟相对较早。

蓝布鲁斯科的特性适合做甜酒、起泡酒、红酒、桃红酒或者白葡萄酒。蓝布鲁斯科起泡酒果香浓郁，气泡丰富、细腻，持续时间较长，是半甜起泡酒，因其自然酸度与甜味的完美平衡而出名。酒体呈宝石红色，酒感轻盈柔和。入口后，芬芳的果香随气泡在口中绽放，甜蜜而清新的感觉。

萨克（Sekt）

著名演员路德维希·德维里特（Ludwig Devrient），1825年在柏林的一个葡萄酒酒馆，用《亨利五世》第二幕四场的戏文点了一杯他喜爱的饮料——香槟：“如果没有别的东西的话，请给我一杯萨克”。莎士比亚戏文原意是法拉斯塔夫要点一杯干型樱桃酒——萨克。而德维里特这里是要香槟酒。这样，起泡酒就以萨克（Sekt）的名字叫开了。因为香槟酒的字样不允许在德国使用，1925年，德国就用官方名字Sekt命名起泡酒。1779年，约翰·高特弗里德·赫德尔（Johann Gottfried Herder）把法文用于描述珍珠般泡沫的词翻译成起泡，所以就诞生了如今被称为珍珠起泡酒的葡萄酒。

90%的萨克采用进口的意大利、西班牙以及法国葡萄酿造而成。酒标上标注有“Deutscher Sekt”为完全采用德国葡萄酿制而成的。葡萄品种包括雷司令、白品诺、灰品诺、黑品诺。

开普经典（Cap Classique）

开普经典是南非著名的高级起泡葡萄酒。是使用开普敦地区的长相思、白诗南、莎当妮和黑品诺葡萄，采用香槟法酿造的当地起泡酒。开普经典的生产商正计划起草此酒的生产规定，以保证其血统纯正，并提高其质量。开普经典在40年前才出现，比起其他起泡葡萄酒，算是新手，其生产商联盟（CCPA）于1992年建立，现有82个成员，覆盖20个地区。

格朗帝干白起泡葡萄酒 / 格朗帝干白起泡葡萄酒（半甜）

Grandial Landiras BRUT / Grandial Landiras DEMI—SEC

产区：法国波尔多（Bordeaux）
葡萄品种：100%艾润（ Airen）
酒精含量：11%
品鉴：此款采用香槟酿造法酿造的起泡酒，明亮黄绿色，香气袭人，酒体丰满，清爽提神，是一种全方位的葡萄酒。
搭配：可与鸡肉、火鸡肉、小牛肉和鲜美的鱼肉搭配，与柔软淡味的奶酪也很相配。

梵帝内·普洛赛克半干型起泡酒

Fantinel Prosecco Extra Dry

产区：意大利法定产区级DOC弗留力（Friuli）
葡萄品种：100%普洛赛克（Prosecco）
酒精度数：11.5%
品鉴：此款酒酒色呈淡黄色，起泡丰富，颗粒较大，持久度中等。入口简单，清爽，酸度非常活泼，有些许的甜感和明显的酵母味道和麦仁味。口感较强劲，饱满，充满细致优雅的花香及矿物的清香。
搭配：适合当餐前酒、搭配面包或直接享用。

宝特加·维拉起泡酒

Bottedoro La Villa

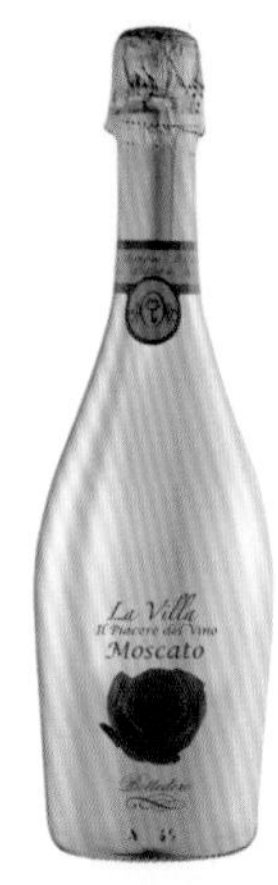

产区：意大利威尼托（Veneto）
葡萄品种：30% 白品诺 (Pinot Bianco) 、70 % 格雷拉 (Glera)
饮用温度：6℃—8℃
品鉴：酒体呈现淡黄色。酒香怡人，浓郁，持久，具有成熟桃子和香蕉的香气，末尾有清晰的洋槐的芬芳。入口感觉极佳，酸度和干度的完美结合给味觉带来美妙的感受。
搭配：与各种意大利腊肠、各种腊肉和芦笋炖饭完美搭配。与白肉、水煮鱼、烤鱼、炸鱼和粥搭配食用同样美味。

宝特加·普拉起泡酒

Bottedoro Il Palazzo

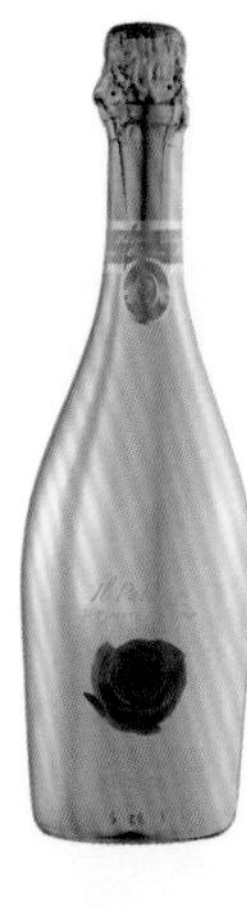

产区：意大利威尼托（Veneto）
葡萄品种：60% 莎当妮 (Chardonnay)、40% 格雷拉 (Glera)
饮用温度：6℃—8℃
品鉴：酒体呈现淡黄色。酒香浓郁、复杂，混合着少许面包皮和新鲜水果的香气，尤其是青苹果和百香果的香气。芳香、浓郁、持久、细腻，结构平衡的优良酸度。
搭配：由于其糖分残留低，很适合做餐前开胃酒，搭配烤面包、干面包点心和冷盘。可做全能酒搭配素食，搭配冷意面沙拉和鱼汤也是不错的选择。与清蒸鳗鱼或烤鳗鱼是完美搭配。

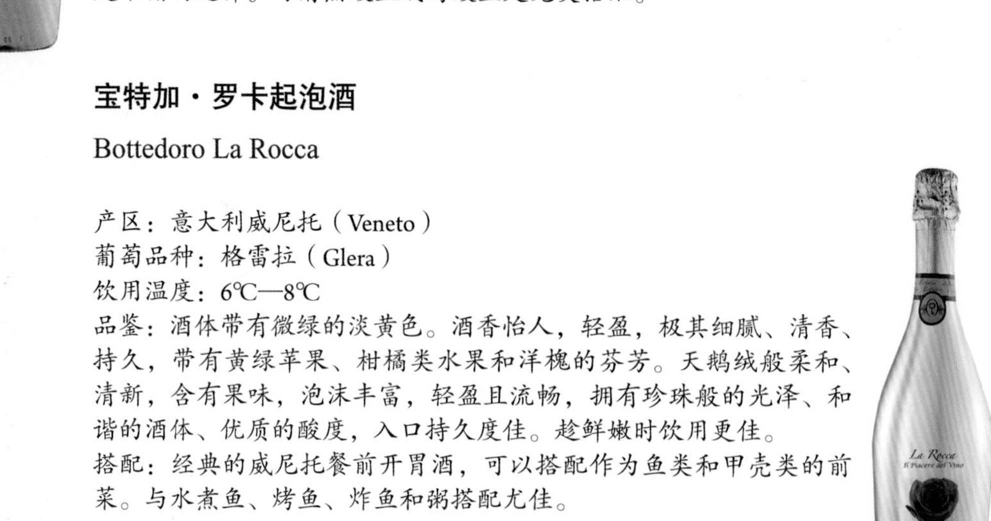

宝特加·罗卡起泡酒

Bottedoro La Rocca

产区：意大利威尼托（Veneto）
葡萄品种：格雷拉（Glera）
饮用温度：6℃—8℃
品鉴：酒体带有微绿的淡黄色。酒香怡人，轻盈，极其细腻、清香、持久，带有黄绿苹果、柑橘类水果和洋槐的芬芳。天鹅绒般柔和、清新，含有果味，泡沫丰富，轻盈且流畅，拥有珍珠般的光泽、和谐的酒体、优质的酸度，入口持久度佳。趁鲜嫩时饮用更佳。
搭配：经典的威尼托餐前开胃酒，可以搭配作为鱼类和甲壳类的前菜。与水煮鱼、烤鱼、炸鱼和粥搭配尤佳。

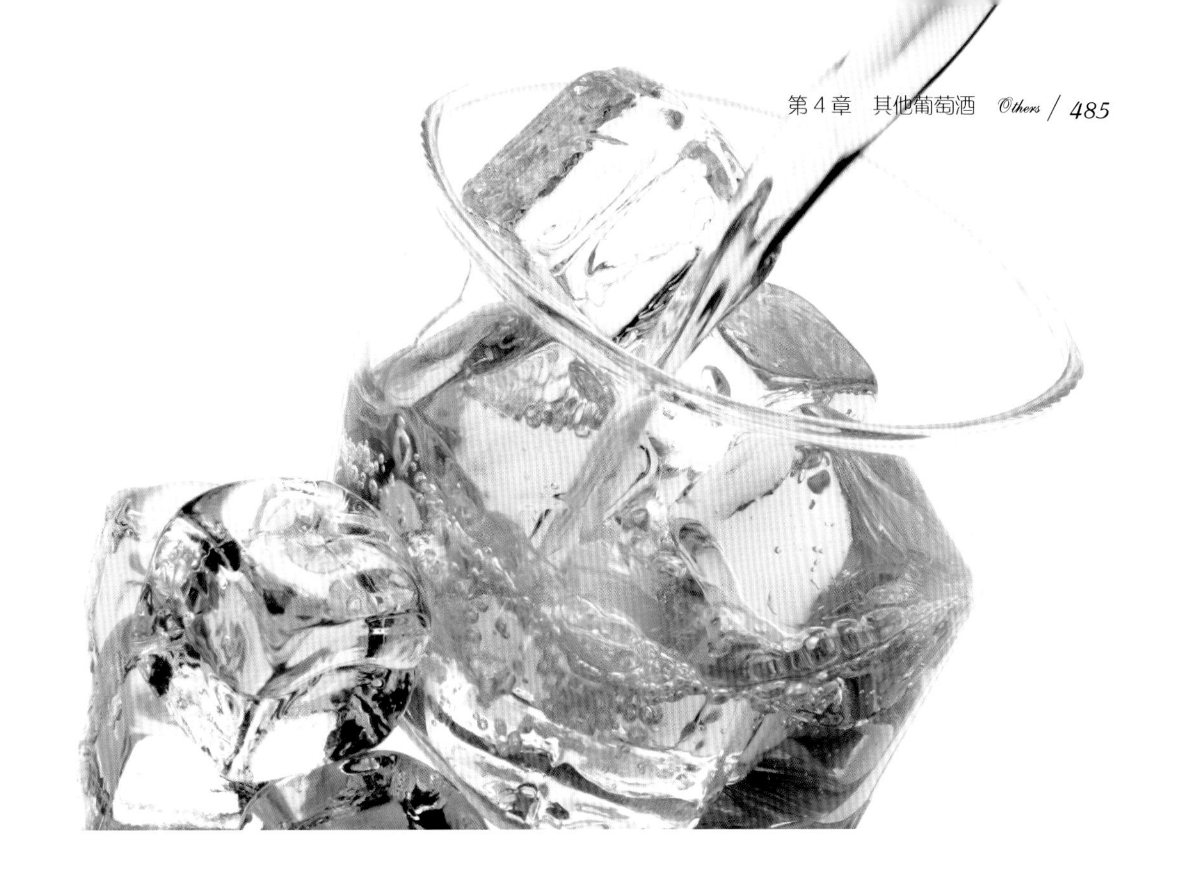

白兰地
BRANDY

白兰地，最初来自荷兰文Brandewijn，意为“烧制过的酒”，是以水果为原料，经发酵、蒸馏制成的酒。通常所称的白兰地专指以葡萄为原料，通过发酵再蒸馏制成的酒。而以其他水果为原料，通过同样的方法制成的酒，常在白兰地酒前面加上水果原料的名称以区别其种类。比如，以樱桃为原料制成的白兰地称为樱桃白兰地（Cherry Brandy），以苹果为原料制成的白兰地称为苹果白兰地（Apple Brandy）。

世界上生产白兰地的国家很多，但以法国出品的白兰地最为驰名。而在法国产的白兰地中，尤以干邑地区生产的最为优异，其次为雅文邑（亚曼涅克）地区所产。除了法国白兰地以外，其他盛产葡萄酒的国家，如西班牙、意大利、葡萄牙、美国、秘鲁、德国、南非、希腊等国家，也都生产一定数量、风格各异的白兰地。俄罗斯、东欧等国家生产的白兰地，质量也很优异。

白兰地的酿造

干邑（Cognac）

葡萄品种：白玉霓（Ugni Blanc）、特雷比亚诺（Trebbiano）。

基酒的酸度很高以防止细菌滋生，酒精度较低，因为如果添加二氧化硫来抗菌，在蒸馏的时候就会产生奇怪的气味。

干邑为两次蒸馏的基酒。为防止氧化，葡萄酒越快蒸馏越好，法律上规定所有的酒必须在采收后的三个月内蒸馏完毕。第一次蒸馏完毕的酒汁被称为Brouillis，第二次蒸馏，Brouillis 被蒸馏至72%Abv，“头酒”和“尾酒”被分开继续蒸馏。基酒需要在法国橡木桶中陈年至少两年。混合酒汁在干邑产区非常重要，酒汁混合后酒精度会降低到40% Abv，颜色在这个时候被混合得有如焦糖一般。年轻的干邑有着琥珀的颜色、强烈的葡萄以及花香，并带有香草及橡木桶的香气。陈年后，香气偏向干果类以及森林土壤香气。

白兰地壶式蒸馏法

白兰地塔式蒸馏法

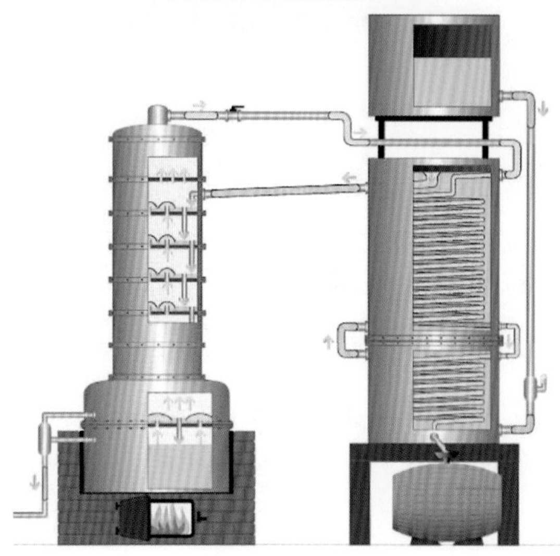

雅曼邑（Armagnac）

葡萄品种：白玉霓（Ugni Blanc）

绝大多数雅曼邑进行一次蒸馏，蒸馏到52%到72%Abv。年轻的雅曼邑有着比成熟的干邑更加饱满的酒体，有着土壤以及蜜枣的香气。雅曼邑白兰地酒的酿藏采用的是当地卡斯可尼出产的黑橡木制作的橡木桶，一般将橡木酒桶堆放在阴冷黑暗的酒窖中，酿酒商根据市场销售的需要勾兑出各种等级的阿曼涅克白兰地酒。同干邑白兰地酒相比，雅曼邑白兰地酒的香气较强，味道也比较新鲜，具有刚阳风格。其酒色大多呈琥珀色，色泽度深暗而带有光泽。

白兰地酒标标识

COGNAC	
*** or VS	混合酒中最年轻的基酒为两年
VSOP	混合酒中最年轻的基酒为4年
XO HORS D' AGE NAPOLEON	混合酒中最年轻的基酒为6年

ARMAGNAC	
*** or VS	1—3年
VSOP	4—9年
Napoleon	6—9年
Hors d' Age or XO	10—19年
XO Premium	20年+
Age Indicated	混合酒中最年轻的基酒酒龄标识在酒标上
Vintage	所有的基酒都是这个年份，必须拥有至少10年酒龄

著名白兰地品牌

干邑（Cognac）

1. Augier奥吉尔
2. Bisquit百事吉
3. Camus卡慕
4. Courvosier拿破仑
5. F.O.V长颈
6. Hennessy轩尼诗
7. Hine御鹿
8. Larsen拉珊
9. Martell马爹利
10. Remy Martin人头马
11. Otard豪达
12. Louis Royer路易老爷

雅曼邑（Armagnac）

1. Chabot夏博
2. Saint—Vivant圣·毕旁
3. Sauval索法尔
4. Caussade库沙达
5. Carbonel卡尔波尼
6. Castagnon卡斯塔奴

附　录

世界百大葡萄酒
THE TOP 100 WINE OF THE WORLD

世界百大葡萄酒

THE TOP 100 WINE OF THE WORLD

1855年波尔多列级酒庄
MÉDOC GRAND CRU CLASS EN 1855

Beijing Jiao Yuan Tong Da Ltd

With a plenty of experiences in wine industry, Beijing Jiao Yuan Tong Da Trading Co., Ltd is a specialized company for wine importation and brewing. Jiao Yuan Tong Da has received great respect from world-wide customers. As one of our shareholders, Beijing Jiao Yuan Corporation for International Economic and Technical Cooperation is engaged in international cooperation in the long run. It has high reputation, dedicated to China' s reform and opening up, and market prosperity. Another shareholder is Beijing Duty—Free Shop for Diplomatic Missions, the only shopping center approved by the State Council to provide duty—free goods especially for diplomatic missions, offices of international organizations and their personnel.

Since established, we choose high quality wine from world wide with our professional and strict judgment. Now we have already had over a hundred high quality wines on shelf from eleven different countries, from new world to old world, from table wine to grand cru wine.

With raw materials imported from abroad, the company has developed over 20 varieties under its own brand "The Great Castle" for the reception use by diplomatic missions in China, and won high acclaim. The company is a supplier for clients of more than 20 provinces and municipalities in China, and its wines are sold in nearly 200 medium and high grade shopping malls and supermarkets in Beijing such as Wall—Mart, China Resources and 7—Eleven etc. The company has already become an outstanding wine supplier in Beijing.

No matter what kind of taste you prefer with wine, or you have strict requirement towards the vintage of the wine, we will bring you satisfaction!

Our company will inherit our culture and reputation from our shareholders, and bring to you the best prices and services. We are sure you will have a wonderful experience with us!

中国葡萄酒的希望
——神奇的宁夏贺兰山东麓

2013年1月美国《纽约时报》评选出了全球2013年“必去”的46个最佳旅游地，并特别强调了“宁夏”这个神奇之地的迷人之处：可以酿造出中国最好的葡萄酒。与此同时，胡润研究院在上海发布《2013至尚优品——中国千万富豪品牌倾向报告》，宁夏贺兰山东麓荣获“全球优质葡萄酒产地新秀奖”，宁夏西夏王获红酒品牌“最佳表现奖”。

2013年6月14日，对于中国贺兰山东麓产区以及西夏王葡萄酒而言，是一个有着里程碑意义的日子，前后历时三年时间，经过慎重的选择和严格的考证后认定，西夏王葡萄酒在质量、安全方面完全达到了涉外机构及各国驻华机构选用的标准，产品质量稳定可靠的国产优质葡萄酒，具备长期供应外交使节酒生产基地的充要条件，最终确定宁夏西夏王葡萄酒业有限公司(含西夏王玉泉国际酒庄)为外交使节酒宁夏生产基地，成为国内葡萄酒行业第一家获此殊荣的企业。作为唯一一个中国外交事务接待专用的中国葡萄酒品牌，西夏王将代表中国葡萄酒，正式呈现给中国驻外使领馆以及各国驻华使领馆及新闻机构，接受国际友人的品鉴。

西夏王葡萄酒经历30年的发展历史，曾经在行业内创造了“三个一”：宁夏第一个种植葡萄酒的企业；西北第一个葡萄酒厂；西北第一瓶葡萄酒。目前已拥有8000公顷的优质葡萄园和年产3万吨葡萄酒加工储藏能力，并先后荣获40多项国际国内大奖。

2013年9月9日，在香港举行的亚洲品牌年度“奥斯卡”大奖推选活动——第8届亚洲品牌盛典上，宁夏西夏王酒业有限公司荣获“亚洲品牌五百强”以及“亚洲十大最具影响力品牌奖”荣誉。

2013年11月，被誉为“葡萄酒圣经”的《世界葡萄酒地图》第七版出版发行。宁夏贺兰山东麓葡萄酒产区和山东烟台产区及河北昌黎产区首次被列入。书中还列出了中国6家精选酒庄，其中宁夏贺兰山东麓葡萄酒产区占据4家。

由世界著名酒评家杰西丝·罗宾逊、休·约翰逊合著的《世界葡萄酒地图》最新版共400页，其中中国的篇幅占2页。书中介绍了山东、河北、宁夏、新疆等产区和一些著名酒厂的发展状况。书中这样描述了贺兰山东麓葡萄酒产区：“宁夏的地方政府决心将辖区内的沙化地——海拔1000余米的黄河东岸的碎石坡，打造成中国最大的葡萄酒产区。保乐力加和LVMH已被吸引而来，并扎根于此；而业界的两大巨头——中粮和张裕也从原来的以山东为核心的模式，转变为宁夏地区最重要的葡萄酒生产商。伦敦的贝里兄弟公司最近推出了宁夏张裕摩塞尔十五世酒庄2008年首酿年份酒，这款包装华丽的波尔多混酿酒售价为39英镑。

书中还列出了中国6家精选酒庄，排序依次是：宁夏张裕摩塞尔十五世酒庄、山西怡园酒庄、宁夏贺兰晴雪酒庄、宁夏贺兰山葡萄酿酒公司、陕西玉川酒庄、宁夏银色高地酒庄。这6家酒庄中4家为宁夏贺兰山东麓地区的酒庄，山西怡园酒庄的酿酒葡萄部分也出自于贺兰山东麓。长期以来，宁夏回族自治区人民政府对葡萄酒产业高度重视和大力扶持，宁夏针对贺兰山东麓进行总体规划与管理成立了专门机构，2010年出台 的《中国宁夏贺兰山东麓百万葡萄文化长廊总体规划》被纳入中国政府“十二五”规划，2012年又出台了《宁夏贺兰山东麓葡萄酒产区保护条例》等法规性文件，致力于打造“东有黄河金岸、西有葡萄长廊”的塞上新景观，全力建设“一心、三城、十镇、百庄”的葡萄产业格局。

贺兰山东麓产区具备了生产优质葡萄酒的气候条件，同时由于土壤瘠薄，葡萄产量普遍不高，形成了先天的控产条件,糖度高、酸度适宜，是中国葡萄酒风格最突出的产区。红葡萄酒表现出颜色深、香气浓郁，果香突出，口感圆润、肥硕，同时不缺少结构感，经过橡木桶陈酿，更能提高其品质，表现出复杂的陈酿香气(如调料、松脂等)和柔顺、醇厚的口感。与世界著名产区相比，贺兰山东麓产区的特点是介于法国波尔多和澳大利亚南澳地区的葡萄酒。

贺兰山东麓海拔约1100米，地势平坦，年光照3000小时以上，降雨量少，昼夜温差大，属于典型的大陆性气候。该地区种植的葡萄病虫害少，绿色无污染，冲积扇形成的砂质灰钙土壤，土地集中可以连片开发。该产区的葡萄亩产严格控制在500公斤—800公斤，从国外引进的适宜酿制高档干白、干红的赤霞珠、品丽珠、蛇龙珠及梅辄鹿等无病毒种苗，所产葡萄果实成熟缓慢，色素发育良好，糖酸比例平衡，科学的酿造工艺，构成了贺兰山东麓生产优质高档葡萄酒的产区特色。

特别推荐贺兰山东麓点睛之作

西夏王·外交使节赤霞珠干红葡萄酒2010

类型：干红葡萄酒
葡萄品种：赤霞珠
产区：贺兰山东麓核心产区
净含量：750ml
酒精度：12%vol
品鉴：色泽呈深宝石红色，酒液澄清透明，有光泽；香气浓郁、复杂，具有成熟的黑色水果、干玫瑰花瓣、香草、矿物质等香气，果味充沛，单宁丝滑，口感圆润。
该酒是在香港全球首发收藏版。

西夏王·外交使节贵人香干白葡萄酒2011

类型：干白葡萄酒
葡萄品种：贵人香
产区：贺兰山东麓核心产区
净含量：750ml
酒精度：11.5%vol
品鉴：酒液呈禾杆黄色，带鲜亮的绿色调，澄清透明；香气清新、优雅、愉悦，具有花香和水果香味，口感平衡、协调，回味绵长，具有该品种特有的典型性。

西夏王·外交使节赤霞珠干红葡萄酒2009

类型：干红葡萄酒
品种：赤霞珠
产区：贺兰山东麓核心产区
净含量：750ml
酒精度：12%vol
品鉴：色泽呈深宝石红色，酒液澄清透明，有光泽；香气浓郁、复杂，具有热带水果、香料、烟熏、烘烤及甘草特有的香甜味，酒体平衡、协调、丰满圆润肥硕，单宁细滑。
2009年的葡萄酒是该产区表现最佳年份具备收藏价值。

西夏王·外交使节赤霞珠干红葡萄酒2010

类型：干红葡萄酒
葡萄品种：赤霞珠
产区：贺兰山东麓核心产区
净含量：750ml
酒精度：12%vol
品鉴：色泽呈深宝石红色，酒液澄清透明，有光泽；香气浓郁、复杂，具有热带水果、香料、烟熏、烘烤及炒干果的香味，酒体平衡、协调、丰满圆润，单宁强劲有力，表现出复杂的陈酿香气。

西夏王玉泉国际酒庄贵人香干白葡萄酒

类型：干白葡萄酒
葡萄品种：贵人香
产区：贺兰山东麓产区
净含量：750ml
酒精度：11.5%vol
品鉴：酒液呈禾杆黄色，带鲜亮的绿色调，澄清透明；香气清新、优雅、愉悦，具有花香和水果香味，口感平衡、协调，回味绵长，具有该品种特有的典型性。

西夏王玉泉国际酒庄赤霞珠干红葡萄酒

类型：干红葡萄酒
葡萄品种：赤霞珠
产区：贺兰山东麓产区
净含量：750ml
酒精度：12%vol
品鉴：色泽呈深宝石红色，酒液澄清透明，有光泽；香气浓郁、复杂，具有热带水果、香料、烟熏、烘烤及甘草特有的香甜味，酒体平衡、协调、丰满圆润，单宁细滑，回味悠长。

西夏王冰爽甜白葡萄酒

类型：甜葡萄酒
葡萄品种：莎当妮
产区：贺兰山东麓
净含量：500ml
酒精度：11.5%vol
品鉴：怡人的金黄色，酒体圆滑，口感甜美，复合的果香和甘爽的醇香，彰显出甜白葡萄酒高贵优雅的个性和非凡的品质。

贺兰山美域干红葡萄酒2007

类型：干红葡萄酒
葡萄品种：赤霞珠
产区：贺兰山东麓
净含量：750ml
酒精度：13.5%vol
品鉴：酒体呈深宝石红色，香气细腻，有红醋栗、樱桃等成熟的红色浆果诱人的果香和自然橡木气息，回味有点甜。

贺兰山美域珍藏莎当妮葡萄酒2008

类型：干白葡萄酒
葡萄品种：莎当妮
产区：贺兰山东麓
净含量：750ml
酒精度：12.5%vol
品鉴：有成熟的蜜瓜、无花果和青李子的香气组合，些许的香料和杏仁香气更增添了甜美的气息，新鲜活泼的自然酸度和平衡的酒体是这款珍藏莎当妮的特色。

银色高地阙歌干红葡萄酒2008

类型：干红葡萄酒
葡萄品种：赤霞珠、蛇龙珠
产区：贺兰山东麓
净含量：750ml
酒精度：13%vol
品鉴：呈红宝石色略带紫色调，有蓝莓、野浆果、胡椒和森林枯叶香气。酸度适宜，单宁柔和，后味绵长，平衡优雅。

加贝兰赤霞珠干红葡萄酒2009

类型：干红葡萄酒
葡萄品种：赤霞珠、梅洛、蛇龙珠
产区：贺兰山东麓
净含量：750ml
酒精度：13%vol
品鉴：浓郁的黑醋栗、黑莓等果香和橡木带来的烘烤香气融为一体，单宁细腻，结构紧凑。

法赛特晚采赤霞珠干红葡萄酒2009

类型：干红葡萄酒
葡萄品种：赤霞珠
产区：贺兰山东麓
净含量：750ml
酒精度：15.5%vol
品鉴：酒体呈深度亮宝石红色，散发着成熟水果的香气，带有明显的黑醋栗、香草与烘烤香气，入口圆润，单宁浓郁。

西夏王·外交使者卡柏纳干红葡萄酒2011

类型：干红葡萄酒
葡萄品种：卡柏纳
产区：贺兰山东麓核心产区
净含量：750ml
酒精度：12%vol
品鉴：色泽呈深宝石红色，酒液澄清透明，有光泽。具有良好的结构，果香活泼，富含成熟浆果的味道，单宁柔和。是一款性价比极高的浓郁佳酿。

西夏王玉泉国际酒庄赤霞珠干白葡萄酒

类型：干红葡萄酒
葡萄品种：赤霞珠
产区：贺兰山东麓产区
净含量：750ml
酒精度：12%vol
品鉴：色泽呈深宝石红色，酒液澄清透明，有光泽。香气浓郁、复杂，具有热带水果、香料、烟熏、烘烤及甘草特有的香甜味，酒体平衡、协调、丰满圆润，单宁细滑，回味悠长。

西夏王·外交使者梅洛干红葡萄酒2012纪念版

类型：干红葡萄酒
葡萄品种：梅洛
产区：贺兰山东麓核心产区
净含量：750ml
酒精度：12%vol
品鉴：色泽呈深宝石红色，中度酒体，具有蓝莓黑醋栗的气息，单宁细质感性，甜美大方的口感，平衡感非常好，非常讨喜的一款佳酿。

西夏王·外交使者黑品诺干红葡萄酒2012纪念版

类型：干红葡萄酒
葡萄品种：黑品诺
产区：贺兰山东麓核心产区
净含量：750ml
酒精度：12%vol
品鉴：色泽呈石榴红，具有樱桃的甜美气息和浓浓郁的李子味，酸度均衡，单宁柔顺，回味绵长。

（四季）系列·外交使节干红葡萄酒2013

类型：干红葡萄酒
葡萄品种：梅洛／蛇龙珠／西拉／黑品诺
产区：贺兰山东麓核心产区
净含量：750ml
酒精度：12%vol
品鉴：恰当表现出贺兰山东麓核心产区葡萄品种多样性，对于初学葡萄酒品鉴爱好者来说，建议用这组（四季）去发现不同风味的葡萄酒，感受各种不同风格的葡萄品种细微变化。

西夏王·外交使节赤霞珠干红葡萄酒2010特别珍藏

类型：干红葡萄酒
葡萄品种：赤霞珠
产区：贺兰山东麓核心产区
净含量：750ml
酒精度：12%vol
品鉴：选用树龄在15年以上葡萄，色泽呈深宝石红色，在国产葡萄酒中属于上乘之作。酒液澄清透明，有光泽，香气浓郁、复杂，具有成熟浆果、烟熏、烘烤及炒干果的香味，酒体平衡、协调、丰满圆润，单宁强劲，可陈放。
该酒是中法建交50周年特别珍藏版。

OBELISCO——阿根廷庄园

由北京贝迪克集团投资数千万兴建的OBELISCO——阿根廷庄园，位于北京市朝阳区来广营东路1号，毗邻机场高速北皋出口京密公路，往来泊车十分便利。其占地面积3200多平米，由阿根廷烤肉餐厅、咖啡厅、方尖碑和可储藏40000瓶葡萄酒的地下酒窖四大建筑组成。厅内宽敞典雅，厅外绿地环绕，树木簇拥，环境十分优雅。

阿根廷烤肉餐厅一层是散客大厅，二层是包间和贵宾室，并设有直达专用通道。餐厅提供了多样化的地道阿根廷美食：鲜美的陶盏蒜蓉大虾，爽口的阿根廷河岸沙拉……并以优质牛肉为主，阿根廷传统配料为辅，在这里可以享用到原汁原味的阿根廷烤肉，再配以阿根廷百年酒窖提供的红酒，以及热情的服务，南美风情尽享其中。整个烤肉餐厅可容纳400人同时就餐。

经阿根廷一流的设计师设计和监造的OBELISCO—咖啡厅，其建筑和装潢风格新颖独特。在可容纳多人的大厅内，舞台灯光闪耀，影音设备俱全，且音响效果极佳，很好地结合了咖啡厅和酒吧的多种功能。在轻松悦耳的音乐声中，品尝着由阿根廷百年酒窖提供的红酒；或是在观看激动人心的体育赛事时，来一瓶清爽纯正的阿根廷哥麦斯啤酒；或许，您还想一边品尝着香浓的皇家咖啡，一边浏览着双语杂志。在这里，不用踏出国门，便能欣赏到阿根廷的风景、品尝美食与美酒，更重要的是体味那份闲适愉悦的心情。

电　话：010-84701666 / 84701888　传　真：010-84703128
网　址：www.betc-obelisco.com　电　邮：bdk-shirley@vip.sohu.com
地　址：北京市朝阳区来广营东路1号（100103）

丹世红（北京）葡萄种植有限公司

丹世红（北京）葡萄种植有限公司是一家从事葡萄酒庄园开发及葡萄酒文化传播的专业化公司，目前拥有4015亩土地，4个独立的酒庄，分别位于房山区青龙湖镇和张坊镇。公司专业技术团队的技术力量雄厚，由来自于清华大学、中国农业大学等专业院校的博士、硕士、本科生组成，具有丰富的实地操作经验。公司奉行“诚信、感恩、责任、荣誉”的企业文化，在葡萄的种植技术和理念中，采用独特的中国二十四节气法和国际最新的种植理念相结合，贯穿于整个葡萄生命周期，用以打造高起点、高规格、高品质的葡萄园。与此同时，公司拥有独立的纯品析种苗苗圃，还将结合本地的风土进行砧木、接穗新葡萄品种的创新研究，为房山葡萄产区提供合适本土种植的葡萄品系。以国际OIV标准为基础，融入本地的风土条件，来制定自身庄园酒的酿造标准，并已通过房山区质量监督局的审核备案，依据此种植标准，辛开口葡萄园区已被确认为青龙湖镇葡萄酒庄园示范园。公司广泛与行业内组织及专家合作交流，为创立房山产区酒庄联盟及中国酒庄酒标准提供技术支持。酒厂采用当前国际最先进的灌装设备，严格地灌装工艺可保证高品质的外观及酒的长期存放。

通过高科技的数字化农业作为辅助手段，使葡萄庄园的种植管理更加科学、高效，葡萄田内设有多处监测系统，通过传感器、孢子采集器等设备随时随地采集田间的风力、温度、湿度等数据，对葡萄树生长态势及病虫害实时预警预报。传感器或采集器采集的数据，通过专家智能系统分析后，如发现异常情况时，系统将相关数据发送至监控中心，提供解决方案。

丹世红庄园作为有机酿酒葡萄种植园区，其生长环境中的植被、土壤、空气、地下水等各项数据都被专家预警决策系统纳入分析范围，同时根据气候条件给出多方位综合方案，便于工作人员采取以预防为主的适当措施。解决方案信息被发送到离问题区域最近的作业人员的手机上和农业机械上，如果是病虫害问题，信息还同时会发送到药品库，通知药库给农业机械运输波尔多液等相关药品，而且监控中心就可以通过全球GPS定位系统发出作业通知，作业者通过手机就可得知操作方案，并依方案进行作业。

酒窖内同样也安置有感知温度和湿度的传感器，以保证葡萄酒在最适宜、最稳定的环境下陈酿。装瓶后的每一瓶葡萄酒都依靠RFID无线射频识别技术建立了葡萄酒的身份追溯体系，通过阅读或扫描印在标签上的代码识别葡萄酒，可从数据库中获得此瓶葡萄酒的一系列相关信息：如土壤类型、微气候、农艺操作以及酿造工艺等，消费者对每瓶葡萄酒就有了全方位的信息了解。

丹世红庄园是以葡萄种植、葡萄酒酿造为主体，融观光、休闲及世界葡萄酒文化旅游为一体的生态产业化项目。项目建设的总体目标是充分利用和发挥当地独特的自然资源优势，以市场为导向，以科技为依托，把丹世红庄园建成种植生产、加工酿造、休闲观光、传播葡萄酒文化为一体的区域特色农业产业链。采用“酿造个性化的酒庄酒”为运营模式，力图打造具有地区标示的村级酒品牌。

公司主要涉及业务包括：葡萄庄园的规划设计、葡萄园的种植管理、生产酿造葡萄酒、名人酒窖、红酒管家、酒庄酒的销售，葡萄酒文化的普及和知识培训，酒庄旅游观光、休闲度假和艺术品收藏博览中心等。

地　址：北京市房山区青龙湖镇口头村　电　话：010-61300538

后记

历时一年有余，精心编撰的《当红葡萄酒》一书终于完稿了。本书的初衷是能为广大读者在赏识、品鉴和消费葡萄酒时提供一些帮助，这也是编者最大的心愿与成就。

本书集编者在采购和销售葡萄酒的专业领域中二十余年之经验，以中国人的感观视角、品味介绍进口葡萄酒。本着切身的体会、感触，以准确恰当的语言，摒弃偏爱或情有独钟，在书中过滤掉了炒作或过度赞誉的成分，力求向广大的业内人士和非业内人士及葡萄酒爱好者们推介酒中佳品。这里既有王公贵族的心头之好，也有平民百姓的杯中之友，追求一种曲高而和者众的境界，展现了知识性、专业性、可读性相结合的风格。

本书将带您领略旧世界葡萄酒的精粹，为您开阔新世界葡萄酒杰作的视野。全书布局推陈出新，不仅涵盖面广而深，还旨在向读者介绍性价比高、在业内褒奖有加但不被大众所熟知的酒品，这也是区别于以往介绍葡萄酒书籍的特点之一。

在编写本书一年多的时间里，我们的团队参加了众多业内人士举办的品鉴会，并与评论家和鉴赏家们共同品尝了众多推荐的葡萄酒样品，我们将博得喝彩的佳酿一一记录下来，在本书中分享给诸位读者。

在此，主编及其团队藉由本书出版的机会，向众多国际葡萄酒组织与机构为本书提供了大量详实的资料及指导表示由衷感谢！感谢本书的副主编毕铭明和李靖两位女士，他们的执著与付出为本书增添了艳丽的光彩。感谢高雁林先生为本书提供了大量精美的图片资料。

感谢我的领导——北京外交人员服务局局长钱洪山先生，及下属外交人员综合服务公司总经理高建国先生和中国交远国际经济技术合作公司总经理王晓燕女士，他们对本书的编辑给予了指导与支持。同时，感谢世界知识出版社的大力协助，为本书的成功出版付出了大量心血。

希望通过我们的努力，可以为世界葡萄酒文化的传播充当大使；以我们专业、执著及广揽天下之佳酿的精神为中国葡萄酒业的持续、良性的发展尽一份力量。

鸣谢

THE WINE MERCHANT S.A.S.

JOANNE BORDEAUX

LES GRANDS CHAIS DE FRANCE

L.D. VINS

GROUPE UCCOAR S.A.

SCEA CHATEAU GIGAULT

BODEGAS OCHOA S.A.

VINEDOS PATRICIO BURTRON LTDA.

BODEGAS Y VINEDOS TÃBULA S.L.

BODEGAS Y VINEDOS TRES PALACIOS S.p.A

VINA SANTA MARINA

GROUP EIGHT CORPORATION CO. LTD.

AGENDUO BEIJING TRADING CO. LTD.

悦力发展有限公司

QUALITY SPIRITS INTERNATIONAL LTD.

STREWN INC

LA GUYENNOISE

COMMERCIAL EXVINA LTDA

BODEGAS Y VINEDOS JALON S.A.

S.C. PRODAL’94 S.R.L.

桃乐丝中国

名特酒业

阿根廷烤肉餐厅

石狮市新南兴食品有限责任公司

诚挚感谢以上公司对本书的大力支持!

图书在版编目（CIP）数据

当红葡萄酒 / 王国庆主编. —北京：世界知识出版社，2013. 12
ISBN 978-7-5012-4605-2
Ⅰ.①当… Ⅱ. ①王… Ⅲ. ①葡萄酒—基本知识 Ⅳ. ①TS262.6

中国版本图书馆CIP数据核字（2014）第015163号

当红葡萄酒

Danghong Putaojiu

主　　编　王国庆

责任编辑　逯宏宇　洪静茹
责任出版　赵　玥
美术设计　刘　凌
责任校对　韩玉清

出版发行　世界知识出版社
地址邮编　北京市东城区干面胡同51号（100010）
网　　址　www.wap1934.com
经　　销　新华书店
印　　刷　北京毕氏风范印刷技术有限公司
开本印张　787×1092毫米　1/16　31½印张
字　　数　450千字
版次印次　2014年3月第一版　2014年3月第一次印刷
标准书号　ISBN 978-7-5012-4605-2
定　　价　98.00元